计算机基础与实训教材系列

中文版 After Effects CC 2018影视特效实用教程

岳　媛 王战红 主　编
班廷廷 李颖辉 副主编

清華大學出版社
北　京

内 容 简 介

本书由浅入深、循序渐进地介绍Adobe公司最新推出的影视后期制作软件——中文版After Effects CC 2018的操作方法和使用技巧。全书共分13章，分别介绍影视后期合成的概念以及After Effects的应用领域和相关概念，After Effects CC 2018的基础操作，图层的相关概念和操作方法，关键帧动画，文本与文本动画，蒙版与蒙版动画，三维空间动画，特效的基本操作方法，颜色校正与抠像特效，视频与音频特效，扭曲与透视特效、其他特效以及渲染输出等内容。每一章的最后都安排相关实例，用于提高和拓宽读者对After Effects CC 2018操作的掌握与应用。

本书内容丰富、结构清晰、语言简练、图文并茂，具有很强的实用性和可操作性，是一本适合于高等院校的优秀教材，也是广大初、中级计算机用户的优秀自学参考书。

本书对应的电子课件、实例源文件和习题答案可以到http://www.tupwk.com.cn/edu网站下载，也可以通过前言中的二维码下载。

图书在版编目(CIP)数据

中文版After Effects CC 2018影视特效实用教程 / 岳媛，王战红 主编. —北京：清华大学出版社，2019（2023.1重印）

(计算机基础与实训教材系列)

ISBN 978-7-302-52758-9

Ⅰ. ①中… Ⅱ. ①岳… ②王… Ⅲ. ①图像处理软件—教材 Ⅳ. ①TP391.413

中国版本图书馆CIP数据核字(2019)第071012号

责任编辑：胡辰浩
装帧设计：孔祥峰
责任校对：牛艳敏
责任印制：曹婉颖

出版发行：清华大学出版社
网　　址：http://www.tup.com.cn，http://www.wqbook.com
地　　址：北京清华大学学研大厦A座　　邮　　编：100084
社 总 机：010-83470000　　邮　　购：010-62786544
投稿与读者服务：010-62776969, c-service@tup.tsinghua.edu.cn
质 量 反 馈：010-62772015, zhiliang@tup.tsinghua.edu.cn
印 装 者：小森印刷霸州有限公司
经　　销：全国新华书店
开　　本：190mm×260mm　　印　　张：21.25　　字　　数：557千字
版　　次：2019年6月第1版　　印　　次：2023年1月第3次印刷
印　　数：4201~5200
定　　价：78.00元

产品编号：056474-02

编审委员会

计算机基础与实训教材系列

丛书序

计算机已经广泛应用于现代社会的各个领域，熟练使用计算机已经成为人们必备的技能之一。因此，如何快速地掌握计算机知识和使用技术，并应用于现实生活和实际工作中，已成为新世纪人才迫切需要解决的问题。

为适应这种需求，各类高等院校、高职高专、中职中专、培训学校都开设了计算机专业的课程，同时也将非计算机专业学生的计算机知识和技能教育纳入教学计划，并陆续出台了相应的教学大纲。基于以上因素，清华大学出版社组织一线教学精英编写了这套“计算机基础与实训教材系列”丛书，以满足大中专院校、职业院校及各类社会培训学校的教学需要。

一、丛书书目

本套教材涵盖了计算机各个应用领域，包括计算机硬件知识、操作系统、数据库、编程语言、文字录入和排版、办公软件、计算机网络、图形图像、三维动画、网页制作以及多媒体制作等。众多的图书品种可以满足各类院校相关课程设置的需要。

⊙ 已出版的图书书目

《计算机基础实用教程（第三版）》	《Excel 财务会计实战应用（第三版）》
《计算机基础实用教程(Windows 7+Office 2010 版)》	《Excel 财务会计实战应用（第四版）》
《新编计算机基础教程（Windows 7+Office 2010）》	《Word+Excel+PowerPoint 2010 实用教程》
《电脑入门实用教程（第三版）》	《中文版 Word 2010 文档处理实用教程》
《电脑办公自动化实用教程（第三版）》	《中文版 Excel 2010 电子表格实用教程》
《计算机组装与维护实用教程（第三版）》	《中文版 PowerPoint 2010 幻灯片制作实用教程》
《网页设计与制作(Dreamweaver+Flash+Photoshop)》	《Access 2010 数据库应用基础教程》
《ASP.NET 4.0 动态网站开发实用教程》	《中文版 Access 2010 数据库应用实用教程》
《ASP.NET 4.5 动态网站开发实用教程》	《中文版 Project 2010 实用教程》
《多媒体技术及应用》	《中文版 Office 2010 实用教程》
《中文版 PowerPoint 2013 幻灯片制作实用教程》	《Office 2013 办公软件实用教程》
《Access 2013 数据库应用基础教程》	《中文版 Word 2013 文档处理实用教程》
《中文版 Access 2013 数据库应用实用教程》	《中文版 Excel 2013 电子表格实用教程》
《中文版 Office 2013 实用教程》	《中文版 Photoshop CC 图像处理实用教程》
《AutoCAD 2014 中文版基础教程》	《中文版 Flash CC 动画制作实用教程》
《中文版 AutoCAD 2014 实用教程》	《中文版 Dreamweaver CC 网页制作实用教程》

(续表)

《AutoCAD 2015 中文版基础教程》	《中文版 InDesign CC 实用教程》
《中文版 AutoCAD 2015 实用教程》	《中文版 Illustrator CC 平面设计实用教程》
《AutoCAD 2016 中文版基础教程》	《中文版 CorelDRAW X7 平面设计实用教程》
《中文版 AutoCAD 2016 实用教程》	《中文版 Photoshop CC 2015 图像处理实用教程》
《中文版 Photoshop CS6 图像处理实用教程》	《中文版 Flash CC 2015 动画制作实用教程》
《中文版 Dreamweaver CS6 网页制作实用教程》	《中文版 Dreamweaver CC 2015 网页制作实用教程》
《中文版 Flash CS6 动画制作实用教程》	《Photoshop CC 2015 基础教程》
《中文版 Illustrator CS6 平面设计实用教程》	《中文版 3ds Max 2012 三维动画创作实用教程》
《中文版 InDesign CS6 实用教程》	《Mastercam X6 实用教程》
《中文版 Premiere Pro CS6 多媒体制作实用教程》	《Windows 8 实用教程》
《中文版 Premiere Pro CC 视频编辑实例教程》	《计算机网络技术实用教程》
《中文版 Illustrator CC 2015 平面设计实用教程》	《Oracle Database 11g 实用教程》
《AutoCAD 2017 中文版基础教程》	《中文版 AutoCAD 2017 实用教程》
《中文版 CorelDRAW X8 平面设计实用教程》	《中文版 InDesign CC 2015 实用教程》
《Oracle Database 12*c* 实用教程》	《Access 2016 数据库应用基础教程》
《中文版 Office 2016 实用教程》	《中文版 Word 2016 文档处理实用教程》
《中文版 Access 2016 数据库应用实用教程》	《中文版 Excel 2016 电子表格实用教程》
《中文版 PowerPoint 2016 幻灯片制作实用教程》	《中文版 Project 2016 项目管理实用教程》
《Office 2010 办公软件实用教程》	《AutoCAD 2018 中文版基础教程》

二、丛书特色

1. 选题新颖，策划周全——为计算机教学量身打造

本套丛书注重理论知识与实践操作的紧密结合，同时突出上机操作环节。丛书作者均为各大院校的教学专家和业界精英，他们熟悉教学内容的编排，深谙学生的需求和接受能力，并将这种教学理念充分融入本套教材的编写中。

本套丛书全面贯彻“理论→实例→上机→习题”4 阶段教学模式，在内容选择、结构安排上更加符合读者的认知习惯，从而达到老师易教、学生易学的目的。

2. 教学结构科学合理、循序渐进——完全掌握“教学”与“自学”两种模式

本套丛书完全以大中专院校、职业院校及各类社会培训学校的教学需要为出发点，紧密结合学科的教学特点，由浅入深地安排章节内容，循序渐进地完成各种复杂知识的讲解，使学生能够一学就会、即学即用。

对教师而言，本套丛书根据实际教学情况安排好课时，提前组织好课前备课内容，使课堂教学过程更加条理化，同时方便学生学习，让学生在学习完后有例可学、有题可练；对自学者而言，可以按照本书的章节安排逐步学习。

3. 内容丰富，学习目标明确——全面提升“知识”与“能力”

本套丛书内容丰富，信息量大，章节结构完全按照教学大纲的要求来安排，并细化了每一章内容，符合教学需要和计算机用户的学习习惯。在每章的开始，列出了学习目标和本章重点，便于教师和学生提纲挈领地掌握本章知识点，每章的最后还附带上机练习和习题两部分内容，教师可以参照上机练习，实时指导学生进行上机操作，使学生及时巩固所学的知识。自学者也可以按照上机练习内容进行自我训练，快速掌握相关知识。

4. 实例精彩实用，讲解细致透彻——全方位解决实际遇到的问题

本套丛书精心安排了大量实例讲解，每个实例解决一个问题或是介绍一项技巧，以便读者在最短的时间内掌握计算机应用的操作方法，从而能够顺利解决实践工作中的问题。

范例讲解语言通俗易懂，通过添加大量的“提示”和“知识点”的方式突出重要知识点，以便加深读者对关键技术和理论知识的印象，使读者轻松领悟每一个范例的精髓所在，提高读者的思考能力和分析能力，同时也加强了读者的综合应用能力。

5. 版式简洁大方，排版紧凑，标注清晰明确——打造一个轻松阅读的环境

本套丛书的版式简洁、大方，合理安排图与文字的占用空间，对于标题、正文、提示和知识点等都设计了醒目的字体符号，读者阅读起来会感到轻松愉快。

三、读者定位

本丛书为所有从事计算机教学的老师和自学人员而编写，是一套适合于大中专院校、职业院校及各类社会培训学校的优秀教材，也可作为计算机初、中级用户和计算机爱好者学习计算机知识的自学参考书。

四、周到体贴的售后服务

为了方便教学，本套丛书提供精心制作的 PowerPoint 教学课件(即电子教案)、素材、源文件、习题答案等相关内容，可在网站上免费下载，也可发送电子邮件至 wkservice@vip.163.com 索取。

此外，如果读者在使用本系列图书的过程中遇到疑惑或困难，可以在丛书支持网站(http://www.tupwk.com.cn/edu)的互动论坛上留言，本丛书的作者或技术编辑会及时提供相应的技术支持。咨询电话：010-62796045。

中文版 After Effects CC 2018 是 Adobe 公司最新推出的专业化影视特效制作软件，目前正广泛应用于动画设计、特效制作、视频编辑及视频制作等诸多领域。近年来，随着数字媒体的日益盛行，视频类的作品被应用于各个领域，方便地制作、处理动画和视频特效成为人们的迫切需求。为了适应数字化时代人们对视频特效处理软件的要求，新版本的 After Effects 在原有版本的基础上进行了诸多功能改进，如可以通过数据来编写动画效果，增加了沉浸式效果和图形文本等编辑功能，还增加了 VR 环境搭建及制作的相关功能，具备 Cinema 4D Lite R19 的增强型 3D 管道，性能增强，在 GPU 上渲染图层转换和运动模糊等。

本书从教学实际需求出发，合理安排知识结构，从零开始、由浅入深、循序渐进地讲解 After Effects CC 2018 的基本知识和使用方法，本书共分为 13 章，主要内容如下：

第 1 章介绍影视后期合成的概念以及 After Effects 的应用领域和相关概念。

第 2 章介绍 After Effects CC 2018 的基础操作。

第 3 章介绍图层的相关概念和操作方法。

第 4 章介绍关键帧动画。

第 5 章介绍文本与文本动画。

第 6 章介绍蒙版与蒙版动画。

第 7 章介绍三维空间动画。

第 8 章介绍特效的基本操作方法。

第 9 章介绍颜色校正与抠像特效。

第 10 章介绍视频与音频特效。

第 11 章介绍扭曲与透视特效。

第 12 章介绍其他一些特效。

第 13 章介绍渲染输出。

本书图文并茂、条理清晰、通俗易懂、内容丰富，在讲解每个知识点时都配有相应的实例，方便读者上机实践。同时在难于理解和掌握的部分内容上给出相关提示，让读者能够快速地提高操作技能。此外，本书配有大量综合实例和练习，让读者在不断的实际操作中更加牢固地掌握书中讲解的内容。

本书是集体智慧的结晶，参与本书编写的人员还有王秀玲、曹月萍、王紫源、曹素敏、赵艳丽、牛琳、梅坤、孙庆玲、邢文喜、孙红霞、王遂友、方玉萍、朱克军、高君等。由于作者水平有限，本书不足之处在所难免，欢迎广大读者批评指正。我们的邮箱是 huchenhao@263.net，电话是 010-62796045。

本书对应的电子课件、实例源文件和习题答案可以到 http://www.tupwk.com.cn/edu 网站下载，也可通过扫描下面的二维码下载。

作　者

2019 年 3 月

推荐课时安排

章　名	重点掌握内容	教学课时
第 1 章　认识 After Effects	1. 影视后期合成概述 2. After Effects 应用领域 3. 影视制作的相关概念	1 学时
第 2 章　After Effects CC 2018 基础操作	1. After Effects CC 2018 的安装 2. After Effects CC 2018 新功能 3. After Effects CC 2018 的工作界面 4. 设置 After Effects CC 2018 的首选项 5. 基本工作流程 6. 项目详解 7. 合成详解 8. 导入与管理素材	3 学时
第 3 章　图层认识与操作	1. 认识图层 2. 创建图层 3. 编辑图层 4. 管理图层 5. 图层的属性 6. 图层的混合模式 7. 图层的样式 8. 图层的类型	6 学时
第 4 章　关键帧动画	1. 关键帧的概念 2. 创建关键帧动画 3. 图表编辑器 4. 编辑关键帧 5. 动画运动路径 6. 动画播放预览	8 学时
第 5 章　文本与文本动画	1. 创建与编辑文本 2. 设置文本格式 3. 设置文本属性 4. 范围控制器 5. 【绘画】面板和【画笔】面板	10 学时

(续表)

章　名	重点掌握内容	教学课时
第 6 章　蒙版与蒙版动画	1. 蒙版 2. 编辑蒙版 3. 蒙版的其他属性 4. 蒙版动画 5. Roto 笔刷工具	10 学时
第 7 章　三维空间动画	1. 认识 3D 图层 2. 3D 图层的应用 3. 灯光的运用 4. 摄像机的设置	10 学时
第 8 章　特效的基本操作	1. 添加特效 2. 设置特效 3. 编辑特效	1 学时
第 9 章　颜色校正与抠像特效	1. 颜色校正 2. 抠像特效 3. 遮罩特效	12 学时
第 10 章　视频与音频特效	1. 生成 2. 过渡 3. 音频	10 学时
第 11 章　扭曲与透视特效	1. 扭曲 2. 透视	8 学时
第 12 章　其他特效	1. 风格化 2. 模糊和锐化 3. 模拟 4. 杂色与颗粒 5. 文本 6. 过时 7. 路径文本 8. 时间	16 学时
第 13 章　渲染输出	1. 基本操作 2. 【渲染队列】面板 3. 渲染输出文件格式	1 学时

目　录

CONTENTS

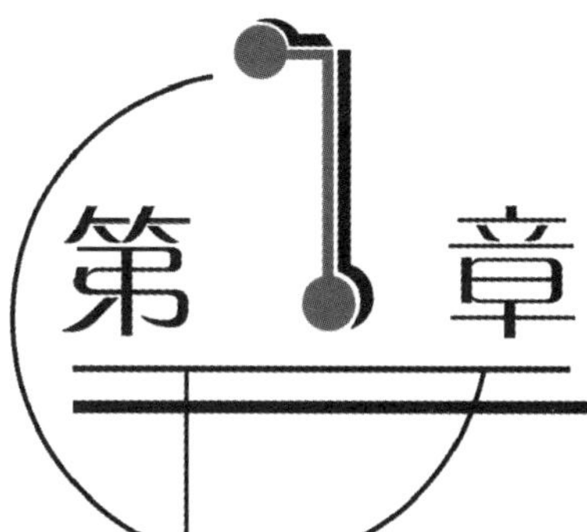

认识 After Effects

学习目标

After Effects 简称 AE，作为 Adobe 公司的一款影视后期制作合成软件，有着专业性强且操作简便的功能。它是一个广阔的后期制作平台，有着非常高效的专业优势，在影视后期制作这个领域有着广泛的使用。本章从基础理论、应用领域以及后期制作的相关概念和知识来认识 AE，为后面的特效制作奠定良好的学习基础。

本章重点

- 概念认识
- 应用领域
- 相关知识

1.1 影视后期合成概述

影视后期合成是指前期先拍摄之后，然后根据脚本需要，把现实中无法拍摄的事物后期用 AE 制作合成，最后把虚拟的效果与拍摄的现实的场景相结合起来。简单来说，即要对拍摄之后的影片或软件所做的动画，做后期的效果处理，比如影片的剪辑、动画特效、文字包装等。而 AE 就是影视后期合成软件中的佼佼者。

随着影视后期合成制作的快速发展，给人们带来了一场视听盛宴，它是用一种从未使用过的表现方式，来更好地给观众带来视觉上的冲击和思维上的感观，从而直击观众的内心。在影视后期制作技术的促成下，传统的影视作品把非现实的未来场景和事物尽情地展现出来，来满足观众内心的享受。

影视后期合成制作给想要呈现出奇幻的影视作品的人们提供了有力的技术支持，如今的好莱坞影片中就大量地运用了这一后期制作合成技术，其最重要的是数字特效。正是因为现在有了这种后期技术与艺术感观的相互结合，使得一部又一部精彩的影片深入人心。如此，影视后期合成制作正在逐渐地影响我们的生活。

1.2 After Effects 应用领域

AE 是一个集视频处理与设计的软件，是制作动态的影像设计中不可或缺的一种辅助工具，属于影视后期合成处理的专业的非线性编辑软件。影视后期合成软件集众多功能于一身，能达到我们想要的震撼的视觉效果，它的应用领域广泛，主要包括以下几个方面。

1.2.1 影视动画

影视动画涉及的有影视特效、后期合成制作、特效动画等。随着影视领域的延展和后期制作软件的增多，数字化影像技术改变了传统影视制作的单一性，弥补了传统拍摄中视觉上的不足。

影视后期特效在影视动画领域中运用得相对比较普遍。目前的一些二维或三维的动画制作都需要加进去一些影视后期特效，它们的加入可以对动画场景的渲染与环境气氛起作用，从而增强影视动画的视觉表现力和提高整个影视动画的品质，如图 1-1 所示。

图 1-1　影视动画例图

1.2.2 电影特效

随着科学技术的进步，特效在目前的电影制作中应用越来越广泛，从开始，其中的特效思想就已经有所体现，电影特效从根本上改变了传统的制作方式。在编写剧本时，整个框架就已经让编剧打破了传统的思维模式，改变了局限的概念，实现时空般的转变，充分发挥其想象力，

创造自己的特效剧本。

在现代化的今天，特效的广泛使用让越来越多的高效创作影视作品出现。前期拍摄，除了现实的场景，还有很多分镜头，比如蓝幕的摄影环境、模型搭建、多样的灯光表现等。为了满足后期制作的要求，在蓝幕的环境下，无场景、无实物的表演，也是在考验演员，这种环境下，靠的是演员的想象力与表现力，要把表演的动作、展现的情绪与要合成的场景画面相结合起来，然后加上后期所需素材或特效。这种高效创作的电影特效方法替代了传统的电影制作手法。随着影视后期软件的增多，人们对影视后期制作的了解更深刻，如图 1-2 所示。

图 1-2　电影特效例图

1.2.3　企业宣传片

随着数字化时代的来临，一些企业也慢慢适应这个科技化的社会，随着电子产品与网络的普及，让越来越多的人享受在家就能了解一切事物的便利，企业宣传从最初的用文字和发放宣传页的方式转变为现在数字化的、通俗易懂的宣传片，这一改变给人带来了视觉冲击。现在，各个企业都在制作属于自己特色的宣传片，力求把企业自身的文化特点都概括到宣传片里面。如今的企业宣传片的形式多种多样，不仅有故事型的叙述方法，还有想象力的创意表现等。在制作企业宣传片时，影视后期的作用使宣传片的创新形式与特效表现给人们眼前一亮的感觉，还会让观者有深刻的印象，如图 1-3 所示。

图 1-3　企业宣传片例图

1.2.4　电视包装

电视包装，简单来说就像其他产品的包装一样，为的是让观者在视觉上深刻认识和了解我们的电视产品。确切来说，电视包装就是一个地区电视品牌的形象标识设计和策划，其中包括品牌的建设营销策划与视觉上的形象设计等方面，从一个小的电视栏目的品牌到一个大的地区电视的频道品牌，甚至是电视所属传媒公司的整体的品牌形象，都是需要用电视包装来解决的。

关于电视包装，目前算是成为各个电视节目公司和一些广告公司最常用的一种概念。事实上包装就像借来的词一样，传统的包装方式是对产品包装，而现在运用到电视上，那是因为产品包装和电视包装有相同之处。意义在于把电视频道的整体品牌形象用一种外在的包装形式体现电视频道的规范性，也能突出自身特色的文化与特点。

电视包装是自身的发展需要，是每个栏目、电视频道更规范、更成熟、更稳定的标志。现如今，由于观众有主动的栏目选择权，也会盲目地不知如何选择，从而有了各个电视栏目竞争的激烈，在这种紧张的状态下，电视包装的作用是众所周知的。如同重要产品的包装与广告的普及推广都是商家们为了盈利所采取的策略，而电视栏目、电视频道的包装与商家推广商品的做法不言自明，如图 1-4 所示。

图 1-4　电视包装例图

1.3　影视制作的相关概念

在使用 After Effects 对素材进行特效编辑处理之前，还需要掌握一系列的其他概念及专业术语，比如帧、帧速率、视频文件格式、音频文件格式等，下面做简单介绍。

1.3.1　专业术语

1. 合成图像

合成图像是 After Effects 中一个相对重要的概念和专业术语。要想在新项目中进行编辑和视频特效制作，需要新建一幅图像，在图像窗口中，可对素材做任何特效编辑处理。而合成图像要与时间轴对应在一起，以图层为操作基础，可以包含多个任意图层。AE 可以同时运行多个合成图像，但每个合成图像又是一个个体，也可作嵌套使用。

2. 帧

帧是传统影视动画中最小的信息单元，即影像画面。它相当于一格镜头，一帧就是一幅画面，而我们在影视动画中看到的连续的动态画面，就是由一张张图片组成的，而这一张张图片就是帧。

3. 帧速率

帧速率是当播放视频时每秒钟所渲染的帧数。对影视作品而言，帧速率是 24 帧/秒，帧速率是指每一秒所显示的静止帧的格数。当捕捉动态的视频内容时，帧速率数值越高越好。

4. 关键帧

关键帧是动画编辑和特效制作的核心技术。相当于二维动画中的原画，指物体之间运动变化的动作所处的一帧。关键帧与关键帧之间的动画可以靠软件来实现，它主要记录动画或特效的参数特征。

5. 场

场是影视系统中的另一个概念，是通过以隔行扫描的方式来完成保存帧的内容和显示图像的，它按照水平的方向分成多行，两次扫描交替地显示奇偶行。也就是说，每扫描一次就会成为一场，两场扫描得到的就是一帧画面。

1.3.2 常见的视频文件格式

视频文件格式是在向 AE 中导入素材和渲染生成时，由于各种拍摄和制作环境的不同，被分为不同的文件格式，下面就对 AE 制作过程中常见的视频文件格式做简单介绍。

1. AVI 格式

AVI(Audio Video Interleaved)格式较早由微软公司开发，通过混合视频及音频编码的存储，使其交互存放在同一文件中。但是 AVI 在格式上有较多的限制，只能有一个音频轨道和一个视频轨道在一个文件里(非标准插件可加两个音频轨道)，还可附一些文字等。它的应用领域广，比如影视、软件、广告、游戏等，缺点是占内存，通常需要压缩使用。

2. WMV 格式

WMV(Windows Media Video)是微软公司推出的一种流媒体格式，是可以在网络上实时传播的多媒体技术标准的一种编码方式，WMV 格式文件的优点是可边播放边下载，在网络上方便传输和播放，所以也是常用的视频文件格式之一。

3. MPEG 格式

MPEG(Moving Picture Experts Group)是一种被国际标准组织认可的媒体封装方式，支持绝大多数机器。它是针对语音压缩和运动图像的，特点是存储方式多，适用于不同的应用环境；有丰富的控制功能，可以从多角度、字幕、视频、音轨等来控制。

4. MOV 格式

MOV(Quick Time)是苹果公司开创的一种数字视频格式，它提供了两种标准格式，其中一种是基于 Indeo 压缩的 MOV 格式，另一种是基于 MPEG 压缩的 MPG 格式。由于这两种格式对硬件要求低，因此也是常用的视频文件格式之一。

1.3.3　常见的音频文件格式

音频文件格式是存储计算机处理音频的格式，是一个对声音文件进行编辑转换的过程。目前常见的音频文件格式有 WAV 格式、MP3 格式、WMA 格式、AAC 格式等。

1. WAV 格式

WAV 格式是由微软公司推出的一种音频文件格式，用于保存计算机上的音频信息，支持多种音频数位、声道和采样频率，也是目前最为广泛流行的音频文件格式，基本所有的音频编辑软件都支持 WAV 格式。

2. MP3 格式

MP3 格式开发于 20 世纪 80 年代的德国，全称是 MPEG Audio Player 3，也就是指 MPEG 中的音频部分，也就是所谓的音频层。根据不同的压缩质量和编码处理可分为 3 层，分别是 MP1、MP2、MP3 声音文件。它采用高音频、低音频两种不同的有损压缩模式，需要注意的是，MP3 格式的压缩是采用保留低音频和高音频的有损压缩，具有 10∶1~12∶1 的高压缩率，所以 MP3 格式文件尺寸小、音质好。

3. WMA 格式

WMA 格式是微软公司推出的一种音频格式，音质强于 MP3 格式，该格式是以减少整个数据流量来保证音质以提高压缩率的，它的压缩率一般能达到 1∶18 左右。其另一个优点是具有版权保护，从而限制其播放时间及次数，而且最方便的是 Windows 系统可直接播放 WMA 格式的音频文件，方便快捷。

4. AAC 格式

AAC(Advanced Audio Coding)格式是一种高级音频编码文件格式，它所采用的运算法则与 MP3 的运算法则有不同的地方，AAC 是通过与其他功能结合来提高编码效率的，是遵循 MPEG-2 规范的开发技术。所以在压缩能力上远超之前的压缩算法。其内存体积小，支持多种音轨、多种采样率、多种语言兼容率和更高速的解码效率。总之，AAC 可以提供更好的音质享受。

1.4　习题

1. AE 在影视领域起到的作用有哪些？
2. 在哪些领域需要用到影视后期特效合成？
3. 简述影视制作的工作流程。
4. 简述常用的影视后期合成的重要性。
5. 简述关键帧的类型及特点。

6. After Effects CC 2018 所支持的文件格式有哪些？
7. 视频编辑中，最小的单位是什么？
8. 影视制作编辑时以多少帧为基准？

第2章 After Effects CC 2018 基础操作

学习目标

本章主要介绍 After Effects CC 2018 软件的安装方法和基本工作界面及操作流程。学习软件的基础操作前，为了适应不同的后期制作需求，我们需要全面了解软件的基础面板和窗口，对软件进行了解和设置。熟悉和了解这些内容后可提升我们的工作效率，避免出现不必要的错误与麻烦。

本章重点

- 软件介绍
- 基本工作流程
- 项目详解

2.1 After Effects CC 2018 的安装

After Effects CC 2018 是 Adobe 公司打造的一款视频合成及特效制作软件，新版本带来了实用的功能和改进，还发布了全新的高性能体系结构，用来全面提升运行速度，大多数素材都可在应用效果前实时回放，无须等待缓存。下面介绍一下软件安装的系统要求及安装步骤。

2.1.1 系统要求

随着影视行业的崛起，越来越多的人加入了影视制作中，而软件的安装和计算机能不能带动 Adobe Effects CC 2018 软件是一个问题。下面我们介绍一下该软件在 Windows 系统中的配置要求。

Windows 系统：

1) Intel® Core 2 或 AMD Athlon® 64 处理器；2GHz 或更快处理器。

2) Microsoft Windows 7 Service Pack 1、Windows 8.1 或 Windows 10。

3) 2GB RAM(推荐使用 8GB)。

4) 32 位系统安装需要 2.6GB 可用硬盘空间；64 位系统安装需要 3.1GB 可用硬盘空间；安装过程中会需要更多可用空间。

5) 1024×768 显示器(推荐使用 1280×800)，带有 16 位颜色和 512MB 专用 VRAM，推荐使用 2GB。

6) 支持 OpenGL 2.0 的系统。

Mac OS 系统：

1) 支持多核 Intel 处理器的 64 位系统。

2) Mac OS 10.10 (Yosemite)、10.11 (El Capitan)、10.12 (Sierra)，64 位版本。

3) 2GB RAM(推荐使用 8GB)。

4) 安装需要 4GB 可用硬盘空间；安装过程中需要额外的可用空间。

5) 1024×768 显示器(推荐使用 1280×800)，带有 16 位颜色和 512MB 专用 VRAM；推荐使用 2GB。

6) 支持 OpenGL 2.0 的系统。

特别注意：必须进行 Internet 连接并完成注册，才能激活软件并访问在线服务。

2.1.2 安装步骤

要安装 After Effects CC 2018 软件，用户可以到 Adobe 官网注册 ID，然后通过 Adobe Creative Cloud 来下载此软件，进行安装。安装步骤如下：

(1) 下载完成后，解压，双击安装程序，如图 2-1 所示。

名称	修改日期	类型	大小
packages	2017-10-18 0:00	文件夹	
products	2017-10-18 0:00	文件夹	
resources	2017-10-18 0:00	文件夹	
更多免费资源下载	2017-10-19 0:23	文件夹	
Set-up	2017-10-18 0:00	应用程序	3,779 KB

图 2-1　安装步骤 1

(2) 初始化安装程序，如图 2-2 所示。

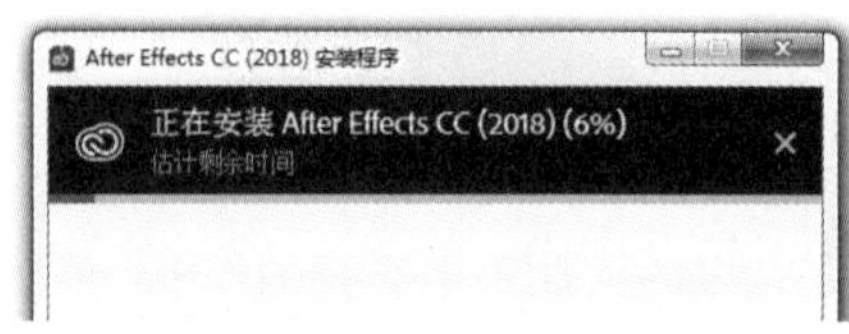

图 2-2　安装步骤 2

(3) 进入【欢迎】界面后，选择【安装】或【试用】。

(4) 进入【需要登录】界面后，输入 Adobe ID，单击【登录】按钮，如图 2-3 所示。

图 2-3　安装步骤 3

(5) 进入【Adobe 软件许可协议】界面后，单击【接受】按钮，如图 2-4 所示。

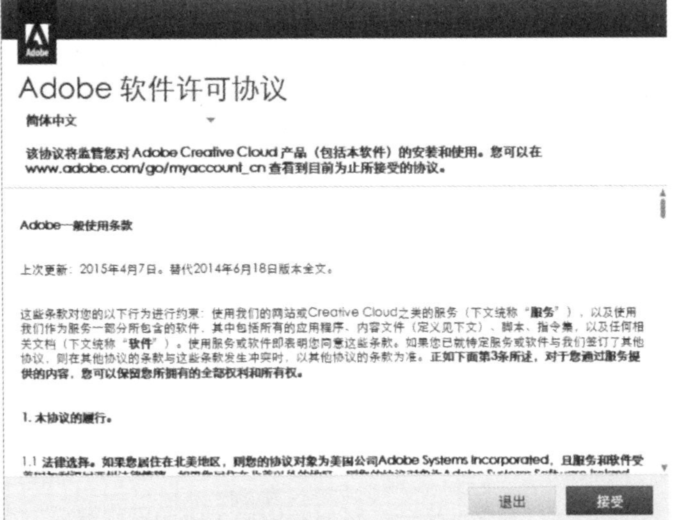

图 2-4　安装步骤 4

(6) 进入【选项】界面后，选择语言及安装路径(默认即可)，单击【安装】按钮。

(7) 进入【安装】界面后，等待安装结束。

(8) 结束软件安装，单击【立即启动】按钮。

(9) 运行 After Effects CC 2018 软件，启动界面如图 2-5 所示。

图 2-5　启动界面

2.2　After Effects CC 2018 新功能

After Effects CC 2018 增加了很多创新功能，除了主属性功能和可在视频预览首选项间切换的 Adobe 沉浸式环境，还引入了数据驱动的动画改进，导入用作新类型素材的 JSON 文件；还使用了“属性链接”关联器，用于快速链接属性以创建复杂动画。将动态图形模板作为项目打开，通过视频限幅器功能，加速 GPU 效果，将视频信号限制在广播合法的范围内。通过表达式访问项目属性，使表达式驱动的动画制作过程趋于自动化。

1. 数据驱动的动画改进

After Effects 对如何使用数据文件在应用程序中驱动动画引入了多项改进：支持逗号分隔值(CSV)文件和制表符分隔值(TSV)文件，每个数据属性都会应用一个表达式，将该属性链接到 JSON、CSV 或 TSV 文件中的数据。还可编写引用这些数据作为图层或素材项的表达式。

2. “属性链接”关联器

与“表达式”关联器类似，“属性链接”关联器可用于快速链接属性以创建复杂动画。链接的属性将使用表达式引用其链接的属性的值。

3. 主属性

当主属性嵌套在另一个合成中时，可以通过主属性访问和编辑合成的图层和效果属性，例如文本、颜色和不透明度。当跨多个合成构建复杂动画时，可以使用主属性降低项目复杂性并节省时间。

4. 基本图形面板改进

可添加 2D 点、2D 缩放和“角度”属性类型，可将 2D 图层的所有变换组属性添加到基本图

形面板中。可在基本图形面板中撤销和重做添加、移除属性或注释或将其重新排序的操作，在“项目”面板中进行复制合成时，还会复制该合成添加到基本图形面板中的属性和注释。

5. 改进的 VR 平面到球面

After Effects 改进了 VR 平面到球面效果的整体输出质量，将支持更平滑且更锐化的图形边缘渲染。

6. 将动态图形模板作为项目打开

动态图形模板具有脚本访问功能。现在可以将在 After Effects 中创建的动态图形模板作为 After Effects 中的项目文件打开，从而保留合成和资源。可以编辑 After Effects 中的模板，将其替换为原始项目(.aep)或导出为新动态图形模板，供用户在 Premiere 中使用。

7. 团队项目支持

目前，团队项目可改进各种自动保存功能，可在团队项目中浏览项目时自动保存，可以将低版本更改为当前版本，也可以在创建团队项目时自动保存。

8. 字体预览和对“字体”菜单的其他改进

新版本中，借助“字体”菜单可进行字体外观的预览。与预览相结合，新“字体”菜单还可用于设置为收藏夹(仅显示个人最喜欢的字体)。可从 Typekit 下载字体，选择样式，例如粗体、斜体、细体、倾斜等。

9. 文本输入改进

文本输入改进包括输入文本时可以在从左至右和从右至左间切换，还简化了文本引擎选项，从而支持段落和新字符选项，也支持印地语。

10. 性能增强

在新版本中，改进了 GPU 内存使用情况，视频和音频格式支持更新，改进了 Camera Raw 格式的视频文件的支持，颗粒效果 CPU 性能改进，“添加颗粒”“匹配颗粒”和“移除颗粒”效果当前在多核 CPU 系统上可更快地执行。

11. 其他增强功能

(1) 整合的缺失文件对话框。

(2) 从文本创建形状或创建蒙版时将在所选图层上方创建图层。

(3) 在“项目”面板中选择复制/粘贴各项时，如果已选择文件夹，AE 会将各项粘贴到所选文件夹中。

2.3　After Effects CC 2018 的工作界面

在对软件进行基础操作前，我们需要了解工作界面的操作方法。下面我们对 After Effects CC

2018 的工作界面进行介绍。

2.3.1 启动与欢迎界面

当首次启动 Adobe Effects CC 2018 时，会自动弹出欢迎界面。在欢迎界面里，我们可以打开最近使用的文件或者创建新的合成文件，如图 2-6 所示。

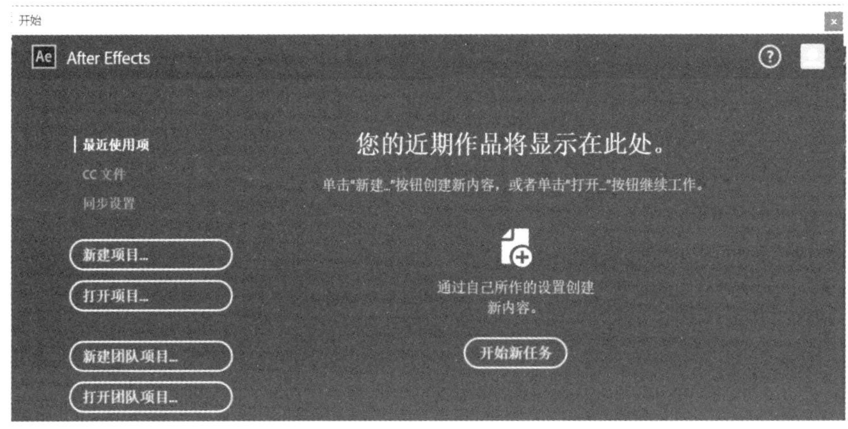

图 2-6　欢迎界面

2.3.2 工作区

Adobe Effects CC 2018 除了默认的工作界面，还可根据不同需求进行工作界面的预设。选择【窗口】|【工作区】命令，在弹出的菜单栏内可选择布局方式，如图 2-7 所示。

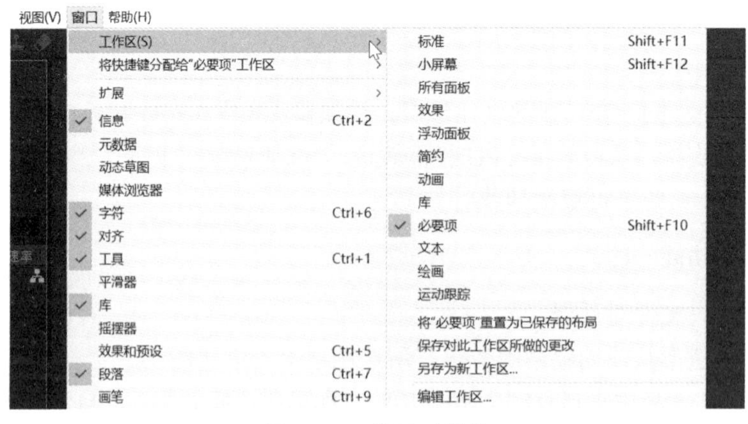

图 2-7　工作界面菜单

工作区菜单功能介绍：

⊙ 【动画】：适用于动画操作的工作界面。

⊙ 【所有面板】：可显示所有可用面板。

⊙ 【效果】：方便调节特效的工作界面。

- 【文本】：适用于文本创建的工作界面。
- 【标准】：默认的 After Effects CC 2018 工作界面。
- 【简约】：只简单显示时间轴和预览合成的窗口，为了方便显示预览图像。
- 【绘图】：适用于绘图操作的工作界面。
- 【运动跟踪】：主要是对图像关键帧进行编辑，用于动态跟踪。

After Effects CC 2018 针对不同需求预设不同的工作区，当前处于默认工作界面时，若要更换工作区，可通过以下具体操作进行更换。

【例 2-1】更换工作区。

(1) 选择菜单【窗口】|【工作区】命令可看到多种工作区布局方式，如图 2-8 所示。

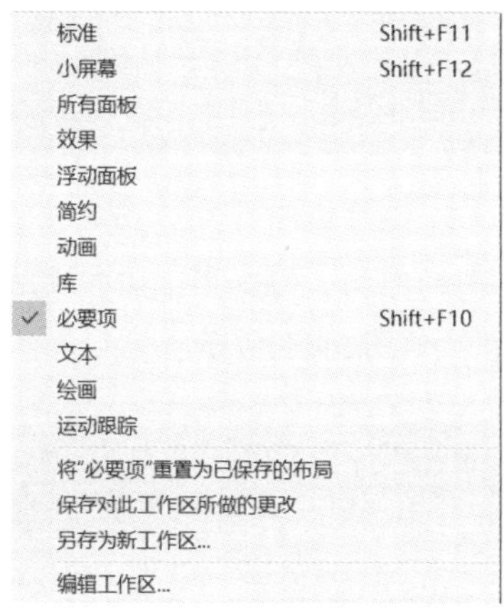

图 2-8　工作区面板

(2) 选择“动画”工作区，界面会有所变化，原项目面板会自动关闭，与动画有关的预设及面板显示在界面中，如图 2-9 所示。

图 2-9　“动画”工作区

(3) 选择“所有面板”工作区，可看到多种面板，大多只显示名称标签，如图 2-10 所示。

图 2-10　工作区所有面板

(4) 工作区可通过切换更换不同的布局，假如不小心把面板弄乱，想让它恢复原样，可选择【标准】命令，使其恢复默认面板，如图 2-11 所示。

图 2-11　默认工作区

2.3.3　自定义工作界面

After Effects CC 2018 为给用户更多的体验，提供了自定义的工作界面，用户可以根据不同需求自由定制界面。可以自由地设置面板的大小、位置，进行不同的搭配，组成新的工作界面进行保存，便于以后使用。具体操作方法如下：

【例 2-2】自定义工作界面。

(1) 根据个人需求设置自己的工作界面布局。

(2) 单击工具栏中的【工作区】按钮，或在菜单栏中选择【新建工作区】命令，打开【新建工作区】对话框，将其命名为“个人工作区”，如图 2-12 所示，单击【确定】按钮。

图 2-12　新建工作区

(3) 在菜单栏中选择【窗口】|【将快捷键分配给“个人工作区”工作区】| Shift + F10 命令，可将快捷键 Shift+F10 设置成“个人工作区”，替换默认的工作区，如图 2-13 所示。

图 2-13　选择命令

默认的工作界面由菜单栏、工具栏、【合成】窗口、【时间轴】面板、【项目】面板、【效果和预设】面板等组成。用户可通过单击【工作区】选项选择想要的工作模式。也可以通过【窗口】菜单来关闭或显示面板，如图 2-14 所示。

- 【合成】窗口：这里有操作窗口和显示窗口两个区域，用户在操作时可以设置想要画面显示的质量、窗口调整的大小显示及视图显示等。该窗口主要适用于各个图层的效果显示，如图 2-15 所示。
- 【项目】面板：用户可以在【项目】面板中查看信息，例如素材的大小、帧速率以及持续时间等，也可以对素材进行替换、解释、重命名等基本操作。它主要用于对素材的管理及存储，如果所需素材多，可直接通过添加文件夹的方式去管理、分类素材，如图 2-16 所示。

图 2-14 【窗口】菜单

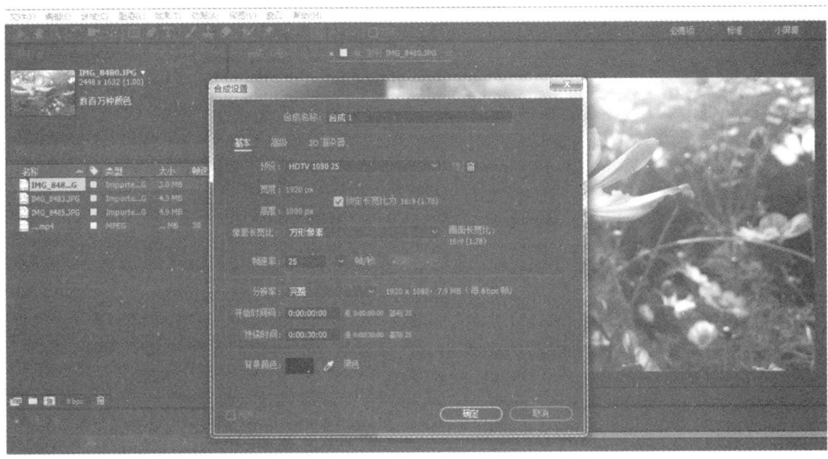

图 2-15 【合成】窗口

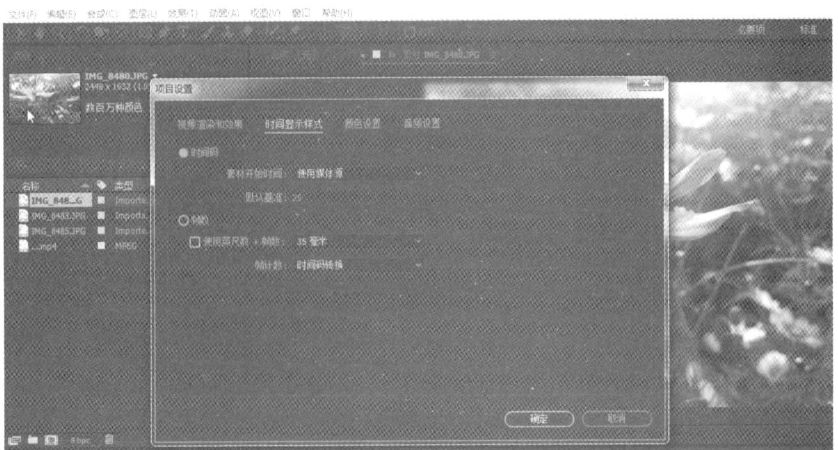

图 2-16 【项目】面板

- 【时间轴】面板：主要用于操作时添加滤镜和关键帧等，以从上而下排列图层的方式添加素材。主要分为控制面板区域和编辑时间线区域，而在编辑时间线区域，用户可通过【图表编辑器】按钮将所编辑的区域分成关键帧和图表两种编辑模式。
- 【效果和预设】面板：After Effects CC 2018 为用户提供了制作完成的动画预设效果，这种效果包含了动态背景、文字动画、图像过渡等，为图层增加了滤镜效果，用户可在图层中直接调用。

2.4　设置 After Effects CC 2018 首选项

成功安装并运行 After Effects CC 2018 软件时，为了满足制作需求，最大化地利用资源，用户需要对所用的参数设置进行全面了解。可以通过选择【编辑】|【首选项】|【常规】命令，打开【首选项】对话框，如图 2-17 所示。下面对【首选项】对话框做简单介绍。

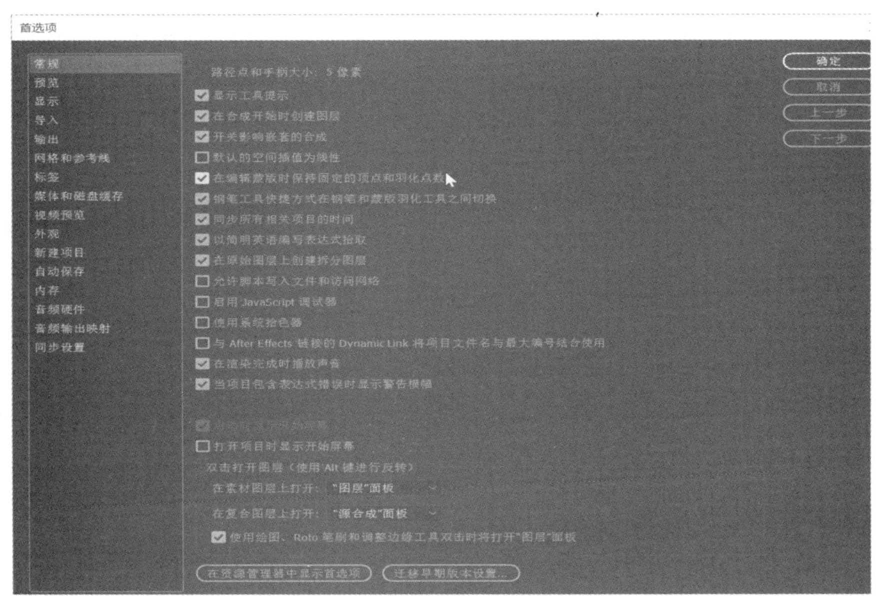

图 2-17　【首选项】对话框

【例 2-3】设置首选项。

(1) 选择菜单栏中的【文件】|【项目设置】命令，弹出【项目设置】对话框，显示【时间显示样式】下的【时间码】选项，如图 2-18 所示，将按美国 NTSC 制式设置的基准数 30 改为 25，因为国内电视是以 PAL 制式为基准的，所以改成 25，即视频的帧速以每秒 25 帧为默认基准。

(2) 选择菜单栏中的【编辑】|【首选项】|【常规】命令，在打开的【首选项】对话框中可以设置路径点和手柄大小。

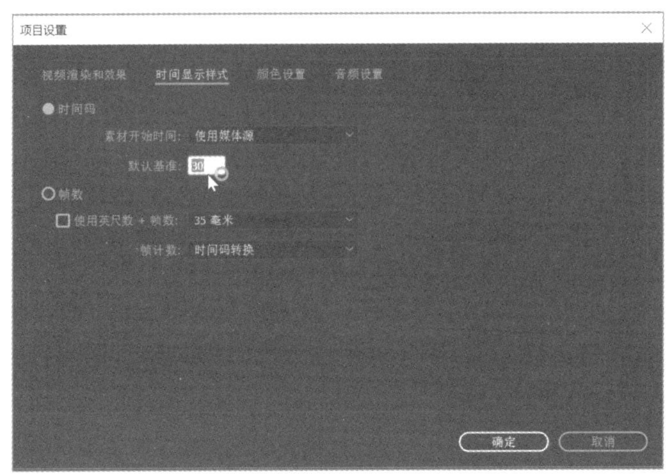

图 2-18　项目默认基准设置

(3) 选择【首选项】对话框中的【导入】选项，如图 2-19 所示。将【序列素材】原来的每秒 30 帧改为每秒 25 帧。唯一的区别是将动态画面导入 AE 时，按每秒 30 帧设置导入后为 1 秒的长度，而按每秒 25 帧设置导入后为 1 秒 05 的长度。所以这个设置完全取决于项目所需合成设置用的基准，以国内 PAL 制式视频为基准，就是每秒 25 帧。

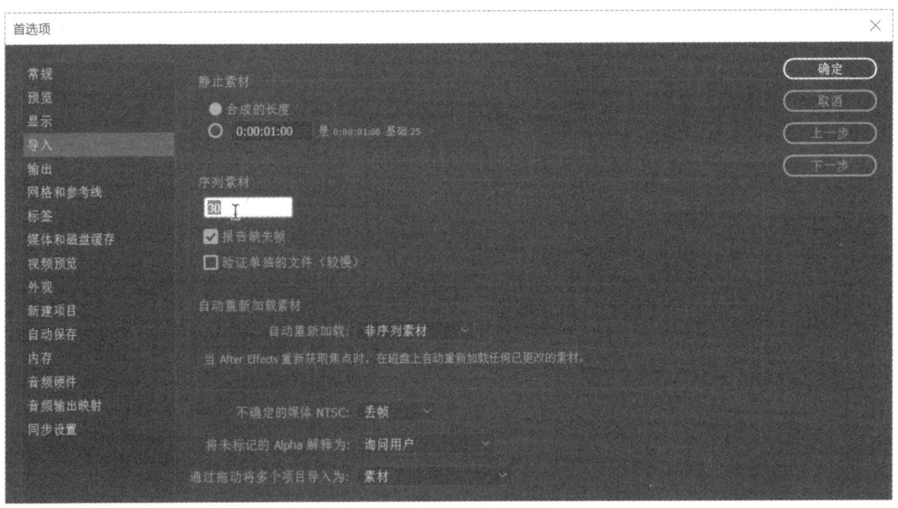

图 2-19　首选项导入参数设置

(4) 选择【首选项】对话框中的【媒体和磁盘缓存】选项，如图 2-20 所示。单击【符合的媒体缓存】下的【数据库】和【缓存】中的【选择文件夹】按钮，将系统盘上的文件夹设置到系统盘外，也可以给磁盘重新指定路径。

(5) 选择【首选项】对话框中的【自动保存】选项，选中右侧的复选框，如图 2-21 所示。

(6) 在【同步设置】中有多项功能，如图 2-22 所示。其中【可同步的首选项】指的是不依赖于计算机或硬件设置的首选项。由于 AE 支持在计算机上创建用户配置文件，并使配置文件与关联的 Creative Cloud 账户之间进行同步设置，因此可使用【可同步的首选项】功能进行同步设置。

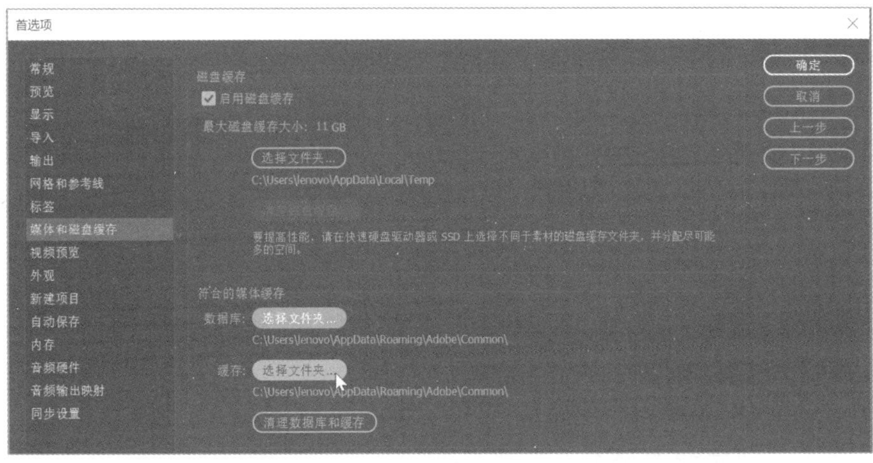

图 2-20　首选项媒体和磁盘参数设置

图 2-21　首选项自动保存参数设置

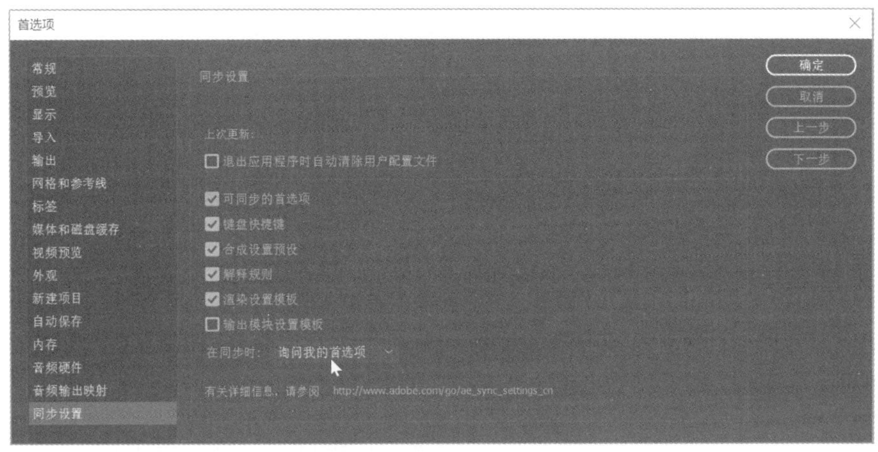

图 2-22　首选项同步设置参数

2.5 基本工作流程

在开始创建合成前，用户需要了解 After Effects CC 2018 的基本工作流程，包括导入和管理素材、在合成中创建动画效果、图层概念、渲染输出等。

2.5.1 导入和管理素材

创建一个项目后，在【项目】面板中可将所需素材导入，后面的章节会详细介绍导入不同素材的方法和管理素材的方法。

2.5.2 在合成中创建动画效果

用户可根据需求创建一个或多个合成。可在【时间轴】面板中进行图层的排列与组合，可对图层属性进行修改，例如图层的位置、大小和不透明度等。利用多种滤镜效果、蒙版混合模式进行丰富的动画效果制作。

2.5.3 图层概念

在 Adobe 公司开发的图形软件中，对图层的概念都有很好的解释，而 AE 中的图层大多用于实现动画效果，因此与图层相关的大部分命令都是为了让动画更丰富。AE 图层中包含的元素比 PS 中的图层所包含的元素丰富得多，不仅是图像文件，还包含摄影机、灯光、声音等。即便是第一次接触这种处理方式，也能很好地操作。在 AE 中，相关的图层操作都是在【时间轴】面板中进行的，所以图层与时间是相关的，都建立在素材的编辑中，如图 2-23 所示。

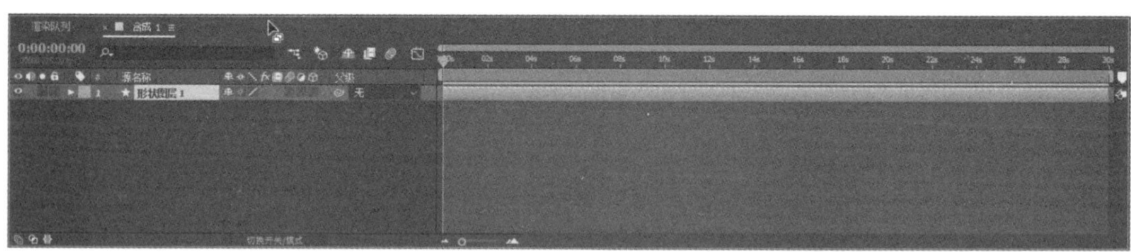

图 2-23 【时间轴】面板

2.5.4 渲染输出

影视制作的最后一个步骤是渲染输出，而渲染方式影响了影片的最后效果，在 AE 中可将已合成项目输出成音频、视频文件或序列图片等。在渲染时，如果只想渲染其中一部分，须设置渲染工作区参数，渲染工作区在【时间轴】面板中，如图 2-24 所示。

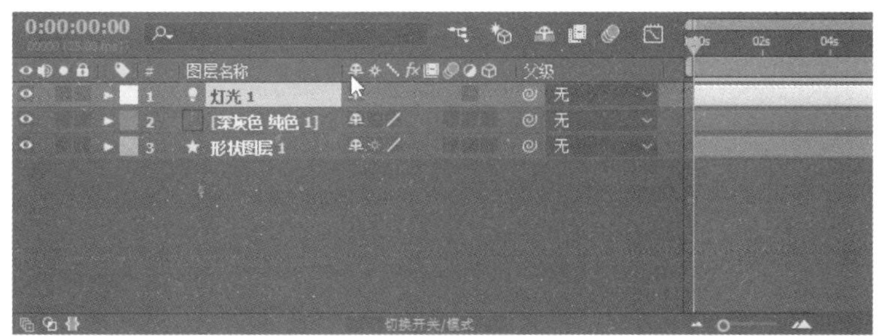

图 2-24　设置渲染参数

2.6　项目详解

After Effects 中的【项目】窗口主要用于素材的组织管理与合成，在【项目】窗口中可查看每个素材或合成的时间、帧速率和尺寸等信息，下面对项目的新建、打开和保存进行介绍。

2.6.1　创建与打开项目

在启动 AE 时，会自动创建一个新项目，如图 2-25 所示。也可直接打开项目，选择【文件】|【打开项目】命令，如图 2-26 所示，即可打开所需项目。

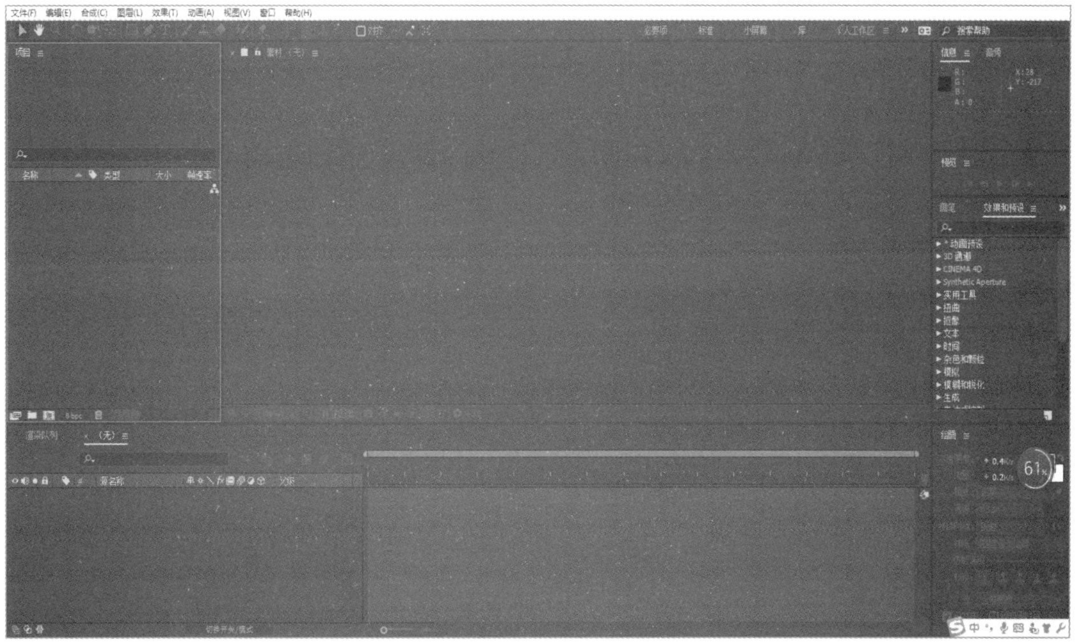

图 2-25　创建新项目

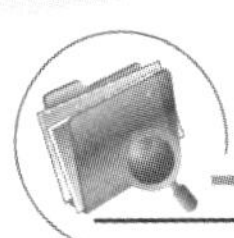

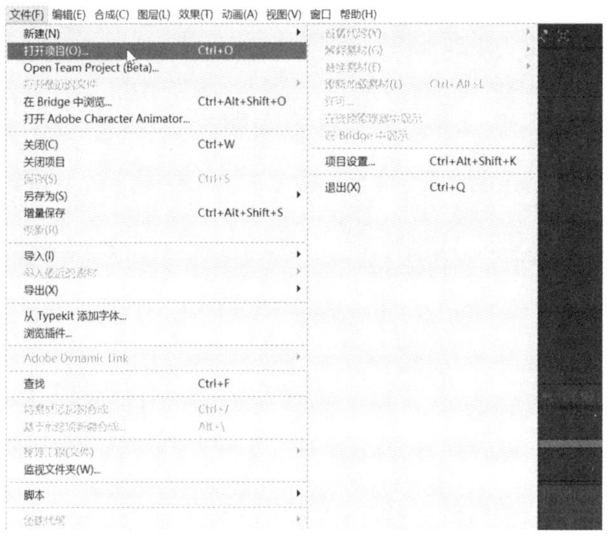

图 2-26 选择【打开项目】命令

2.6.2 项目设置

在创建或打开一个项目时，可对该项目进行设置，选择【文件】|【项目设置】命令，打开【项目设置】对话框，根据需求进行设置，如图 2-27 所示。

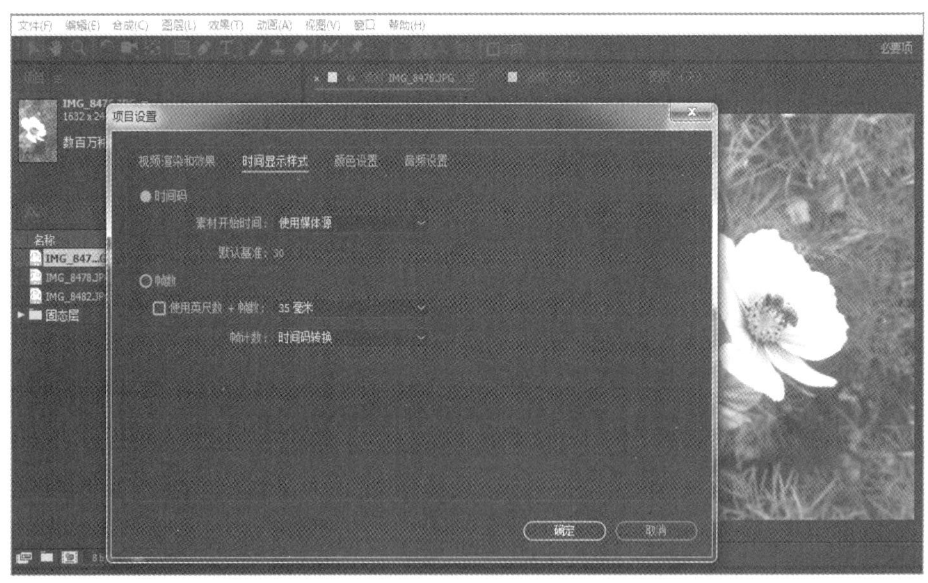

图 2-27 【项目设置】对话框

2.6.3 保存项目

对项目设置后可以保存该项目，选择【文件】|【保存】命令，或按快捷键 Ctrl+S，在弹出的【另存为】对话框中进行存储路径和名称的设置，单击【保存】按钮进行项目的保存，如图 2-28 所示。

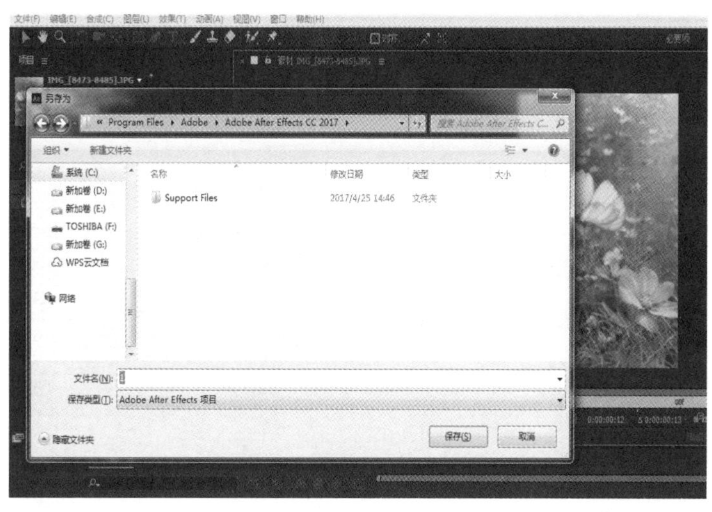

图 2-28　【另存为】对话框

2.7　合成详解

After Effects 的编辑操作必须在一个合成中进行，在一个项目内可创建一个或多个合成，而每一个合成都能作为一个新的素材应用到其他合成中，下面对合成的新建和设置进行介绍。

2.7.1　新建合成

新建合成的方法有三种。用户可选择【合成】|【新建合成】命令；也可通过在【项目】窗口的空白处单击鼠标右键，选择【新建合成】命令，如图 2-29 所示；或按下快捷键 Ctrl+N，快速完成合成的创建。

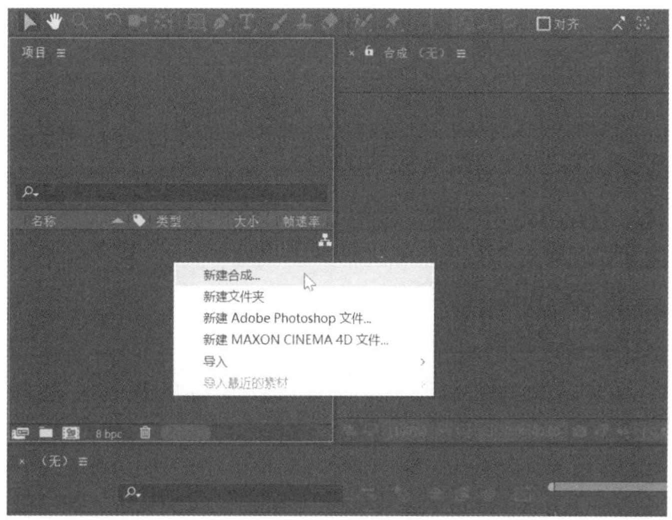

图 2-29　新建合成

2.7.2 合成设置

选择【新建合成】命令后，可在弹出的【合成设置】对话框中进行参数设置，如图 2-30 所示。

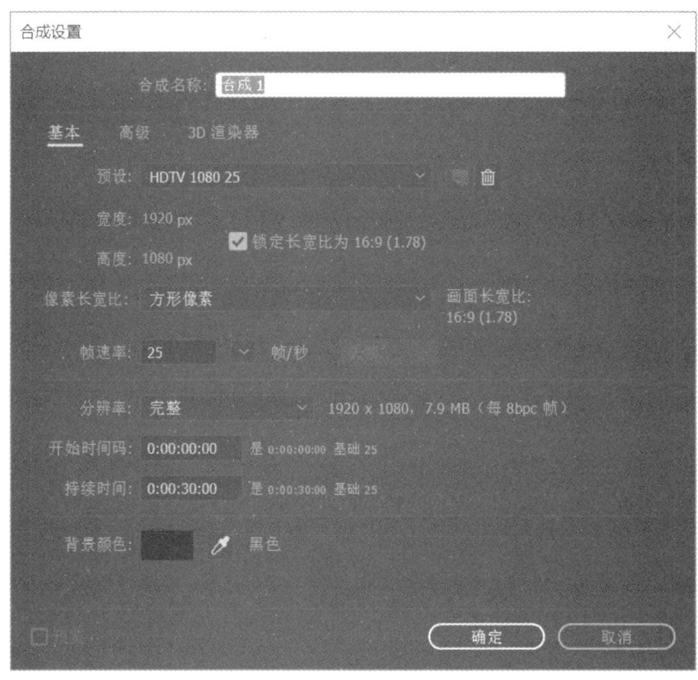

图 2-30 【合成设置】对话框

【合成设置】对话框中的基本参数介绍如下：

- 【预设】：可选择预设后的合成参数，快速地进行合成设置。
- 【像素长宽比】：可设置像素的长宽比例，在下拉列表中可以看到预设的像素长宽比。
- 【帧速率】：可设置合成图像的帧速率。
- 【分辨率】：可对视频效果的分辨率进行设置，用户可通过降低视频的分辨率来提高渲染速度。
- 【开始时间码】：可设置项目起始的时间，默认从 0 帧开始。
- 【背景颜色】：可设置合成窗口的背景颜色，用户可通过选择【吸管工具】进行背景颜色的调整。

【合成设置】对话框中的高级参数如图 2-31 所示。

- 【锚点】：可对合成图像的中心点进行设置。
- 【运动模糊】：可对快门的角度和相位进行设置，快门的角度影响图像的运动模糊程度，快门的相位则影响运动模糊的偏移程度。
- 【每帧样本】：可设置对 3D 图层、特定效果的运动模糊和形状图层进行控制的样本数目。

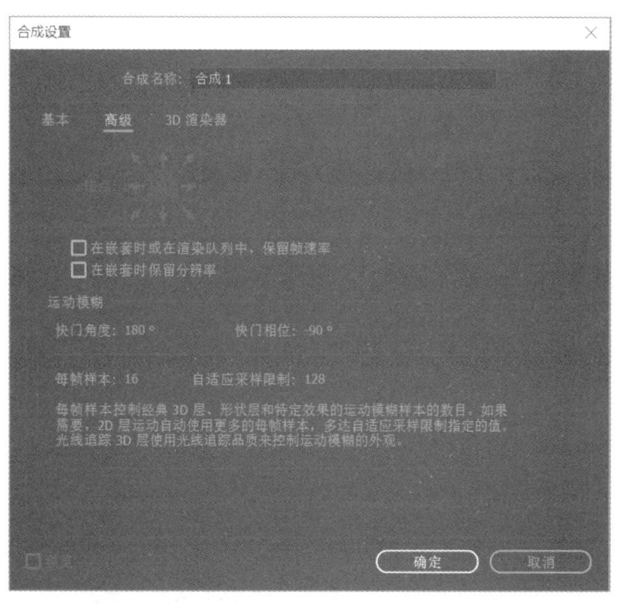

图 2-31　【合成设置】对话框中的高级参数设置

2.7.3　合成的嵌套

合成的嵌套是指一个合成包含在另一个合成中，当对多个图层使用相同特效或对合成的图层分组时，可以使用合成的嵌套功能。合成的嵌套也被称为预合成，是将合成后的图层包含在新的合成中，这会把原始的合成图层替换掉，而新的合成嵌套又成为原始的单个图层源。

2.7.4　【时间轴】面板

合成都有自己的【时间轴】面板，绝大多数的合成操作都是在【时间轴】面板中完成的。它主要对图层属性和动画效果进行设置，在该面板中，可根据用户需求进行操作，例如素材出入点的位置、图层的混合模式等。【时间轴】面板的左侧为控制面板区域，由图层空间组成，右侧为时间轴区域，如图 2-32 所示。在【时间轴】面板中，底部的图层会最先渲染。

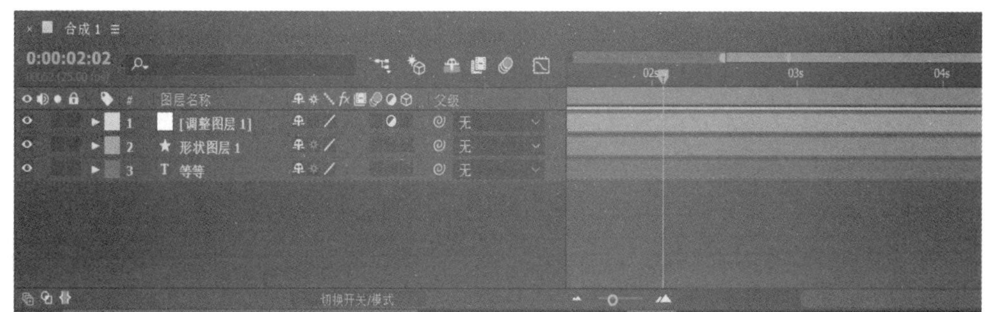

图 2-32　【时间轴】面板

【时间轴】面板主要由下列工具或按钮组成：

- 【时间码】：用来显示【时间指示器】的时间位置，可直接单击时间码来输入参数以调整【时间指示器】的时间位置。
- 【搜索】：用来搜索和查找素材的属性设置。
- 【合成微型流程图】：用来调整流程图的显示设置。
- 【草图 3D】：用来显示草图 3D 的功能。
- 【隐藏图层】：用来隐藏其设置【消隐】开关的所有图层。
- 【帧混合】：用来为设置了【帧混合】开关的所有图层启用帧混合。
- 【运动模糊】：用来为设置了【运动模糊】开关的所有图层启用运动模糊。
- 【图表编辑器】：用来切换时间轴操作区域的显示方式，如图 2-33 所示。

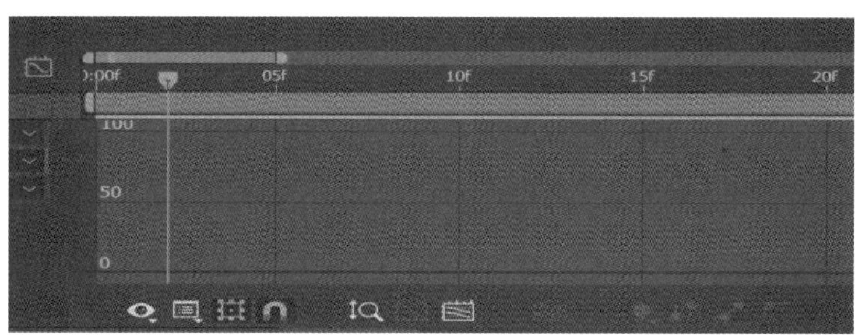

图 2-33　图表编辑器

2.8　导入与管理素材

After Effects 作为影视后期制作软件，在进行特效制作时，素材是必不可少的，需要将所需素材导入【项目】窗口，【项目】窗口主要用于素材的存放及分类管理。除了软件本身的图形制作和添加的滤镜效果，大量的素材是通过外部媒介导入获取的，而这些外部素材则是后期合成的基础，本节主要介绍素材的类型以及素材的导入和管理方法。

2.8.1　素材类型与格式详解

After Effects 可以导入多种类型与格式的素材，如图片素材、视频素材、音频素材等。

- 【图片素材】：是指各种设计、摄影的图片，是影视后期制作最常用的素材，常用的图片素材格式有 JPEG、TGA、PNG、、PDF、BMP、PSD、EXR 等。
- 【视频素材】：是指由一系列单独的图像组成的视频素材形式，而一幅单独的图像就是“一帧”，常用的视频素材格式有 AVI、WMV、MOV、MPG 等。
- 【音频素材】：是指一些字幕的配音、背景音乐和声音特效等，常用的音频格式主要有 WAV、MP3、AAC、AIF 等。

2.8.2　导入不同类型素材的方法

导入素材的方法有很多，可分次导入，也可一次性全部导入素材，而不同类型素材的导入又需要不同的操作。下面简单介绍几种常用素材和不同类型素材的导入方法。

【例 2-4】常用素材的导入方法。

(1) 选择【文件】|【导入】|【文件】命令，或按快捷键 Ctrl+I，打开【导入文件】对话框，如图 2-34 所示。

图 2-34　【导入文件】对话框

(2) 在【项目】窗口的空白处单击鼠标右键，在弹出菜单中选择【导入】|【文件】命令，如图 2-35 所示，也可打开【导入文件】对话框。

图 2-35　从【项目】面板导入文件

(3) 在【项目】窗口的空白处双击鼠标，可直接打开【导入文件】对话框。如要导入最近导入过的素材，执行【文件】|【导入最近的素材】命令，可直接导入最近使用过的素材文件，如图 2-36 所示。

图 2-36　导入最近使用过的素材

不同类型的素材导入方法介绍如下。

1. 序列文件的导入

序列文件是按某种顺序排列组成命名的图片，每一帧画面都是一幅图片，例如导入带有 Alpha 通道渲染的序列动画图片(如.png、.tga 等文件)，可供后期制作合成使用。大多数情况是用相机进行拍摄的连续图片，可在后期制作成运动影像。

对于正常的序列动画图片导入，需选中 Targa Sequence 选项，如没有选中，导入的则会是其中一帧的静态画面。要导入相机拍摄的连续图片，可选择【编辑】|【首选项】|【导入】命令，通过设置每秒导入多少帧的画面来对导入文件设置帧速率，可合成为活动影像，如图 2-37 所示。

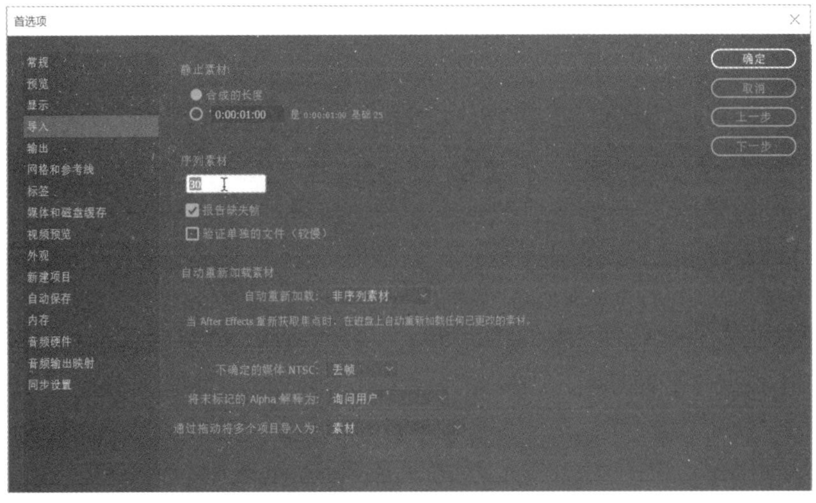

图 2-37　设置导入文件的帧速率

2. 带图层文件的导入

在导入带图层的素材文件时，可以导入 Photoshop 软件生成的含有图层信息的.psd 格式文件，而且可以对文件中的信息进行保留。选择【文件】|【导入】|【文件】命令，弹出【导入文件】对话框，如图 2-38 所示，选择【导入为】下拉列表中的【合成】选项，素材将以【合成】方式导入。

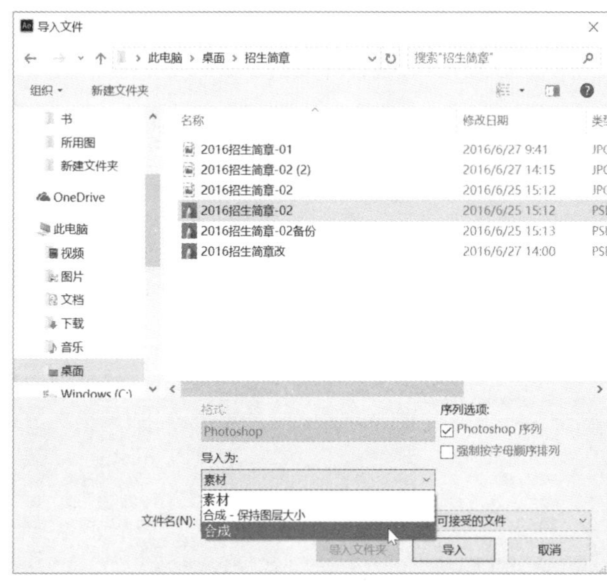

图 2-38 导入带图层文件的素材

- ⊙【素材】：可选择合并图层和指定的某个图层。
- ⊙【合成-保持图层大小】：对各图层的尺寸进行裁切，对超出文件尺寸的图像会保留它的完整数据，如图 2-39 所示。

图 2-39 设置图层文件大小

⊙ 【合成】：可将带图层的文件素材转换到 AE 的图层中，最大程度地保留了文件原有的属性，但超出文件尺寸的图像会被裁切掉部分图像数据。

2.8.3　管理素材的方法

当进行特效制作时，【项目】面板中存放着大量的素材。这些素材在制作过程中，常出现需要重新解释或替换的情况，为了保证【项目】面板的整洁，我们还需要对素材进行管理，管理素材的方法有以下几种。

1. 素材的排序

素材是有其排列顺序的，在【项目】面板中，可按照【名称】【大小】【类型】【帧速率】【媒体持续时间】【入点】【文件路径】等方式对素材进行排列。单击【项目】面板中的属性标签，可改变素材的排列方式，如图 2-40 所示。

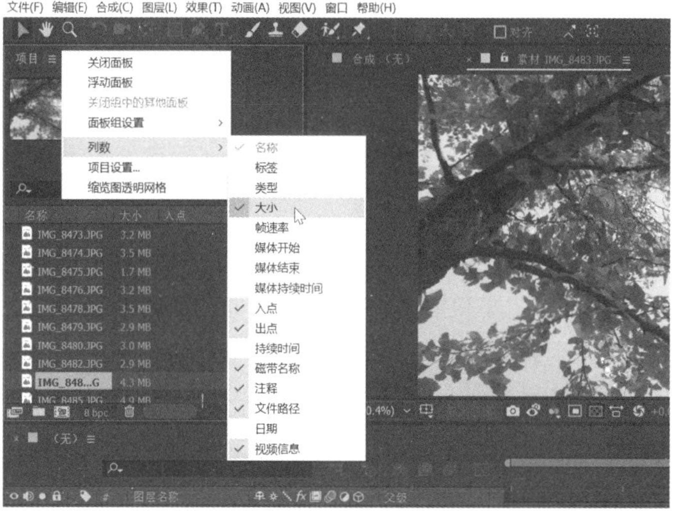

图 2-40　素材的排序

2. 素材的解释

对于已经导入【项目】面板中的素材，要想对素材的帧速率、通道信息进行修改，可选择【项目】面板中想要修改的对象，执行【文件】|【解释素材】|【主要】命令。也可直接单击【项目】面板底部的【解释素材】按钮，弹出如图 2-41 所示的对话框。

3. 素材的替换

根据用户的需求，在对合成中的素材进行替换时，可通过两种操作方法实现。用户可选择【项目】面板中要替换的素材，执行【文件】|【替换素材】|【文件】命令，如图 2-42 所示，在弹出的【替换素材文件】对话框中选择替换的素材。也可直接在需要替换的素材上单击鼠标右键，选择快捷菜单中的【替换素材】|【文件】命令，在弹出的对话框中选择替换的素材文件。

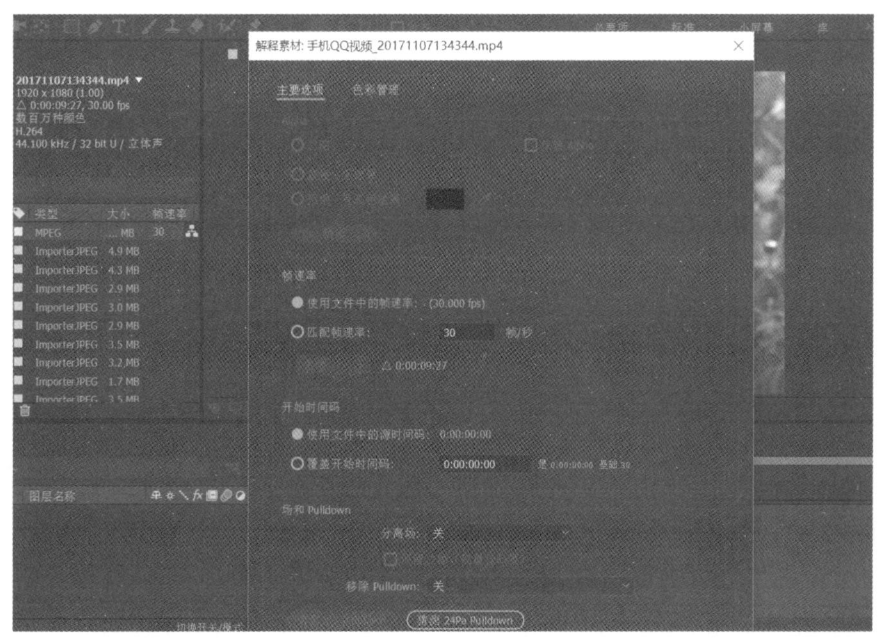

图 2-41　【解释素材】对话框

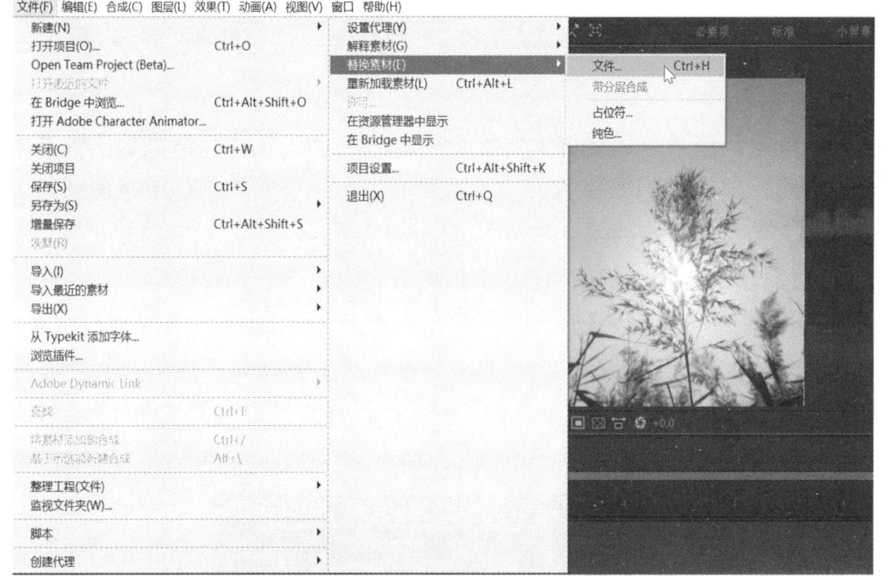

图 2-42　【替换素材】命令

4. 素材的整合

当【项目】面板中的素材过多时，可通过素材的整合来创建文件夹，分类整理素材文件。可以自由指定分类方式，常用的分类方式包括素材类型、镜头号等。

用户可在【项目】面板底部单击【新建文件夹】按钮，可直接在弹出的文件夹输入框里输入新建文件夹的名称，如图 2-43 所示。也可选中文件夹后右击鼠标，选择快捷菜单中的【重

命名】命令，修改新建文件夹的名称。

在创建完文件夹后，用户可选中素材，直接将素材拖到相应的文件夹中，如图 2-44 所示。当需要删除文件夹时，可直接选中要删除的文件夹，单击【删除所选项目】按钮。如该文件夹中包含素材文件，会弹出警示框，提示里面包含素材文件，是否执行【删除】命令。

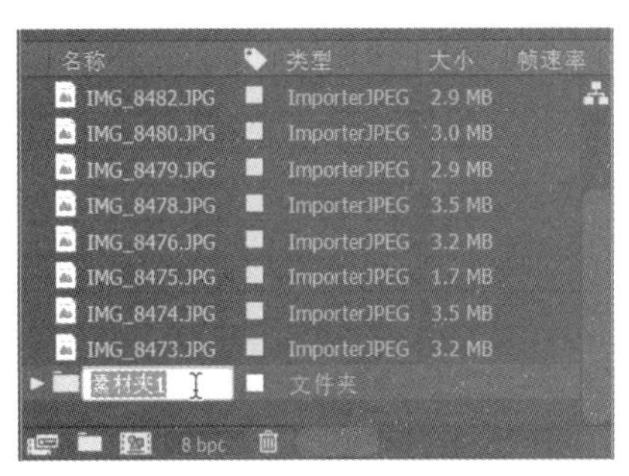
图 2-43　为素材的整合建立文件夹

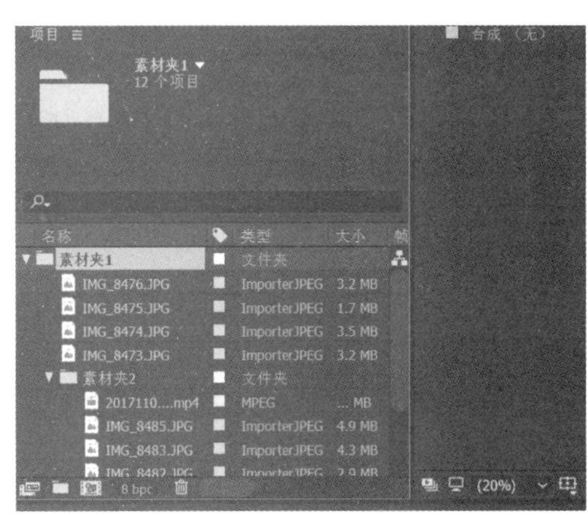
图 2-44　将素材拖入文件夹

2.9　上机练习

通过本章的学习，用户可以更好地掌握素材导入、动画制作、渲染输出的基本操作方法和技巧，对后期制作软件有基本的认识，为后续工作打下坚实的基础。下面通过一个简单的例子进行说明。

(1) 选择【文件】|【新建】|【新建项目】命令，创建一个新的项目。

(2) 选择【合成】|【新建合成】命令，在弹出的【合成设置】对话框中进行设置。可对合成视频的尺寸、时间长度、帧数进行预设，然后单击【确定】按钮，建立一个新的合成。

(3) 选择【文件】|【导入】|【多个文件】命令，选择 4 张图片素材进行进一步的编辑，如图 2-45 所示。

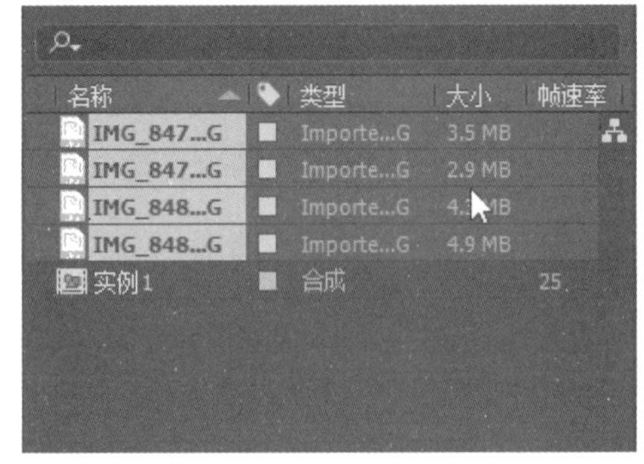
图 2-45　导入图片素材

(4) 导入素材后，选中这 4 个文件，拖入【时间轴】面板中，图片将被添加到合成影片中，如图 2-46 所示。

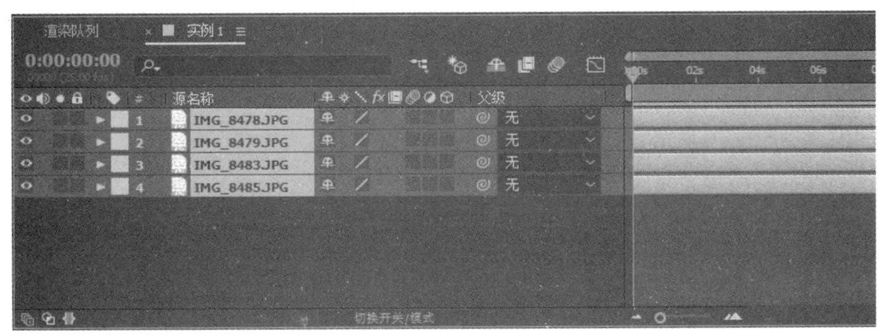

图 2-46　拖入【时间轴】面板

(5) 在【合成】面板中单击网格和参考线选项按钮，弹出选择菜单，选中【标题-动作安全】选项，打开安全区域，如图 2-47 所示。

图 2-47　打开安全区域

(6) 要实现简单的幻灯片播放效果，每秒播放一张图片，最后一张实现渐隐的效果。为准确设置时间，可按快捷键 Alt+Shift+J，弹出【转到时间】对话框，将数值改为 0:00:00:00，如图 2-48 所示。

图 2-48　【转到时间】对话框

(7) 单击【确定】按钮，【时间轴】面板中的时间指示器会调整到 01s 的位置，如图 2-49 所示。

(8) 选择图片素材 1 所在图层，单击合成面板中的}按钮，设置素材出点时间在时间指示器上的位置，如图 2-50 所示。

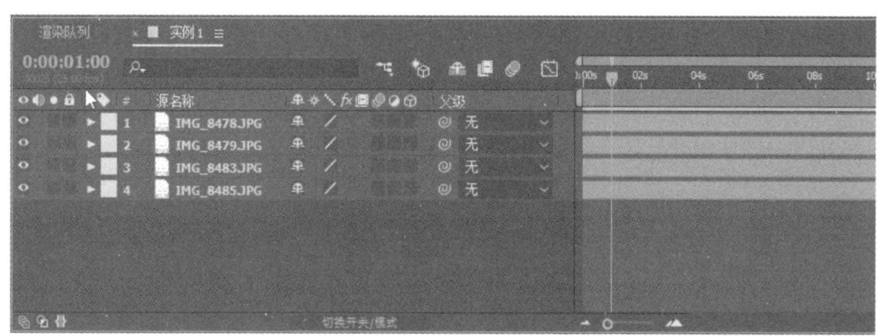

图 2-49　时间指示器显示

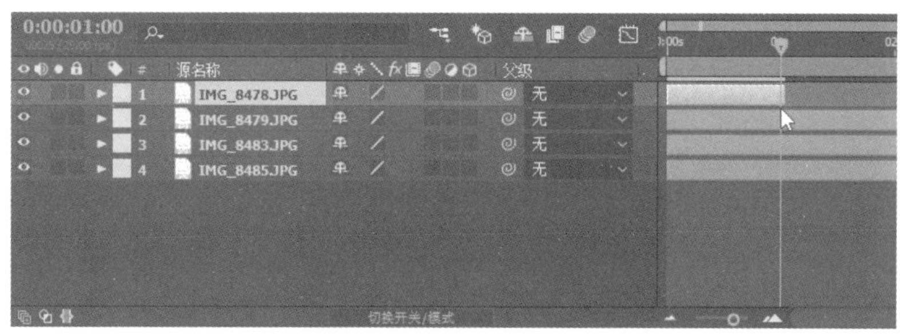

图 2-50　设置出点时间位置

(9) 参照上述步骤中的方法，将图片素材每间隔 1s 依次排列，图片素材 4 不用改变位置，如图 2-51 所示。

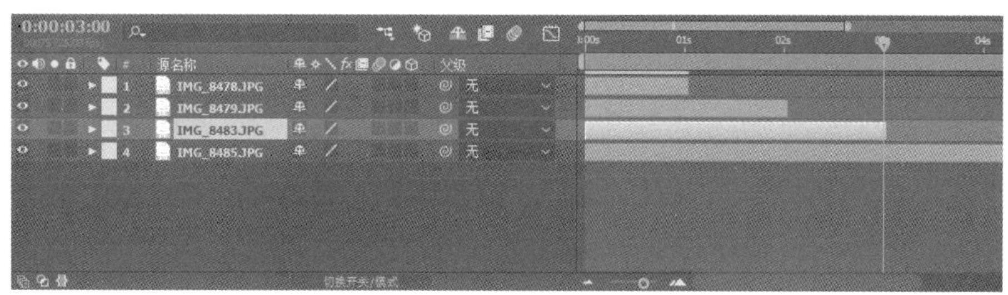

图 2-51　改变素材时间位置

(10) 选中图片素材 4，单击图片前的三角图标，可以展开该素材的【变换】属性面板(每个属性都可制作相应的动画效果)，如图 2-52 所示。

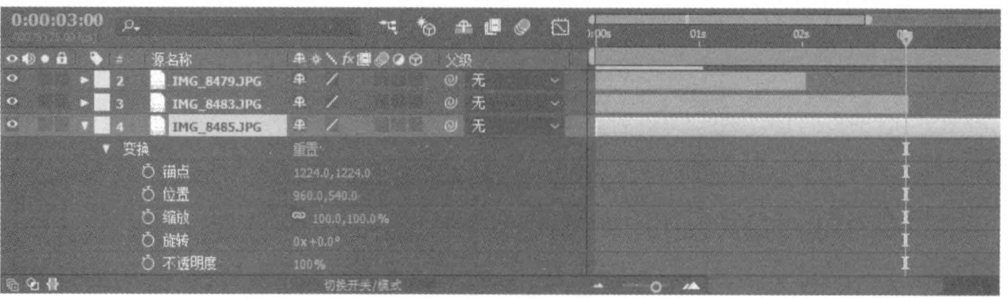

图 2-52　素材属性面板

(11) 要给图片素材 4 添加渐隐消失效果，就是改变其不透明度。单击不透明度前的图标，这时在时间指示器所在位置会为不透明度属性添加一个关键帧，如图 2-53 所示。

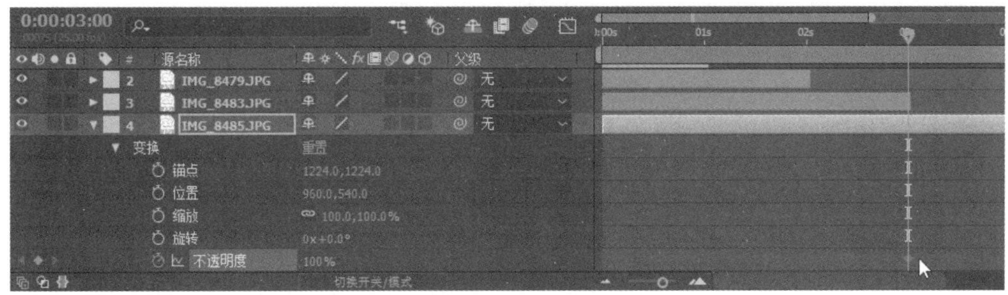

图 2-53　为不透明度属性添加关键帧

(12) 将时间指示器移动到 0:00:04:00 位置，调整不透明度值为 0，这时，在时间指示器所在位置会为不透明度属性添加关键帧，如图 2-54 所示。

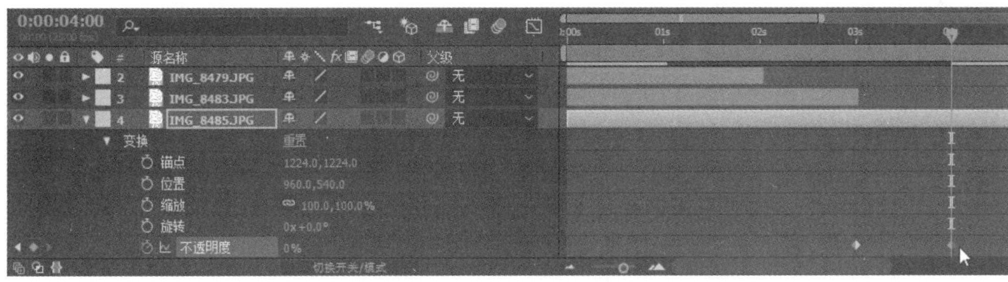

图 2-54　为不透明度属性(值为 0)添加关键帧

(13) 单击【预览】面板中的【播放】按钮，进行影片预览，确保无误。

(14) 预览无误后，选择【合成】|【添加到渲染队列】命令，或按快捷键 Ctrl+M，如图 2-55 所示，弹出【渲染队列】面板。如第一次进行文件输出，AE 会让用户选择文件输出的保存位置，如图 2-56 所示。

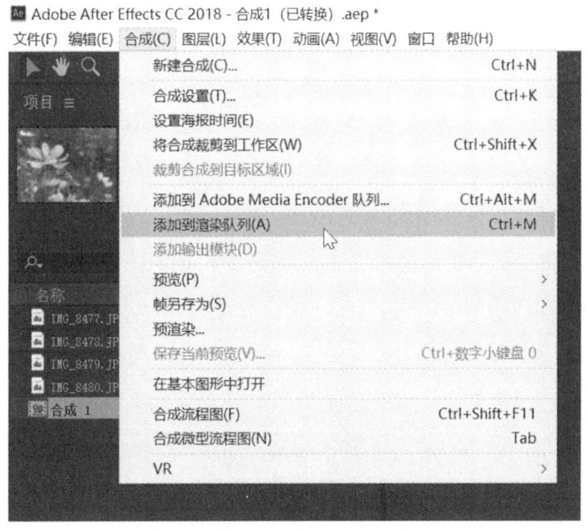

图 2-55　添加渲染队列

(15) 选择好文件输出位置，单击【渲染】按钮，进行影片的输出渲染。

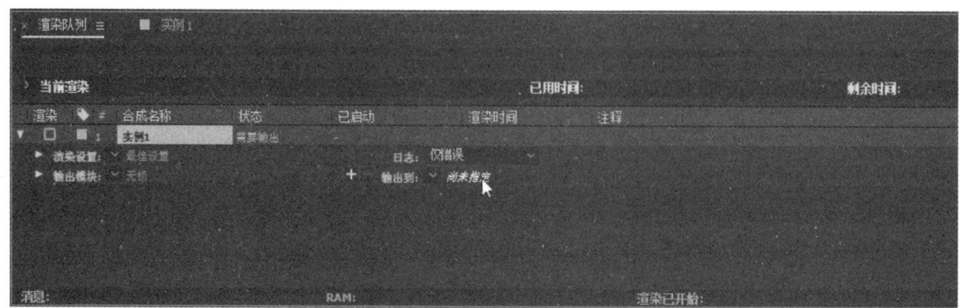

图 2-56　选择文件输出位置

通过这个实例，我们简单地了解了素材的导入、编辑属性、预览影片的效果以及输出影片的方法。

2.10　习题

1. 什么是预合成？
2.【时间轴】面板的作用是什么？
3. 导入素材都有哪几种方式？具体的操作方法是什么？
4. 组织管理素材的方法有哪些？作用是什么？
5. 选择所喜欢的素材文件，进行图像的合成与渲染练习。

第3章 图层认识与操作

学习目标

本章主要介绍 After Effects CC 2018 图层的定义和基本知识及操作流程。在制作作品前，为了适应不同的后期制作需求，我们需要全面了解图层的基本操作，对图层进行了解和设置。After Effects 的图层所包含的元素比较丰富，不仅包含图像素材，还包含声音、灯光等，熟悉和了解图层操作后可提升我们的制作效率，避免出现不必要的错误与麻烦。

本章重点

- 认识图层
- 图层操作
- 实例详解

3.1 认识图层

After Effects 中的图层是基于动画制作的一个后期平台，所有的特效和动画都是在基础的图层上进行制作和实现的。图层的定义就等同于是在一张透明的纸上进行制作，透过一层纸可以看到下一层纸的内容，但是不会影响每一个图层上的内容。最后将每层纸叠加，通过改变图层位置及创建新的图层，即可达到我们最后想要的制作效果。

3.2 创建图层

图层是构成合成的元素。如果没有图层，合成就是一个空的帧。在后期制作时，我们可以根据需求通过新建图层进行合成创建，有些合成中包含众多图层，而有些合成中仅仅包含一个图层。下面简单介绍如何创建图层。

【例 3-1】创建图层。

(1) 选择【合成】|【新建合成】命令新建合成。

(2) 选择【图层】|【新建】命令创建图层，如图 3-1 所示。

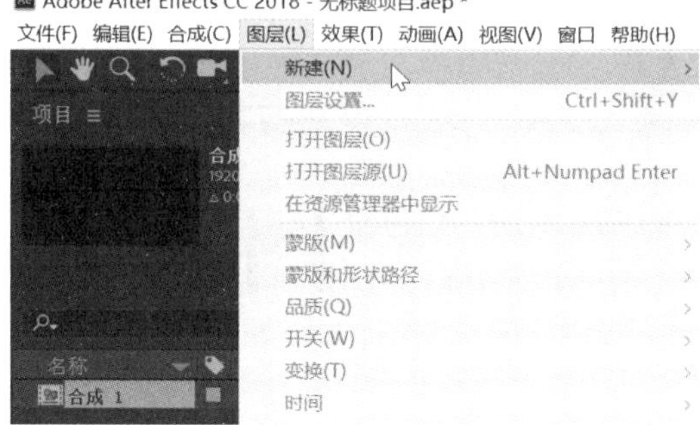

图 3-1　创建图层

3.3　编辑图层

在进行影视的后期制作时，经常根据需要创建或选择图层进行编辑，因此如何选择、复制、合并与删除图层是我们要掌握的基本技能，下面对如何编辑图层进行详解。

3.3.1　选择图层

下面简单介绍选择图层的方法。

1. 选择单个图层

在【合成】窗口中单击目标图层，就可将【时间轴】面板中相应的图层选中。或者直接在【时间轴】面板中单击所需选择的图层，如图 3-2 所示。

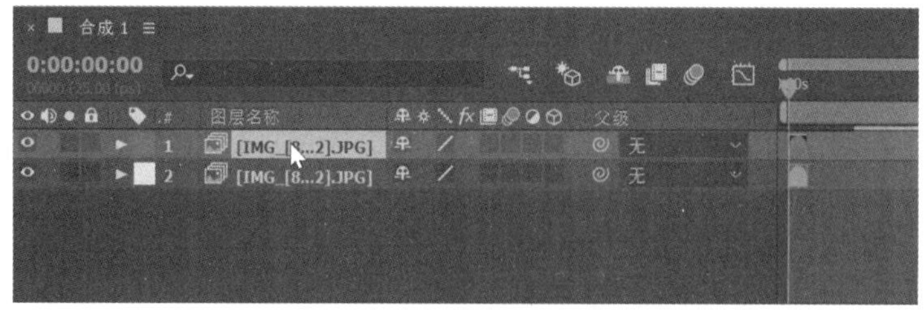

图 3-2　在【时间轴】面板选择图层

2. 选择多个图层

在【时间轴】面板左侧的【图层】面板中不仅可以选择所需的单个图层，也可使用鼠标框选多个图层，如图 3-3 所示。还可在【图层】面板中单击首个图层，然后按住 Shift 键，再单击最后一个图层，可以选择多个连续的图层。

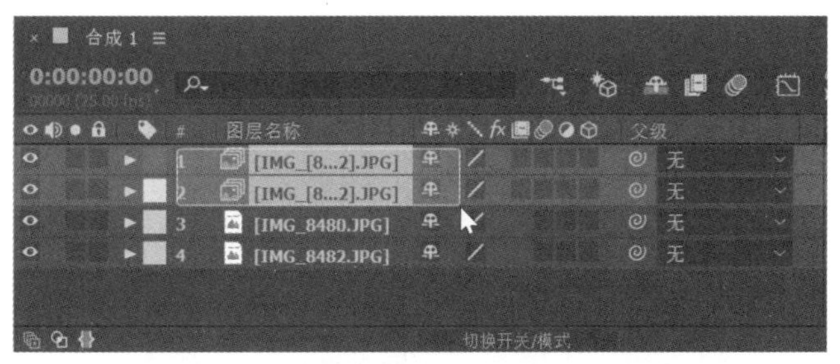

图 3-3 在时间轴面板框选多个图层

有时需要选择某些不相邻的图层，我们可按住 Ctrl 键，然后分别单击所需选定的图层，如图 3-4 所示。

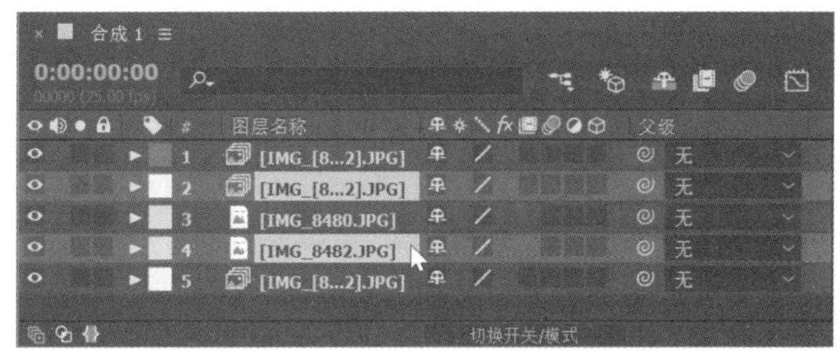

图 3-4 选择不相邻的多个图层

3.3.2 复制与粘贴图层

根据项目制作的需要，对图层进行编辑时，需要用到复制与粘贴操作，下面我们简单对图层的复制与粘贴进行讲解。

在【时间轴】面板中选择需要复制的图层，执行【编辑】|【重复】命令，如图 3-5 所示。或直接按快捷键 Ctrl+D，即可在当前的合成位置复制一个图层。

图 3-5 在当前位置复制一个图层

如要在指定位置复制与粘贴图层，在【时间轴】面板中选择需要复制与粘贴的图层，执行【编辑】|【复制】命令，或按快捷键 Ctrl+C 直接复制，如图 3-6 所示。然后选择要粘贴的位置，执行【编辑】|【粘贴】命令，或直接按快捷键 Ctrl+V 进行粘贴，如图 3-7 所示。

图 3-6　指定复制一个图层

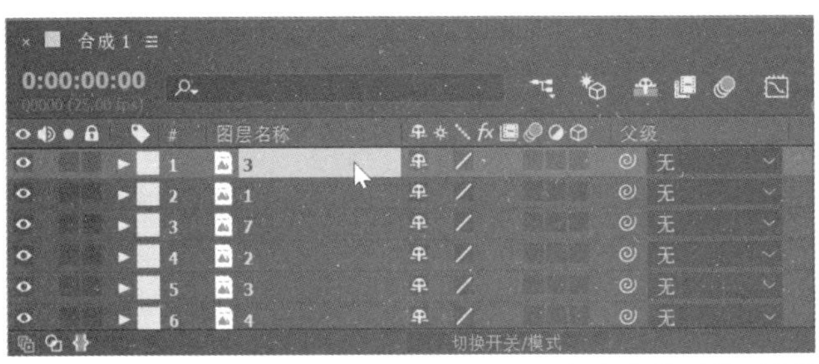

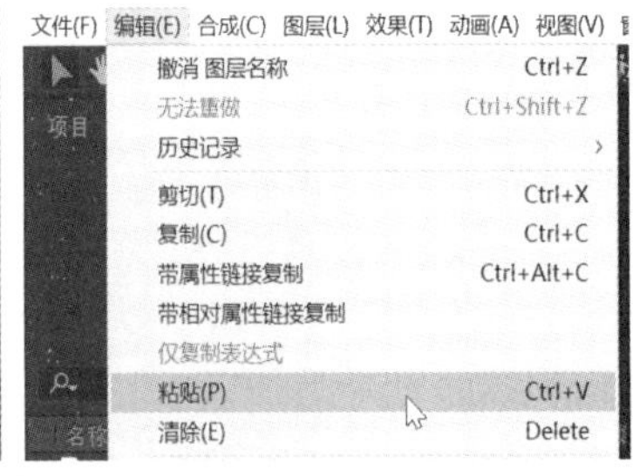

图 3-7　在指定位置粘贴图层

3.3.3　合并与拆分图层

在进行项目制作时，有时需要将几个图层合并在一起，便于实现整体的动画制作效果。图层合并的方法如下：

在【时间轴】面板中选择想要合并的多个图层，然后单击鼠标右键，在弹出的快捷菜单中选择【预合成】命令，如图 3-8 所示，或者直接按快捷键 Ctrl+Shift+C。在弹出的【预合成】对话框中可设置预合成的名称，然后单击【确定】按钮，将所选择的几个图层合并到一个新的合成中，图层合并后的效果如图 3-9 所示。

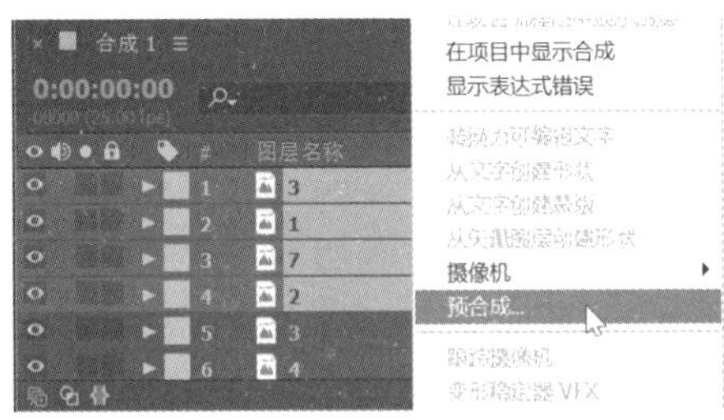

图 3-8　预合成图层

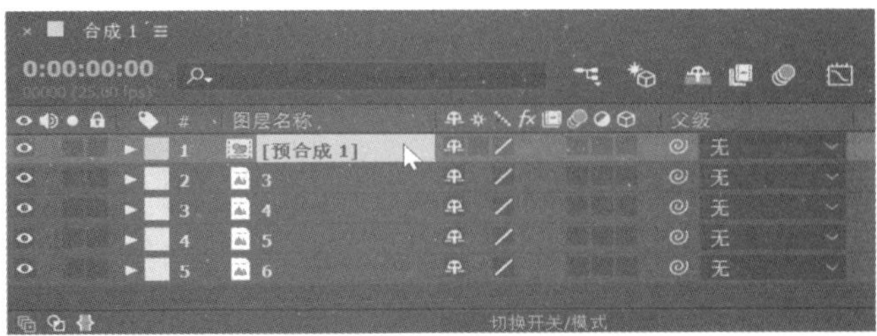

图 3-9　预合成图层的效果

在 After Effects 中可对【时间轴】面板中的图层进行拆分，即在图层上的任何一个时间点进行拆分。具体的拆分方法如下：

在【时间轴】面板中选择需要拆分的图层，将时间线拖到需要拆分的位置，执行【编辑】|【拆分图层】命令，或直接按快捷键 Ctrl+Shift+D，即可将所选图层拆分为两个单个图层，如图 3-10 所示。

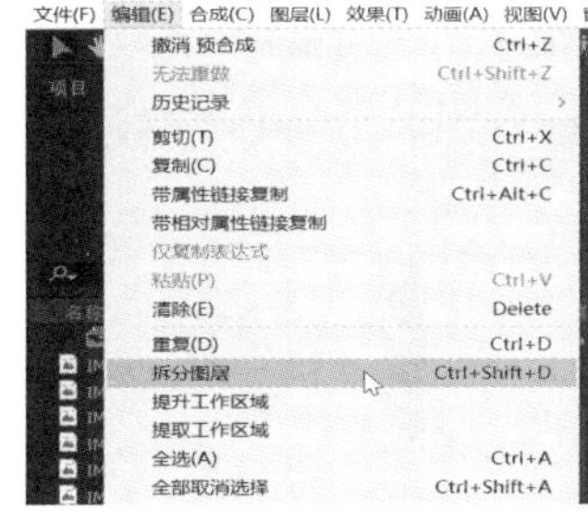

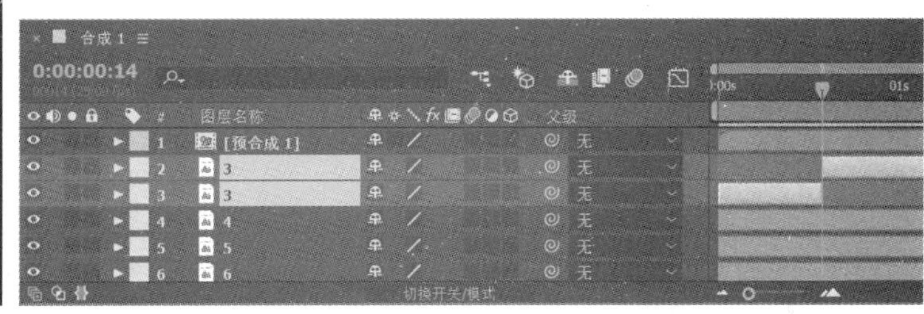

图 3-10　图层拆分及效果

3.3.4　删除图层

在项目的制作过程中，有时需要将不再需要的图层删除，删除图层的方法很简单，具体操作方法是：选中【时间轴】面板中需要删除的一个或多个图层，执行【编辑】|【清除】命令，或按 Delete 键直接删除，如图 3-11 所示。删除图层后的【时间轴】面板，如图 3-12 所示。

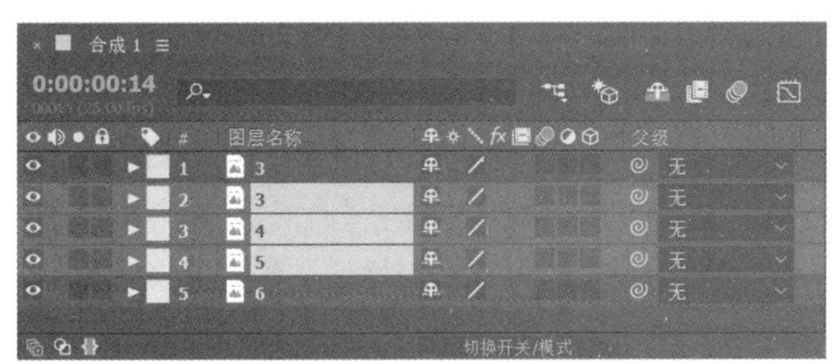

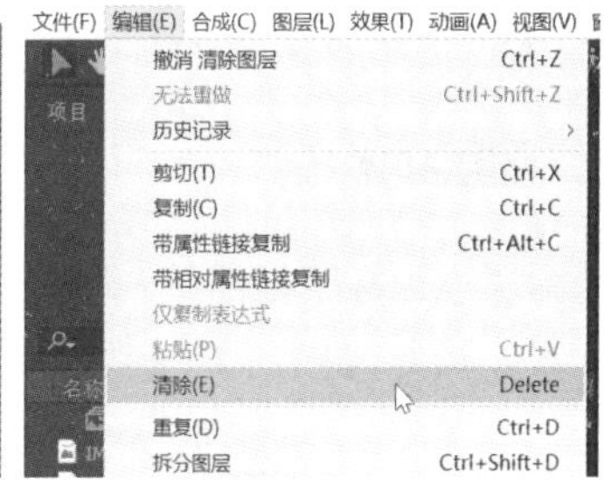

图 3-11　删除图层

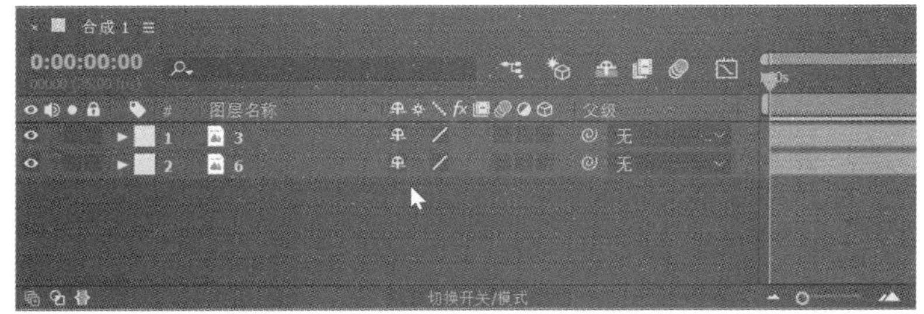

图 3-12　删除图层后的【时间轴】面板

3.4　管理图层

在 After Effects 中进行合成操作时，每个导入的合成图像素材文件都以图层的形式存在，尤

其在制作复杂的设计效果时，要用到大量的图层。所以，为了便于制作，需要了解相关的图层知识，以方便对图层进行管理，下面介绍如何管理图层。

3.4.1 图层的排列

在后期的制作过程中，根据项目需求可对图层的排列顺序进行设置，可影响项目最终的合成效果。要对图层进行排列，在【时间轴】面板中观察图层的排列顺序，使用鼠标左键直接拖拉图层，调整图层的上下位置，也可执行【图层】|【排列】命令，在弹出的子菜单中选择相应命令来调整图层的位置，如图 3-13 所示。

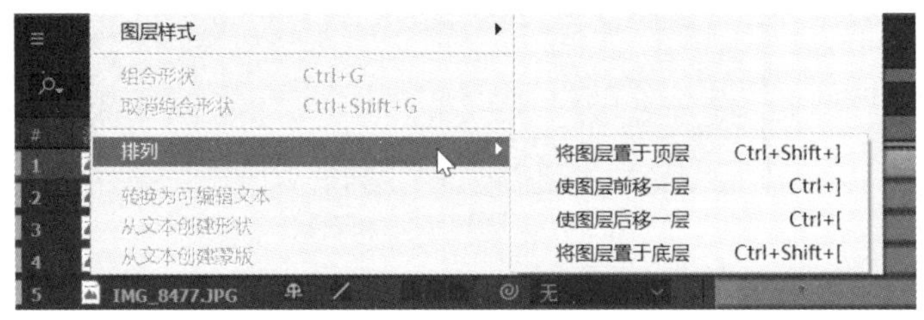

图 3-13　图层排列方式

- ◉ 【将图层置于顶层】：将选中图层的位置调整到最上层。
- ◉ 【使图层前移一层】：将选中图层的位置向上移动一层。
- ◉ 【使图层后移一层】：将选中图层的位置向下移动一层。
- ◉ 【将图层置于底层】：将选中图层的位置调整到最下层。

3.4.2 图层的标记

为图层添加标记很简单，选中想要添加标记的图层，并将当前【时间指示器】位置调整到相应的位置。执行【图层】|【添加标记】命令可在当前位置添加标记，如图 3-14 所示。

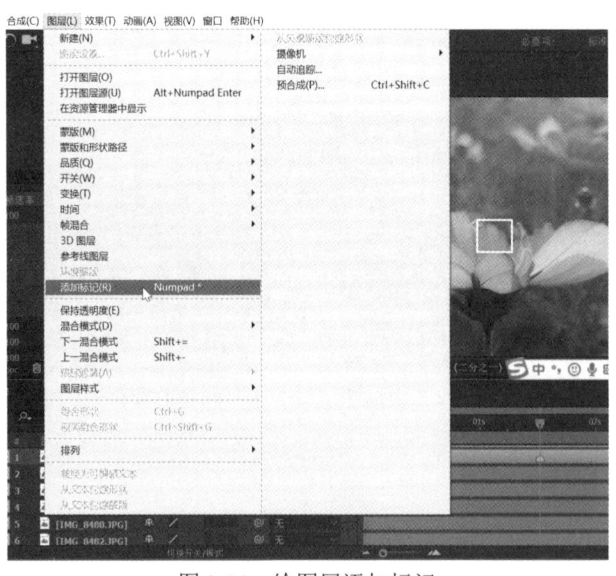

图 3-14　给图层添加标记

3.4.3　图层的注释与命名

在制作项目时，用户可对图层进行注释和命名，具体操作是选择要注释与命名的图层，单击鼠标右键，在弹出的快捷菜单中选择【重命名】命令，如图 3-15 所示，对图层进行注释与命名，以便于制作过程中更好地管理图层。

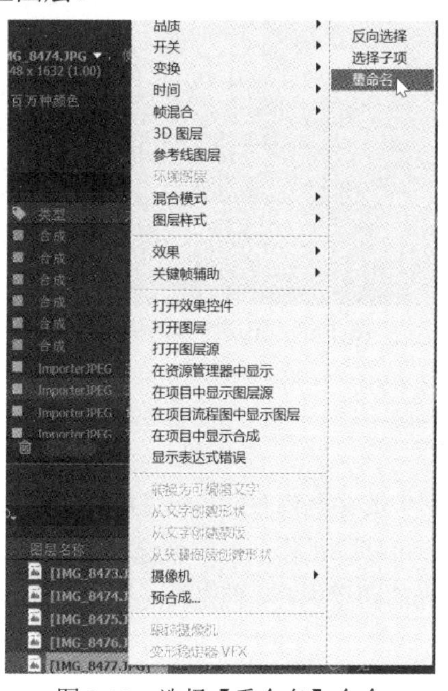

图 3-15　选择【重命名】命令

3.4.4　编辑图层的出入点

在进行图层编辑时，用户可在【时间轴】面板中，对图层的时间出入点进行设置，也可通过手动调节的方法完成出入点的设置。具体操作如下：

在【时间轴】面板中，按住鼠标左键拖动图层的左侧边缘位置，或直接将【时间指示器】调整到对应的位置，使用 Alt+{快捷键调整图层的入点，如图 3-16 所示。

在【时间轴】面板中，按住鼠标左键拖动图层右侧的边缘位置，或直接将【时间指示器】调整到相对应的位置，使用 Alt+}快捷键调整图层的出点，如图 3-17 所示。

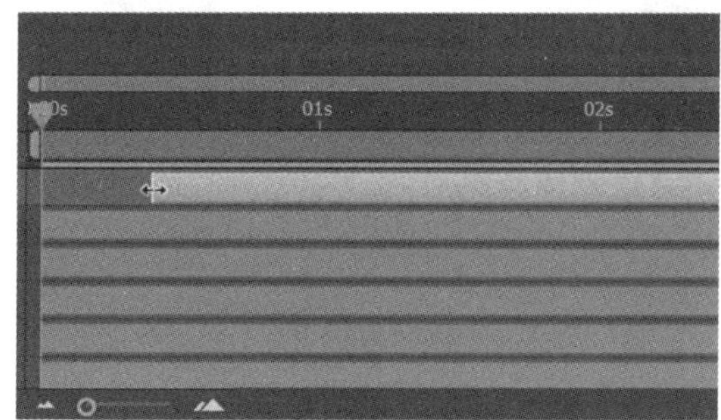

图 3-16　图层入点设置

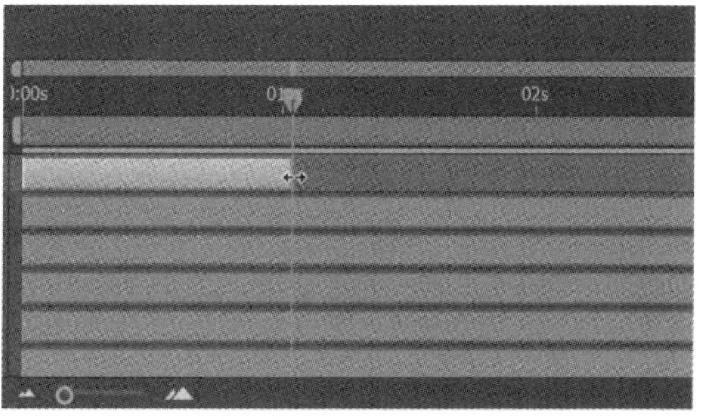

图 3-17　图层出点设置

除了出入点的设置，用户还可根据需要改变图层的持续时间，可通过单击【时间轴】面板中的【持续时间】选项，在弹出的对话框中直接输入数值来改变图层的持续时间，如图 3-18 所示。

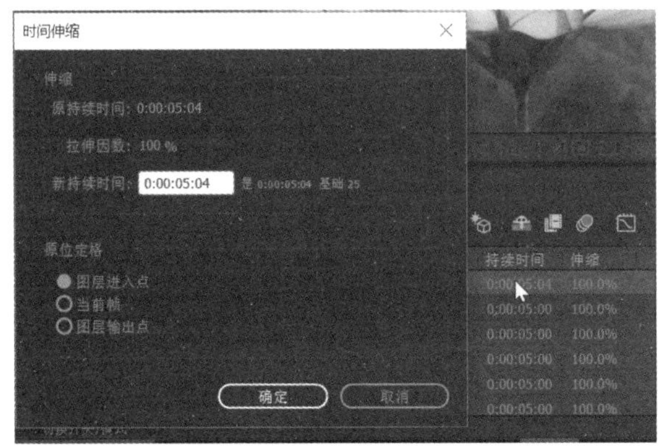

图 3-18　图层持续时间设置

3.4.5　提升与抽出图层

在合成中，当想要删除图层中的某些内容时，可使用提升与抽出两种命令。提升命令即在保留被选图层的时间长度不变时，可移除工作面板中被选择的图层内容，而保留删除后的空间。抽出命令可移除工作面板中被选择的图层内容，但是被选图层的时间长度会被缩短，而删除后的空间则会被后面的素材替代。

- 提升：选择要调整的图层，选择菜单栏中的【编辑】|【提升工作区域】命令，进行图层的提升，如图 3-19 所示。
- 抽出：选择要调整的图层，选择菜单栏中的【编辑】|【提取工作区域】命令，进行图层的抽出，如图 3-20 所示。

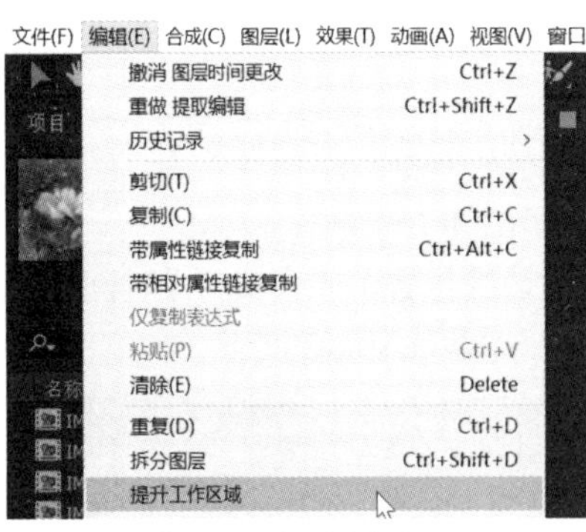

图 3-19　提升图层

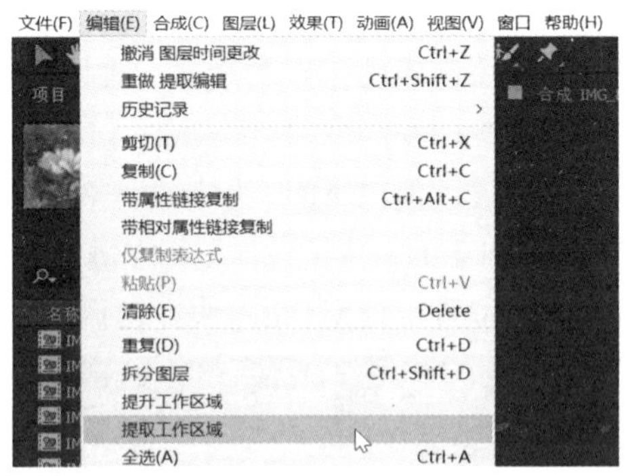

图 3-20　抽出图层

3.5　图层的属性

在 After Effects 中，图层的属性是设置关键帧动画的基础。除了音频图层具有单独的属性外，

其他的所有图层都包含几个基本的变换属性，分别是锚点、位置、缩放、旋转和不透明度属性等，如图 3-21 所示。

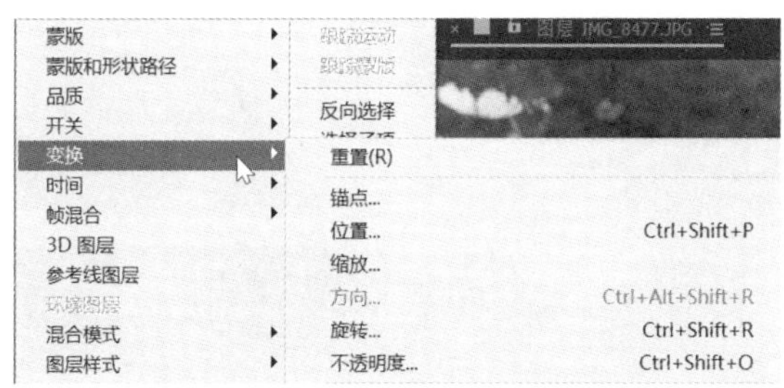

图 3-21　图层的基本变换属性

3.5.1　锚点

锚点即图层的中心点，调整图层的位置、缩放和旋转都是在锚点的基础上进行操作的，按快捷键 Ctrl+Shift+A 可以展开锚点的属性设置。不同位置的锚点通过调整图层的位置、缩放和旋转来达到不同的视觉效果。为图像素材设置不同的锚点参数后的对比效果如图 3-22 和图 3-23 所示。

图 3-22　锚点参数值效果(一)

图 3-23　锚点参数值效果(二)

3.5.2　位置

位置属性可控制素材在画面中的位置，主要用来进行位移动画的图层制作，使用快捷键 Ctrl+Shift+P 可展开位置属性设置。为素材设置不同的位置参数的对比效果如图 3-24 和图 3-25 所示。

3.5.3　缩放

缩放属性用来控制图层的大小，使用快捷键 Ctrl+Shift+S 可展开缩放属性的设置。默认的缩放是等比例缩放图层，也可选择非等比例缩放图层，可单击【锁定缩放】按钮将其锁定解除，即对图层的宽高进行调节；若我们将缩放属性设置为负值，则会翻转图层。设置不同缩放参数值的对比效果如图 3-26 和图 3-27 所示。

图 3-24　位置参数值效果(一)

图 3-25　位置参数值效果(二)

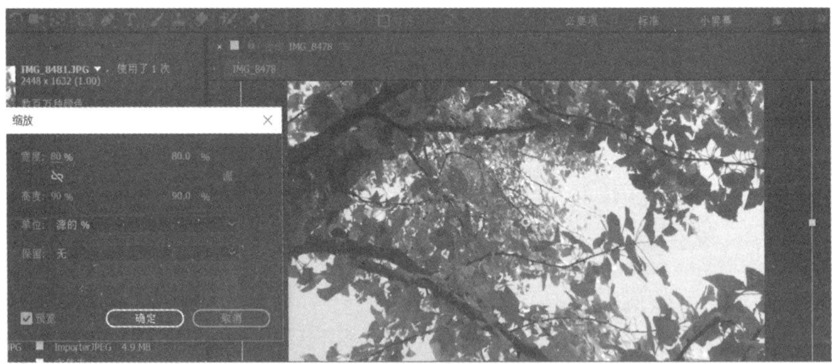

图 3-26　缩放参数值效果(一)

图 3-27　缩放参数值效果(二)

缩放属性设置为负值时的效果如图 3-28 所示。

图 3-28　缩放参数值为负值时的效果

3.5.4　旋转

旋转属性用于控制图层在合成画面中的旋转角度，使用快捷键 Ctrl+Shift+R 可展开旋转属性的设置，旋转属性的参数设置主要由【旋转次数】和【角度】组成，为素材设置不同旋转参数的效果对比如图 3-29 和图 3-30 所示。

图 3-29　旋转参数值效果(一)

图 3-30　旋转参数值效果(二)

3.5.5 不透明度

不透明度属性主要用来对素材图像进行不透明效果的设置，使用快捷键 Ctrl+Shift+T 可展开不透明度属性的设置。其参数设置以百分比的形式表示，当数值达到百分百时，即图像完全不透明；而当数值为零时，即图像完全透明。为图像设置不同不透明度参数值的对比效果如图 3-31 和图 3-32 所示。

图 3-31 不透明度参数值效果(一)

图 3-32 不透明度参数值效果(二)

不透明度参数值为零时，图像完全透明，如图 3-33 所示。

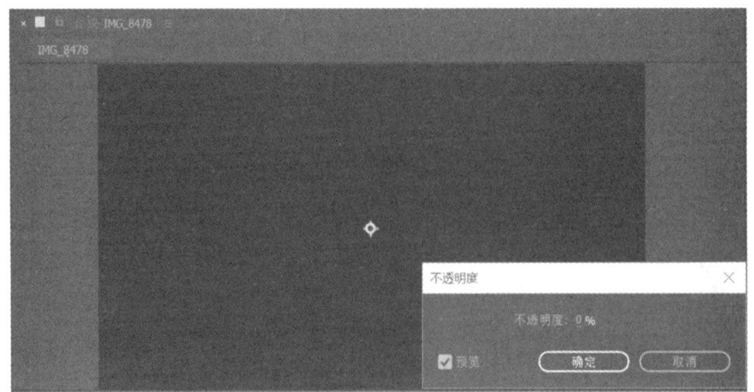

图 3-33 不透明度参数值为零时的效果

3.6　图层的混合模式

每个图层都是由色彩三要素中的色相、明度和纯度构成的，图层的混合模式就是利用图层的属性通过计算的方式对几幅图像进行混合，以产生新的图像画面。在 After Effects 中，图层相互间有多种混合模式可供用户选择。

在 After Effects 中有 38 种混合模式，我们在这里了解一下几种主要的混合模式，即正常模式、变暗与变亮模式、叠加与差值模式以及颜色与 Alpha 模式。混合模式可通过单击菜单栏中的【图层】|【混合模式】进行选择，也可以在【时间轴】面板中单击鼠标右键，在弹出的快捷菜单中选择【混合模式】命令，如图 3-34 所示。

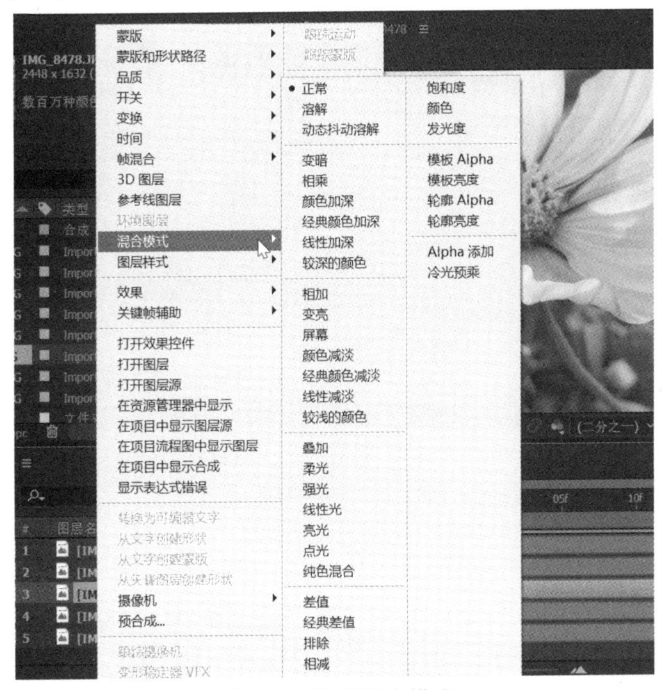

图 3-34　选择混合模式

3.6.1　正常模式

正常模式是普通模式组内常用的一种混合效果，为显示混合模式的实际效果，下面以图层画面的相互叠加效果来进一步了解正常模式。正常模式是默认模式，当图层的不透明度为 100%时，合成会根据 Alpha 通道正常地显示当前图层，而上层画面则对下层画面不会产生影响，如图 3-35 所示；而当图层的不透明度小于 100%时，那么当前图层的色彩效果都会受到其他图层的影响，如图 3-36 所示。

图 3-35　正常模式下不透明度为 100%的效果

图 3-36　正常模式下不透明度降低的效果

3.6.2　变暗与变亮模式

变暗与变亮模式主要使当前的图层素材的颜色整体变暗或变亮。其中变暗模式主要是将白背景去掉，从而降低亮度值，如图 3-37 所示；而变亮模式与变暗模式相反，通过选择基础色与混合色中较明亮的颜色作为结果颜色，从而提高画面的颜色亮度，如图 3-38 所示。

图 3-37　变暗模式效果

图 3-38　变亮模式效果

3.6.3　叠加与差值模式

叠加与差值模式主要用于两个图像间像素上的叠加与差值。其中叠加模式可根据底部图层的颜色，通过对图层像素的叠加或覆盖，在不替换颜色的同时反映颜色的亮度或暗度，如图 3-39 所示；而差值模式则是从基色或混合色中相互减去，对于每个颜色通道，当不透明度值为 100%时，当前图层的白色区域会进行反转，黑色区域不会有变化，白色与黑色之间会有不同程度的反转效果，如图 3-40 所示。

图 3-39　叠加模式效果

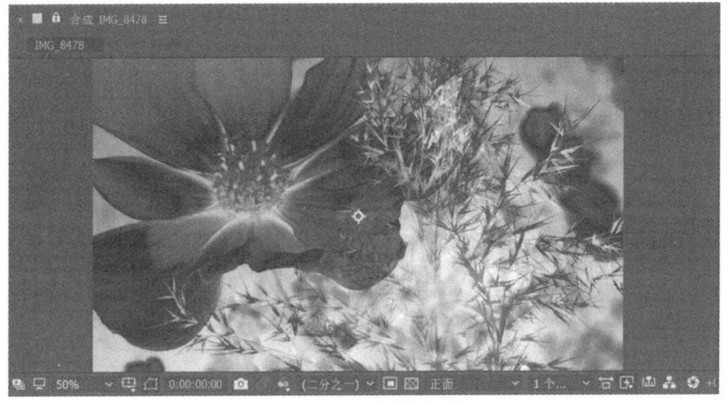

图 3-40　差值模式效果

3.6.4　颜色与模板 Alpha 模式

颜色模式通过叠加的方式，来改变底部图层颜色的色相、明度及饱和度，既能保证原有颜色的灰度细节，又能为黑白色或不饱和图像上色，从而产生不同的叠加效果，如图 3-41 所示。模板 Alpha 模式通常用作遮罩，利用本身的 Alpha 通道与底部图层的内容相叠加，将底部图层都显示出来，从而达到使用蒙版的制作效果，如图 3-42 所示。

图 3-41　颜色模式效果

图 3-42　模板 Alpha 模式效果

3.7　图层样式

通过图层样式可为图层中的图像添加多种效果，可按照图层的形状添加诸如投影、内发光、浮雕、叠加和描边等效果，用户可通过选择【图层】|【图层样式】命令，在弹出的子菜单中选择所需的样式，如图 3-43 所示。

图 3-43　图层样式

3.7.1　投影与内阴影样式

在制作项目时，为达到更好的视觉效果，可为其添加投影与内阴影效果。使用投影与内阴影样式可按照对应图层中图像的边缘形状，为图像添加投影或内阴影效果，如图 3-44 和图 3-45 所示。

图 3-44　投影效果

图 3-45　内阴影效果

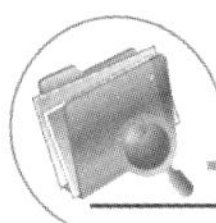

3.7.2 外发光与内发光样式

使用外发光与内发光样式可按照图层中图像的边缘形状，添加外发光与内发光效果，添加样式后的效果如图 3-46 和图 3-47 所示。

图 3-46　外发光效果

图 3-47　内发光效果

3.7.3 斜面和浮雕样式

使用斜面和浮雕样式可按照图层中图像的边缘形状，添加斜面和浮雕效果，添加样式后的效果如图 3-48 和图 3-49 所示。

图 3-48　内斜面效果

图 3-49　浮雕效果

3.7.4　颜色叠加与渐变叠加样式

使用颜色叠加与渐变叠加样式可按图层中图像的形状，添加相应的颜色与渐变颜色效果，添加样式后的效果如图 3-50 和图 3-51 所示。

图 3-50　颜色叠加效果

图 3-51　渐变叠加效果

3.7.5 光泽与描边样式

使用光泽与描边样式可按图层中图像的形状，添加光泽和相应的描边，得到不同的光泽与描边效果，添加样式后的效果如图 3-52 和图 3-53 所示。

图 3-52　光泽效果

图 3-53　描边效果

3.8 图层的类型

After Effects 中合成的元素种类有很多，但都是在图层的基础上进行的。用户在制作项目时可创建各种图层，也可直接导入不同素材作为素材层，AE 提供了 9 种图层类型，如图 3-54 所示。下面介绍可创建的图层类型。

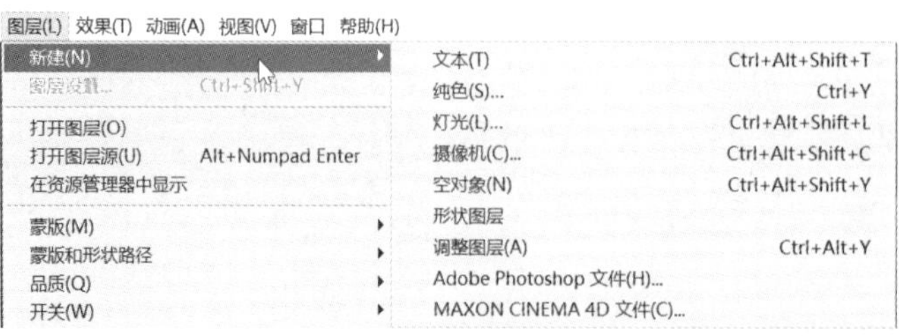

图 3-54　图层类型

3.8.1　文本

在 After Effects 中，可通过新建文本的方式为场景添加文字素材。可选择【图层】|【新建】|【文本】命令，进行文本图层的创建。也可在【时间轴】面板的空白处单击鼠标右键，在弹出的快捷菜单中选择【新建】|【文本】命令，为场景添加文字素材，如图 3-55 所示。

图 3-55　添加文本效果

3.8.2　纯色

在 After Effects 中，可以创建任何尺寸和颜色都不相同的纯色图层，纯色图层和其他图层一样，都可用来制作蒙版遮罩，也可修改图层的变化属性，为其制作各种效果。要创建纯色图层，可选择【图层】|【新建】|【纯色】命令，也可直接按快捷键 Ctrl+Y，打开如图 3-56 所示的【纯色设置】对话框，根据需求进行设置。

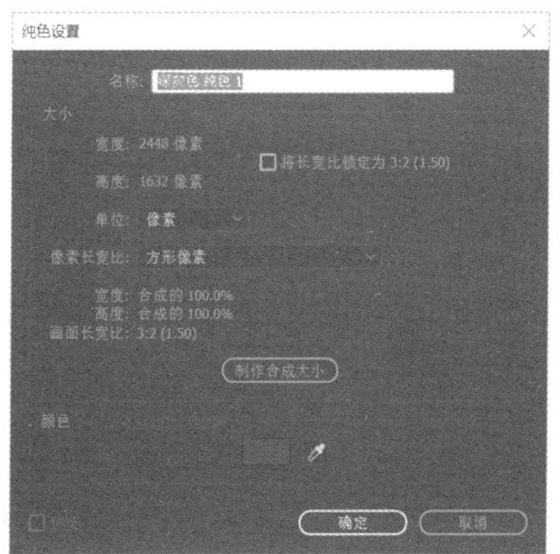

图 3-56　【纯色设置】对话框

3.8.3　灯光

灯光图层可以模拟不同类型的真实灯光源，还可模拟出真实的阴影效果。可选择【图层】|【新建】|【灯光】命令，也可在【时间轴】面板中单击鼠标右键，在弹出的快捷菜单中选择【新

建】|【灯光】命令，在弹出的对话框中设置参数以达到制作效果，如图 3-57 所示。

图 3-57 【灯光设置】对话框

3.8.4 摄像机

摄像机图层有固定视角的作用，并可制作摄像机的动画，在制作项目时，可通过摄像机来创造一些空间场景或者浏览合成空间。要创建摄像机图层，可选择【图层】|【新建】|【摄像机】命令，也可在【时间轴】面板中单击鼠标右键，在弹出的快捷菜单中选择【新建】|【摄像机】命令，在弹出的对话框中进行设置，如图 3-58 所示。

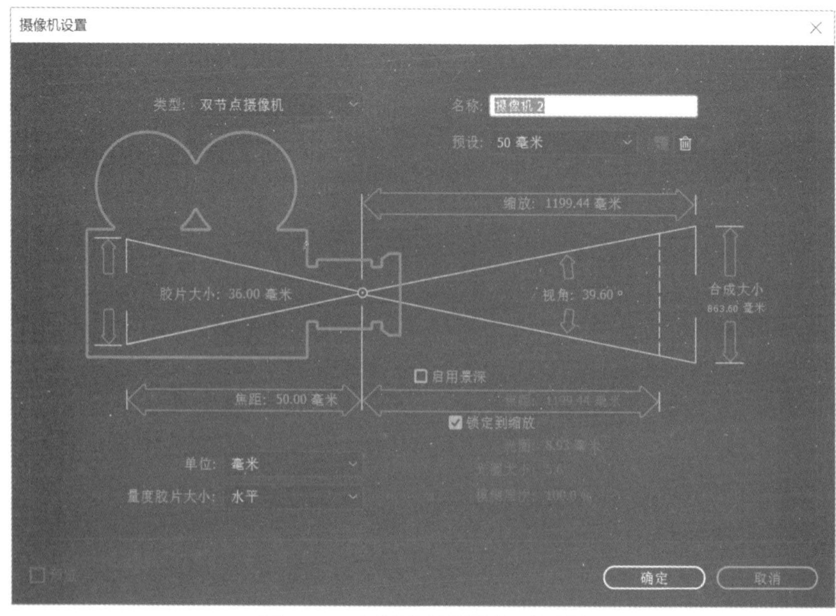

图 3-58 【摄像机设置】对话框

3.8.5　空对象

空对象图层有辅助动画制作的作用，可对相应的素材进行动画和效果的设置。空对象图层可通过选择【图层】|【新建】|【空对象】命令来创建，效果如图 3-59 所示。

图 3-59　添加空对象图层的效果

空对象图层还是一种虚拟图层，有时通过父级图层，使其与其他的图层相链接，并对其他图层的属性进行设置，以实现辅助创建动画的作用。

3.8.6　形状图层

形状图层常用来创建各种形状图形，可通过选择【图层】|【新建】|【形状图层】命令来创建形状图层，如图 3-60 所示。

图 3-60　添加形状图层效果

在创建形状图层时，还可用【钢笔】工具、【椭圆】工具、【多边形】工具等在合成窗口中绘制出想要的图像形状，如图 3-61 所示。

图 3-61　钢笔工具绘制效果

3.8.7　调整图层

调整图层与空对象图层有相似之处，调整图层在通常情况下不可见，主要作用是使它下面的图层附加调整图层上同样的效果，可在辅助场景中进行色彩和效果上的调整。可通过执行【图层】|【新建】|【调整图层】命令创建调整图层。

3.8.8　Adobe Photoshop 文件

在 After Effects 中，还可创建其他文件图层，用户可通过选择【图层】|【新建】|【Adobe Photoshop】命令创建 Adobe Photoshop 文件图层。

3.8.9　MAXON CINEMA 4D 文件

用户可通过选择【图层】|【新建】|【MAXON CINEMA 4D】命令创建 CINEMA 4D 文件。打开的【新建 MAXON CINEMA 4D 文件】对话框，如图 3-62 所示。为实现互操作性，After Effects 中集成了 MAXON CINEMA 4D 的渲染引擎 CineRender，使 After Effects 可渲染 CINEMA 4D 文件，用户可在各图层的基础上，进行控制部分渲染、摄像机和场景内容的操作。

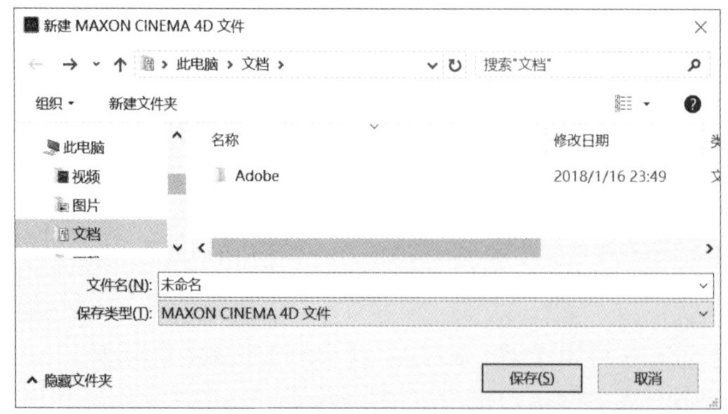

图 3-62　【新建 MAXON CINEMA 4D 文件】对话框

3.9　上机练习

通过本章的学习，为使用户能够更好地掌握图层的属性、类型和样式的基本操作方法和技巧，下面通过一个简单的例子进行说明。

(1) 选择【文件】|【新建】|【新建合成】命令，创建一个新的合成。

(2) 在弹出的【合成设置】对话框中进行设置，设置为 PAL D1/DV 制式合成，【持续时间】为 3 秒，然后单击【确定】按钮，如图 3-63 所示。

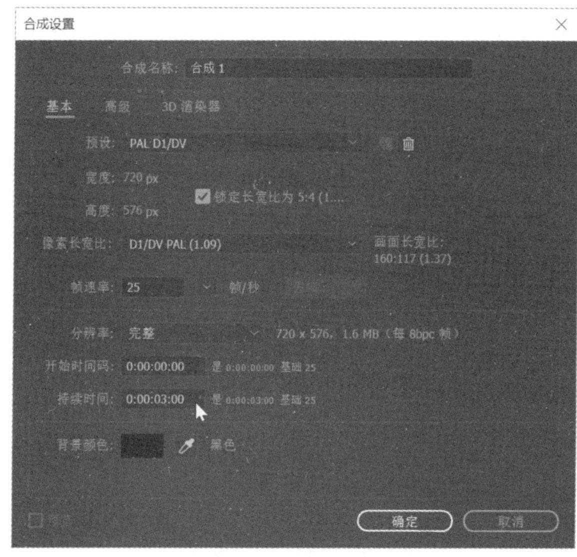

图 3-63　【合成设置】对话框

(3) 选择【文件】|【导入】|【文件】命令，导入视频文件。导入素材后，选中视频文件，拖入【时间轴】面板中，并设置其图层【位置】为(356,234)、不透明度为 75%，效果如图 3-64 所示。

图 3-64　视频文件设置效果

(4) 在【时间轴】面板中，单击鼠标右键，在弹出的快捷菜单中选择【新建】|【文本】命令，新建文本图层，如图 3-65 所示。

图 3-65 新建文本图层

(5) 打开文本图层，在【合成】窗口中输入“影视后期”字样，设置其【字体】为华文新魏、【字体大小】为 80、颜色填充为 R:243、G:98、B:98，效果如图 3-66 所示。

图 3-66 输入文本

(6) 单击图层后的【3D 图层】按钮，将文本图层转换为三维图层，并把文本图层的锚点调整到中心位置，如图 3-67 所示。

图 3-67 文本图层设置效果

(7) 展开“影视后期”文字变换属性，将【时间指示器】移动到 0:00:02:00 位置，并设置一个关键帧，不透明度为 0%，如图 3-68 所示。

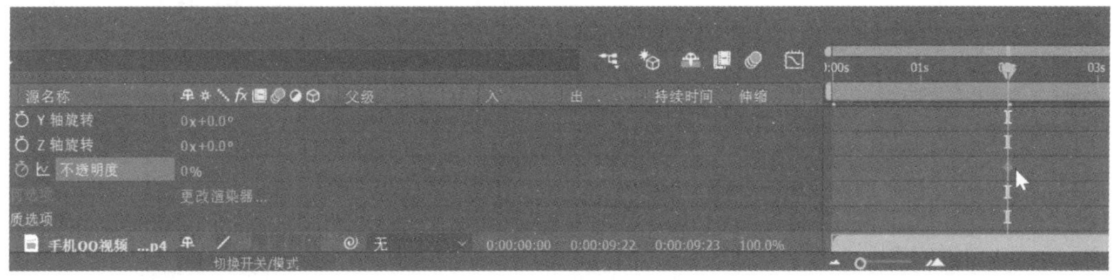

图 3-68　设置不透明度关键帧

(8) 选择文本图层，执行【效果】|【风格化】|【发光】命令，并设置其发光值为 70%，发光半径为 20，发光强度为 2，效果如图 3-69 所示。

图 3-69　发光设置效果

(9) 将【时间指示器】移动到 0:00:00:00 位置，执行【图层】|【新建】|【调整图层】命令，创建调整图层，如图 3-70 所示。

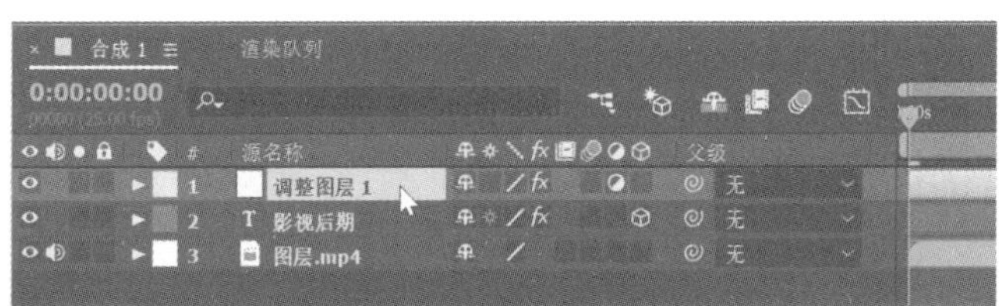

图 3-70　创建调整图层

(10) 在【时间轴】面板中选择【调整图层】，执行【效果】|【生成】|【镜头光晕】命令，并在【效果控件】面板中设置【光晕中心】，为其设置一个关键帧，然后设置光晕亮度为 110%。返回【时间轴】面板，在【调整图层】上按 U 键，显示其图层已经被设置的关键帧属性，设置后的效果如图 3-71 所示。

图 3-71　光晕效果

(11) 将【时间指示器】移动到 0:00:02:00 位置，在该时间位置为光晕中心设置一个关键帧，并设置其光晕中心位置，如图 3-72 所示。

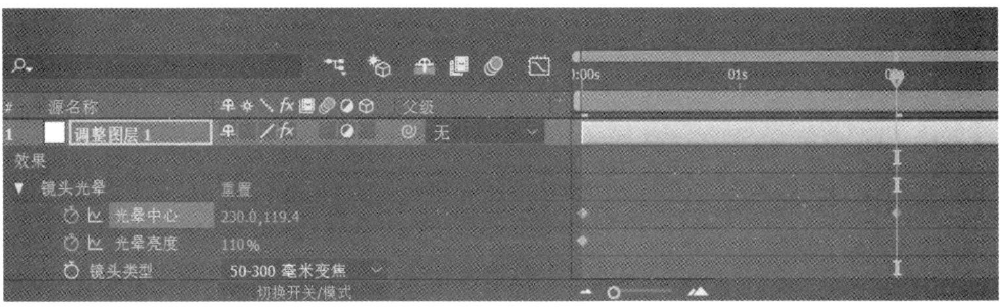

图 3-72　为光晕中心设置关键帧

(12) 所有操作完成后，进行影片预览，效果如图 3-73 和图 3-74 所示。

(13) 设置好文件输出位置，单击【渲染】按钮，进行影片输出渲染。

图 3-73　影片预览效果(一)

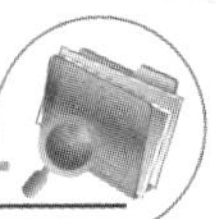

图 3-74　影片预览效果(二)

3.10　习题

1. 图层的基本属性是什么？
2. 图层的叠加模式有哪些？
3. 图层的种类及操作方法有哪些？
4. 选择所喜欢的图像或视频素材，为其添加形状图层动画。

第4章 关键帧动画

学习目标

关键帧是指角色或物体发生位移或变形等变化时，关键动作所在的那一帧，它是动画创作的关键，可以帮助我们实现角色或物体由静止向运动的转变。本章将介绍关键帧的创建及编辑等相关知识，并讲解调节关键帧的方法和技巧。

本章重点

- 创建关键帧
- 编辑关键帧
- 调节关键帧

4.1 关键帧的概念

关键帧的概念是由动画创作中引入的，掌握了关键帧的操作，可以实现在不同的时间点对所选角色或物体进行调整。在我们创作动画的过程中，首先要确定能表现动作的主要意图和变化的关键动作，而这些关键动作所处的那一帧，就叫作关键帧。

4.2 创建关键帧动画

After Effects 中的关键帧动画的制作主要是在【时间轴】面板中进行的，在图层的【变换】属性下有多种属性的可选项，通过控制这些变量来对对象进行调整。在每个属性左侧的图标是关键帧记录器，单击这个图标后，关键帧的记录就会被激活，之后的操作，无论是在【时间轴】面板中更改相关属性的值，还是在【合成】面板上调整物体的位置或形态，都将在相应的时间轴上出现一个关键帧图标。单击该关键帧，将看到物体在此刻的形态。被记录的关键帧在时间轴内的显示形态如图 4-1 所示。

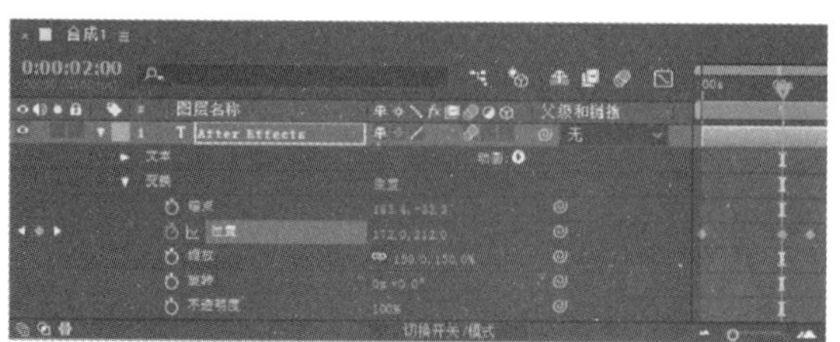

图 4-1　创建关键帧动画

4.2.1　图层位置关键帧动画

激活【位置】属性前的钟表图标后，在时间线上的不同时间点对物体位置进行调整，就会得到位置关键帧的动画。这时，在【合成】面板中，物体会形成一条控制线，如图 4-2 所示。

在进行位置调整时，既可以将鼠标放置在【位置】的 X、Y 坐标上拖动以改变数值，也可直接选择坐标，输入一个值，还可以直接使用选取工具对物体进行拖动。这些在不同时间点发生的位置变化都将被记录成为关键帧。此时拖动时间指示器在不同关键帧之间滑动，将看到相应的位置关键帧动画建立的过程，按下空格键，可以对动画进行预览。

在【位置】属性下，我们可以在【合成】面板中选取物体所在关键帧的位置，任意拖动进行调整，以改变物体的运动轨迹。如图 4-3 所示。

图 4-2　创建位置关键帧动画

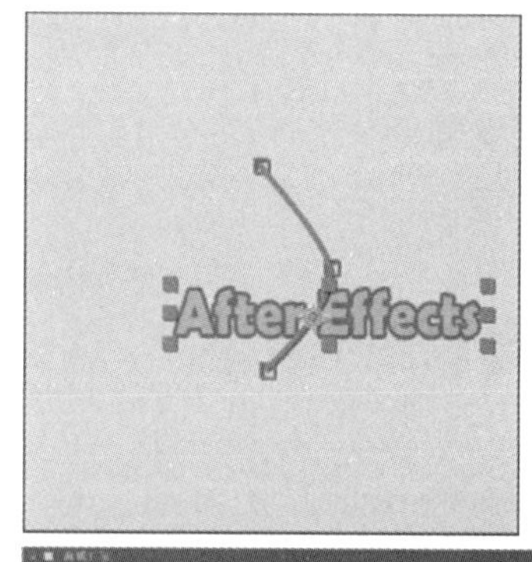

图 4-3　调整位置关键帧动画

4.2.2　图层缩放关键帧动画

在【缩放】属性下可以创建图层缩放关键帧动画，与位置关键帧动画设置的方法相同。设置关键帧后，在时间指示器移动到相应的关键帧时会产生不同的缩放效果，如图 4-4 所示。

图 4-4　缩放关键帧动画

4.2.3　图层旋转关键帧动画

选择【文本】图层下的【旋转】属性，在不同的时间点更改【旋转】属性值并且设置关键帧，即可创建旋转关键帧动画，如图 4-5 所示。

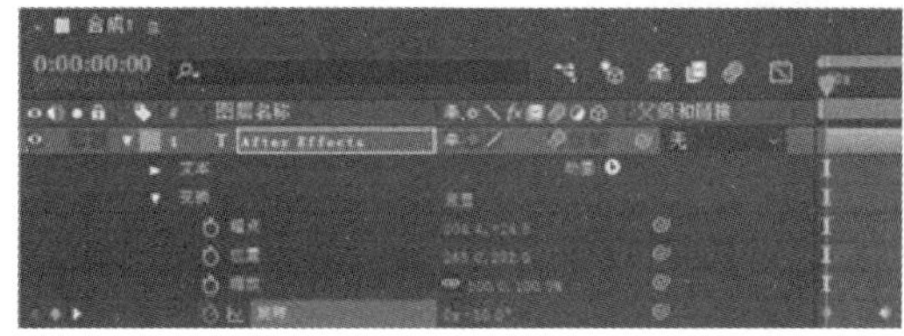
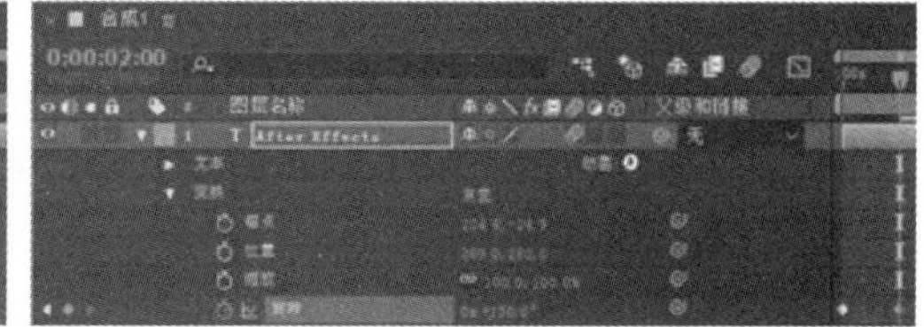

图 4-5　旋转关键帧动画

4.2.4　不透明度关键帧动画

选择【文本】图层下的【不透明度】属性，在不同的时间指针位置更改属性值并设置关键帧，即可创建图层不透明度关键帧动画，如图 4-6 所示。

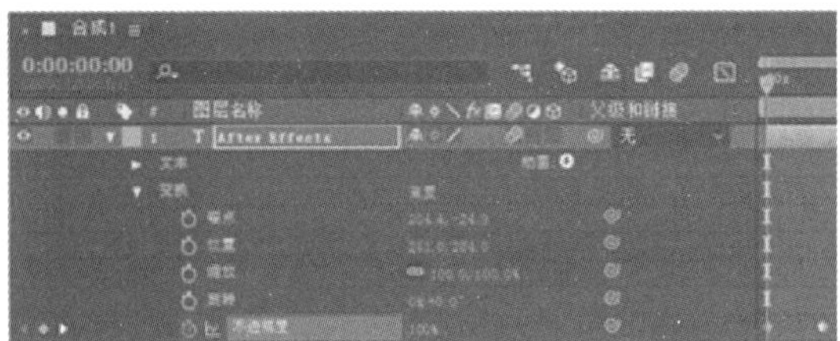
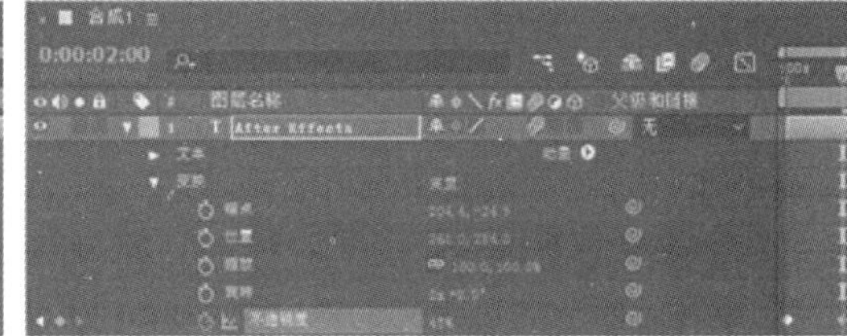

图 4-6　不透明度关键帧动画

4.3　图表编辑器

调整关键帧的动画曲线，可以使物体的运动变得更加平滑、真实。使用【图表编辑器】调整动画曲线是一种既直观又简便的操作方法，本节将对【图表编辑器】中的基本属性和操作方法做简单讲解。

单击【时间轴】面板中的【图表编辑器】图标，进入动画曲线编辑模式，从而控制动画的节奏，如图 4-7 所示。

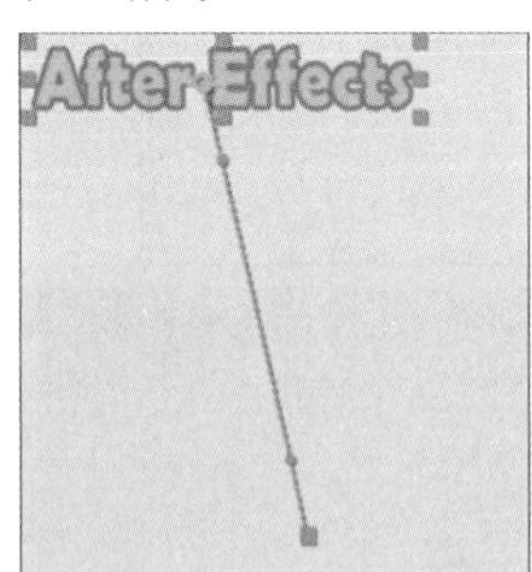
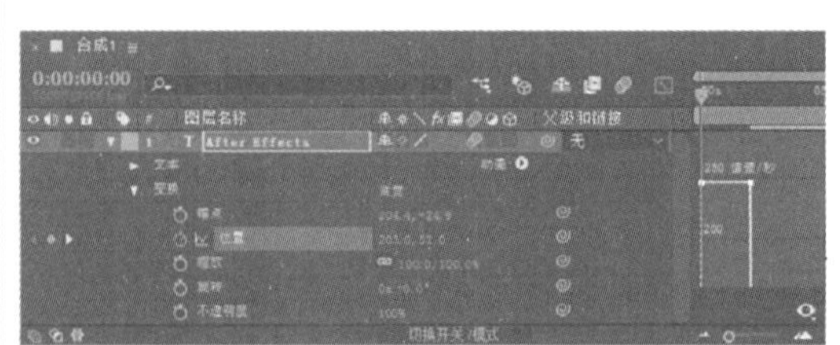

图 4-7　使用图表编辑器调整动画

需要注意的是，要激活【图表编辑器】前需选中某个已设定关键帧的属性，否则【图表编辑器】中将不显示关键帧的曲线数据。

在时间轴下方的工具栏中，单击图标，可以在弹出菜单中选择【图表编辑器】的具体显示内容，如图 4-8 所示。

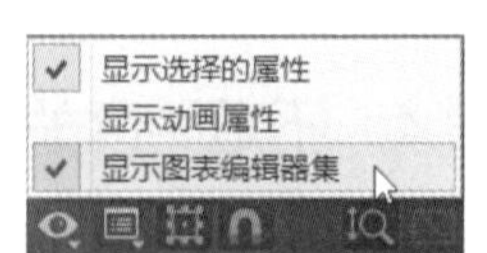

图 4-8　图表编辑器设置

◉ 【显示选择的属性】：在【图表编辑器】面板中仅显示已选择的、有关键帧动画的属性，如图 4-9 所示。

◉ 【显示动画属性】：在【图表编辑器】面板中同时显示本素材中所有有关键帧动画的属性，如图 4-10 所示。

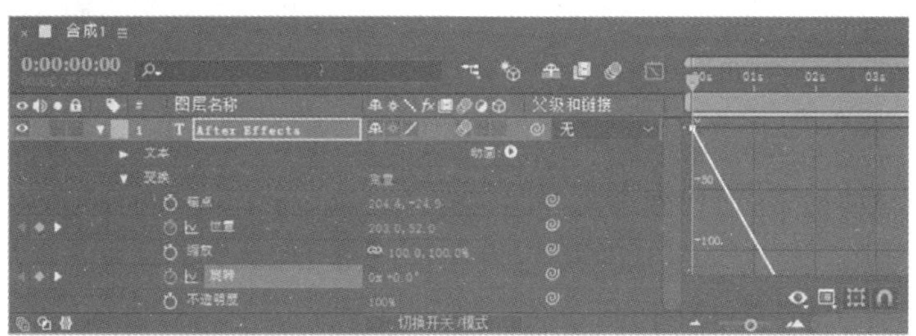

图 4-9　图表编辑器显示选择的属性

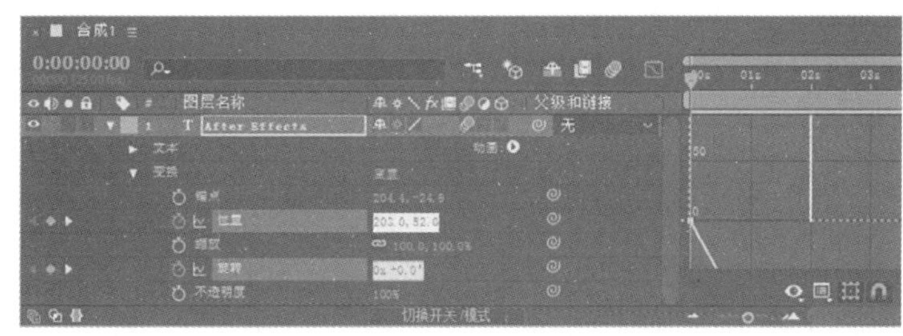

图 4-10　图表编辑器显示动画属性

◉ 【显示图表编辑器集】：在【图表编辑器】中显示曲线编辑器原本的数值和设定。

单击图标，可以在弹出菜单中选择图表类型和选项，在图层中设置了多个关键帧时，此功能可以帮助用户有选择地显示曲线，过滤掉当前不需要显示的曲线，如图 4-11 所示。

◉ 【自动选择图表类型】：选中此项后，将自动显示曲线类型。

◉ 【编辑值图表】：选择已设置关键帧的属性，选中此项，可编辑数值曲线，如图 4-12 所示。

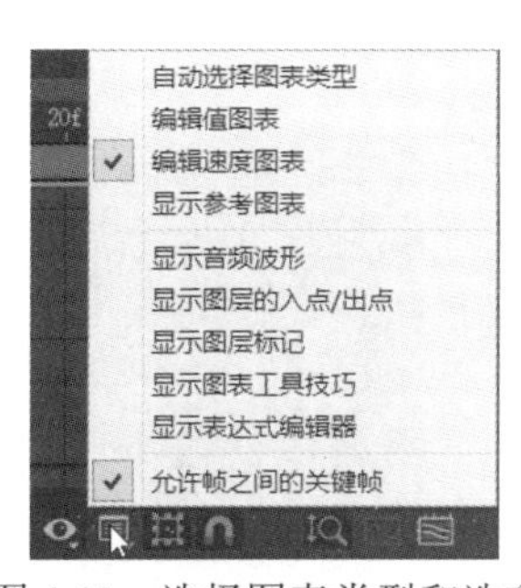

图 4-11　选择图表类型和选项

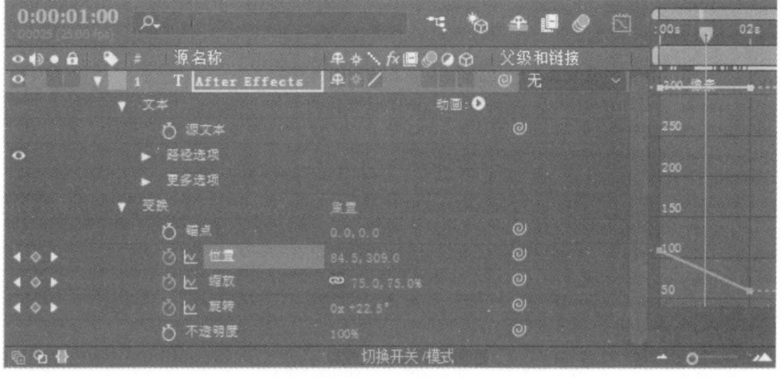

图 4-12　编辑值图表

◉ 【编辑速度图表】：选择此项可编辑动画曲线的数值，如图 4-13 所示。

◉ 【显示参考图表】：显示参考的动画曲线，如图 4-14 所示。

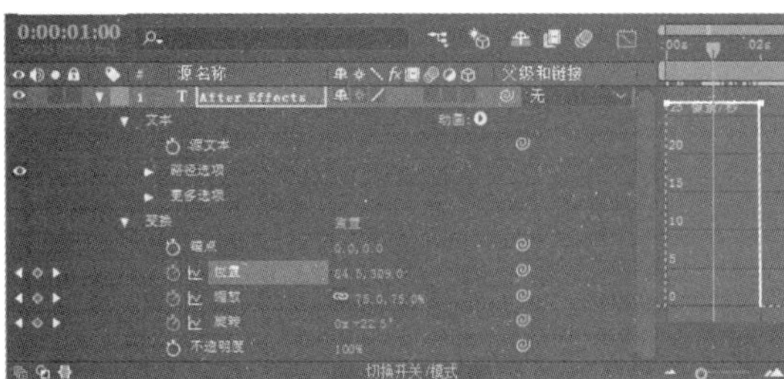

图 4-13　编辑速度图表

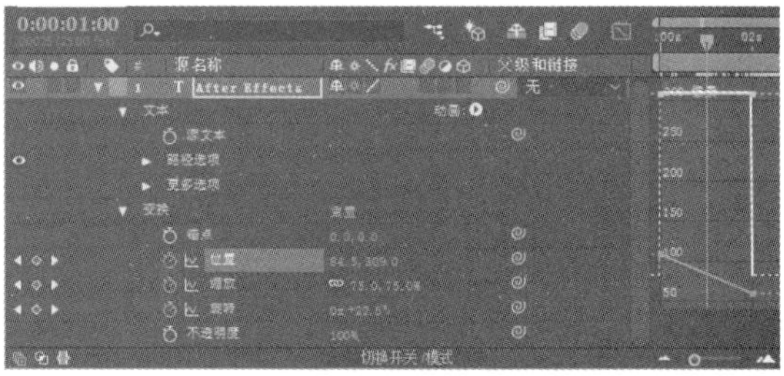

图 4-14　显示参考图表

- ⊙ 【显示音频波形】：素材中有音频时选择此项，可显示音频的波形图像数据。
- ⊙ 【显示图层的入点/出点】：选择此项，可显示图层的切入和切出点，如图 4-15 所示。
- ⊙ 【显示图层标记】：选择此项，可显示图层的标记。
- ⊙ 【显示图表工具技巧】：选中此项，在鼠标移至曲线上的关键帧时，将显示其相关信息，如图 4-16 所示。

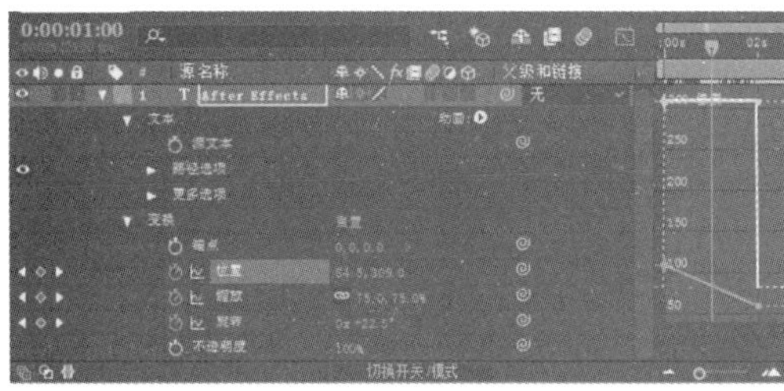

图 4-15　显示图层的入点/出点

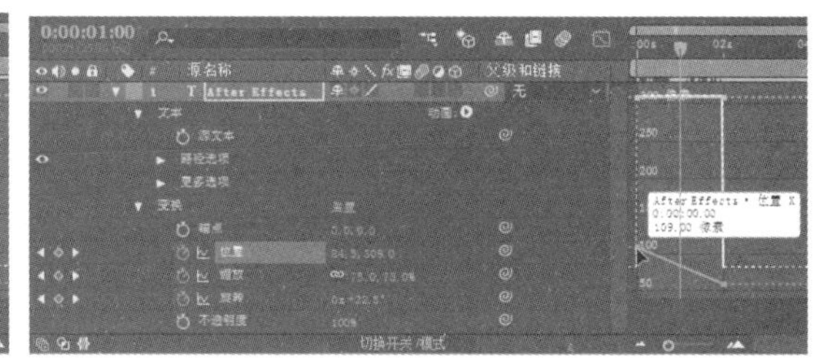

图 4-16　显示图表工具技巧

- ⊙ 【显示表达式编辑器】：选中此项，将显示关键帧的表达式编辑器，若选择的属性无表达式，则在图表下方显示“选择的属性没有表达式”，如图 4-17 所示。
- ⊙ 【允许帧之间的关键帧】：选中该选项将允许关键帧在帧之间进行切换，即可以将关键帧拖动到任意时间点的位置；若关闭此选项，在拖动关键帧时将自动与精确的数值对齐。

▣：可在框选了多个关键帧时，显示方框工具，可同时对多个关键帧进行移动和缩放调整，如图 4-18 所示。

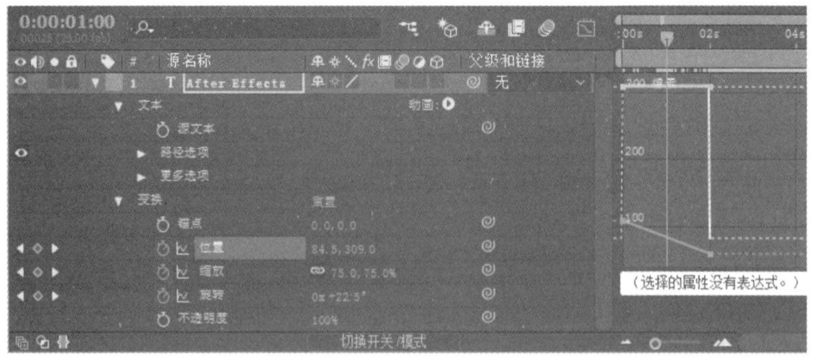

图 4-17　显示表达式编辑器

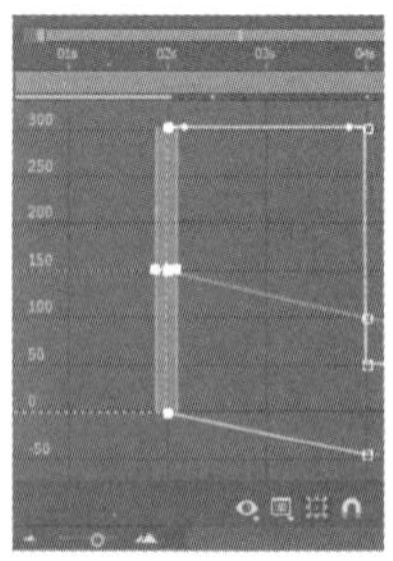

图 4-18　方框工具

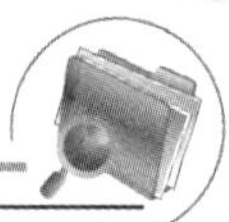

：启用或关闭【对齐】功能。

：启用或关闭自动缩放图表高度以适应【图表编辑器】面板视图的功能。

：使所选择的关键帧适应【图表编辑器】视图的大小。

：使所有的曲线适应【图表编辑器】视图的大小。

：单击此图标，弹出菜单，可编辑所选关键帧的一系列属性，如图 4-19 所示。

单击第一个选项中的数据，可弹出当前显示的关键帧的【位置】对话框，可修改相应参数值，如图 4-20 所示。

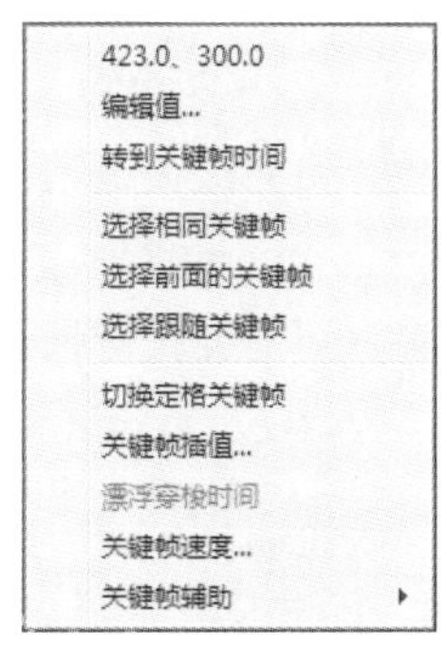

图 4-19　关键帧属性菜单

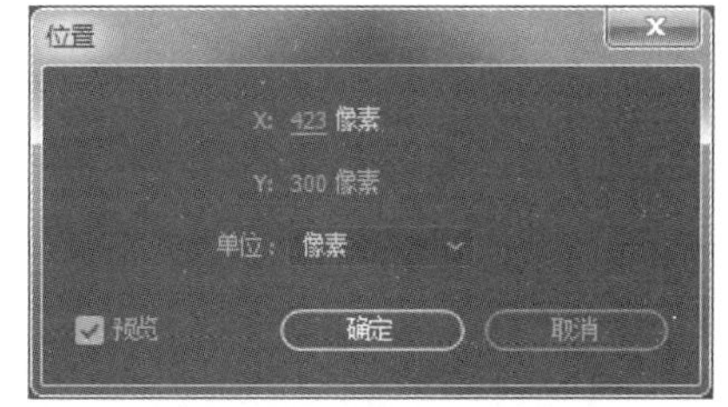

图 4-20　【位置】对话框

- 【编辑值】：选择该选项，将弹出如图 4-20 所示的【位置】对话框。
- 【转到关键帧时间】：选择此项功能，将时间轴移至所选关键帧当前的时间点。
- 【选择相同关键帧】：用于选择相同的关键帧。
- 【选择前面的关键帧】：选择当前已选的关键帧之前所有的关键帧，如图 4-21 所示。
- 【选择跟随关键帧】：选择当前已选的关键帧之后所有的关键帧，如图 4-22 所示。

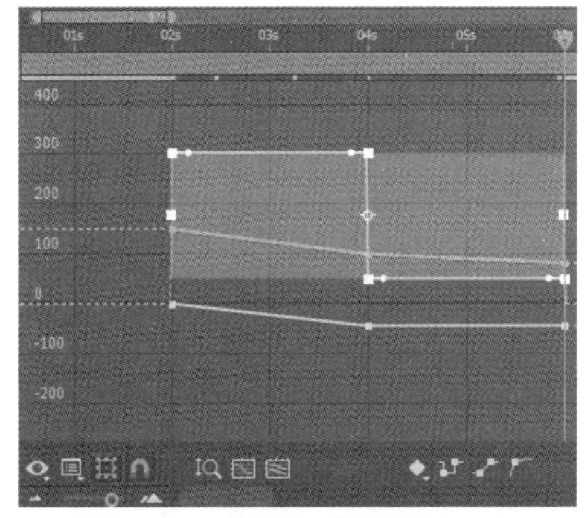

图 4-21　选择前面的关键帧

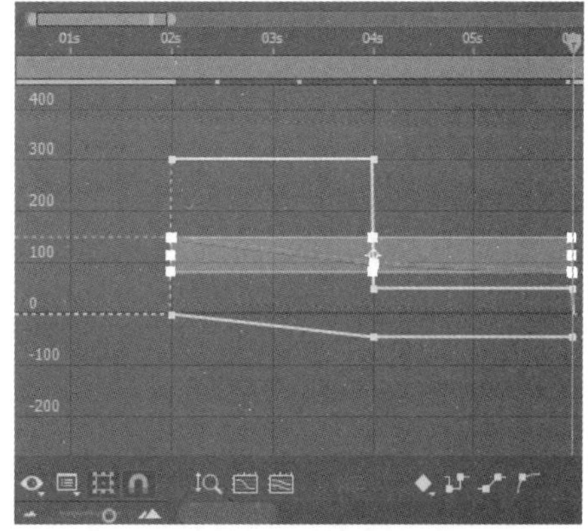

图 4-22　选择跟随关键帧

- 【切换定格关键帧】：使已选的关键帧持续到下一个关键帧时再发生变化。
- 【关键帧插值】：单击此选项可弹出【关键帧插值】对话框，可调整关键帧的临时插值，有【线性】【贝塞尔曲线】【连续贝塞尔曲线】【自动贝塞尔曲线】及【定格】等选项，如图 4-23 所示。

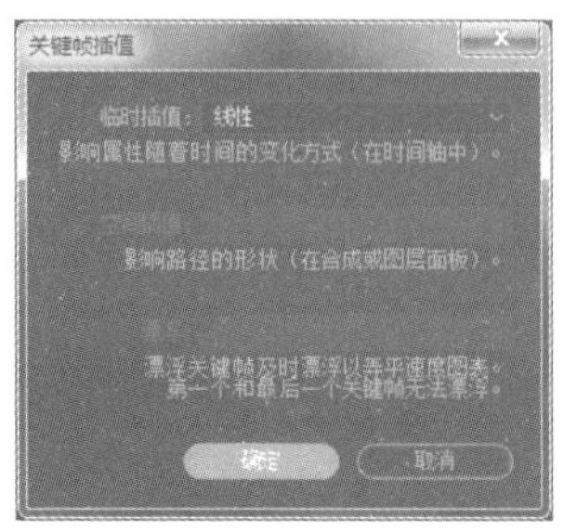

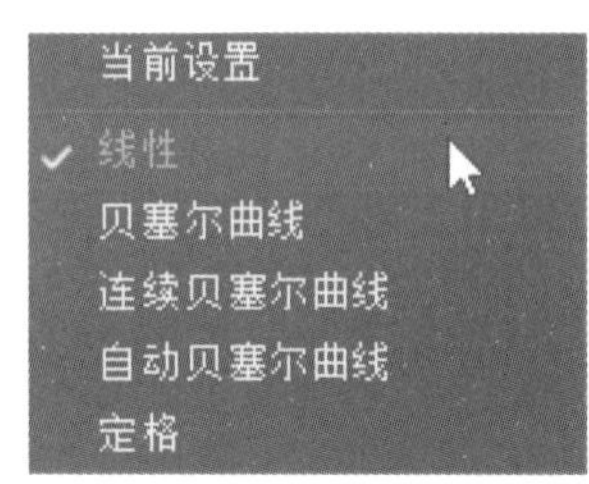

图 4-23　关键帧插值

◉　【漂浮穿梭时间】：为图层的空间属性设置交叉时间。

◉　【关键帧速度】：选择此项可打开【关键帧速度】对话框，可修改关键帧的进来及输出速度，如图 4-24 所示。

◉　【关键帧辅助】：选择此项可弹出如图 4-25 所示的菜单，可对【关键帧辅助】的一些属性进行设置和修改。

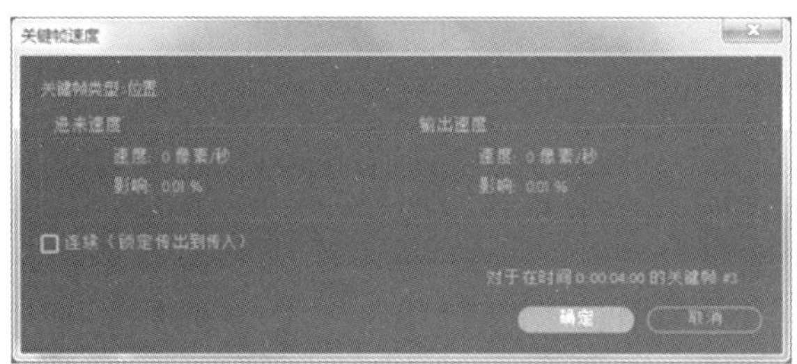

图 4-24　【关键帧速度】对话框

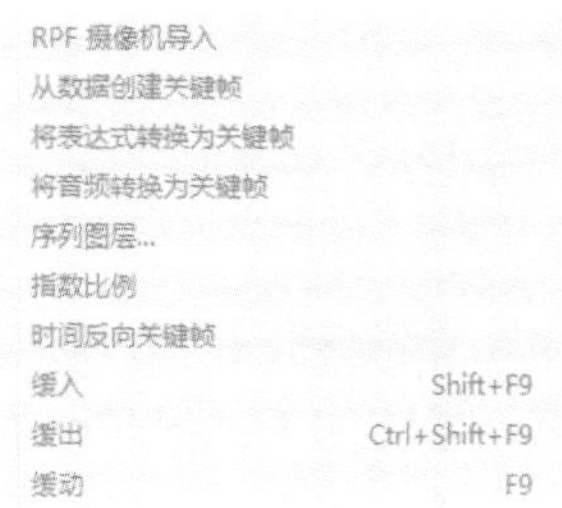

图 4-25　关键帧辅助

![图标]：将选定的关键帧转换为定格。

![图标]：将选定的关键帧的曲线变为直线，如图 4-26 所示。

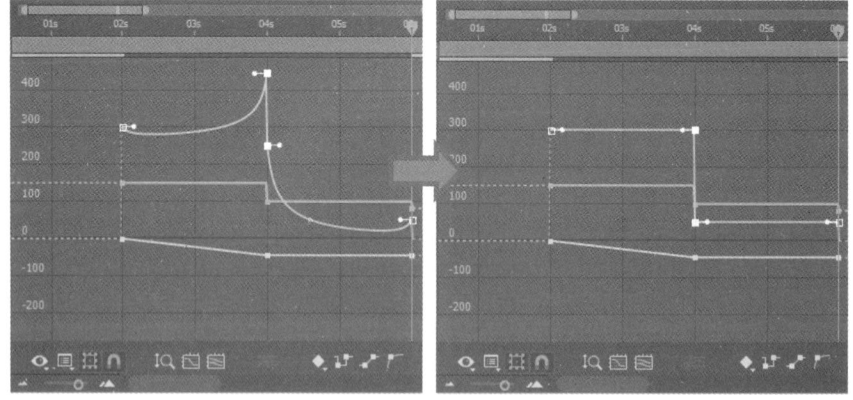

图 4-26　关键帧曲线变直线

![图标]：将已选关键帧的运动曲线转换为自动贝塞尔曲线，如图 4-27 所示。

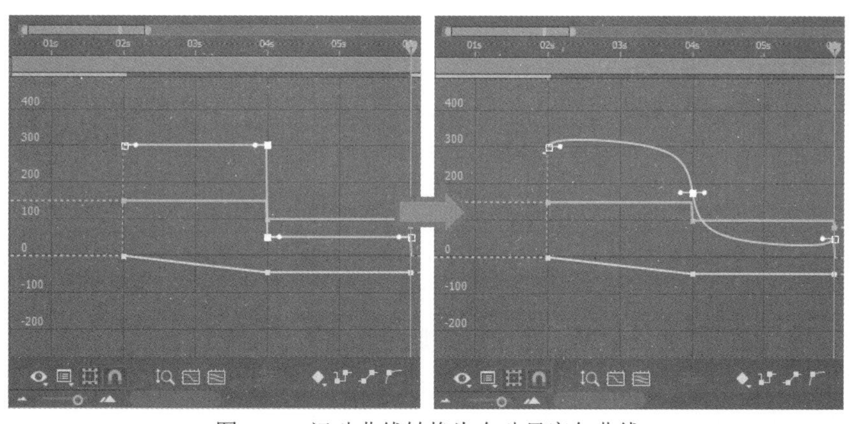

图 4-27　运动曲线转换为自动贝塞尔曲线

：【缓动】命令，使已选关键帧前后的动画曲线变得平滑，如图 4-28 所示。

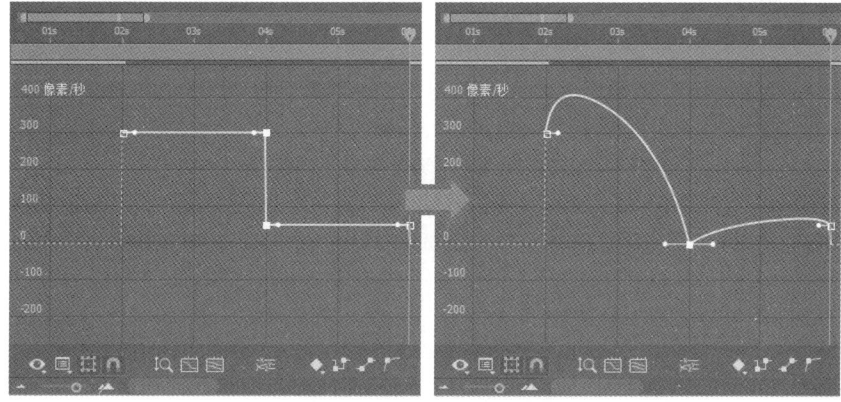

图 4-28　关键帧曲线缓动

：【缓入】命令，使所选关键帧之前的动画曲线变得平滑，如图 4-29 所示。

：【缓出】命令，使所选关键帧之后的动画曲线变得平滑，如图 4-30 所示。

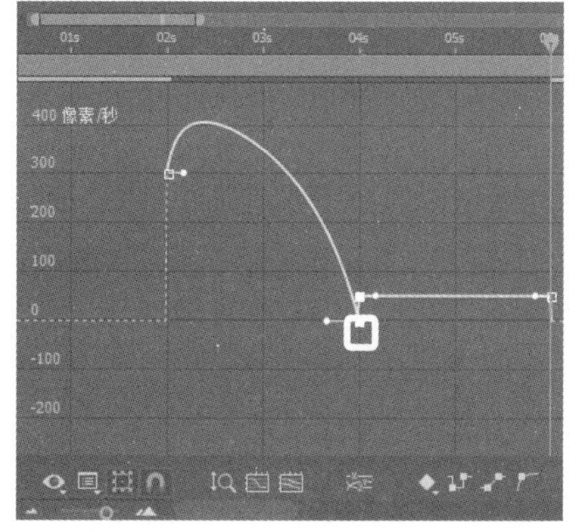

图 4-29　关键帧曲线缓入

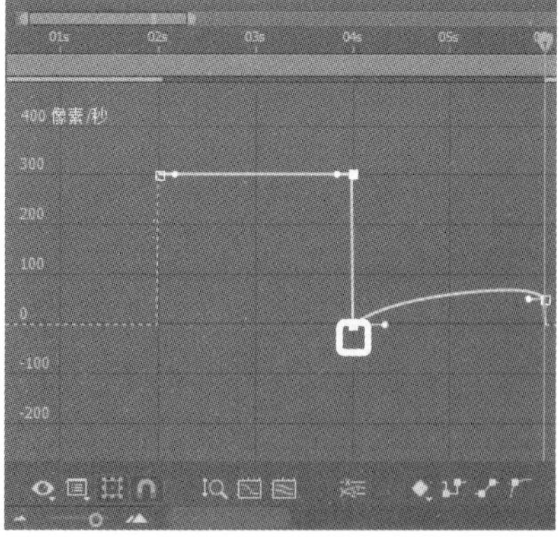

图 4-30　关键帧曲线缓出

4.4 编辑关键帧

前面已经介绍了关键帧动画的创建方法，本节将对如何添加、修改和删除关键帧做简单的讲解。

4.4.1 添加、选择关键帧

添加关键帧：除了单击属性前的⏱图标添加关键帧外，还有以下两种方法：

(1) 在钟表图标被激活的状态下，拖动时间轴指针到希望添加关键帧的时间点，调整属性参数，即可添加新的关键帧。

(2) 在钟表图标被激活的状态下，使用快捷键“Alt+Shift+相应属性快捷键”即可在时间轴指针当前所在位置添加新的关键帧。如添加【位置】关键帧，可使用快捷键 Alt+Shift+P。

选择关键帧：在【时间轴】面板中单击需要选择的关键帧即可选中。若需要同时选中多个关键帧，可拖动鼠标画出一个选择框，将需要选择的关键帧包含其中，如图 4-31 所示；也可按住 Shift 键，逐次选择多个关键帧。

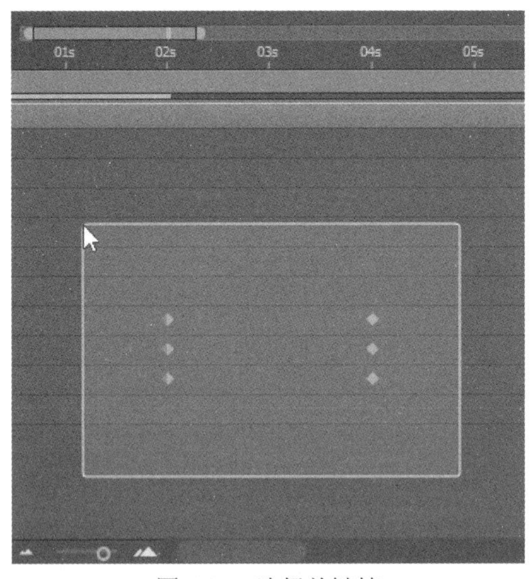

图 4-31　选择关键帧

4.4.2 复制、删除关键帧

复制关键帧：选中需要复制的关键帧，在菜单栏中选择【编辑】|【复制】命令，再将时间轴指针移至需要粘贴的时间点，在菜单栏中选择【编辑】|【粘贴】命令，即可将关键帧粘贴至指定位置；也可以选中需要复制的关键帧，使用 Ctrl+C 快捷键复制，将时间轴指针移至需要粘贴的位置后，使用 Ctrl+V 快捷键粘贴。

删除关键帧：选中需要删除的关键帧，按 Backspace 键或 Delete 键将其删除；若要删除某个属性下的所有关键帧，可单击属性名称前的钟表图标，如图 4-32 所示。

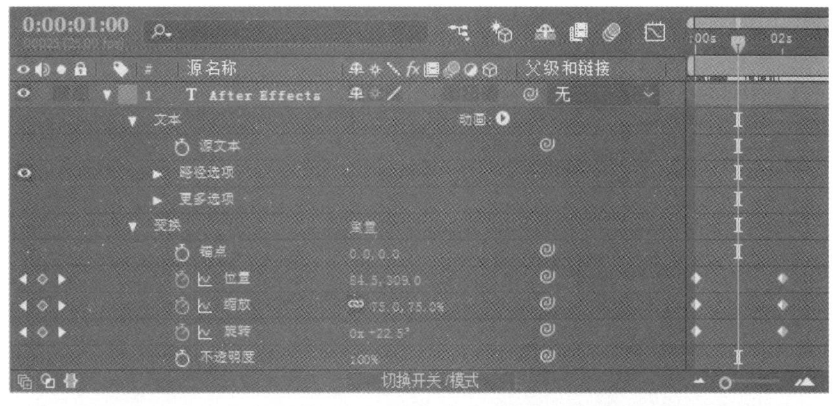

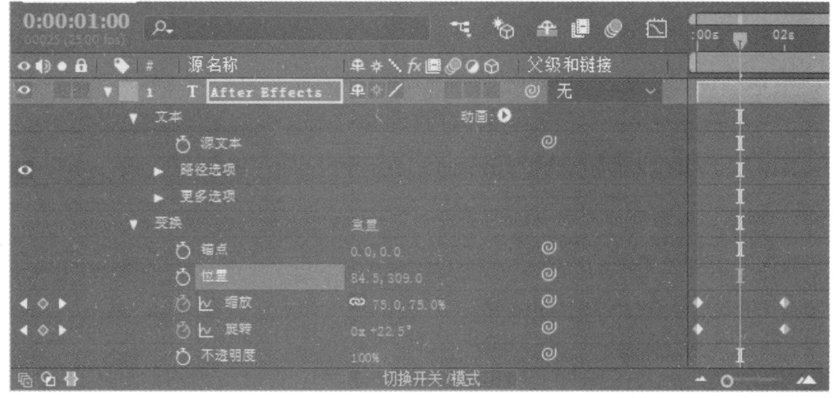

图 4-32　删除关键帧

4.4.3　修改关键帧

修改关键帧：将时间轴指针拖至需要修改的关键帧位置，直接修改参数即可。需要注意的是，如果时间轴指针所在时间位置无关键帧，修改属性参数时将会直接创建新的关键帧。

4.5　动画运动路径

在 After Effects 中，一般使用贝塞尔曲线来控制路径的轨迹和形状。在【合成】面板中，使用【钢笔工具】可以创建和修改动画路径的曲线。

【例 4-1】使用【钢笔工具】为图层添加运动路径。

(1) 选中图层，使用【钢笔工具】在【合成】面板中绘制出一系列顶点，如图 4-33 所示。

(2) 在图层的【路径选项】属性下，选择路径为【蒙版 1】，如图 4-34 所示。

(3) 用户可以发现，文本沿着所绘制出的路径排列，如图 4-35 所示。

(4) 在【钢笔工具】组中还可以选择【添加“顶点”工具】，为路径增加顶点，使运动路径变得更加平滑，也可使用【删除“顶点”工具】将多余的顶点删除，【钢笔工具】组如图 4-36 所示。

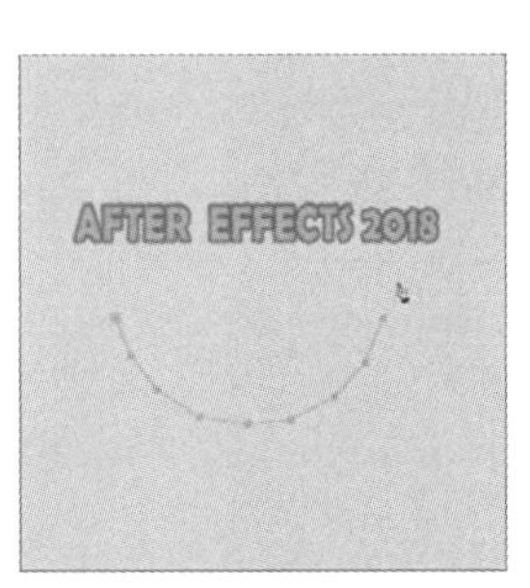
图 4-33　使用钢笔工具绘制路径

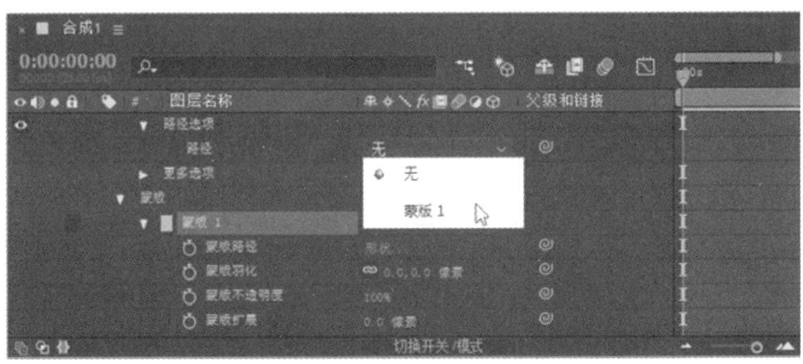
图 4-34　选择路径为蒙版 1

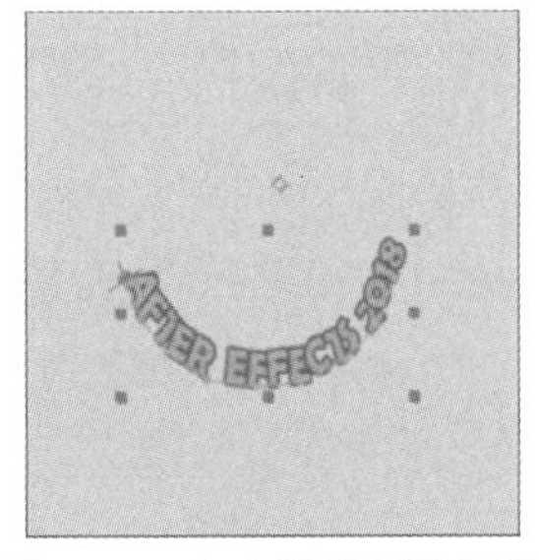
图 4-35　文本沿绘制路径排列

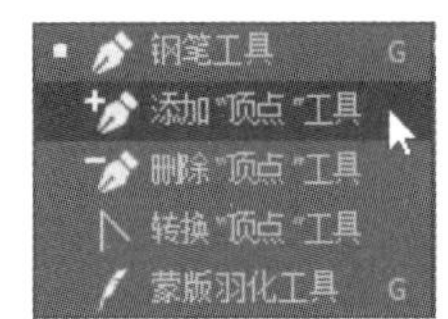

图 4-36　添加和删除“顶点”工具

(5) 使用【选取工具】，可以对当前路径的形状进行调整，如图 4-37 所示。

(6) 移动时间轴，使用【添加“顶点”工具】对已有的关键帧动画路径进行修改，在修改了参数对应的时间点的位置将自动生成新的关键帧，如图 4-38、图 4-39、图 4-40 所示。

图 4-37　使用选取工具调整路径

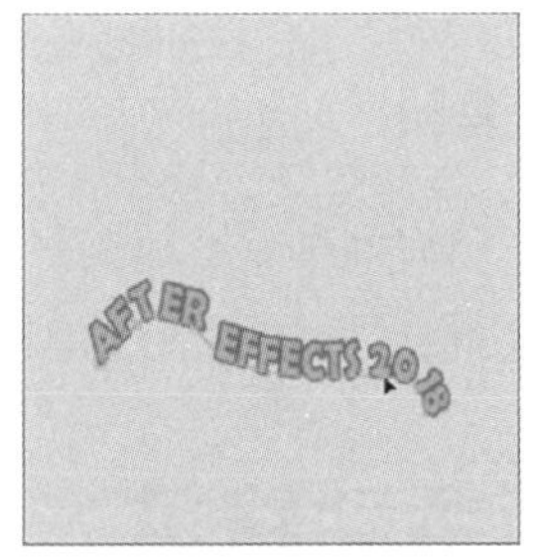
图 4-38　添加“顶点”工具修改路径 1

图 4-39　添加“顶点”工具修改路径 2

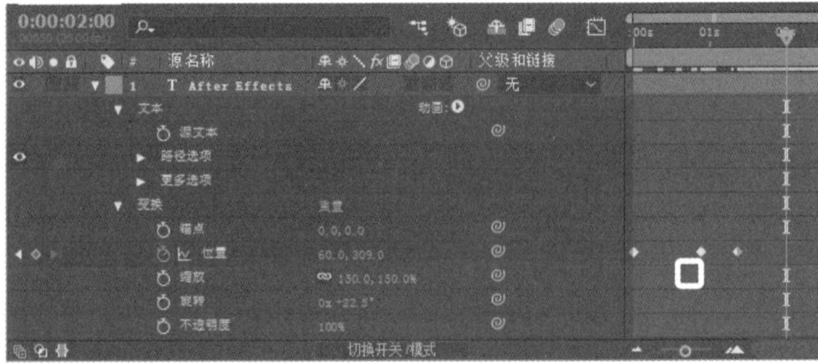
图 4-40　修改路径生成关键帧

(7) 在图层的【路径选项】属性中，为【首字边距】属性设置关键帧。如图 4-41 所示。拖动时间轴指针或按下空格键播放影片，可以看到文本随着路径运动的效果，如图 4-42 所示。

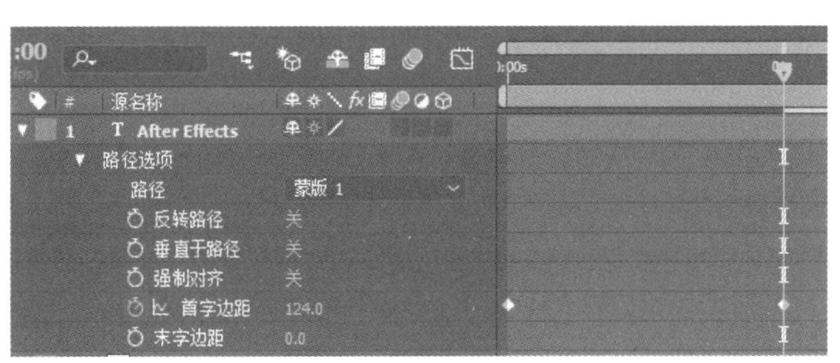

图 4-41　关键帧设置

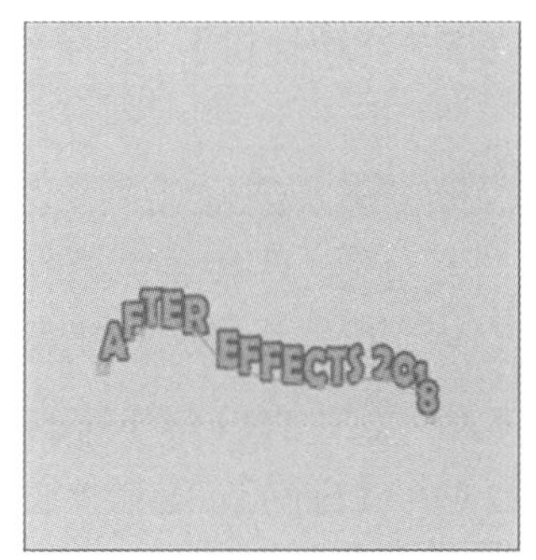

图 4-42　文本路径动画

4.6　动画播放预览

在创建动画后，可以使用【预览】面板来播放动画，如果在【合成】面板右侧没有显示【预览】面板，可以选择如图 4-43 所示的【窗口】|【预览】命令显示【预览】面板，如图 4-44 所示。

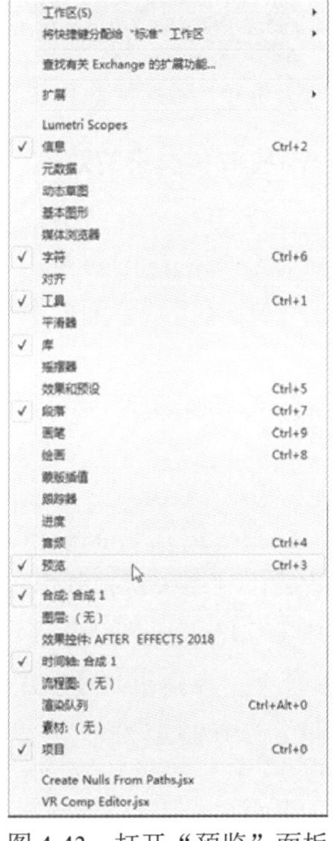

图 4-43　打开“预览”面板

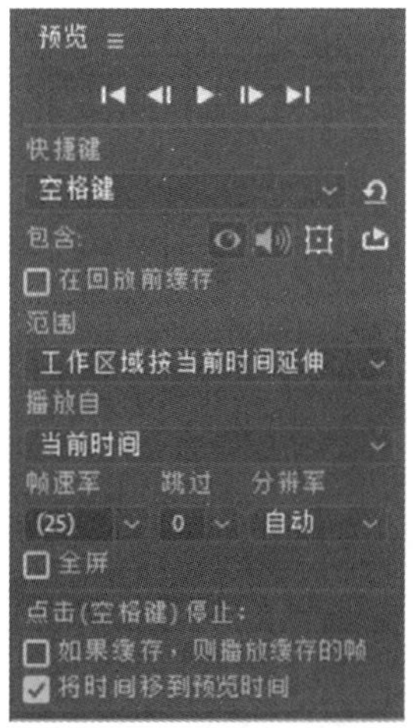

图 4-44　“预览”面板

下面对【预览】面板中的选项做简单介绍：

⊙ ▶:【播放/停止】：播放或停止合成中的影片。

- ：跳至第一帧/最后一帧。
- ：跳至上一帧/下一帧。
- 【快捷键】：选择预览影片可使用的快捷键，用户可根据个人偏好设置，如图 4-45 所示。
- ：在预览中播放视频。
- ：在播放视频时开启声音。
- ：在预览中显示叠加和图层控件。
- ：更改循环播放的选项，播放一次或循环播放。
- 【范围】：选择预览范围，有【工作区】【工作区域按当前时间延伸】【整个持续时间】和【围绕当前时间播放】选项，如图 4-46 所示。
- 【播放自当前时间/范围开头】：选择开始播放的时间点。
- 【帧速率】：设置每秒播放的帧数，调整播放的速度。

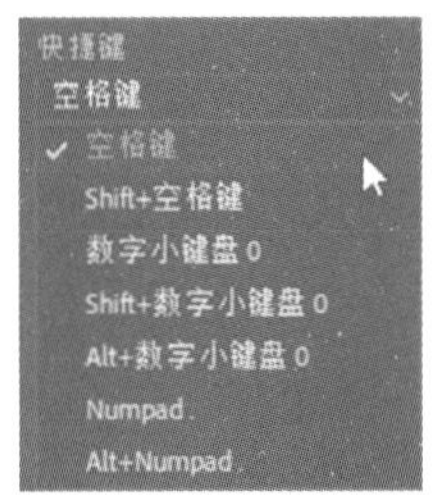

图 4-45　预览快捷键

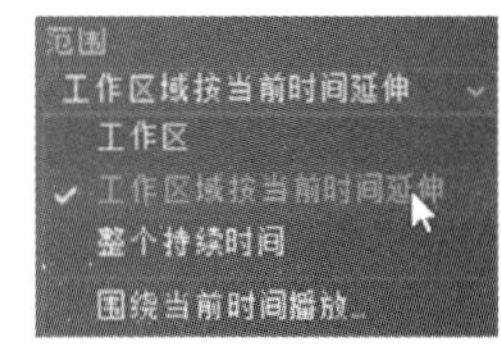

图 4-46　选择预览范围

- 【跳过】：可以设置跳过一定数量的帧，这样可以提高播放和渲染的效率。默认设置为 0，也就是播放时不跳过帧。
- 【分辨率】：设置预览时影片的分辨率，即提高或降低预览的画面质量。
- 【全屏】：选中此项，预览影片时将全屏显示，不选中则在【合成】面板中显示预览。

4.7　上机练习

本章的第一个上机练习主要练习制作动态移动图像效果，使用户更好地掌握关键帧动画的基本操作方法和技巧。练习内容主要是制作动态的海底世界效果，利用关键帧制作鱼游动、气泡漂动等动画效果。

(1) 首先需要建立一个合成。选择【合成】|【新建合成】命令。在弹出的【合成设置】对话框中设置【预设】为【HDV/HDTV 720 25】，设置【持续时间】为 0:00:15:00，单击【确定】按钮，建立一个新的合成。

(2) 导入名为“海底世界”的素材文件夹。执行【文件】|【导入】|【导入文件】命令，从计算机中找到素材文件夹，单击【导入文件夹】按钮。将导入的背景图片素材和图片素材按顺序放置在【合成】面板中，如图 4-47 所示。

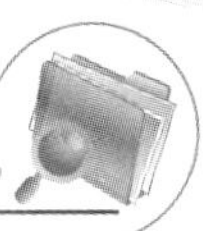

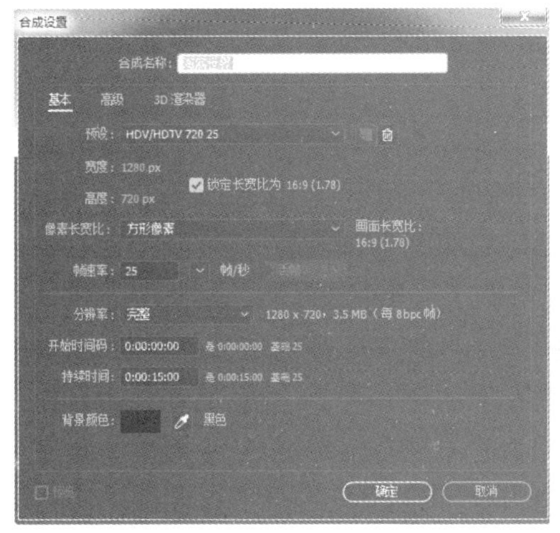

图 4-47　合成设置

(3) 制作游动的鱼效果，这里使其从画面左侧移动到画面右侧。选中【时间轴】面板中的“鱼1”图层，使用鼠标将其移动至画面最左侧画面外。这里需要制作位移动画，所以将时间轴指针移至 0:00:00:00，将“鱼 1”图层【变换】属性下的【位置】设为-114、442，并添加关键帧，固定好“鱼 1”的起始位置。再将时间轴指针移至 0:00:08:00，使用鼠标将“鱼 1”图像移动到画面最右侧画面外，将【位置】属性设置为 1438、304，并添加关键帧，固定好“鱼 1”的结束位置。如图 4-48 所示。

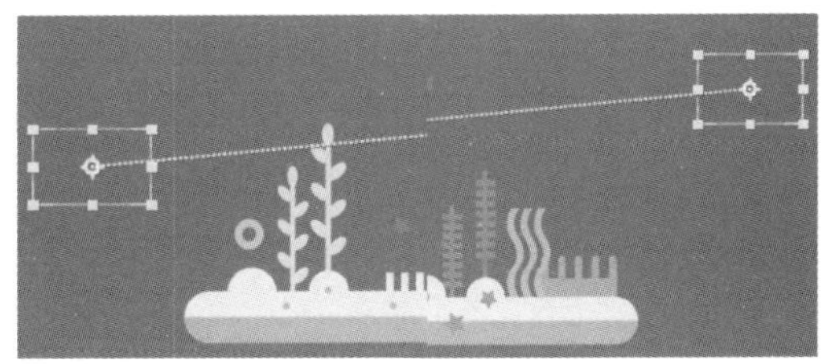

图 4-48　“鱼 1”移动动画

(4) 为了使鱼游动的动画效果更逼真，接下来在“鱼 1”平行移动过程中加入上下移动动画效果。将时间轴指针移至 0:00:02:00，将“鱼 1”图层【变换】属性下的【位置】设为 274.0、319.5，并添加关键帧，使之向上移动。再将时间轴指针移至 0:00:04:00，将【位置】设为 661.8、425.2，并添加关键帧，使之向下移动。最后将时间轴指针移至 0:00:06:00，将【位置】设为 1052.4、285.8，并添加关键帧，使之再次向上移动。这样就在“鱼 1”的平移动画中加入了上下移动的效果，使之沿 S 形弧线进行运动，从而使游动的效果更加逼真，如图 4-49 所示。

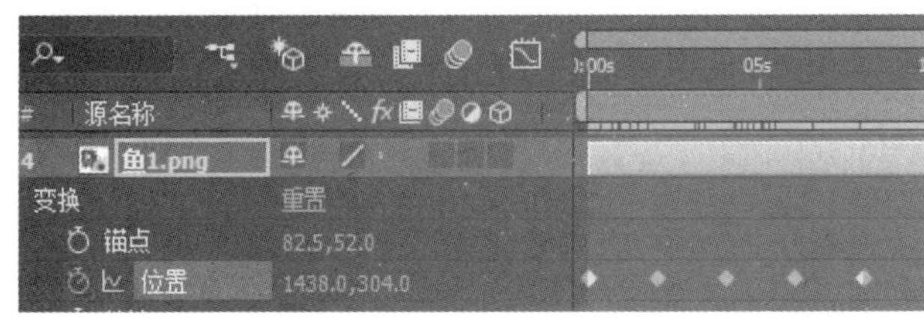

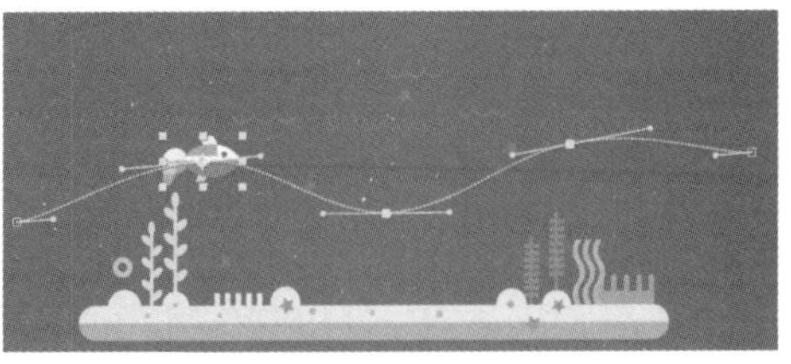

图 4-49　“鱼 1”上下移动动画

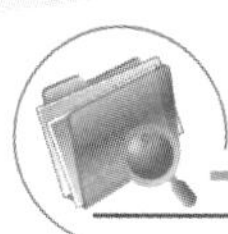

(5) 制作游动的水母效果，与鱼游动不同的是，水母上下游动的幅度较大。这里还是先确定水母的起点和终点位置。选中【时间轴】面板中的“水母”图层，使用鼠标将其移动至画面左侧偏上的位置，将时间轴指针移至 0:00:00:00，将“水母”图层【变换】属性下的【位置】设为 120、164，并添加关键帧，固定好“水母”的起始位置。再将时间轴指针移至 0:00:15:00，使用鼠标将“水母”图像移动到画面右侧位置，将【位置】属性设置为 1178、486，并添加关键帧，固定好“水母”的结束位置。然后制作中间上下移动的动画，由于水母移动的速度较为缓慢，所以关键帧之间的时间间隔较大，关键帧的个数也较少。将时间轴指针移至 0:00:05:00，将【位置】设为 490.7、541.1，并添加关键帧。再将时间轴指针移至 0:00:10:00，将【位置】设为 788.2、187.0，并添加关键帧。这样就制作好了水母上下游动的效果，如图 4-50 所示。

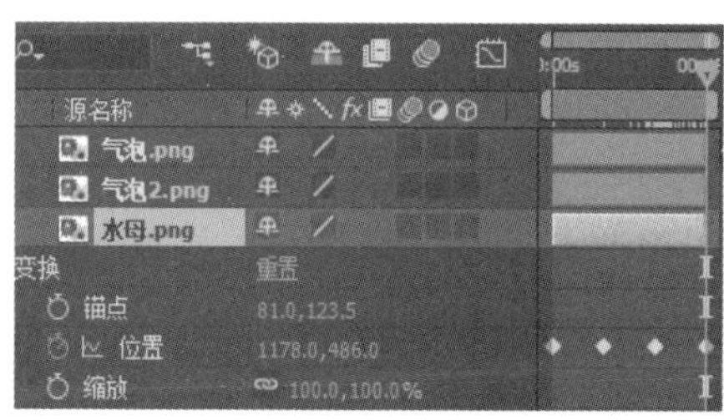

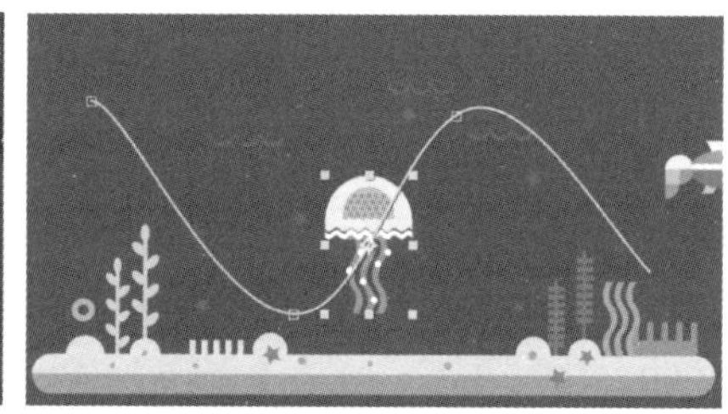

图 4-50 “水母”游动动画

(6) 为了使水母游动动画效果更逼真，这里模仿水母游动时的形态，为其添加放大和缩小的动画效果。首先对“水母”的角度进行调整，将“水母”图层【变换】属性下的【旋转】数值调整为 0×20°。接下来制作缩放动画。将时间轴指针移至 0:00:00:00，将“水母”图层【变换】属性下的【缩放】设为 100%，并添加关键帧，再将时间轴指针移至 0:00:01:00，将【缩放】设为 80%，并添加关键帧，使之缩小。后面的动画关键帧都与前两个关键帧设置相同，所以这里选中前两个关键帧，按键盘上的 Ctrl+C 键进行复制。然后将时间轴指针移至 0:00:02:00，按键盘上的 Ctrl+V 键进行粘贴。以此类推，将时间轴指针继续后移，继续复制关键帧，直到水母游动动画结束位置。这样就在“水母”游动动画中加入了缩放的效果，从而使游动的效果更加逼真。如图 4-51 所示。

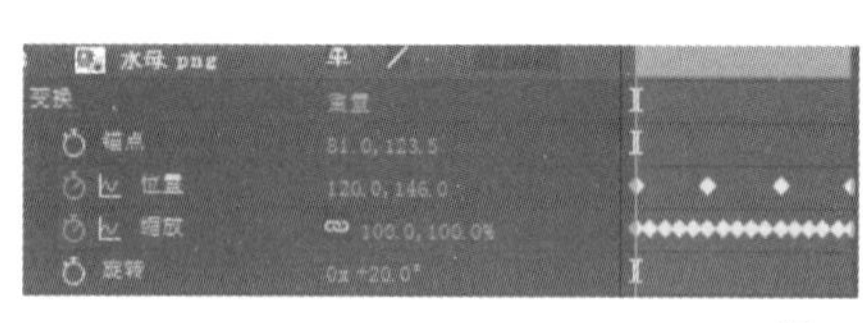

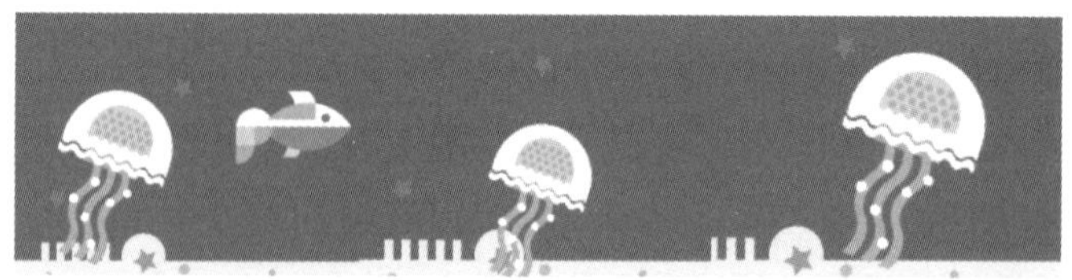

图 4-51 “水母”缩放动画效果

(7) 接下来制作滚动上升的气泡效果，也就是为气泡图像制作位移加旋转动画效果。首先调整气泡的大小，选中【时间轴】面板中的“气泡 2”图层，将【变换】属性下的【缩放】设为 40%。然后制作位移动画，将时间轴指针移至 0:00:00:00，将“气泡 2”图层【变换】属性下的【位置】数值设为 358、752 并添加关键帧，固定好气泡的初始位置。再将时间轴指针移至 0:00:02:00，将【位置】属性设置为 358、-59，并添加关键帧，固定好气泡的结束位置。然后制作中间旋转的动画，这里仅需设置气泡动画的起始角度和结束角度，中间的旋转动画就可以自动生成。将时间轴

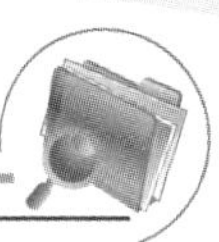

指针移至 0:00:00:00，将【变换】属性下的【旋转】设为 0×0.0°，并添加关键帧。再将时间轴指针移至 0:00:02:00，将【旋转】设为 2×0.0°，并添加关键帧。通过播放观看动画，可以看出这样就制作好了一个气泡的上升动画效果。这里如果需要多个气泡效果，可以将“气泡 2”图层进行复制，然后调整气泡的大小、位置和整个动画关键帧的时间点。最终效果如图 4-52 所示。

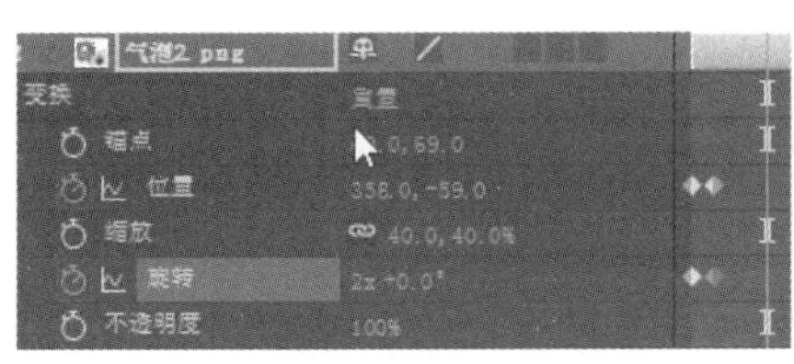

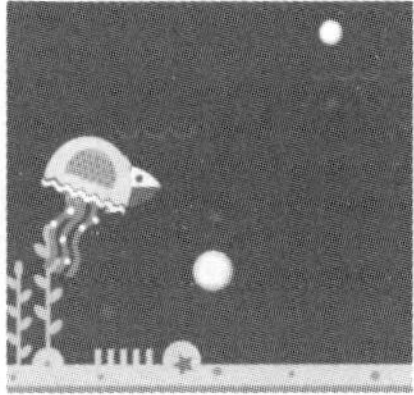

图 4-52　气泡动画效果

(8) 制作 S 形移动上升的气泡效果，也就是为另一个气泡图像制作位移动画效果。这里先确定气泡的起点和终点位置。选中【时间轴】面板中的“气泡”图层，将时间轴指针移至 0:00:00:00，将“气泡”图层【变换】属性下的【位置】设为 679.3、757.2，并添加关键帧，固定好“气泡”的起始位置。再将时间轴指针移至 0:00:04:00，将【位置】属性设置为 679.3、-93.8，并添加关键帧，固定好“气泡”的结束位置。然后制作中间左右移动的动画，将时间轴指针移至 0:00:01:00，将【位置】设为 636.3、544.5，并添加关键帧。再将时间轴指针移至 0:00:02:00，将【位置】设为 703.2、331.4，并添加关键帧。最后将时间轴指针移至 0:00:03:00，将【位置】设为 653.7、118.4，并添加关键帧。这样就制作好了气泡左右游动的效果。这里如果需要多个气泡效果，可以将“气泡”图层单独建立一个合成，再进行多次复制，然后调整合成的大小、整体位置和整个图层的时间点。如图 4-53 所示。

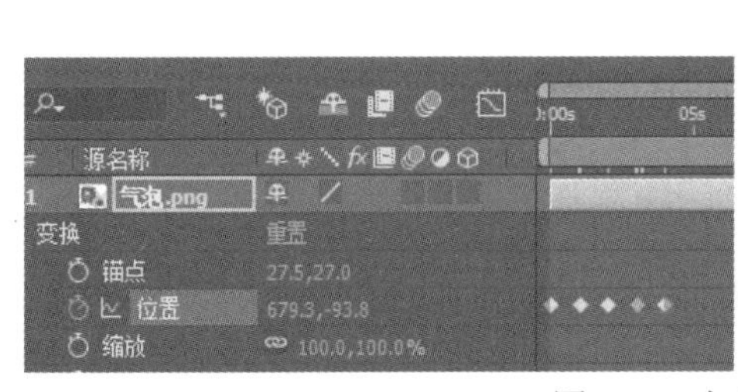

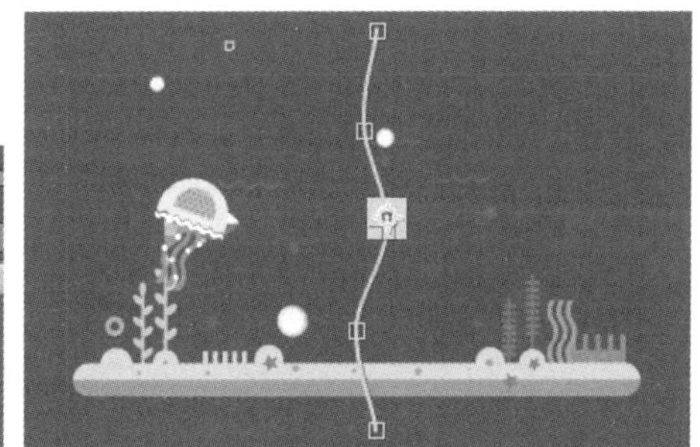

图 4-53　气泡移动上升

(9) 按照之前制作动画的流程，对剩余的图像分别制作类似动画效果，使不同的图像分别处于画面中不同的位置，且在不同的时间进行运动。最终效果如图 4-54 所示。

本章的第二个上机练习主要练习制作霓虹灯的动画效果，使用户更好地掌握关键帧动画的基本操作方法和技巧。练习内容主要是制作每一个霓虹灯依次闪烁和点亮的动画效果，最后再为文字添加闪烁动画效果。

(1) 首先需要建立一个合成。选择【合成】|【新建合成】命令。在弹出的【合成设置】对话框中设置【预设】为【HDV/HDTV 720 25】，设置【持续时间】为 0:00:10:00，单击【确定】按钮，建立一个新的合成。

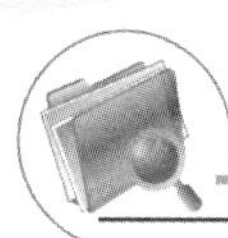

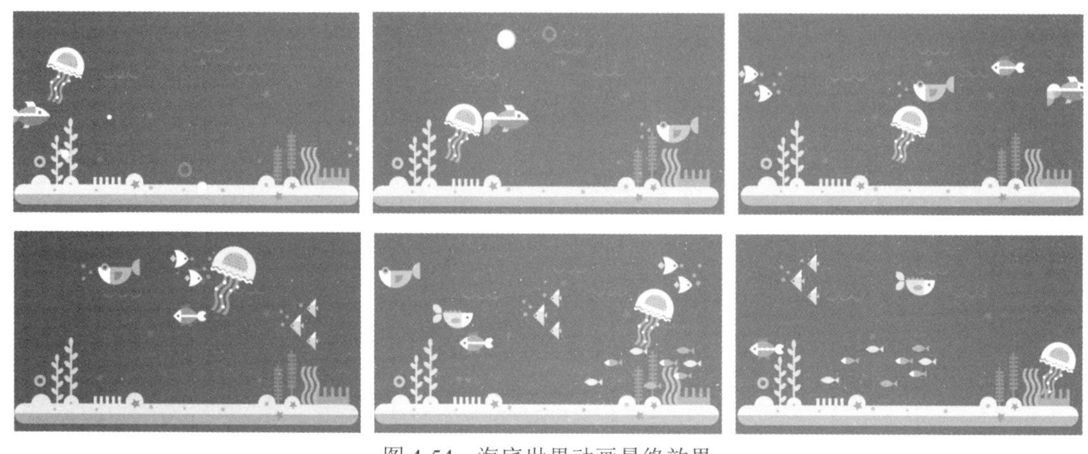

图 4-54　海底世界动画最终效果

(2) 导入名为“霓虹灯”的素材文件夹。执行【文件】|【导入】|【导入文件】命令，从计算机中找到素材文件夹，单击【导入文件夹】按钮。将导入的背景图片素材和图片素材按顺序放置在【合成】面板中，如图 4-55 所示。

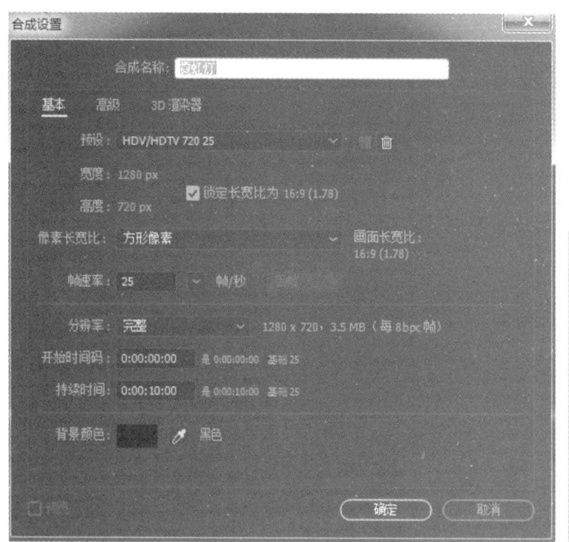

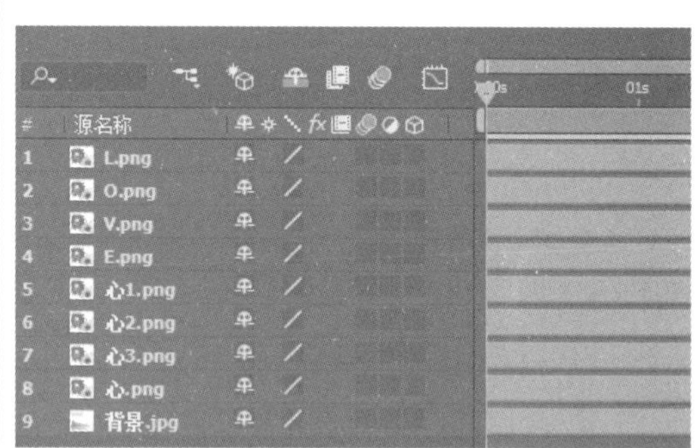

图 4-55　新建合成

(3) 制作霓虹灯闪烁点亮动画效果。第一个被点亮的是“心”图形，与闪烁动画效果相关的属性是【不透明度】，所以这里为【不透明度】制作关键帧动画。选中【时间轴】面板中的“心”图层，将时间轴指针移至 0:00:00:00，将“心”图层【变换】属性下的【不透明度】设为 0%，并添加关键帧，使其完全透明不显示。再将时间轴指针移至 0:00:00:05，将【不透明度】设为 50%，并添加关键帧，使第一次闪烁时不完全显示。然后制作第二次闪烁，将时间轴指针移至 0:00:00:10，将【不透明度】设为 0%，并添加关键帧，使其再次恢复不显示状态。再将时间轴指针移至 0:00:00:15，将【不透明度】设为 80%，并添加关键帧，使第二次闪烁比第一次稍亮，但也是不完全显示。最后是第三次闪烁和最终点亮动画，将时间轴指针移至 0:00:00:20，将【不透明度】设为 0%，并添加关键帧，再次恢复不显示状态。最后将时间轴指针移至 0:00:01:00，将【不透明度】

设为 100%，并添加关键帧，使第三次闪烁后的“心”图像完全点亮。这样就制作好了一个图形的闪烁点亮效果，如图 4-56 所示。

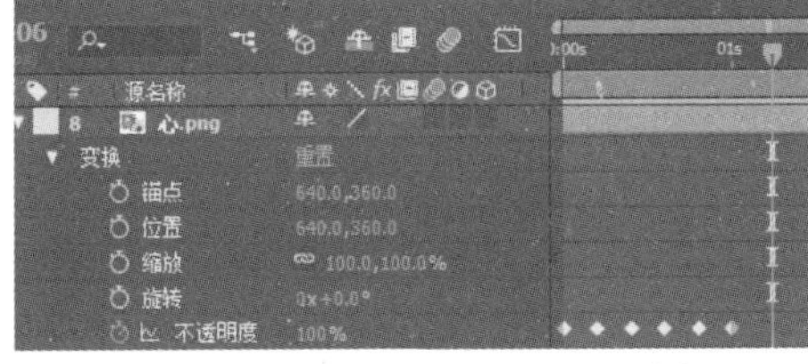

图 4-56　“心”图形闪烁点亮效果

(4) 制作第二个霓虹灯闪烁点亮动画效果。第二个被点亮的是“心 1”图形，关键帧的数值设置与“心”相同。但关键帧之间的时间间隔由 5 帧改为 3 帧，起始时间为第一个心形点亮之后，也就是 0:00:01:00，选中【时间轴】面板中的“心 1”图层，将时间轴指针移至 0:00:01:00，将“心 1”图层【变换】属性下的【不透明度】设为 0%，并添加关键帧，使其完全透明不显示。再将时间轴指针移至 0:00:01:03，将【不透明度】设为 50%，并添加关键帧，使第一次闪烁时不完全显示。接下来的两次闪烁 4 个关键帧设置的时间点分别是 0:00:01:06、0:00:01:09、0:00:01:12 和 0:00:01:15。通过播放观看动画，完成“心 1”闪烁点亮动画效果，如图 4-57 所示。

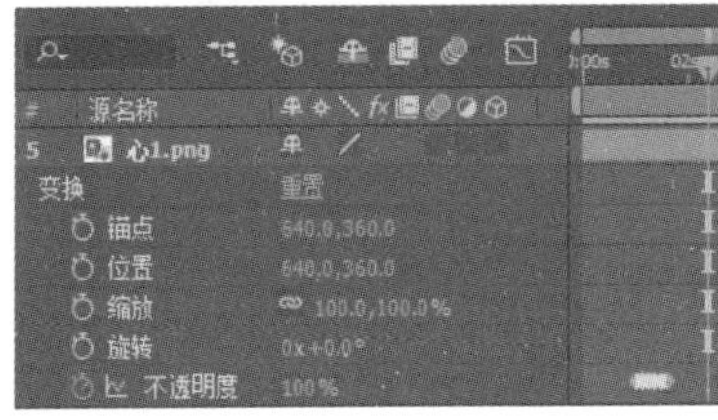

图 4-57　“心 1”图形闪烁点亮效果

(5) 制作其他心形闪烁效果。其他心形闪烁效果的关键帧设置都与“心 1”相同，只是动画所处时间位置不同，所以这里选中“心 1”图层【不透明度】属性下的所有关键帧，按 Ctrl+C 键对关键帧进行复制。然后选中【时间轴】面板中的“心 2”图层，将时间轴指针移至 0:00:01:15，也就是“心 1”图像动画结束的时间点，按 Ctrl+V 键对关键帧进行粘贴。通过播放观看动画，完成“心 2”闪烁动画效果，如图 4-58 所示。最后选中“心 3”图层，将时间轴指针移至 0:00:02:05，继续按 Ctrl+V 键对关键帧进行粘贴通过播放观看动画，完成“心 3”闪烁动画效果，如图 4-59 所示。

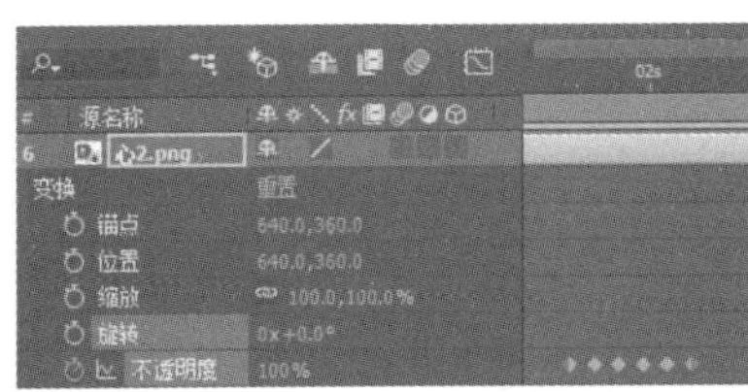

图 4-58　“心 2”图形闪烁点亮效果

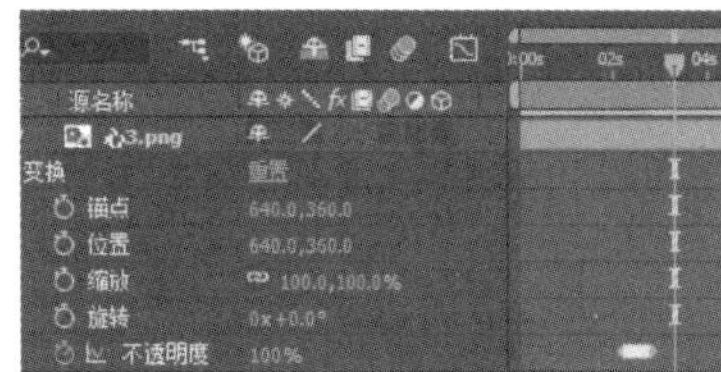

图 4-59 “心 3”图形闪烁点亮效果

(6) 最后制作文字闪烁动画，先制作文字按照字母顺序依次点亮一段时间然后又熄灭的动画效果。同样也是不透明度动画，只是这里不进行闪烁动画，直接点亮再熄灭。选中【时间轴】面板中的“L”图层，将时间轴指针移至 0:00:03:00，将“L”图层【变换】属性下的【不透明度】设为 0%，并添加关键帧，使其完全透明不显示。再将时间轴指针移至 0:00:03:03，将【不透明度】设为 100%，并添加关键帧，使字母被点亮。将时间轴指针移至 0:00:03:22，将【不透明度】设为 100%，并添加关键帧，使其保持点亮状态停留一段时间。再将时间轴指针移至 0:00:04:00，将【不透明度】设为 0%，并添加关键帧，使字母熄灭不显示。通过播放观看动画，已完成“L”字母的点亮和熄灭动画效果。如图 4-60 所示。

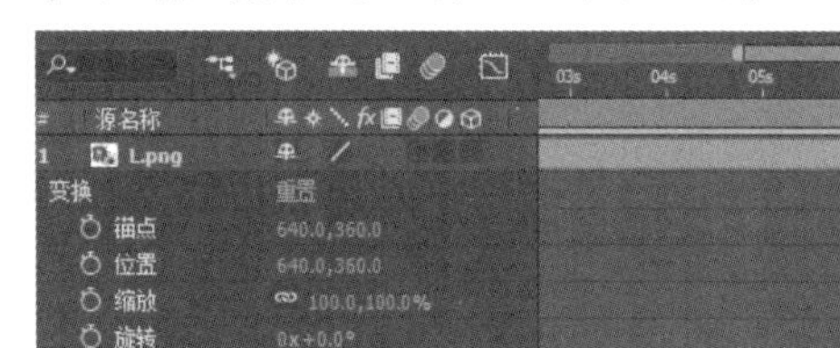

图 4-60 字母“L”点亮熄灭动画效果

(7) 制作其他字母动画效果。其他字母点亮和熄灭效果的关键帧设置都与“L”相同，只是动画所处时间位置不同，所以这里选中“L”图层【不透明度】属性下的所有关键帧，按 Ctrl+C 键对关键帧进行复制。然后选中【时间轴】面板中的“O”图层，将时间轴指针移至 0:00:04:00，也就是“L”图像动画结束的时间点，按 Ctrl+V 键对关键帧进行粘贴。通过播放观看动画，完成“O”动画效果。选中“V”图层，将时间轴指针移至 0:00:05:00，按 Ctrl+V 键对关键帧进行再次粘贴，完成“V”动画效果。选中“E”图层，将时间轴指针移至 0:00:06:00，按 Ctrl+V 键对关键帧进行粘贴，完成“E”动画效果。通过播放观看动画，完成字母依次点亮后熄灭的动画效果，如图 4-61 所示。

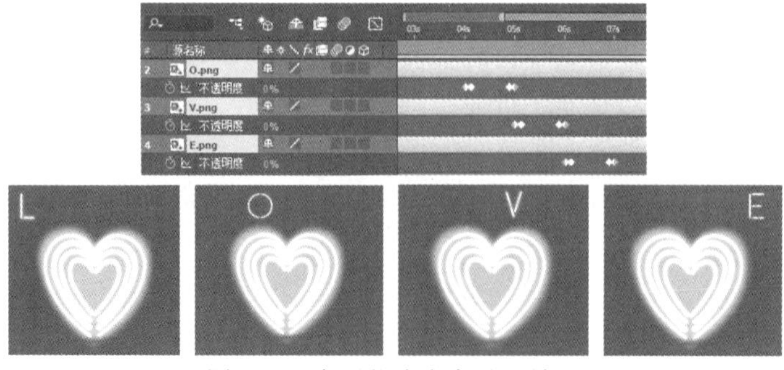

图 4-61 字母依次点亮动画效果

(8) 最后制作所有字母共同闪烁后点亮动画效果。这里字母闪烁效果的关键帧设置都与“心 1”相同，只是动画所处时间位置不同，所以这里选中“心 1”图层【不透明度】属性下的所有关键帧，然后按 Ctrl+C 键对关键帧进行复制。由于四个字母一起闪烁后被点亮，所以这里关键帧都处于同一时间点，可以同时选中【时间轴】面板中的“L”“O”“V”“E”四个图层，将时间轴指针移至 0:00:07:15，按 Ctrl+V 键对关键帧进行粘贴。通过播放观看动画，完成四个字母同时闪烁且被点亮的动画效果，同时也完成了该练习的所有动画效果，如图 4-62 所示。

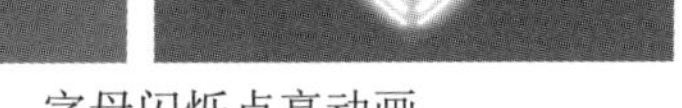

图 4-62　字母闪烁点亮动画

计算机基础与实训教材系列

4.8　习题

1. 制作一段关键帧动画，其中包含位移、缩放、旋转和不透明度变换。
2. 创建一段关键帧动画，并使用【图表编辑器】调整其动画曲线。

第5章 文本与文本动画

学习目标

文本的动画制作在影视后期制作中有着无法取代的重要作用，After Effects 中的文本属性可以帮助我们制作出丰富的文本动画效果，在各种视频剪辑和转场中，文本动画都是不可或缺的效果。本章将详细介绍 After Effects 中文本与画笔的概念，熟悉和掌握文本的属性后，可以运用这些属性组合出各种丰富的动画效果。

本章重点

- 创建与编辑文本
- 文本格式和属性
- 文本动画综合应用

5.1 创建与编辑文本

After Effects 中提供了较为完整的文字属性和功能，可以对文字进行专业的处理。

5.1.1 文本图层概述

在视频动画的制作中，很多效果都是在后期软件中完成的，文字可以清晰地表达视频内容，文字的运动也会为视频添加不同的效果。与 Photoshop 中文字的创建相似，After Effects 中文字的创建是基于单独的文本图层的。

5.1.2 创建文本

新建一个合成，选择【图层】|【新建】|【文本】命令，如图 5-1 所示，创建一个文本图层。

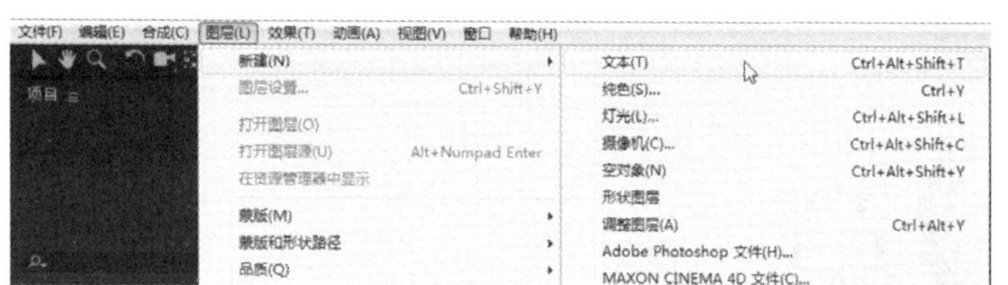

图 5-1　新建文本

或者选择如图 5-2 所示的文字工具直接在【合成】面板中创建文字图层。

长按【文字工具】按钮可选择创建横排或直排文字，一般默认为创建横排文字，也可根据需要调整为【直排文字工具】，如图 5-3 所示。

图 5-2　文字工具

横排文字工具
直排文字工具

图 5-3　文字工具分类

创建完成后，在工具栏右侧找到【字符】和【段落】面板，可以在面板中调整文字的大小、字体、颜色以及段落格式等基本参数。

5.1.3　选择与编辑文本

如果现有标准工作区中没有【字符】面板，可以选择工具栏中的【窗口】|【字符】命令激活此项功能。在【字符】面板中，可以对文字进行修改和调整，如图 5-4 所示。

5.1.4　文本形式转换

【字符】面板由五部分组成。

第一部分：这里可以对文字的字体、颜色等基本样式进行调整，如图 5-5 所示。

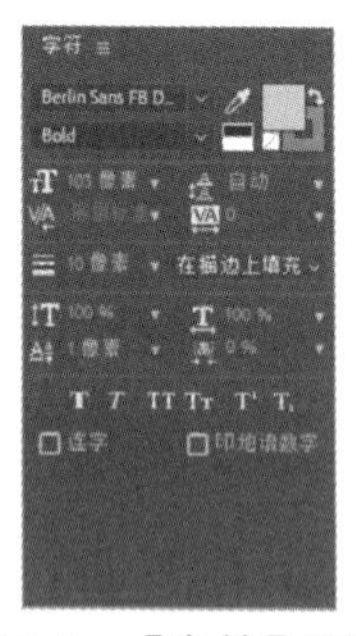

图 5-4　【字符】面板

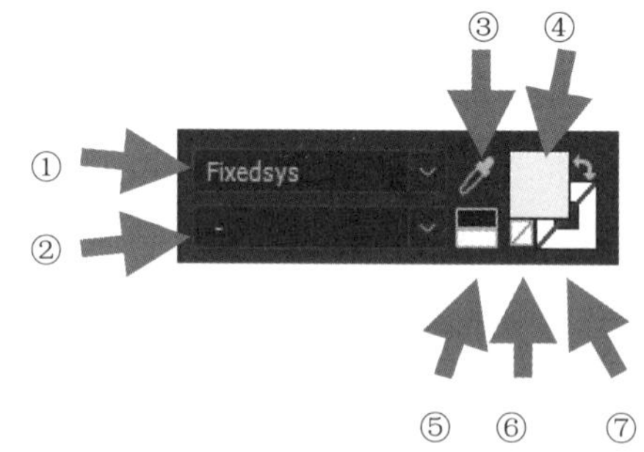

图 5-5　【字符】面板第一部分

① 【设置字体系列】：单击此项后的小箭头，可从下拉列表中选择想要的字体。此处将显示 Windows 系统中支持的所有字体。

② 【设置字体样式】：在此项中可以改变文字的样式，默认为【Regular】(常规)，根据所选字体的不同，下拉列表中会有不同的选项，一般会有【Bold】(粗体)、【Italic】(斜体)、【Bold Italic】(粗体斜体)。

③ 【吸管】：使用此工具可以在 After Effects 界面中的任意位置吸取颜色，使它成为所选文

字的填充颜色或描边颜色。

④ 【填充颜色】：使用此工具可以在色板中选择文字的填充颜色。

⑤ 【设置为黑色】：使用此工具可以选择黑色或白色作为文字的填充颜色。

⑥ 【没有填充颜色】：使用此工具可以将文字的填充颜色设置为无颜色。

⑦ 【描边颜色】：在此项中可以在色板中为所选文字选择描边颜色。

第二部分：这里可以调节文字的大小和间距等属性，如图 5-6 所示。

- ：此项可以调节字体大小。可拖动鼠标调节，也可直接输入数字。
- ：此项可以设置两个字符之间的距离。
- ：此项可以设置两行字符之间的行距。
- ：将鼠标光标放在两字符之间，拖动此项中的数值，可改变两字符之间的距离。

第三部分：这里可以设置文字的描边样式，如图 5-7 所示。

图 5-6　【字符】面板第二部分

图 5-7　【字符】面板第三部分

：此项可以设置描边的宽度。在右侧的下拉列表中有 4 个选项，用户可按需求选择不同的描边方式，如图 5-8 所示。

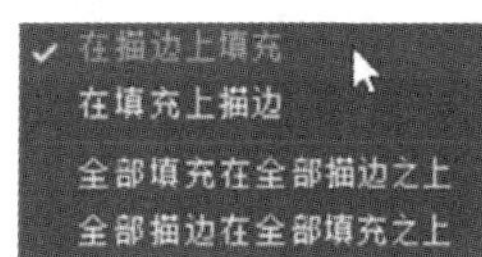

图 5-8　描边方式

- 【在描边上填充】：效果如图 5-9 所示。
- 【在填充上描边】：效果如图 5-10 所示。

图 5-9　在描边上填充

图 5-10　在填充上描边

- 【全部填充在全部描边之上】：效果如图 5-11 所示。
- 【全部描边在全部填充之上】：效果如图 5-12 所示。

图 5-11　全部填充在全部描边之上

图 5-12　全部描边在全部填充之上

第四部分：这里可以对所选文字的缩放和移动情况进行调节，如图 5-13 所示。

- ：在垂直位置上缩放字体大小。
- ：设置基线偏移。
- ：在水平位置上缩放字体大小。
- ：调节所选文字的比例间距。

第五部分：这里可以对字符的字形进行修改，如图 5-14 所示。

图 5-13 【字符】面板第四部分

图 5-14 【字符】面板第五部分

- T：将文字设置为仿粗体。
- T：将文字设置为仿斜体。
- TT：将所选字母全部设置为大写。
- Tr：将所选字母设置为小型大写字母。
- T¹：将文字设置为上标。
- T₁：将文字设置为下标。
- 连字：After Effects CC 2018 支持连字功能。
- 印地语数字：After Effects CC 2018 支持印地语数字功能。

5.1.5 改变文本方向

在第 4 章关键帧动画中，提到了图层旋转关键帧的操作。本节的改变文本方向也可以使用同样的操作。在文本图层的【变换】属性下，调整【旋转】功能后的数值，就可以轻松改变文本的旋转方向以及角度。效果对比如图 5-15 和图 5-16 所示。

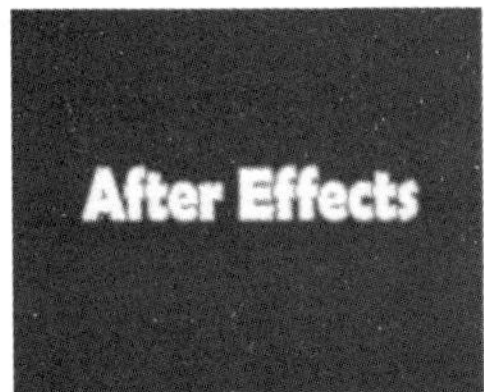

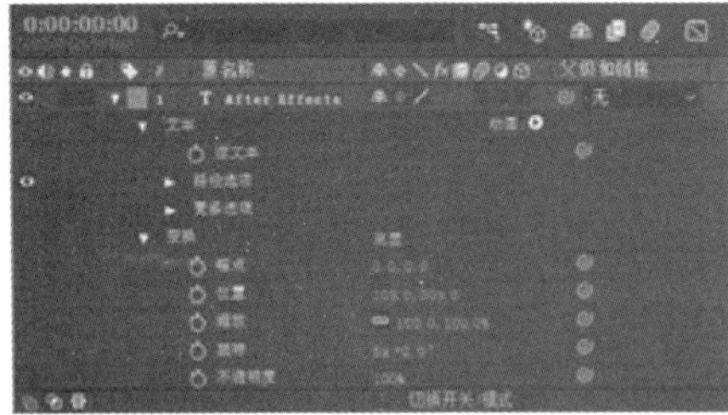
图 5-15 改变文本方向 1

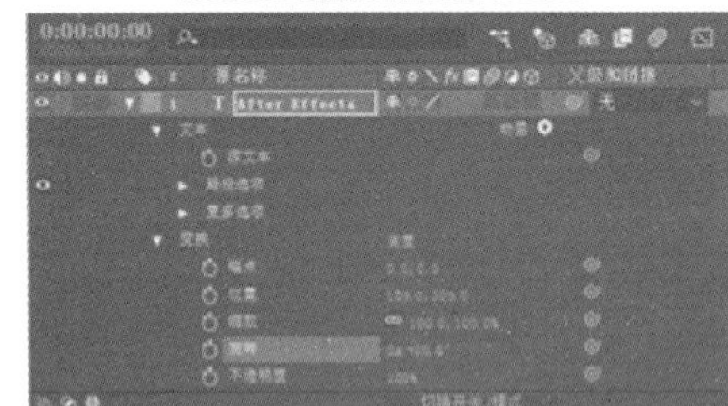
图 5-16 改变文本方向 2

5.2 设置文本格式

After Effects 中提供了较为完整的文本格式设置按钮，主要针对段落格式进行专业的处理。在【段落】面板中，可以对一段文字的缩进、对齐方式和间距进行修改，如图 5-17 所示。

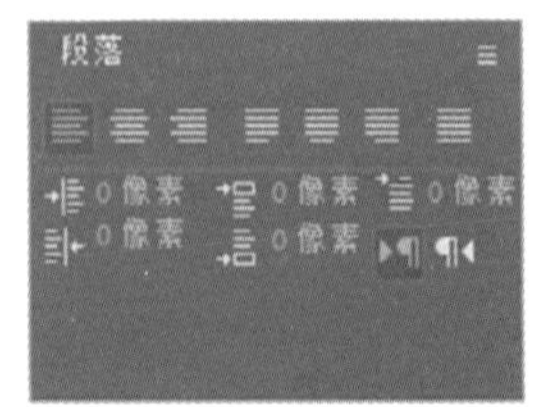

图 5-17 【段落】面板

- ≡：将所选段落设置为左对齐。
- ≡：将所选段落设置为居中对齐。

- ：将所选段落设置为右对齐。
- ：所选段落的文字除最后一行外均为两端对齐，水平文字最后一行为左对齐。
- ：所选段落的文字除最后一行外均为两端对齐，水平文字最后一行为居中对齐。
- ：所选段落的文字除最后一行外均为两端对齐，水平文字最后一行为右对齐。
- ：将所选段落的所有文字设置为两端对齐。
- 0 像素：此项可以调整水平文字的左侧缩进量，可手动输入数字(缩进 N 个像素)，也可使用鼠标在数值处通过单击且左右拖动来更改缩进量。
- 0 像素：此项可以调整水平文字的右侧缩进量。
- 0 像素：此项可在文字段落前添加空格。
- 0 像素：此项可在文字段落后添加空格。
- 0 像素：此项可以调整段落的首行缩进量。

5.3　设置文本属性

文本的属性包含了【变换】(Transform)和【文本】(Text)属性。其中，【文本】(Text)属性中的【源文本】(Source Text)属性可以用来制作与文本属性相关的动画，如改变文本的字体、大小、颜色等。而【字符】(Character)与【段落】(Paragraph)面板中的属性，可以通过改变文本的属性来制作动画。

5.3.1　基本文字属性

【例 5-1】制作一段【源文本】(Source Text)属性的文本动画。

(1) 新建合成：执行【合成】|【新建合成】命令，新建一个【合成】，如图 5-18 所示。

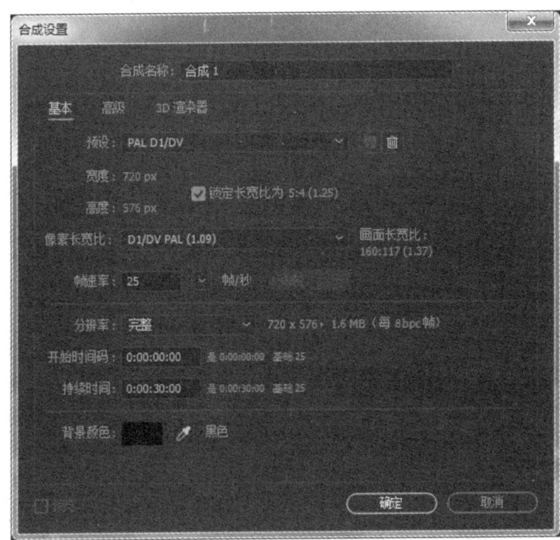

图 5-18　新建合成

(2) 新建一个文本图层：选择菜单栏中的【图层】|【新建】|【文本】命令。

(3) 输入文字：“源文本动画”，并在【字符】面板中把字体设置为“微软雅黑”，如图 5-19 所示。

源文本动画 微软雅黑

图 5-19　设置字体

(4) 打开【时间轴】面板中文本图层的【文本】属性，单击【源文本】属性前的钟表图标，设置一个关键帧，如图 5-20 所示。

图 5-20　设置源文本关键帧

(5) 将时间指示器拖至 06 秒的位置，在【字符】面板中把字体更改为“幼圆”，如图 5-21 所示。同时，还可以对【字符】面板中的颜色属性进行更改。单击▣图标，打开【文本颜色】窗口，在色板中选取颜色。

图 5-21　更改字体和颜色

(6) 在时间轴上，我们可以看到在 00 秒与 06 秒时分别有两个关键帧，拖动关键帧或按下空格键，可以播放刚才制作的源文本动画。需要注意的是，【源文本】属性的关键帧动画是以插值的方式显示的，也就是说，在我们刚才设置的两个关键帧之间，是不存在渐变效果的。在没有播放到 06 秒时，合成面板中一直显示前一个关键帧的源文本属性。关键帧之间转换的效果类似于幻灯片播放的效果。

5.3.2　路径文字属性

很多视频中都会出现文字沿着特定的路径或轨道运动和变化的效果，在本节我们就来了解一下这种效果的设置方法。

在【文本】属性下方找到【路径选项】，展开【路径选项】下的下拉菜单，可以看到当前路径的设置为“无”，如图 5-22 所示。

当我们在文本图层中建立【蒙版】时，就可以使用【蒙版】创建出的路径制作动画效果。当【蒙版】路径应用于文本动画时，可以创建密闭的图形作为路径，也可以是开放的图形。

【例 5-2】创建【路径选项】属性的动画效果。

(1) 新建合成：选择【合成】|【新建合成】命令，新建一个【合成】。

(2) 新建纯色图层：选择【图层】|【新建】|【纯色】命令，将颜色设置为白色，便于观察效果，如图 5-23 所示。

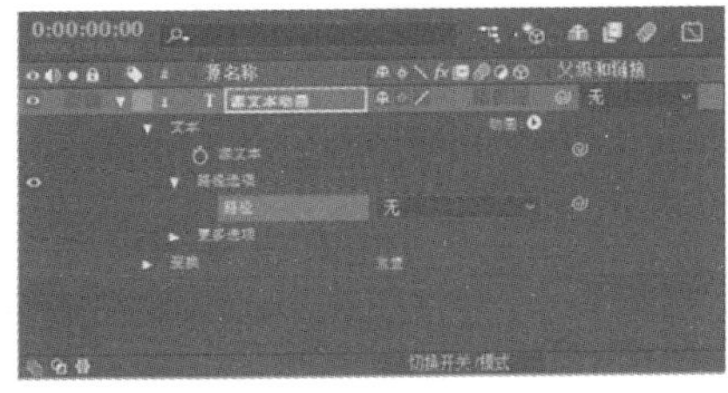

图 5-22　文本路径选项

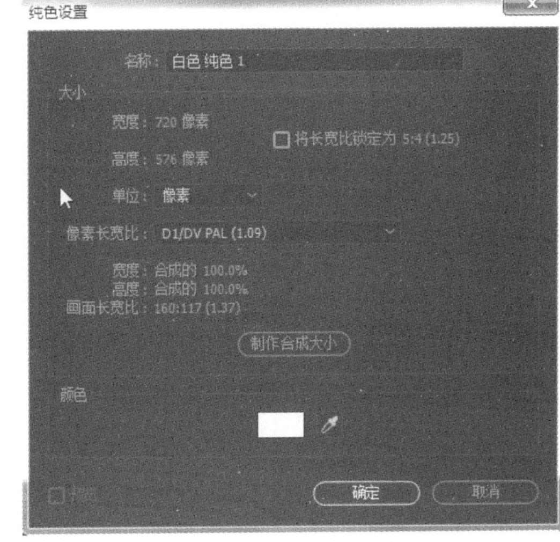

图 5-23　新建纯色图层

(3) 新建文本图层：选择【图层】|【新建】|【文本】命令，输入想要的文字。

(4) 创建蒙版：选中文本图层，使用工具箱中的【椭圆工具】(如图 5-24 所示)创建一个椭圆蒙版。

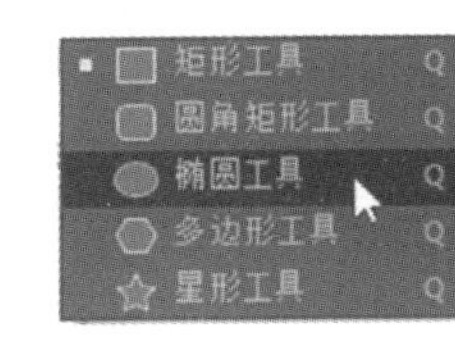

图 5-24　选择椭圆工具

(5) 在【时间轴】面板中单击【文本】属性将其展开，在【路径选项】下的【路径】下拉列表中，将【路径】由“无”改为“蒙版 1”，此时选中的文本将会沿当前创建的椭圆蒙版路径排列，如图 5-25 所示。

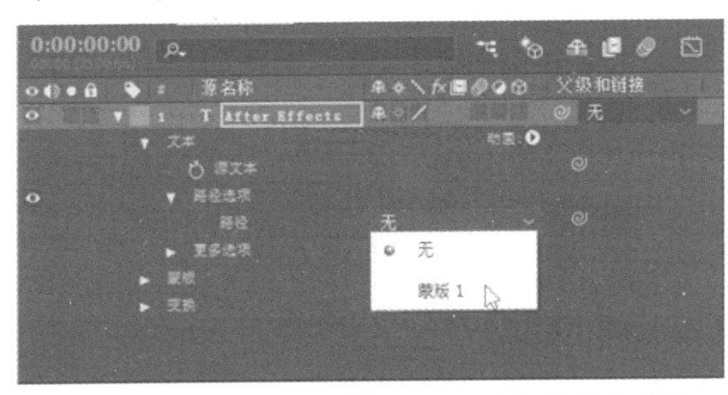

图 5-25　更改路径为蒙版 1

(6) 选择“蒙版 1”路径后，在【路径选项】下会弹出一系列选项，用于控制和调整文字的路径。这些选项可以创建不同的动画效果，前提是【蒙版】属性下的模式设定为【无】，如图 5-26 所示。

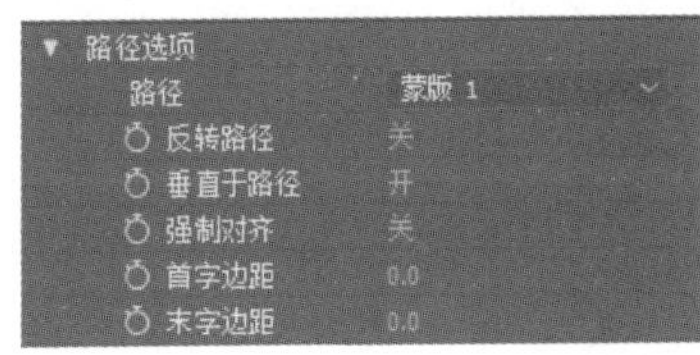

图 5-26　路径选项

(7) 各种不同路径控制选项的效果如下：

⊙ 【反转路径】：选择此项后，原本沿着椭圆蒙版路径内圈的文本变为沿着椭圆蒙版路径外圈排列，如图 5-27 所示。

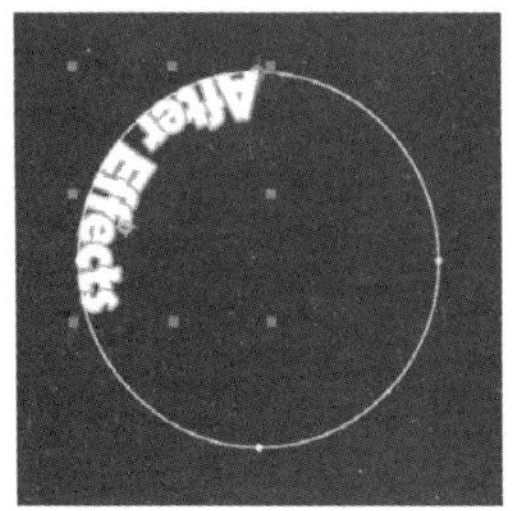

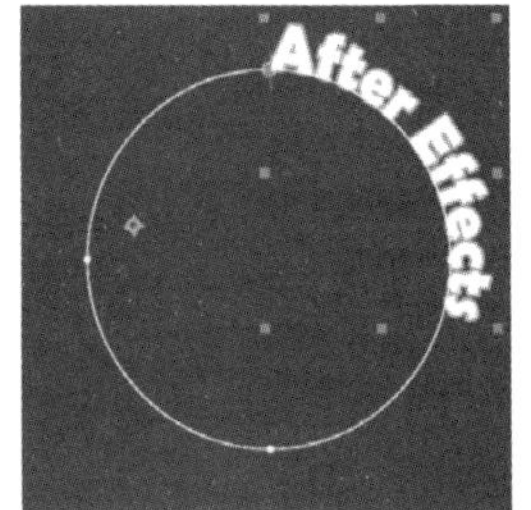

图 5-27 反转路径

⊙ 【垂直于路径】：选择此项后，所选文本每个字符都将以竖直的形式排列在蒙版路径上，如图 5-28 所示。

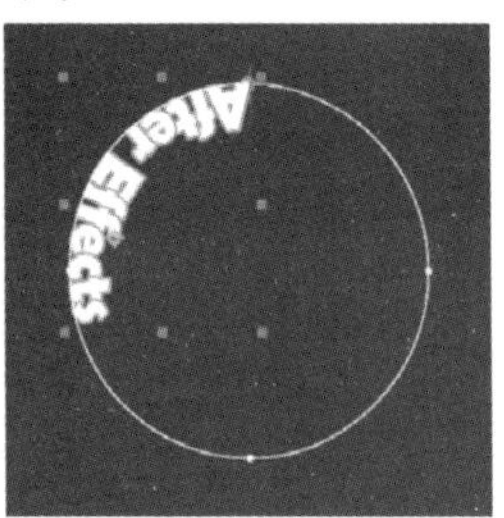

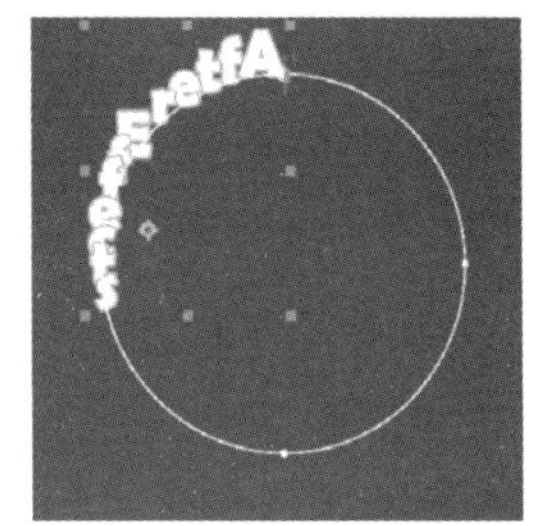

图 5-28 垂直于路径

⊙ 【强制对齐】：选择此项后，所有文本之间的间距将被强制对齐，均匀分布排列于蒙版路径上，如图 5-29 所示。

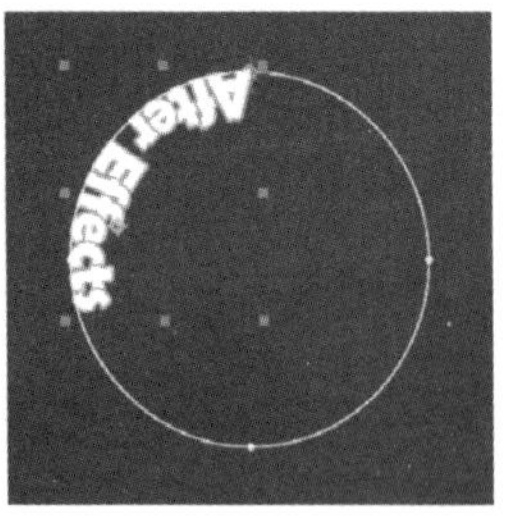

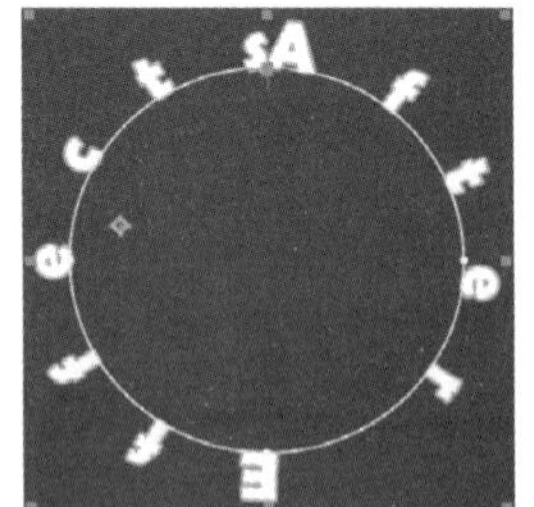

图 5-29 强制对齐

⊙ 【首字边距】【末字边距】：这两项可以调整首、尾文本所在的位置，如图 5-30 所示。

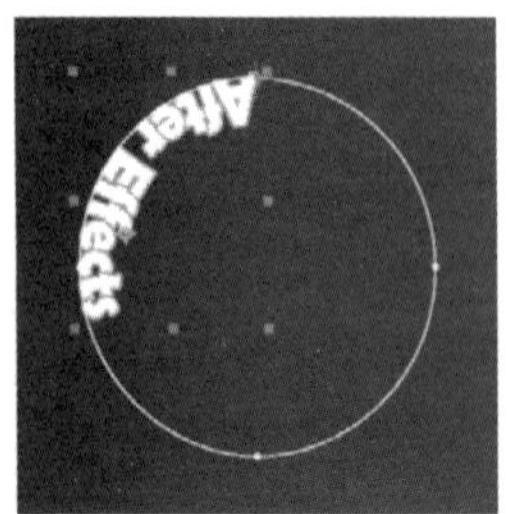

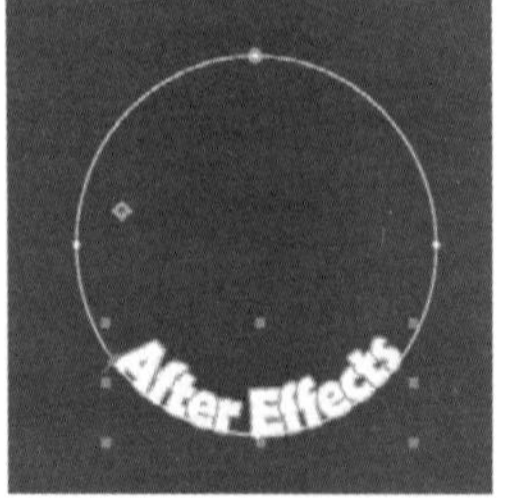

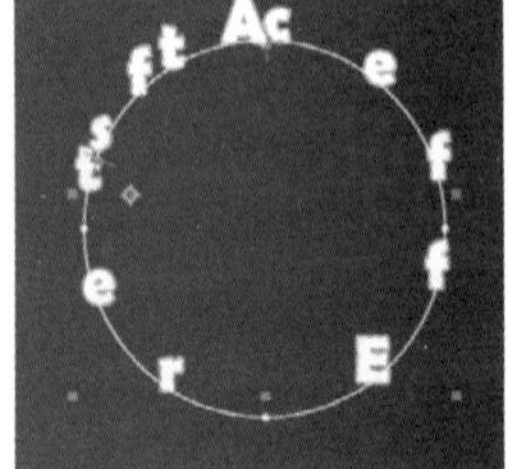

图 5-30 首、末字边距

(8) 使用【首字边距】【末字边距】可以创建简单的文本路径动画。

【首字边距】的初始数值为 0，单击【首字边距】属性前的钟表图标，在某一时间点设置第一个关键帧，接着移动时间指示器到另一时间点，再调整【首字边距】的数值为合适的数字，就创建了一个简单的文本路径动画，如图 5-31 所示。

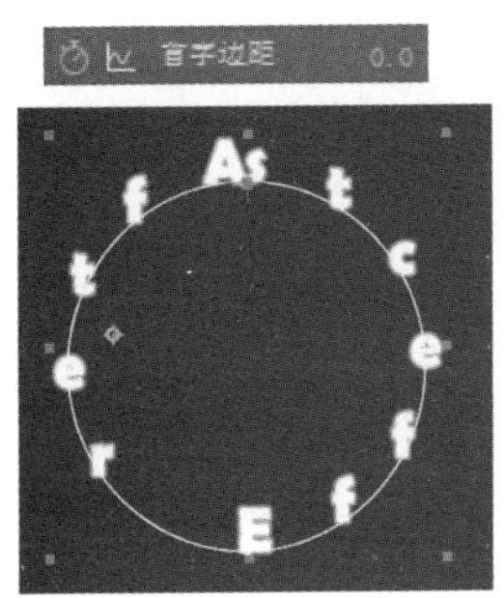

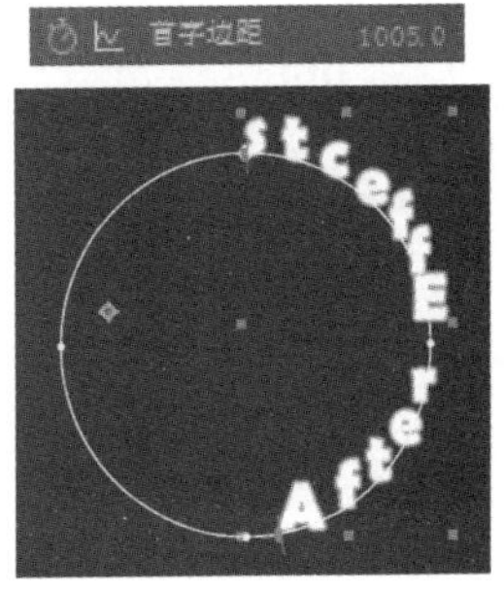

图 5-31　文本路径动画

提示

此处的文本路径动画不同于 5.3.1 节中的源文本动画的显示方式，在两个关键帧之间的时间段内，我们可以看到渐变的路径动画效果。

(9) 在【路径选项】下的【更多选项】中，有一系列效果可供用户选择。单击【更多选项】前的▶图标，可以展开该选项，如图 5-32 所示。

【锚点分组】：此项中有 4 种不同的文本锚点的分组方式，分别为【字符】【词】【行】【全部】，如图 5-33 所示。

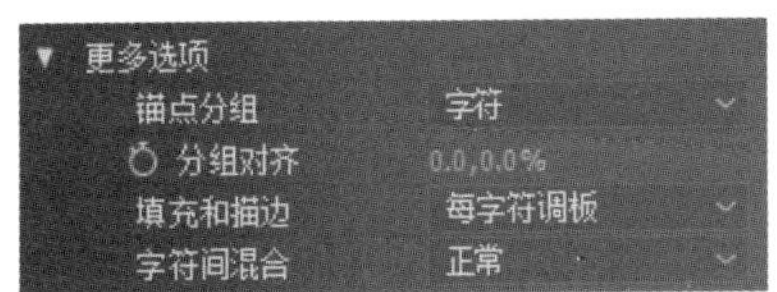

图 5-32　路径更多选项

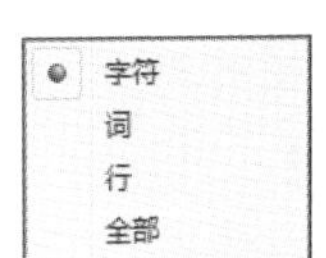

图 5-33　锚点分组

- 【字符】：此项可以使文本中的每个字符都作为独立的个体，分别排列在路径上，如图 5-34 所示。
- 【词】：此项可以使文本中的每个单词作为独立的个体，分别排列在路径上，如图 5-35 所示，After、Effects 分别垂直排列于路径上。

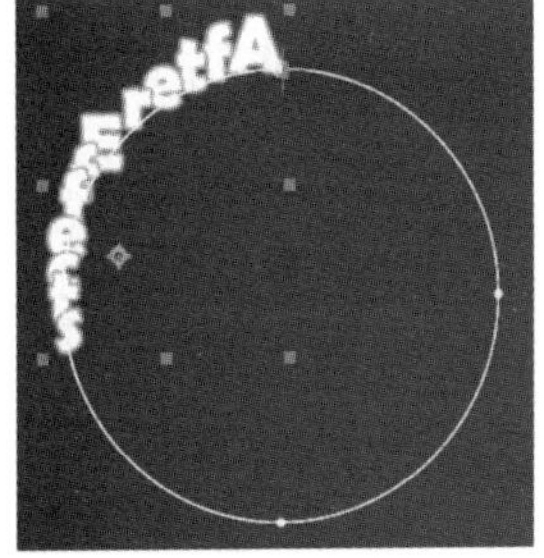

图 5-34　字符排列

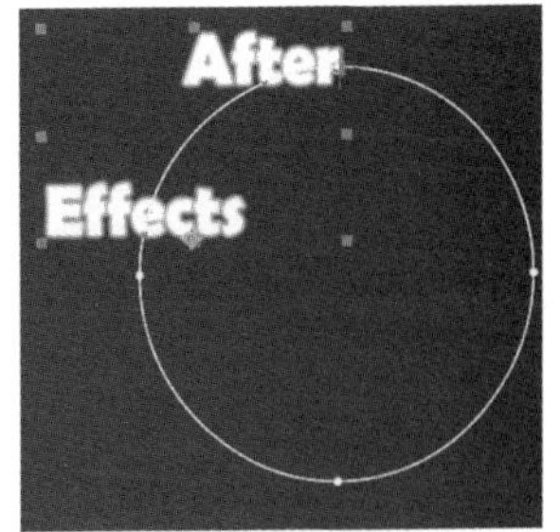

图 5-35　词排列

◉ 【行】: 此项可以使每一行文本作为独立的个体，分别排列在路径上，如图 5-36 所示。

◉ 【全部】：此项可以使文本层中的所有文字作为一个个体排列在路径上，如图 5-37 所示。

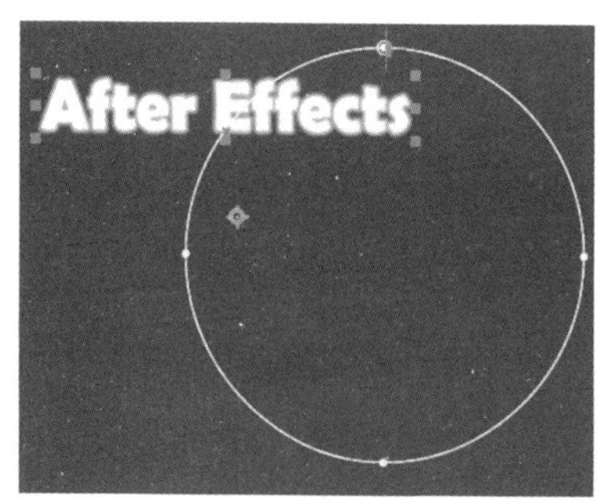

图 5-36　行排列

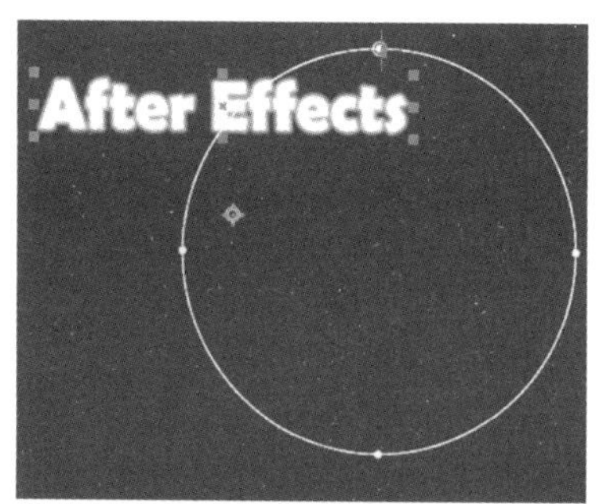

图 5-37　全部排列

【分组对齐】：改变【分组对齐】属性下的数值，可以调整文本沿路径排列的分散度和随机度。图 5-38 为在【锚点分组】为【字符】属性的情况下，【分组对齐】不同数值的不同排列方式。

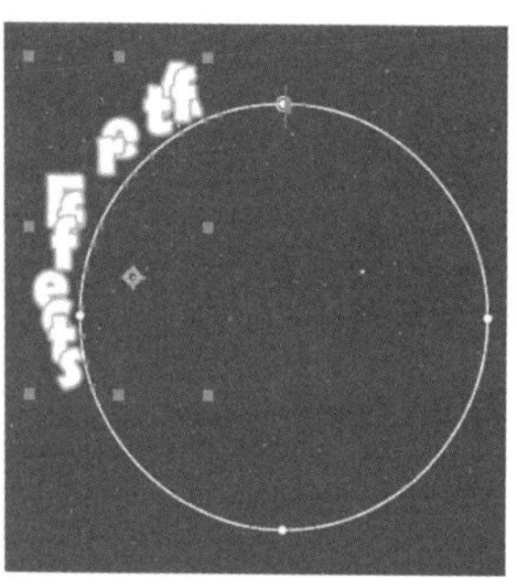

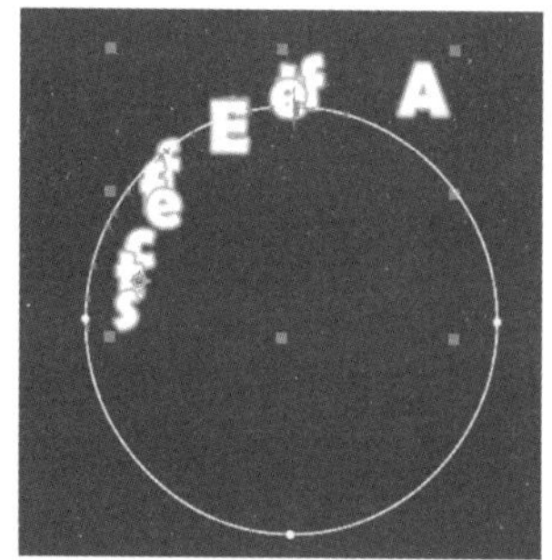

图 5-38　分组对齐

【填充和描边】：此项可以改变文字填充和描边的模式。有【每字符调板】【全部填充在全部描边之上】和【全部描边在全部填充之上】3 种模式。

【字符间混合】：此项可以改变字符间的混合模式，类似于 Photoshop 中的图层混合效果。

5.4　范围控制器

使用文本动画工具可以在文本图层创建丰富的动画效果，在启用文本动画效果后，After Effects 将在面板中建立一个“范围控制器”，分别在【起始】【结束】与【偏移】等属性上进行变换和设置，就可以创建出不同的文字运动效果。

启用动画制作工具属性的方法有两种，可以在菜单栏中的【动画】选项的下拉菜单中选择【动画文本】命令，也可以在时间轴面板中单击【文本】图层下的【动画】属性旁的三角图标 动画:◉，如图 5-39 所示，选择其中一种属性，启用后在时间轴面板中会出现【动画制作工具 1】及属性，如图 5-40 所示。

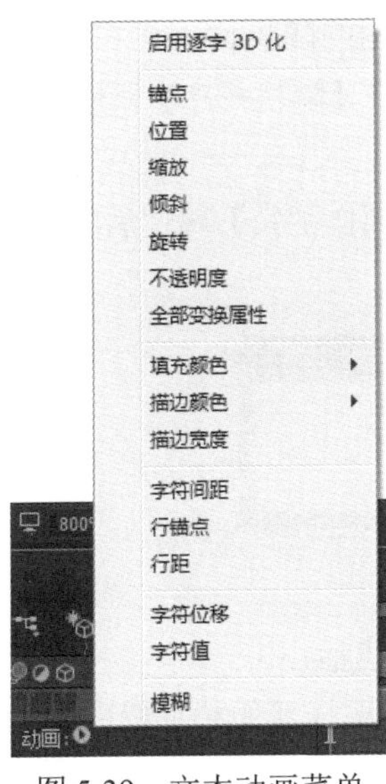

图 5-39　文本动画菜单

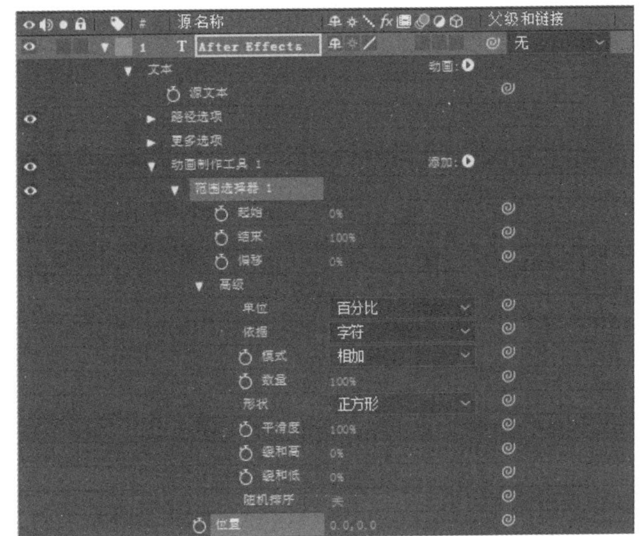

图 5-40　动画制作工具及属性

用户可以建立一个或多个文本动画属性，相应地在时间轴面板上也会建立一个或多个“动画制作工具”和“范围选择器”。不同的动画属性叠加后可以得到丰富的动画效果。

“范围选择器”中的相关属性包括：

- 【起始】：此项可以设置范围选择器有效范围的起始点。
- 【结束】：此项可以设置范围选择器有效范围的结束点。
- 【偏移】：此项可以调节【起始】与【结束】属性范围的偏移值，它可以创建一个随时间变化而变化的选择区域，即文本起始点与范围选择器间的距离。当【偏移】值为 0%时，【起始】与【结束】属性将不具任何作用，仅保持在用户设置的位置；当【偏移】值为 100%时，【起始】与【结束】属性的位置将移动至文本末端；当【偏移】值为 0%～100%的数值时，【起始】与【结束】属性的位置将做出相应调整。

在“范围选择器”的【高级】属性中，有以下几个属性可供用户调整：

- 【单位】：此项可以设置动画有效范围的单位，即以什么样的模式为一个单元进行动画变换。在【依据】属性下拉列表中有【字符】【词】和【行】等单位可选，如选择【字符】，则动画将以一个字母(字符)为单位进行变化；如选择【词】，则动画将以一个单词为单位进行变化；如选择【行】，则动画将以一行字符为单位进行变化。
- 【模式】：此项可以设置有效范围与文本的叠加模式，包括【相加】【相减】【相交】【最小值】【最大值】和【差值】。
- 【数量】：此项的数值可以控制【动画制作工具】属性对文本的影响程度。数值越大，影响越大。
- 【形状】：此项可以设置有效范围内字符的排列形状。
- 【平滑度】：此项可以设置文本动画过渡时的平滑程度，仅在【形状】属性设置为【正方形】的情况下才会有此选项。
- 【缓和高】【缓和低】：这两项可以设置文本动画过渡时的速率高低。

- 【随机排序】：此属性的【开】或【关】可以控制有效范围的随机性。
- 【随机植入】：此项可以控制有效范围变化的随机程度，仅在【随机排序】属性设置为【开】时才会显示。

选择器有【范围】【摆动】和【表达式】3 种，可以单击【动画制作工具】属性后的【添加】后的三角图标，弹出选择器的几种不同模式，如图 5-41 所示。

图 5-41　选择器

【摆动】选择器可以创建很多丰富的文本动画效果，它的属性包括：

- 【模式】：此项可以设置当前【摆动选择器】与上方现有的选择器的叠加模式，包括【相加】【相减】【相交】【最小值】【最大值】和【差值】。
- 【最大量】【最小量】：此项可以设置【摆动选择器】控制的随机范围的最大值和最小值。
- 【依据】：此项可以调整文本字符的排列形式，包括【字符】【不包含空格的字符】【词】【行】。
- 【摇摆/秒】：此项可以设置选择器每秒摇摆的次数。
- 【关联】：此项可以设置文本字符间相互关联变化的随机性。比率越高，随机性越大。
- 【时间相位】【空间相位】：此项可以设置文本在动画时长范围内，选择器的随机值变化。
- 【锁定维度】：此项可以设置锁定随机值的相对维度范围。
- 【随机植入】：此项可以设置随机植入的比重，数值越大，随机影响越大。

5.4.1　范围选择器动画

下面通过实例来演示【范围选择器】动画效果的设置。

【例 5-3】演示【范围选择器】动画效果的设置。

(1) 选择【合成】|【新建合成】命令，创建一个新的合成影片，如图 5-42 所示。

(2) 选择【图层】|【新建】|【文本】命令，创建一个文本图层并输入文字。

(3) 选中文本图层，选择【动画】|【动画文本】|【缩放】命令，或单击时间轴面板中【文本】属性右侧【动画】旁的三角图标 动画:▶，在弹出的菜单中选择【缩放】命令，激活【范围控制器 1】和【缩放】属性，如图 5-43 所示。

(4) 在时间轴面板中，将时间指示器指针移至动画起始位置，单击【范围选择器 1】属性下的【偏移】前的钟表图标，设置【偏移】关键帧，此处数值为 0%，如图 5-44 所示。

(5) 在时间轴面板中，将时间指示器指针调整至动画结束位置，在此处单击【范围选择器 1】属性下的【偏移】前的钟表图标，设置【偏移】关键帧，调整【偏移】属性值为 100%，如图 5-45

所示。

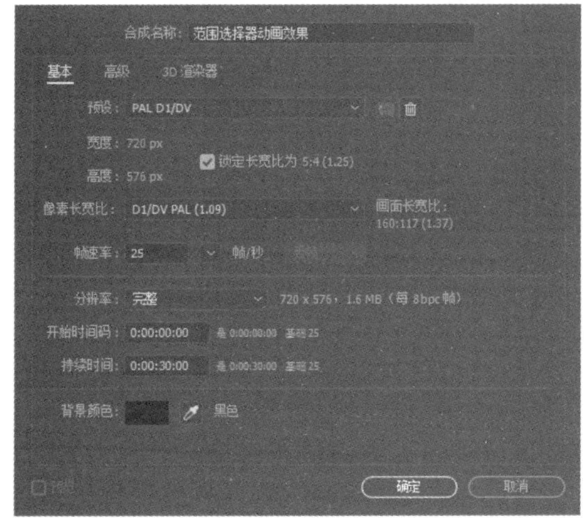

图 5-42　新建合成

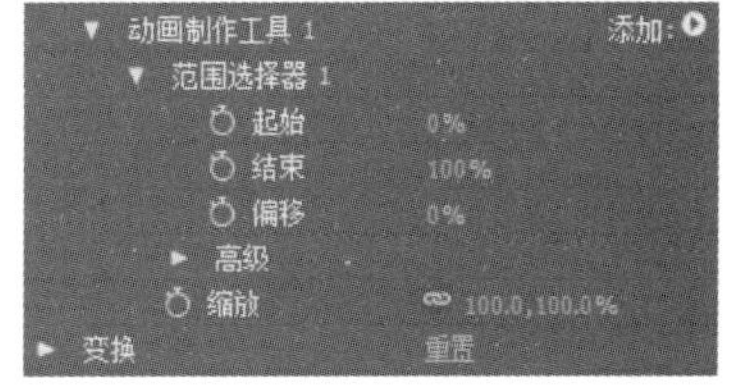

图 5-43　激活范围控制器和缩放属性

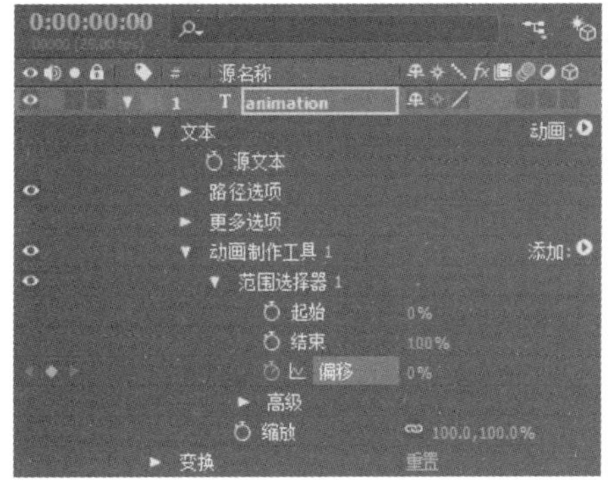

图 5-44　设置第一个偏移关键帧

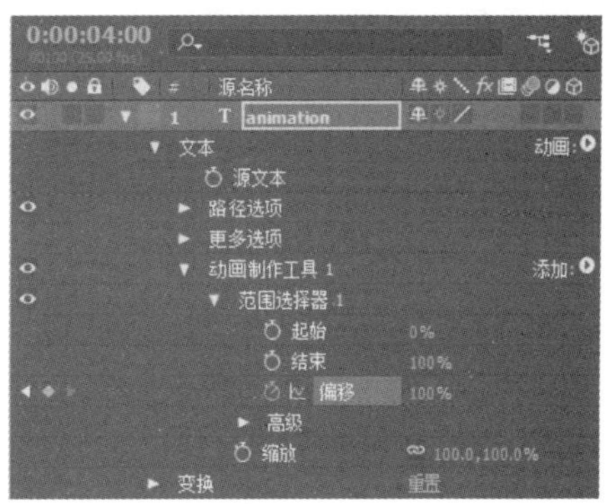

图 5-45　设置第二个偏移关键帧

(6) 在当前时间将【缩放】属性值调整为 50%，如图 5-46 所示。

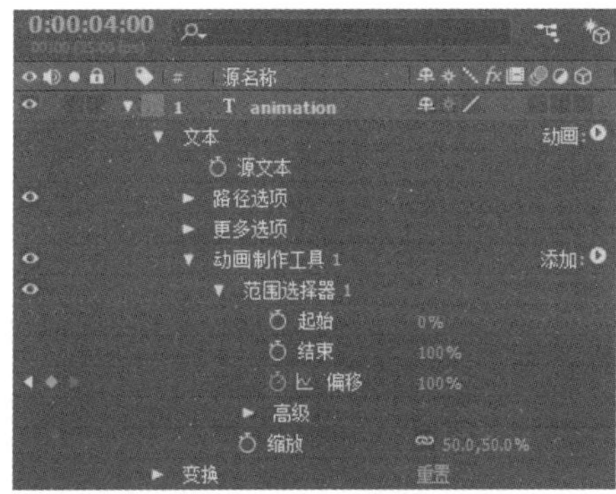

图 5-46　设置缩放

(7) 将时间指示器指针移回起始位置，按下空格键播放影片，即可看到文本逐渐缩放的动画效果，如图 5-47 所示。

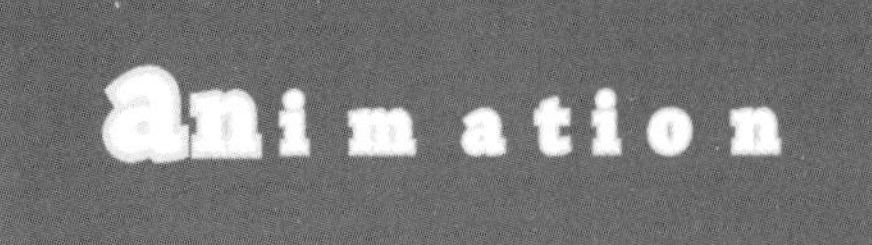

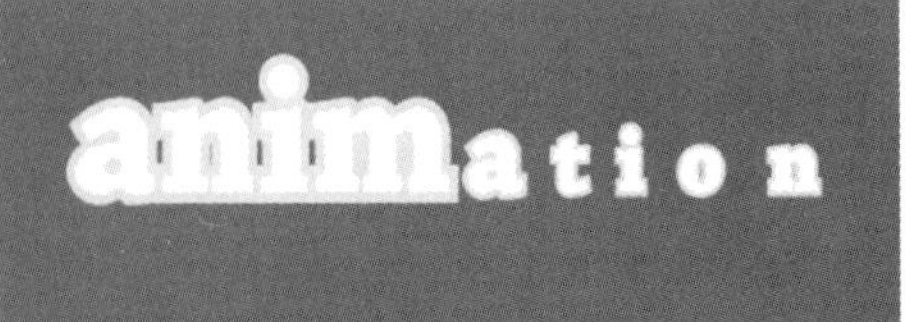

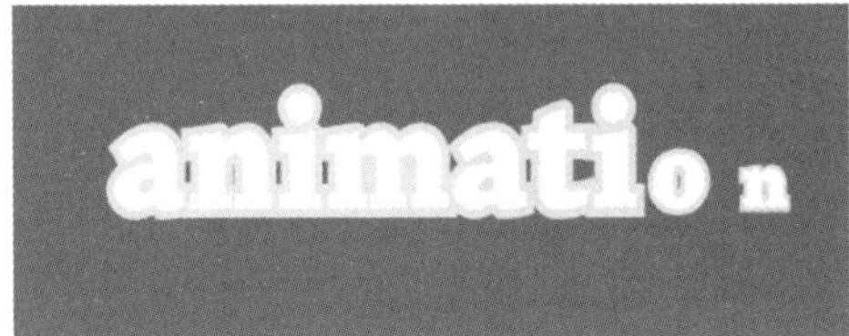

图 5-47　文本缩放动画效果

提示

【偏移】属性用于控制文字动画效果范围的偏移值大小，所以对【偏移】的不同值设置关键帧就可以调整文字的动画变换。在上面的实例中，只对【偏移】值设置了关键帧，而【缩放】属性的关键帧并没有设置。【偏移】值为负值或正值时，文本动画的运动方向正好相反。

5.4.2　不透明度动画

用户可以通过调整文本动画工具中的不透明度属性创建各种形式的不透明度文本动画效果。本节将用一个实例介绍【范围选择器】属性下的【不透明度】属性动画的制作方式。

【例 5-4】制作【不透明度】属性动画。

(1) 选择【合成】|【新建合成】命令，创建一个新的合成影片，如图 5-48 所示。

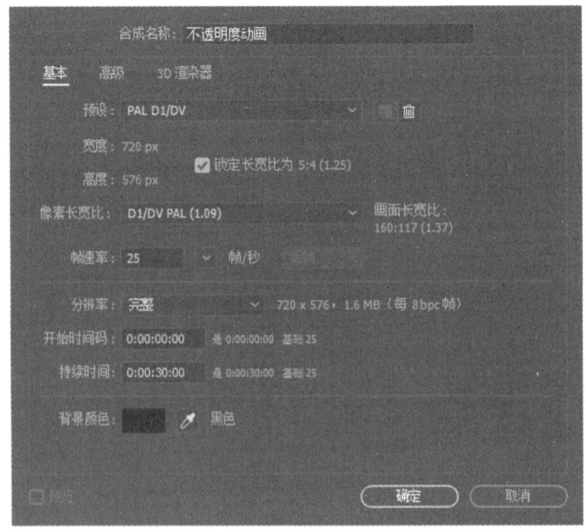

图 5-48　新建合成

(2) 在时间轴面板中右击，弹出快捷菜单，选择【新建】|【纯色】命令，创建两个纯色图层，

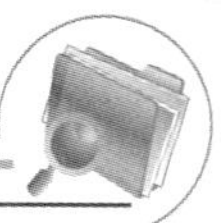

如图 5-49 所示。

(3) 选中【纯色 1】图层，使用【星形工具】 创建蒙版，如图 5-50 所示。

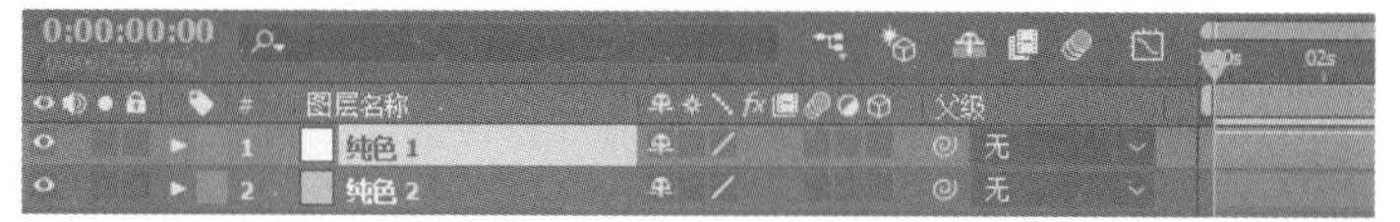

图 5-49 新建纯色图层

图 5-50 绘制星形蒙版

(4) 在时间轴面板中的【蒙版】属性下，将【蒙版羽化】的值设置为 30 像素，此时星形蒙版的边缘将变得模糊，如图 5-51 所示。

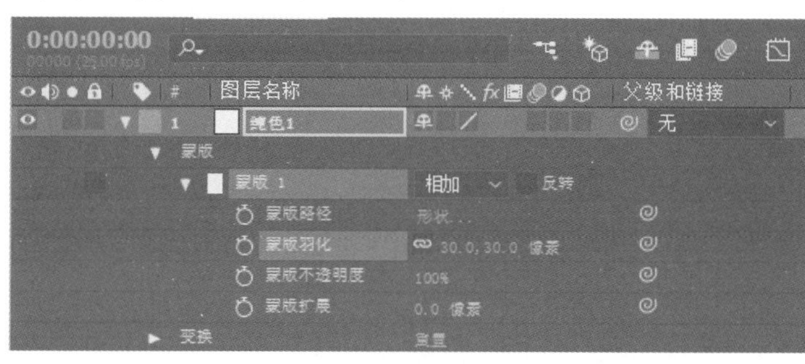

图 5-51 蒙版边缘羽化

(5) 在【纯色 1】图层的【变换】属性下，分别在时间轴的起始位置和影片的结束位置改变【位置】和【缩放】两种属性的值并设置关键帧，如图 5-52 所示。

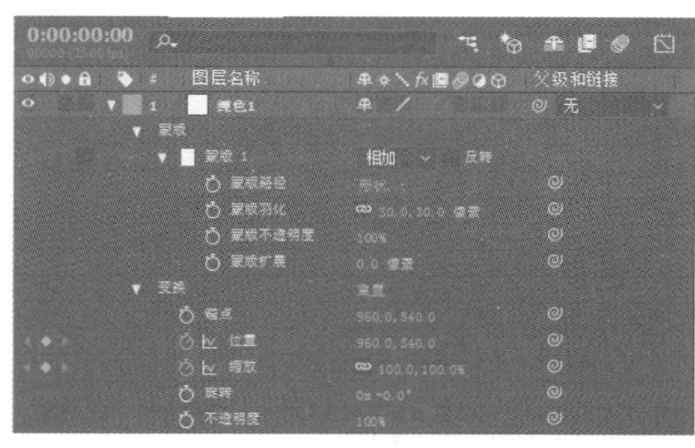

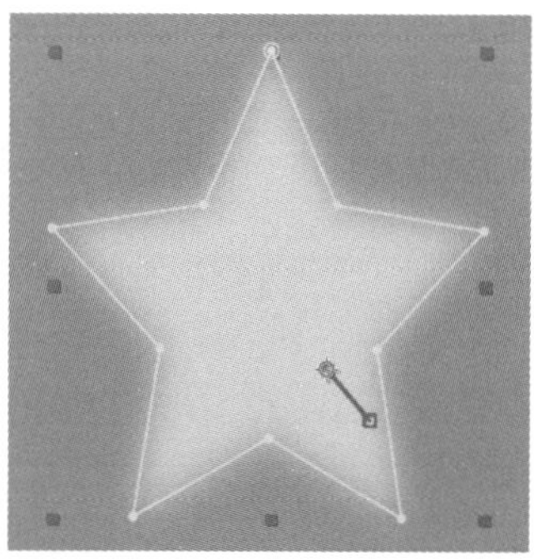

图 5-52 设置位置和缩放动画关键帧

(6) 选择【图层】|【新建】|【文本】命令，创建一个文本图层并输入文字，如图 5-53 所示。

(7) 选择【动画】|【动画文本】|【不透明度】命令，或单击时间轴面板中【文字】属性旁的【动画】三角图标，在弹出的菜单中选择【不透明度】命令，激活【范围选择器 1】和【不透明度】属性，如图 5-54 所示。

图 5-53　创建文本

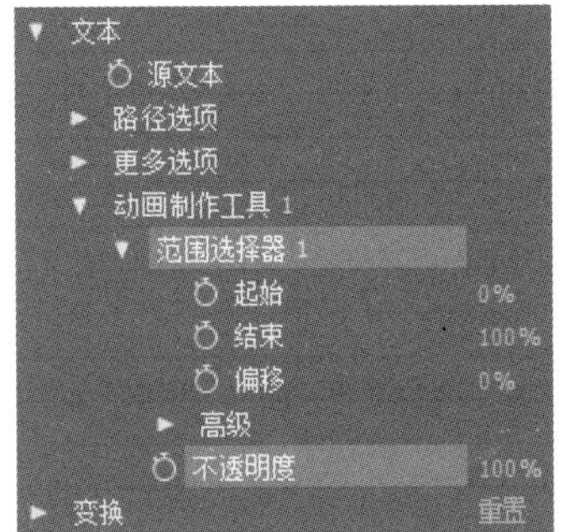

图 5-54　激活【范围选择器 1】和【不透明度】属性

(8) 将时间轴面板中的时间指示器指针移至起始位置，为【范围选择器 1】属性下的【偏移】属性设置关键帧，此处数值为 0%，如图 5-55 所示。

(9) 将时间轴面板中的时间指示器指针移至 01 秒的位置，为【范围选择器 1】属性下的【偏移】属性设置关键帧，此处数值为 50%；再将指针移至 02 秒的位置，将【偏移】值调整为 100%，并设置关键帧，然后将【不透明度】属性的值设置为 0%，如图 5-56 所示。

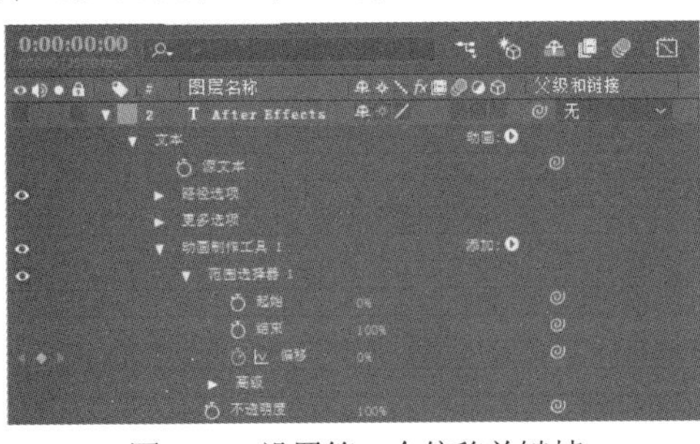

图 5-55　设置第一个偏移关键帧

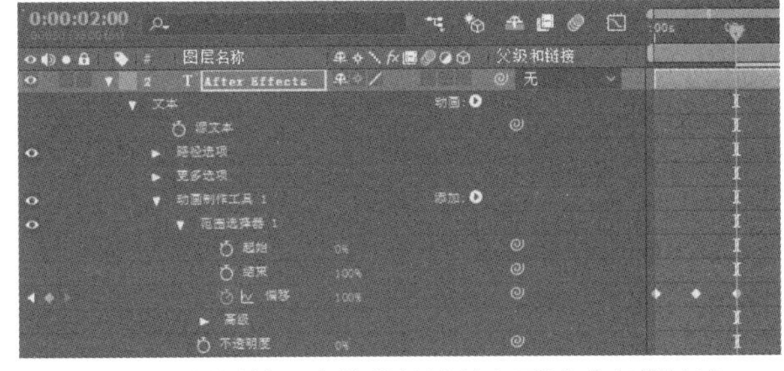

图 5-56　设置第二个偏移关键帧和不透明度关键帧

(10) 按下空格键播放影片，可以看到动画的渐变与逐显效果，如图 5-57 所示。

图 5-57　动画效果

提示

使用【图层】下拉菜单中的【从文本创建蒙版】命令可将所选文本转化为【蒙版】，但在转换为【蒙版】之后将不能再添加文本属性。

5.4.3　起始与结束属性动画

本节将简单介绍【范围选择器】下【起始】和【结束】两种属性的使用。在这两种属性下，可以对范围选择器动画影响的有效范围进行设置。

【例 5-5】创建起始与结束属性动画。

(1) 选择【合成】|【新建合成】命令，创建一个新的合成影片，如图 5-58 所示。

(2) 选择【图层】|【新建】|【文本】命令，创建一个文本图层并输入文字，如图 5-59 所示。

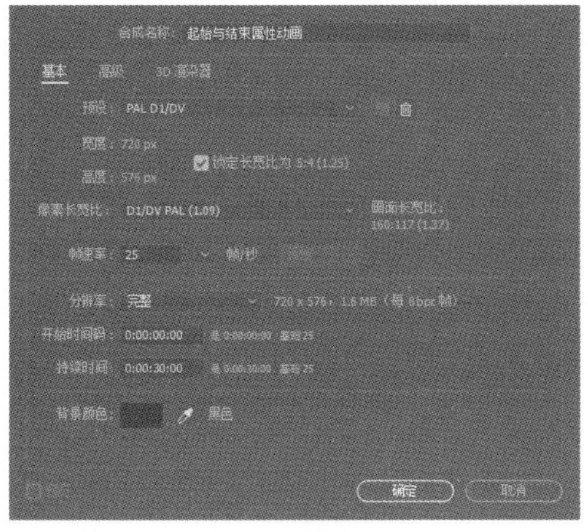

图 5-58　新建合成

图 5-59　创建文字

(3) 选中文本图层，选择【动画】|【动画文本】|【缩放】命令，激活【范围选择器 1】和【缩放】属性，如图 5-60 所示。

(4) 在时间轴面板中，将【范围选择器 1】下的【起始】属性值调整为 0%(默认值为 0%)，【结束】属性值设置为 50%，这时可以看到，文本图层的光标在字符“A”前和字符“R”后都有体现，这说明我们对当前动画影响的有效范围进行了设置，效果如图 5-61 所示。

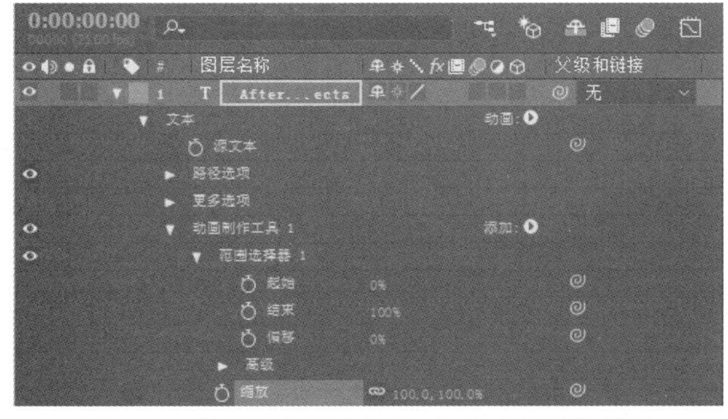

图 5-60　激活【范围选择器 1】和【缩放】属性

图 5-61　设置起始和结束属性

(5) 在【范围选择器 1】下选择【偏移】属性，在时间指示器的 01 秒处时将【偏移】值设置为 0%，并设置关键帧；再把时间指示器的指针移至 03 秒处，将【偏移】值设置为 100%，并设置关键帧，如图 5-62 所示。

(6) 将【文本】属性下的【缩放】属性值调整为 60%，这时按下空格键或拖动时间指示器播放影片，就能看到从第 01 秒开始，文本的缩放动画出现变化，并且只在 50%的有效范围内变化，有效范围之外的字符没有缩放，如图 5-63 所示。

图 5-62　设置偏移关键帧

图 5-63　缩放动画效果

5.5 【绘画】面板和【画笔】面板

在【窗口】下拉菜单中可以将【绘画】面板激活，该面板可以对【画笔工具】和【仿制图章工具】进行设置，如图 5-64 所示。

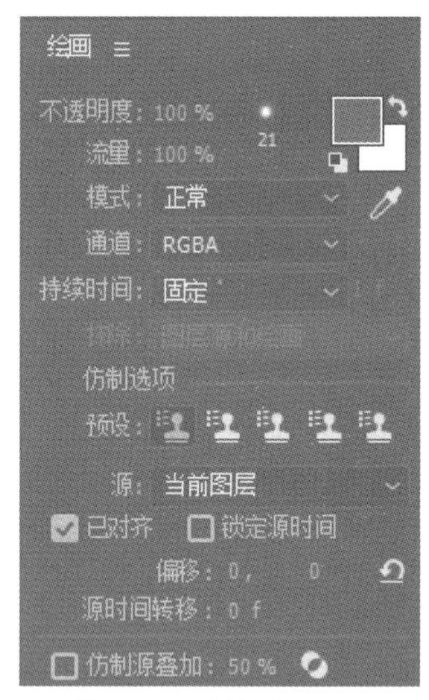

图 5-64　【绘画】面板

5.5.1 【绘画】面板参数

【绘画】面板中包含以下属性。

- 【不透明度】：此项可以设置当前【画笔工具】的不透明度。
- 【流量】：此项可以设置画笔的流量。流量越大，画笔颜色越重。
- 【模式】：此项可以设置叠加或混合模式，它与图层间的叠加模式较为相似，分别有【正常】【变暗】【相乘】和【颜色加深】等叠加模式。
- 【通道】：此项可以设置当前画笔的使用通道。在【通道】的下拉列表中共有 3 个模式可选，如图 5-65 所示。其中【RGBA】表示当前画笔工具同时影响图像的所有通道；【RGB】表示当前画笔工具仅影响图像的 RGB 通道；【Alpha】表示当前画笔工具仅影响图像的 Alpha 通道。
- 【持续时间】：此选项可以设置画笔不同的持续时间，在其下拉列表中有 4 个选项，如图 5-66 所示。其中【固定】表示画笔从当前帧开始，持续绘画到最后一帧；【写入】表示设置此项后，画笔可以产生动画；【单帧】表示画笔仅能在当前帧进行绘画；【自定义】表示可以设置画笔在自定义的帧中进行绘画。

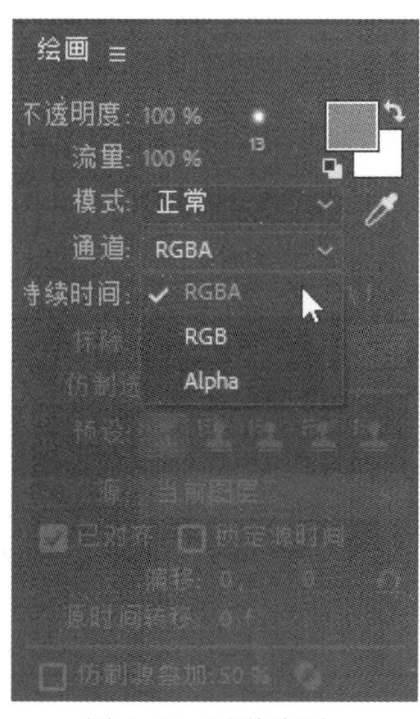

图 5-65　通道选项

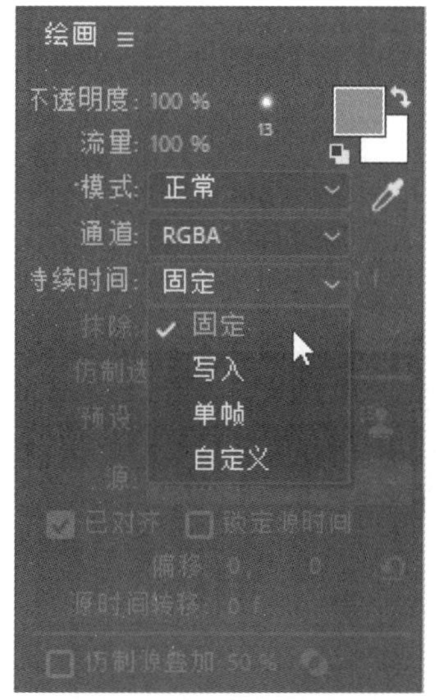

图 5-66　持续时间选项

- 【抹除】：此项在激活【橡皮擦工具】时可以更改橡皮擦的擦除方式，下拉列表中有 3 个选项，如图 5-67 所示。其中选择【图层源和绘画】选项后，在【橡皮擦工具】擦除绘画画笔的同时，其所在的图层也会被擦除；选择【仅绘画】选项后，仅擦除画笔绘画内容；选择【仅最后描边】选项后，在擦除时仅影响最后一次的绘画效果。

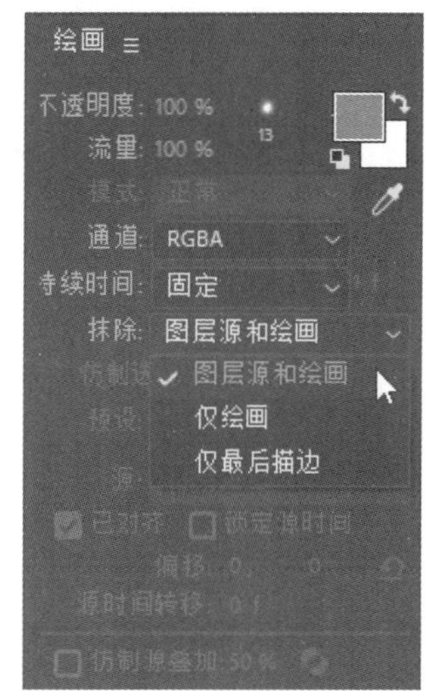

图 5-67　涂抹选项

- 【仿制选项】：此项是在使用【仿制图章工具】时的设置选项。其中【预设】选项可储存预先设定的取样点，储存后可方便用户使用；【源】选项可设置取样点图层，若选取图层发生变化，相应的取样点图案也会发生变化；【已对齐】选项可设置对每个描边使用相同的位移；【锁定源时间】选项可设置对每个仿制描边源使用相同的帧。
- 【偏移】：在取样后鼠标在图层中的坐标是以取样点为中心的，在使用【仿制图章工具】后，这个坐标将不再改变，直到下次取样。
- 【源时间转移】：此项可以设置被取样图层的时间。当仿制/克隆一段动画或一个序列帧时，可以改变克隆源的时间。
- 【画笔颜色】：此处可设置画笔的颜色，上层为前景色，下层为背景色。此项可以切换前景色和背景色，此项可以重置前景色和背景色，如图 5-68 所示。

图 5-68　画笔颜色

5.5.2 【画笔】面板参数

选择【画笔工具】时，在【画笔】面板中可对画笔的各种属性进行调整和更改，以适应用户的不同需求，【画笔】面板如图 5-69 所示。

单击【画笔】旁的图标 画笔 ≡ 可激活下拉菜单，在菜单中可以对【画笔】面板的不同显示方式进行设置，如图 5-70 所示。

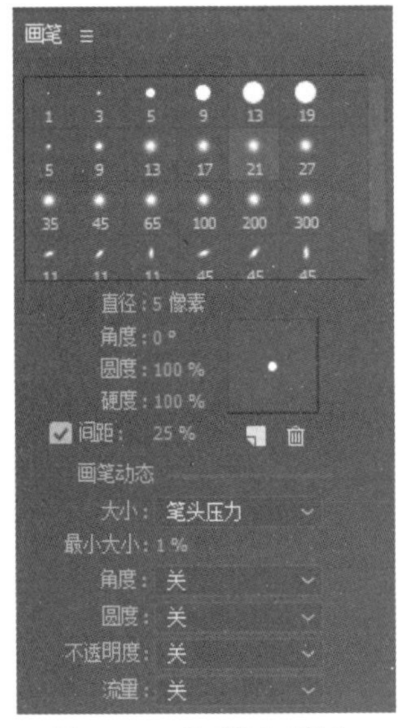

图 5-69 【画笔】面板

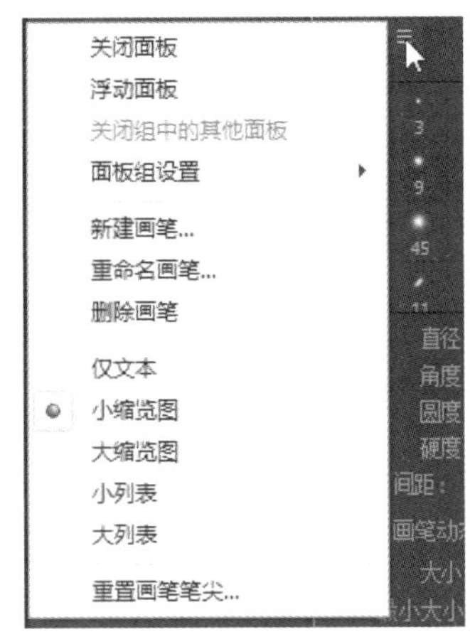

图 5-70 【画笔】面板显示设置

- 【仅文本】：选择此项时，在【画笔】面板中仅显示每种画笔类型的名称，这种显示方式对用户来说不够直观，无法直接看到画笔的样式，如图 5-71 所示。
- 【小缩览图】：此选项为画笔类型显示的默认设置项，用户可以通过面板观察到画笔样式，对画笔的选择将更加方便，如图 5-72 所示。
- 【大缩览图】：选择此项，用户可以通过较大的显示方式观察到画笔样式，如图5-73所示。

图 5-71 仅文本

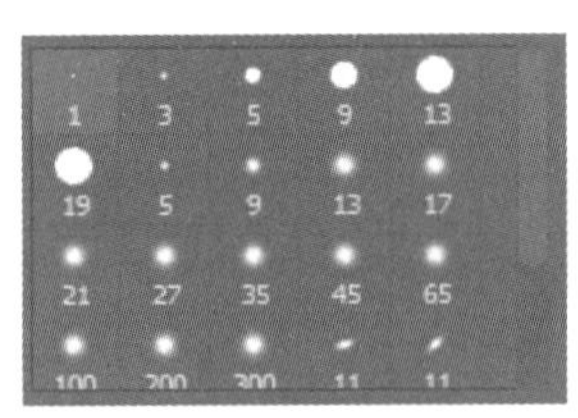

图 5-72 小缩览图

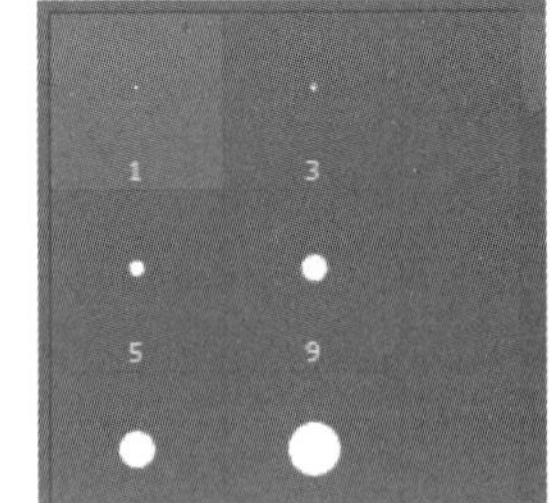

图 5-73 大缩览图

- 【小列表】：选择此项，将同时显示画笔样式和画笔名称，但列表显示较小，如图 5-74 所示。
- 【大列表】：此项也会同时显示画笔样式及名称，以较大的列表显示，方便用户选择，但每页显示的样式较少，如图 5-75 所示。

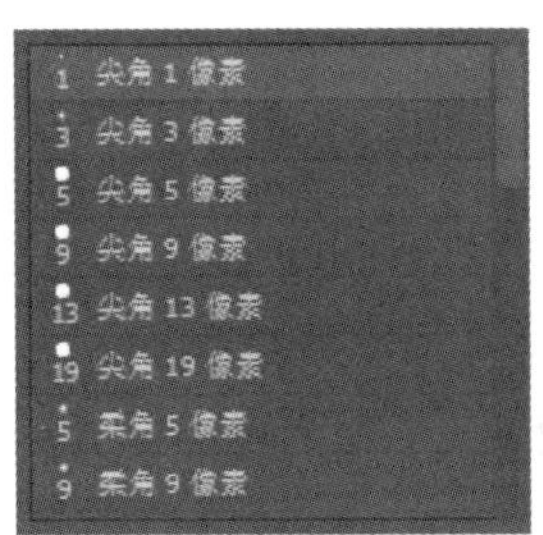

图 5-74　小列表

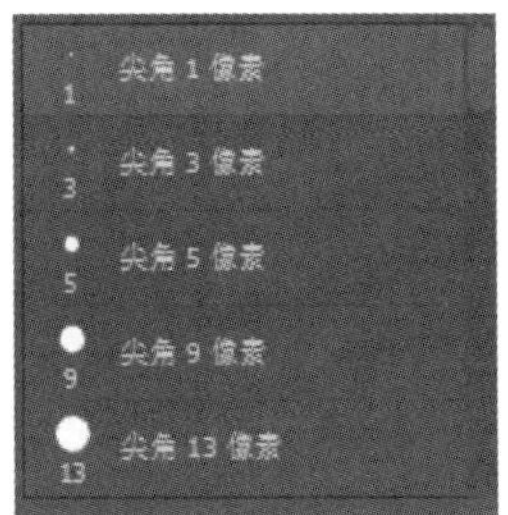

图 5-75　大列表

【画笔】面板包含以下属性。

- 【直径】：此项可设置当前画笔笔尖的直径大小，可手动输入像素数值，也可以拖动鼠标设置需要的数值。数值越大，画笔直径越大。
- 【角度】：此项可设置椭圆画笔的方向。
- 【圆度】：此项可设置椭圆画笔的笔尖，可将画笔设置为椭圆形。
- 【硬度】：此项可调节画笔笔尖的羽化程度。当硬度为 100%时，笔刷完全无羽化，不透明。当硬度为较小的值时，仅笔刷的中心是不透明的。
- 【间距】：此项可设置画笔笔尖标记之间的距离，取值范围为 1%～1000%。
- 【画笔动态】：在用户使用数位屏压感笔时，可通过【画笔动态】下的选项为画笔的属性进行设置和更改。
- 【大小】：此项可设置画笔的直径。在下拉列表中有 4 个选项：【关】【笔头压力】【笔倾斜】和【笔尖转动】。
- 【最小大小】：此项可设置画笔笔尖的最小大小值。但在【大小】属性为【关】时，【最小大小】属性将不可使用。
- 【角度】：此项可对画笔角度的动态进行设置。下拉列表中有 4 个选项：【关】【笔头压力】【笔倾斜】和【笔尖转动】。
- 【圆度】：此项可对画笔圆度的动态进行设置，即笔刷圆度的变化程度。包括 4 个选项：【关】【笔头压力】【笔倾斜】和【笔尖转动】。
- 【不透明度】：此项可对笔刷的不透明度进行设置，包括【关】【笔头压力】【笔倾斜】和【笔尖转动】。
- 【流量】：此项可对画笔流量的变化进行控制，流量越大，笔刷的墨水量越大。包括 4 个选项：【关】【笔头压力】【笔倾斜】和【笔尖转动】。

5.6　上机练习

本章的上机练习主要练习制作文字动态效果动画，使用户更好地掌握文本和文本动画的基本操作方法和技巧。练习内容主要是制作动态的多种形态的文字动画效果，将其串联形成一段文字动画影片。

(1) 首先需要建立一个合成。选择【合成】|【新建合成】命令。在弹出的【合成设置】对话

框中设置【预设】为【PAL D1/DV】，设置【持续时间】为 0:00:06:00，如图 5-76 所示。单击【确定】按钮，建立一个新的合成。

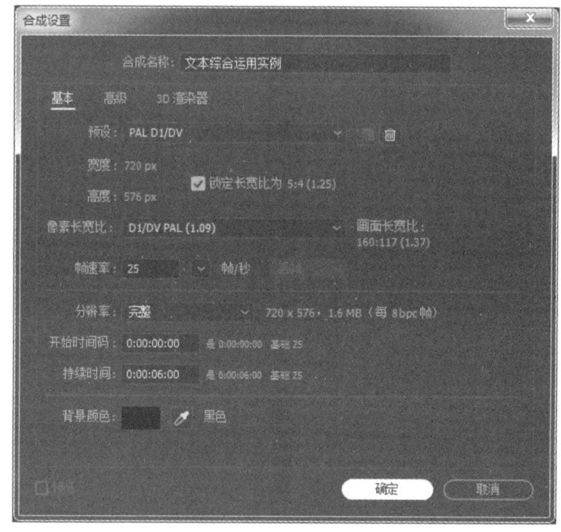

图 5-76　新建合成

(2) 在时间轴面板空白处单击右键，在弹出的快捷菜单中选择【新建】|【文本】命令，创建一系列文字图层并输入字符。本例中输入的字符内容为“NOTHING IS GONNA CHANGE MY LOVE FOR U”，将每个单词单独创建为一个文本图层，方便进行不同的变换操作，如图 5-77 所示。

(3) 由于本例中将运用到【运动模糊】及【3D 图层】属性，所以在创建文本图层时，要将其激活。首先将【运动模糊】的开关打开，并将文本图层中单独的【运动模糊】和【3D 图层】开关打开，如图 5-78 所示。【运动模糊】属性开启后，将为文本的运动增加较为平滑的过渡效果，在后面的操作图示中可以观察到。

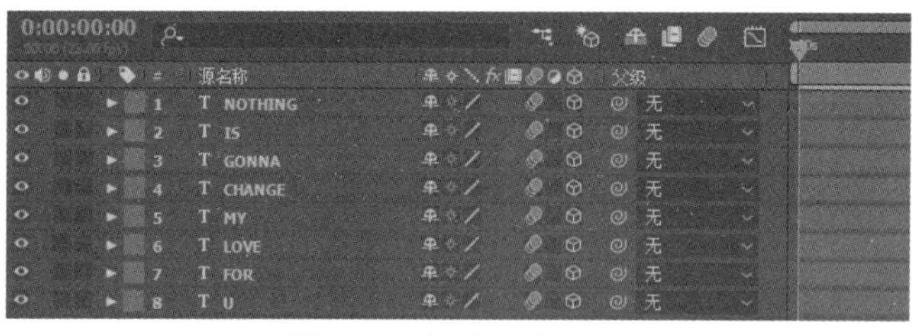

图 5-77　创建文字图层

图 5-78　开启图层的运动模糊和 3D 属性

(4) 首先选择第一个文本图层“NOTHING”，本层将对文本的【变换】属性下的【位置】属性进行变换。将时间指示器指针移至 00:00:00:00 处，将图层中的文本拖动至画面框外，并对【位置】属性设置关键帧；然后将时间指示器指针移至 00:00:00:13 处，将文本拖动至画面中央，并对当前【位置】属性设置关键帧。

(5) 按下空格键或拖动鼠标播放影片，可以看到文字的位置变换动画。由于开启了【运动模糊】，所以文字有一种高速运动的视觉感，若不开启【运动模糊】，则是较为清晰和生硬的变换效果，二者对比如图 5-79 所示。

图 5-79　运动模糊效果 1

(6) 打开图表编辑器，单击【位置】属性，可以看到其关键帧的运动曲线。运动曲线由三条线段组成，分别代表了在不同坐标轴上的运动情况，如图 5-80 所示。

图 5-80　位置运动曲线

(7) 选中线段末端的点，使线段以实心黄点显示，然后单击工具栏下方的【缓动】图标，使曲线的运动变得较为平滑，如图 5-81 所示。

图 5-81　设置曲线缓动

(8) 选中线段末端的点，单击工具栏下方的【单独尺寸】图标，此时【位置】属性将扩展为【X 位置】【Y 位置】【Z 位置】属性，如图 5-82 所示。

(9) 此时选中线段末端的点，将会出现曲线控制手柄，调整手柄的方向和长短可以调整该运动曲线的节奏。调整时如发现无法沿直线拖动，按住 Shift 键后拖动即可沿直线拖动，调整后的运动曲线如图 5-83 所示。

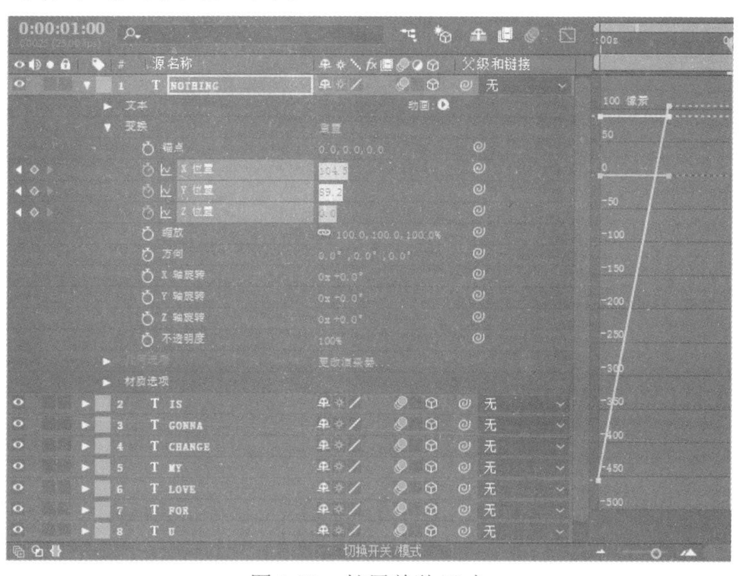

图 5-82　扩展单独尺寸

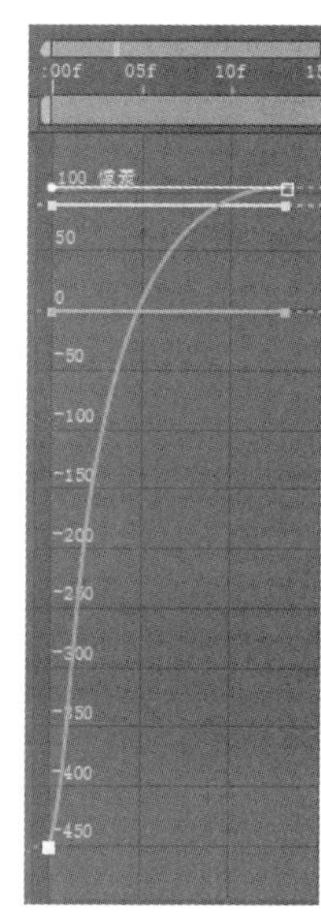

图 5-83　调整曲线

(10) 按下空格键或拖动时间指示器预览，可以看到字符的运动节奏变得较为平滑。

(11) 选中第二个文本图层“IS”，选择该图层【变换】下的【X 轴旋转】属性，将时间指示器指针移至 00:00:00:13 处(即第一个文本图层字符完全显示的时间)，在此处将【X 轴旋转】属性的值设置为-90°，并设置关键帧。接着将时间指示器指针移至 00:00:01:00 处，将【X 轴旋转】属性的值设置为 0°，同样设置关键帧，如图 5-84 所示。按下空格键预览，可以看到“IS”文本图层由 X 轴旋转直至完全显示的过程。

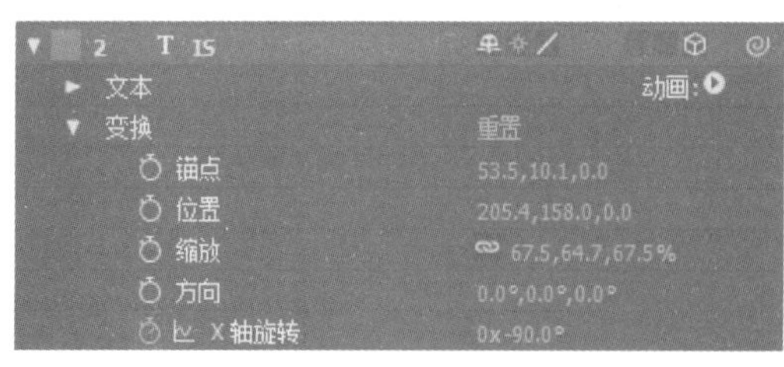

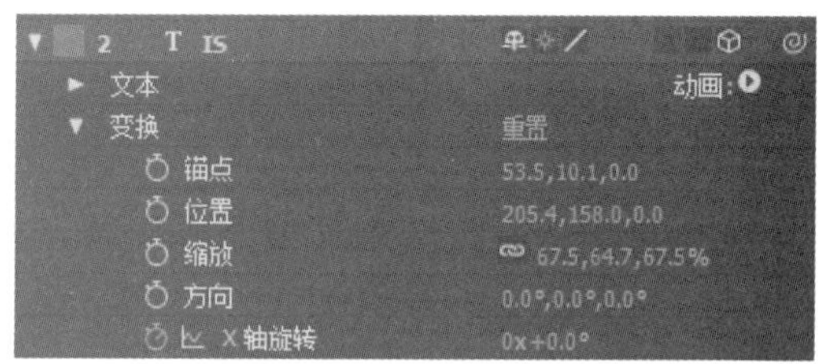

图 5-84　设置 X 轴旋转关键帧

(12) 同样地，为本层的运动添加【运动模糊】。开启该层的【运动模糊】属性，并选择【X 轴旋转】属性，打开图标编辑器，对该属性的运动曲线进行调整，将末端的曲线控制手柄拖动至底端，使曲线变得平滑。

(13) 选中本层的【不透明度】属性，在 00:00:00:13 处将该属性的值设置为 0%，并设置关键帧，这样在上一层文本显示时，本层文字将不显示。在 00:00:01:00 处将【不透明度】的值设置为

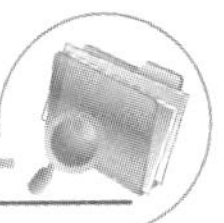

100%，按下空格键预览，可以看到本层文字逐渐显示的过程。

(14) 开启了【运动模糊】与未开启【运动模糊】的文本变换效果对比如图 5-85 所示。

图 5-85　运动模糊效果 2

(15) 选中第三层“GONNA”，选择【变换】下的【Y 轴旋转】属性，在 00:00:01:00 时将值设置为-90°，并设置关键帧；在 00:00:01:13 时将值设置为 0°，并设置关键帧，如图 5-86 所示。选中该属性，在图表编辑器中将运动曲线设置为【缓动】，并调整平滑。

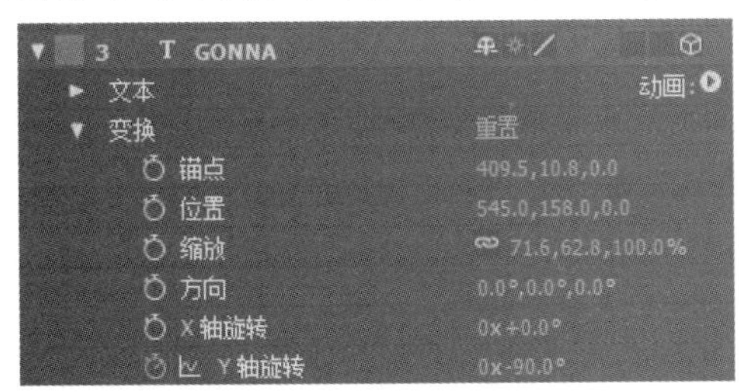

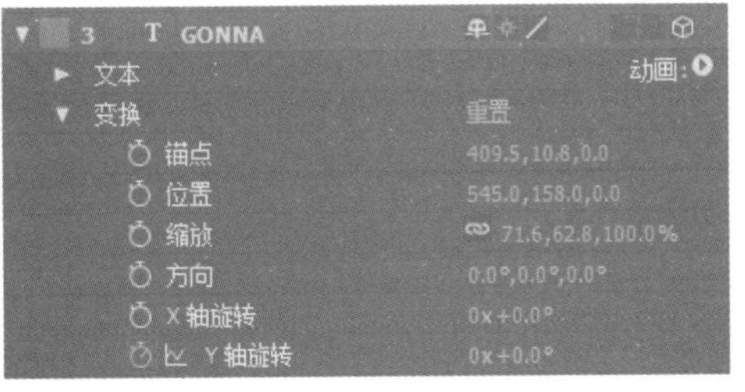

图 5-86　设置 Y 轴旋转关键帧

(16) 选中本层的【不透明度】属性，在 00:00:01:00 处将数值设置为 0%，并设置关键帧；在 00:00:01:02 处将数值设置为 100%，并设置关键帧。

(17) 开启【运动模糊】与未开启【运动模糊】的文本变换效果对比如图 5-87 所示。

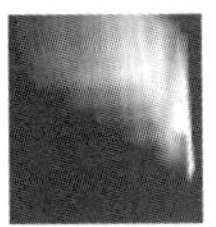

图 5-87　运动模糊效果 3

(18) 选中“CHANGE”层，单击【动画】后的三角图标 动画:，在弹出的菜单中选择【缩放】工具，激活【范围选择器 1】，并将【缩放】属性值调整为 0。

(19) 将时间指示器指针移至 00:00:01:13，选择【范围选择器 1】中的【偏移】属性，将值设置为 0%，并设置关键帧；在 00:00:02:00 时将【偏移】属性的值设置为 100%，并设置关键帧，如图 5-88 所示。

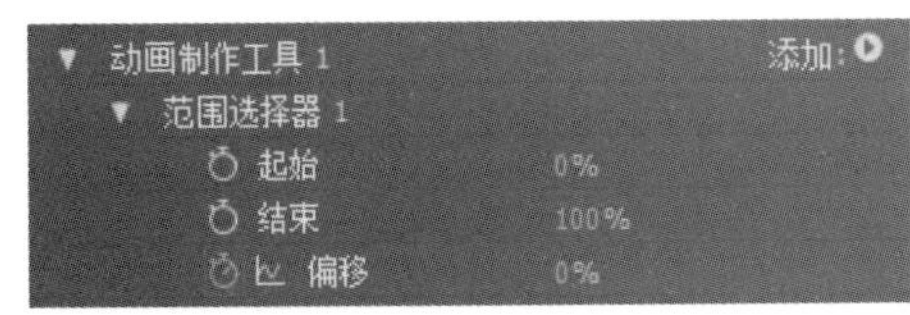

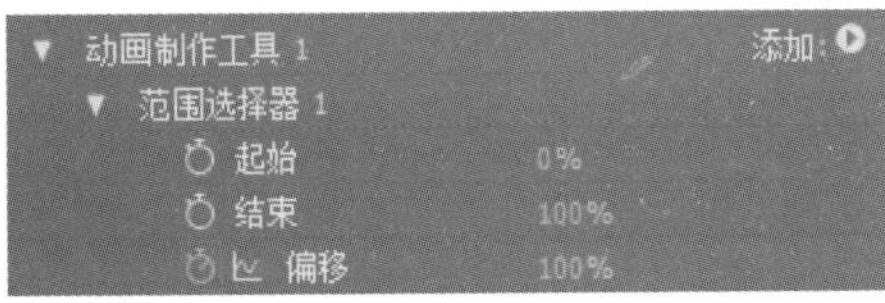

图 5-88　设置偏移关键帧 1

(20) 打开本层的【运动模糊】。选中本层的【偏移】属性，进入图表编辑器，将该属性的运动曲线调整平滑。

(21) 将【范围选择器 1】下的【随机排序】属性开关打开，则该层中的字符将打乱顺序随机

显示，不再从左至右依次显示。

(22) 开启【随机排序】与未开启【随机排序】在同一时间点显示的字符对比如图 5-89 所示。

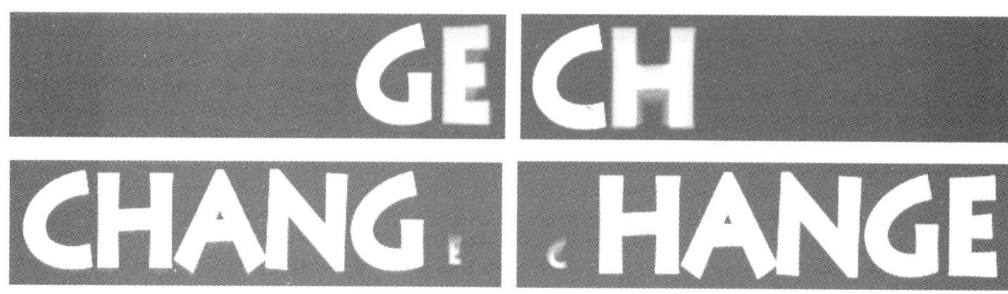

图 5-89　随机排序效果对比

(23) 选中“MY”图层，单击【动画】后的三角图标 动画:，在弹出的菜单中选择【不透明度】工具，激活【范围选择器 1】，并将【不透明度】属性值设置为 0%，如图 5-90 所示。

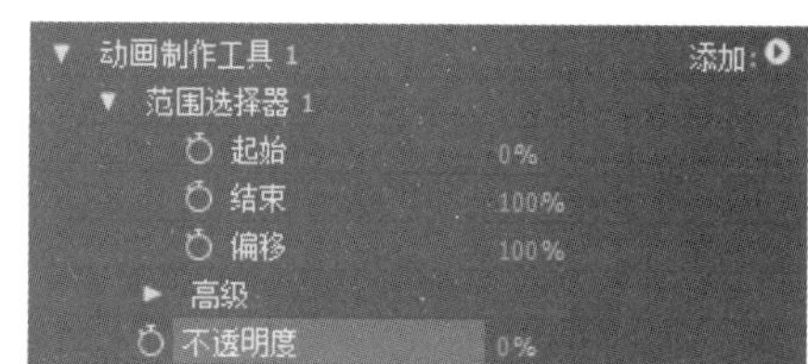

图 5-90　激活范围选择器和不透明度属性

(24) 在 00:00:02:00 时将本层的【偏移】属性值设置为 0%，并设置关键帧；在 00:00:02:13 时将其值设置为 100%，并设置关键帧。拖动鼠标或按下空格键预览，可观察到在该时间段内文字逐渐显示的效果。

(25) 打开【运动模糊】开关，选中【偏移】属性，在图表编辑器中调整运动曲线。预览影片时可以发现，由于本层的字符较少，所以与其他文本图层相比，是否添加【运动模糊】属性的效果对比并不明显。

(26) 选中“LOVE”文本层，单击【动画】后的三角图标 动画:，在弹出的菜单中选择【位置】工具，激活【范围选择器 1】，并将字符位置移出画面框。

(27) 在 00:00:02:13 时将【范围选择器 1】下的【偏移】值设置为 0%；在 00:00:03:00 时将【偏移】值设置为 100%，【位置】设为 0.0、330.0，如图 5-91 所示。

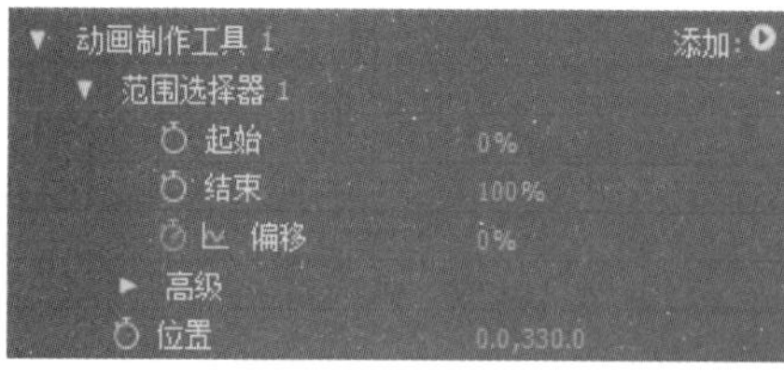

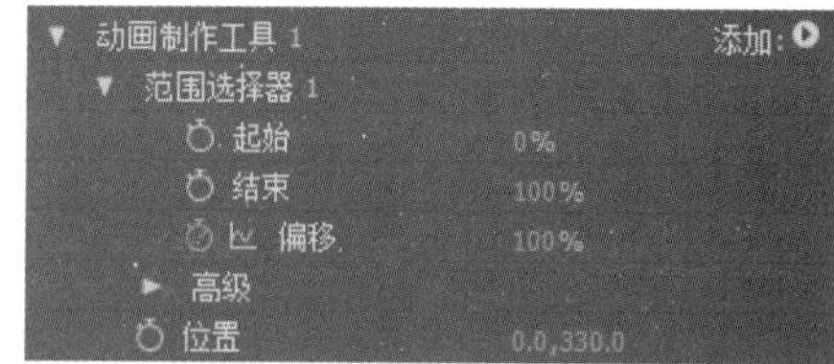

图 5-91　设置偏移关键帧 2

(28) 开启【运动模糊】，进入【偏移】属性的图表编辑器，调整其曲线直至平滑。

(29) 开启【运动模糊】与未开启【运动模糊】的影片在同一时间的不同效果如图 5-92 所示。可以观察到，开启此功能的字符在视觉效果上运动速度较快。

(30) 选择“FOR”图层，单击【动画】后的三角图标 动画:，在弹出的菜单中选择【旋转】工具，激活【范围选择器 1】，并将【旋转】属性值设置为-180°，如图 5-93 所示。

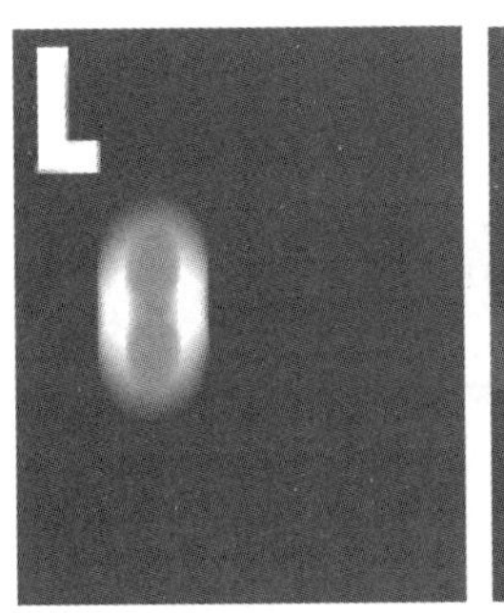

图 5-92　运动模糊效果 4

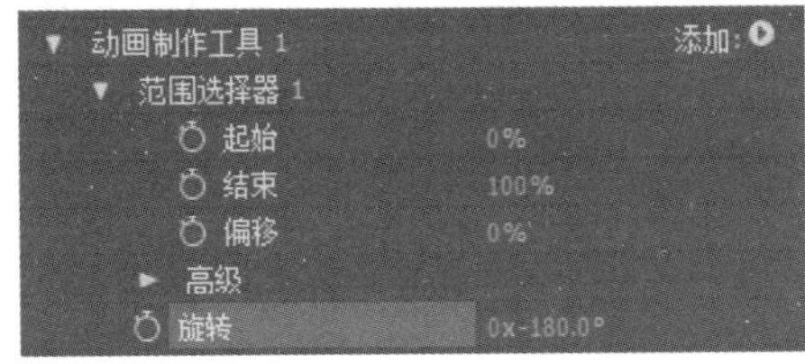

图 5-93　激活范围选择器和旋转属性

(31) 将时间指示器指针移至 00:00:03:00 处，将【偏移】属性值设置为 0%，并设置关键帧；在 00:00:03:13 处设置【偏移】值为 100%，并设置关键帧，如图 5-94 所示。

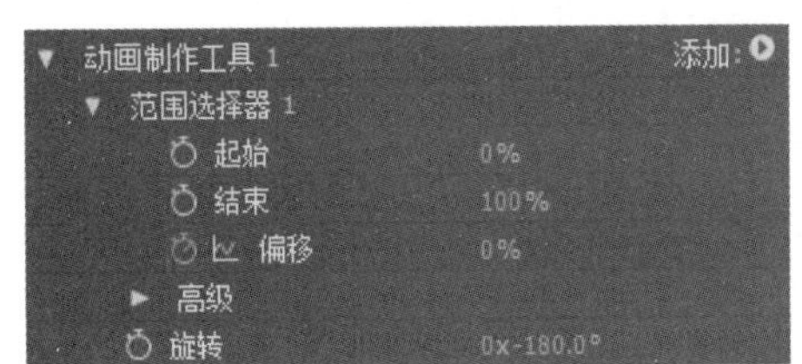

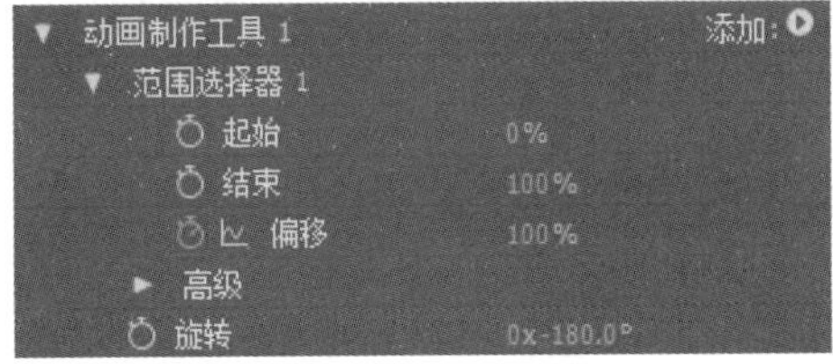

图 5-94　设置偏移关键帧 3

(32) 在 00:00:02:14 处将本层【变换】属性下的【不透明度】属性值设置为 0%，并设置关键帧；在 00:00:03:13 处将【不透明度】属性设置为 100%，并设置关键帧，如图 5-95 所示。

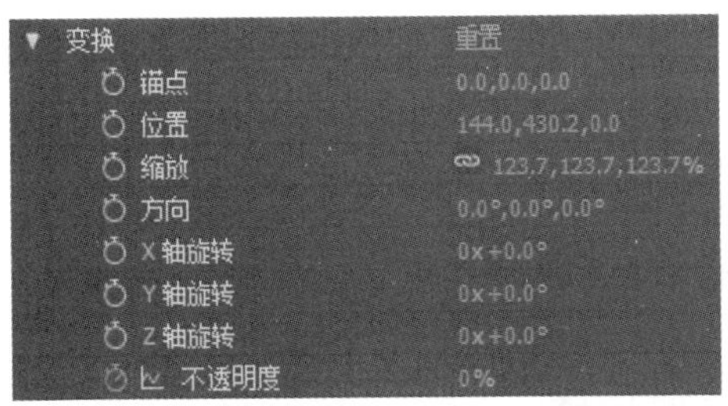

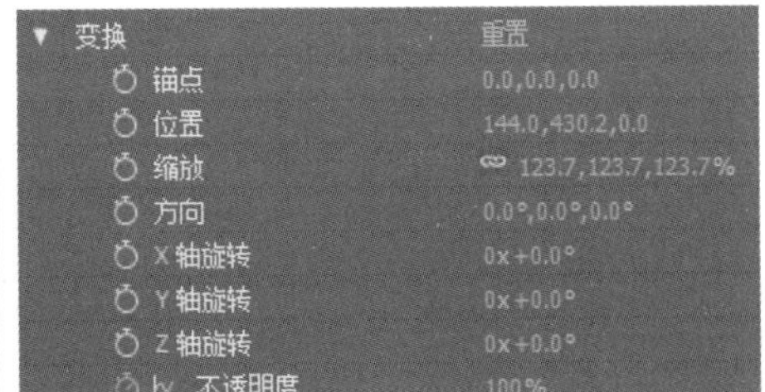

图 5-95　设置不透明度关键帧

(33) 开启【运动模糊】，进入【偏移】属性的图表编辑器，调整其曲线直至平滑。

(34) 开启【运动模糊】与未开启【运动模糊】的影片在同一时间的不同效果如图 5-96 所示。

(35) 选中最后一个文本图层“U”，对该图层设置一个摇摆字符的效果。首先，选择【向后平移(锚点)工具】，如图 5-97 所示，将字符“U”的锚点移至其左上角，如图 5-98 所示。

图 5-96　运动模糊效果 5

图 5-97　向后平移(锚点)工具

(36) 选中【变换】下的【X 轴旋转】属性，在 00:00:03:13 时将属性值调整为-90°，并设置关键帧；在 00:00:03:19 时将属性值设置为 60°，并设置关键帧；在 00:00:04:00 时将属性值调整为-45°，并设置关键帧；在 00:00:04:06 时设置值为 45°，并设置关键帧；在 00:00:04:12 时设置值为 30°，并设置关键帧；在 00:00:04:19 时设置值为 0°，并设置关键帧。按下空格键预览可以看到，字符的摇摆幅度逐渐减小，直至停止。

(37) 打开本层【运动模糊】开关，选中【X 轴旋转】属性，进入图表编辑器，对其运动曲线进行调整。选中曲线上所有的点，单击【缓动】图标，使运动曲线变得平滑，有过渡感，如图 5-99 所示。

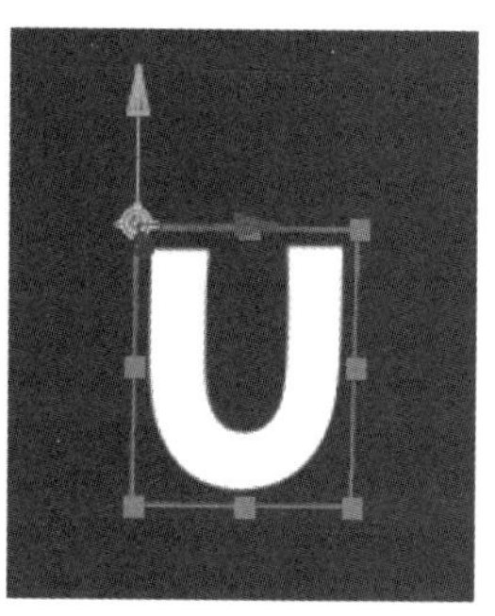

图 5-98　设置锚点位置

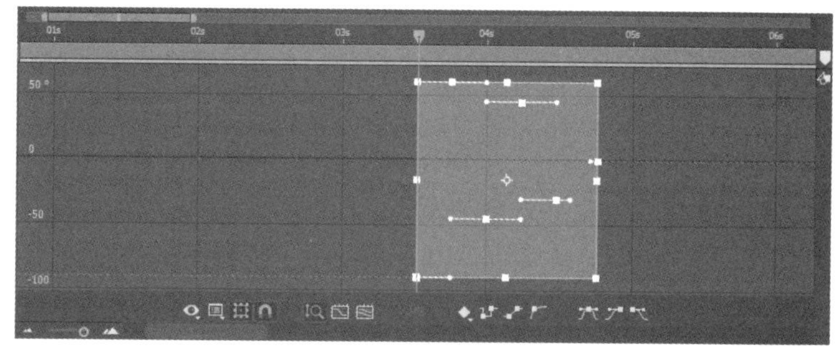

图 5-99　调整 X 轴旋转运动曲线缓动效果

(38) 选中【变换】下的【不透明度】属性，在 00:00:03:11 时将其值设置为 0%，并设置关键帧；在 00:00:03:13 时将值设置为 100%，并设置关键帧。这样设置是使本层文字在上一层文本动画完全显示后再出现。

(39) 开启【运动模糊】与未开启【运动模糊】的影片在同一时间的不同效果如图 5-100 所示。

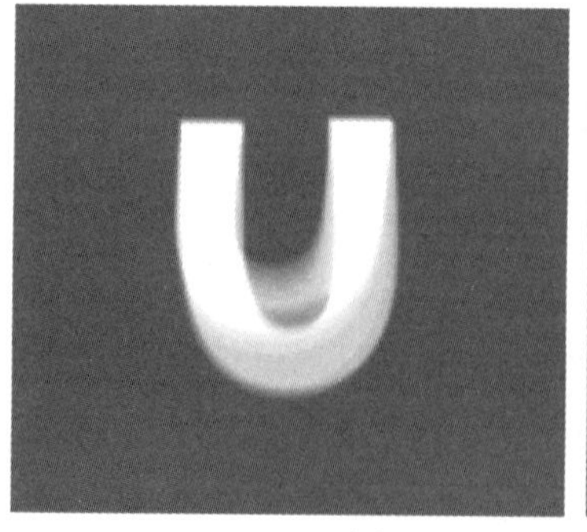

图 5-100　运动模糊效果 6

(40) 在时间轴面板中单击鼠标右键，在弹出的快捷菜单中选择【新建】|【纯色】命令，创

建一个纯色图层，将其拖动至所有文本图层的最下方做背景显示。

(41) 按下空格键播放影片，观看最终动画效果，如图 5-101 所示。

图 5-101　最终动画效果

提示

【运动模糊】可有效提高文字高速运动的视觉效果，在实际操作中可以根据影片的需要对相应的图层添加此属性。

5.7　习题

1. 创建一个文本，并使其沿指定的路径运动。
2. 创建一个文本，并为其制作单个字符跳跃动画。

第6章 蒙版与蒙版动画

学习目标

在 After Effects 合成中，有时我们需要将图层的一部分遮盖或去除，从而突出或抹去一部分内容，这时就需要用到蒙版。蒙版是在图层中绘制的一个区域或路径，控制图层的透明和不透明区域。封闭的蒙版对图层有遮盖作用，也可以提取或抠像出需要显示的部分。

本章重点

- 蒙版的创建方法
- 形状图层的创建
- 蒙版动画

6.1 蒙版

6.1.1 创建蒙版

在 After Effects 中，提供了多种蒙版路径的创建方法，较为常用的方法是使用【矩形工具】和【钢笔工具】。

【例 6-1】为纯色图层添加蒙版。

(1) 新建合成，并创建一个纯色图层。

(2) 选中纯色图层，选择【矩形工具】，默认形状为【矩形工具】，此外还有【圆角矩形工具】【椭圆工具】【多边形工具】和【星形工具】可选，如图 6-1 所示。

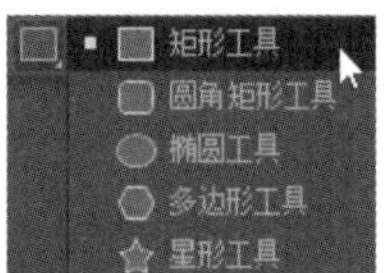

图 6-1　矩形工具

(3) 此时鼠标图标将变为，可在纯色图层上画出需要的蒙版大小，如图 6-2 所示。

(4) 用户可以看到，除了画出的矩形内为原有的图层颜色，其余部分均为黑色，代表当前蒙版的选区在此矩形之内。

(5) 使用同样的方法，可以画出其他规则形状的蒙版路径，如图 6-3 和图 6-4 所示。

图 6-2 绘制矩形

图 6-3 圆角矩形蒙版

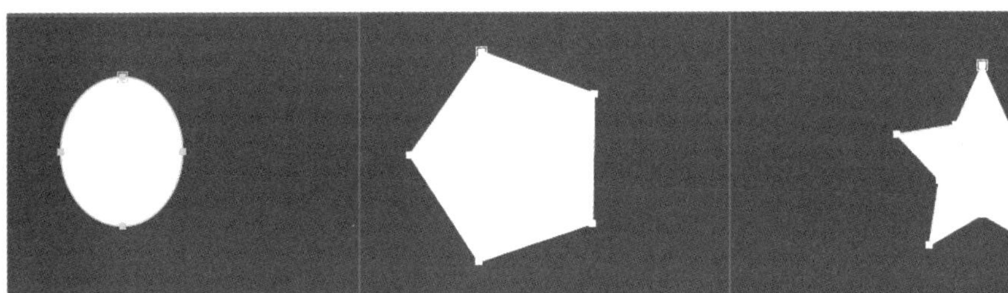

图 6-4 其他形状蒙版

(6) 若想创建不规则形状的蒙版，就要使用【钢笔工具】。选择【钢笔工具】，如图 6-5 所示。在鼠标图标变为时，可以在选中的纯色图层上画出所需形状，如图 6-6 所示。

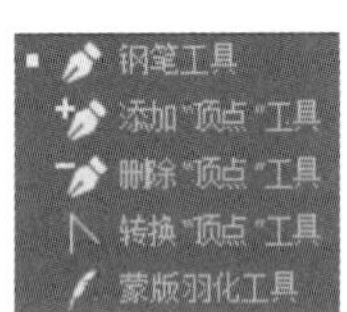

图 6-5 钢笔工具

图 6-6 使用钢笔工具绘制路径

(7) 在【钢笔工具】中，还有【添加“顶点”工具】【删除“顶点”工具】和【蒙版羽化工具】等，可以为绘制出的蒙版路径添加或删除顶点，以便更好地调整路径形状。

【转换“顶点”工具】：拖动已有的顶点，可激活调节方向杆，调整顶点的曲线。

【蒙版羽化工具】：选择该工具后在已有的曲线上单击，可增加一个蒙版羽化的控制点，拖动该点可以对蒙版边缘的羽化程度进行调节，如图 6-7 所示。

此外，对于较为复杂的蒙版路径，在 After Effects 中绘制并不方便，所以我们可以在 Photoshop 和 Illustrator 中绘制完成后，再导入 AE。

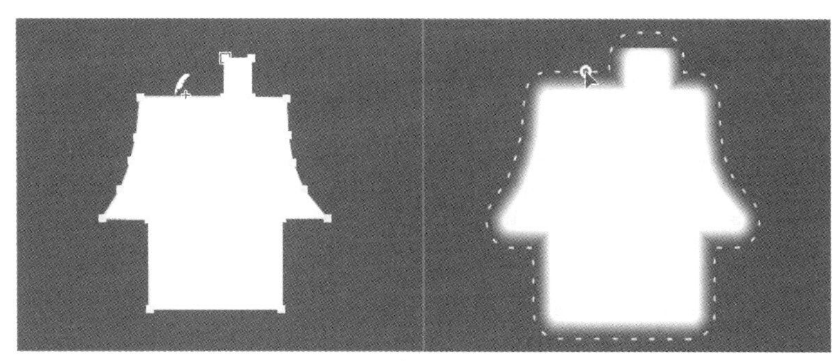

图 6-7　蒙版边缘羽化

6.1.2　蒙版的基本设置

在创建蒙版后，可以在【蒙版】面板中对蒙版属性进行设置和调整，如图 6-8 所示。

可以看到，在【蒙版 1】的名称右侧，有一个下拉菜单，此项可以设置【蒙版】的混合方式，分别有【无】【相加】【相减】【交集】【变亮】【变暗】和【差值】等选项，如图 6-9 所示。

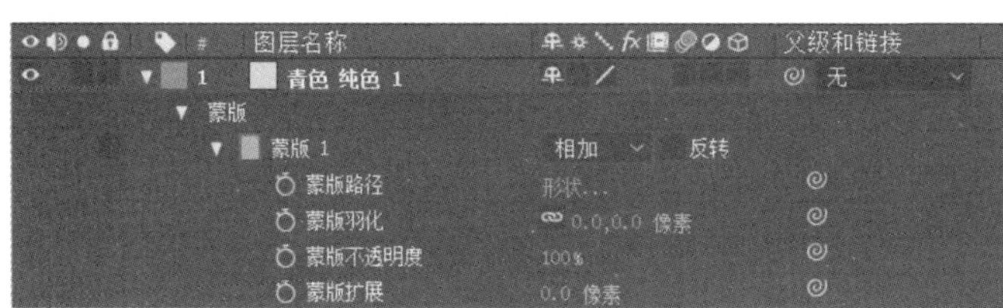

图 6-8　【蒙版】面板

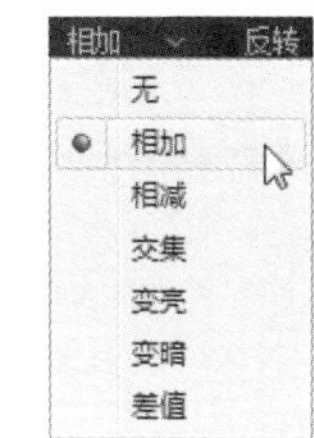

图 6-9　蒙版混合方式

- 【无】：代表蒙版之间无混合，如图 6-10 所示。
- 【相加】：当几个蒙版叠加在一起时，使用【相加】模式，是将当前蒙版的选区与其他蒙版的选区进行相加，可以增加蒙版的控制范围，如图 6-11 所示。

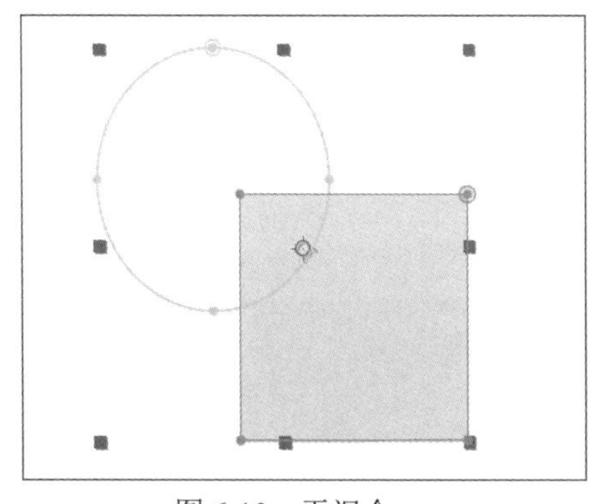

图 6-10　无混合

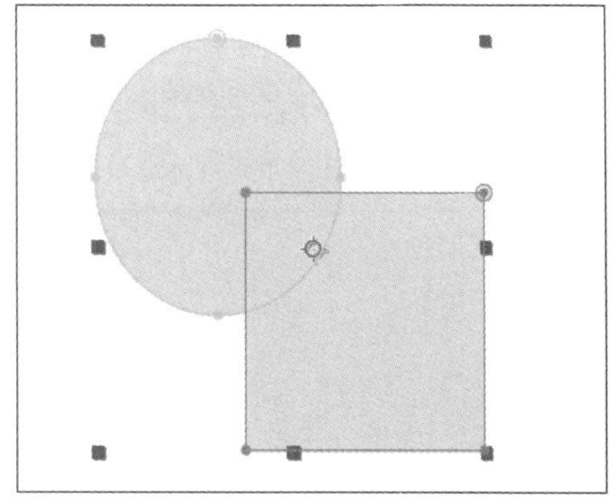

图 6-11　相加混合

- 【相减】：同样地，使用【相减】模式时，是将当前蒙版的选区与其他蒙版的选区进行相减，可以减少蒙版的控制范围，如图 6-12 所示。
- 【交集】：仅显示当前蒙版与其他蒙版的区域中相重叠的部分，如图 6-13 所示。

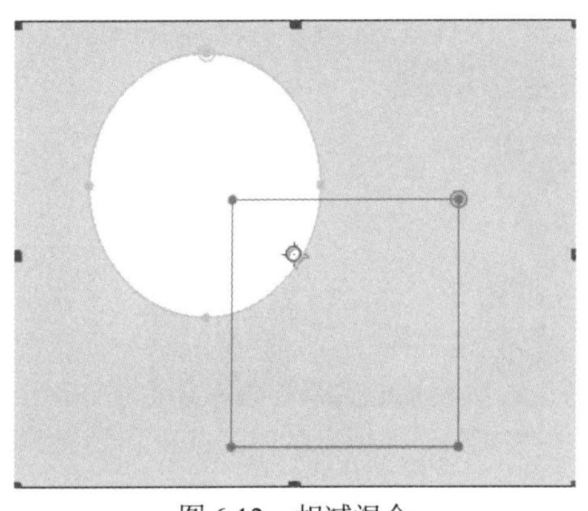
图 6-12　相减混合

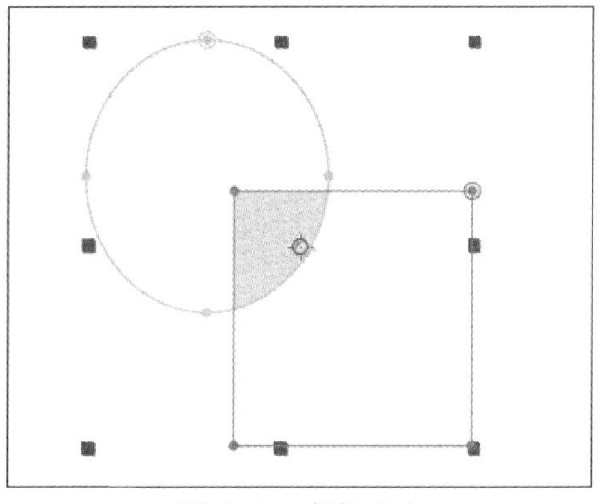
图 6-13　交集混合

◎ 【变亮】：在蒙版的不透明度均为 100%时，【变亮】运算产生的结果与【相加】方式是一致的；当蒙版的不透明度为非 100%时，多个蒙版交叠区域的不透明度以较高的蒙版为准，如图 6-14 所示。

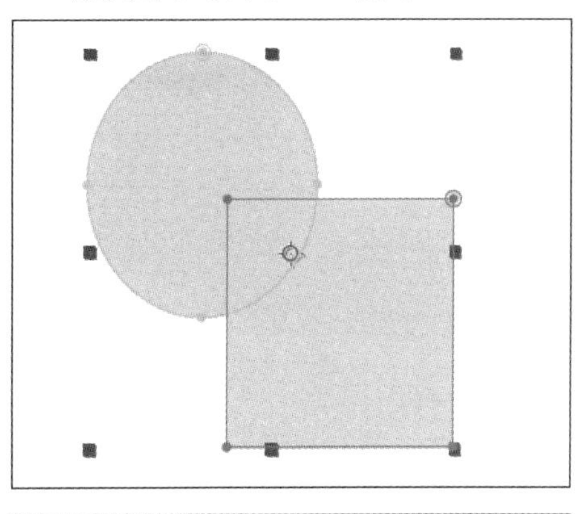

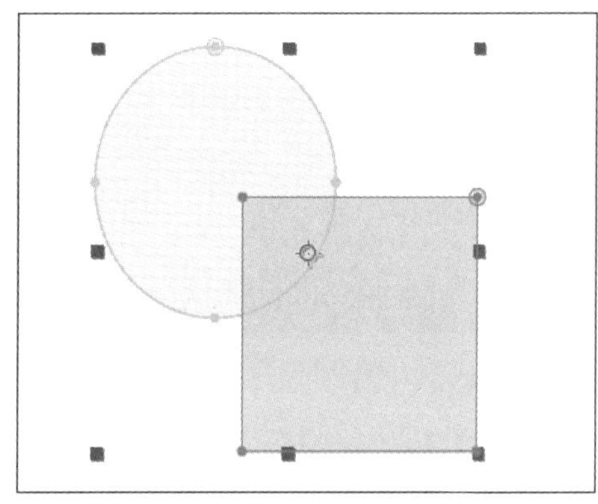

图 6-14　变亮混合

◎ 【变暗】：在蒙版的不透明度为非 100%时，多个蒙版交叠区域的不透明度以较低的蒙版为准，如图 6-15 所示。

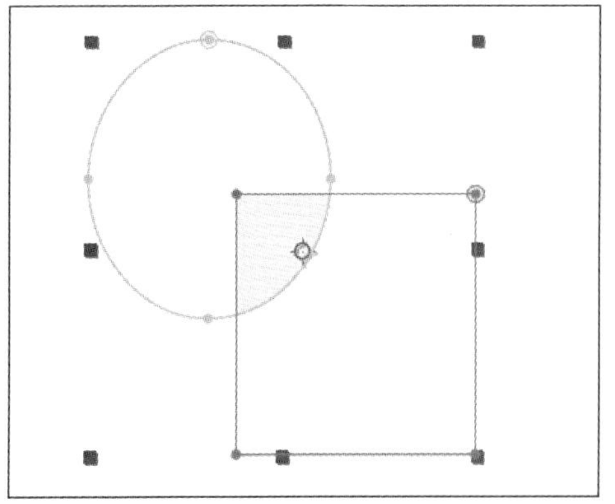

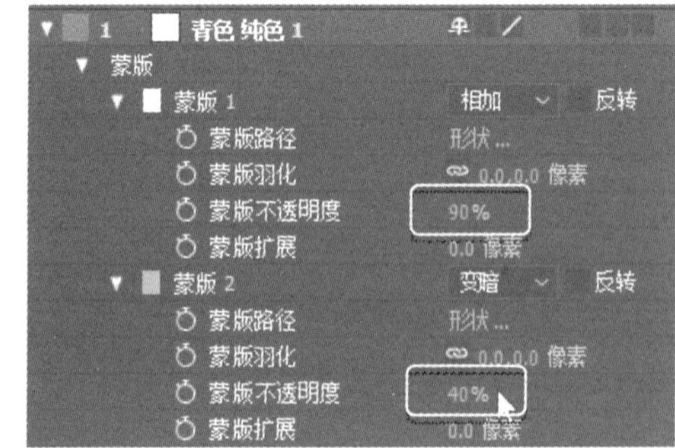

图 6-15　变暗混合

- 【差值】：将多个蒙版叠加在一起时的相交区域去除，如图 6-16 所示。
- 【蒙版】面板中其他参数介绍如下。
- 【反转】：选中此选项后，当前选择的蒙版混合模式将被反转，如图 6-17 所示。

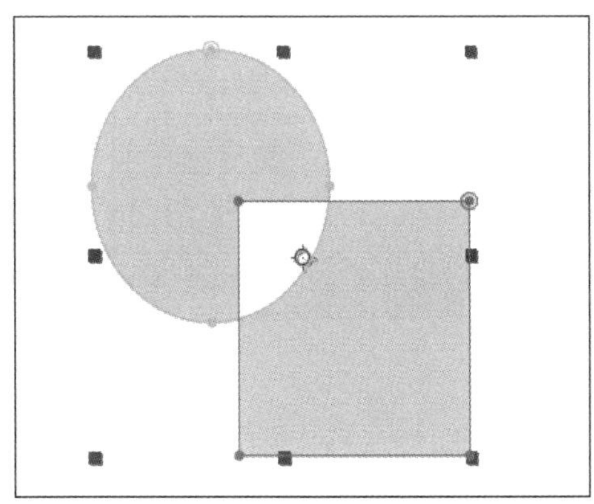

图 6-16　差值混合

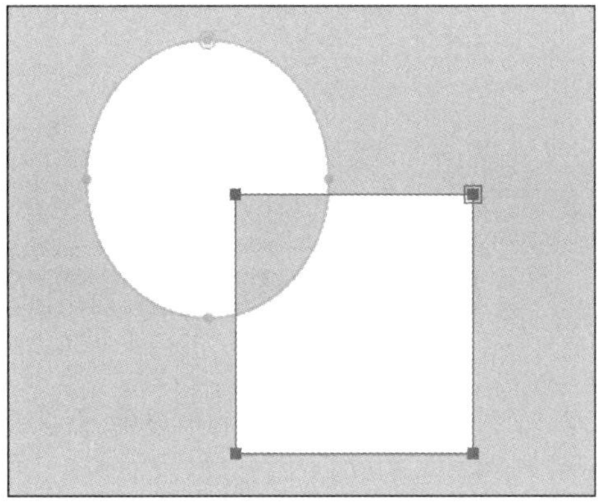

图 6-17　反转混合

- 【蒙版路径】：此项可设置蒙版的路径和形状，在创建的蒙版中，每个控制点都可以被调整并设置关键帧，变换不同的形状，以做出动态的遮罩。在【蒙版路径】右侧单击【形状】属性，可以在弹出的对话框中设置蒙版的形状及参数，如图 6-18 所示。

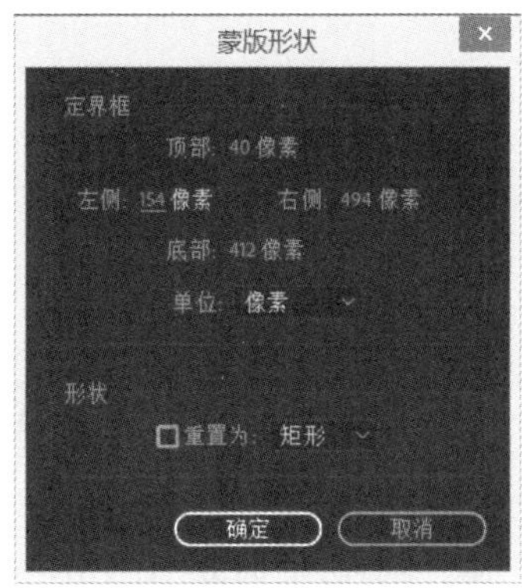

图 6-18　【蒙版形状】对话框

- 【蒙版羽化】：当绘制出的蒙版边缘不够圆滑时，可以通过此项调节蒙版边缘的羽化效果，即对蒙版控制范围内外之间做出过渡，如图 6-19 所示。默认状态下，【蒙版羽化】的约束比例是打开的，即羽化边缘成比例缩放；如不需要，可将【蒙版羽化】后的图标关闭，分别调整单独某侧的羽化效果，如图 6-20 所示。

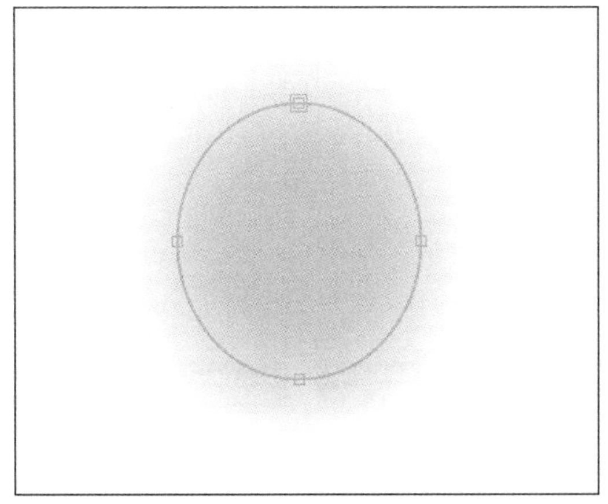

图 6-19　蒙版羽化

计算机　基础与实训教材系列

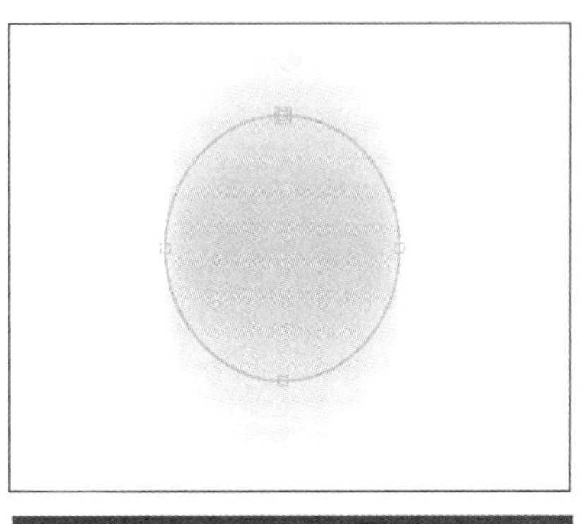

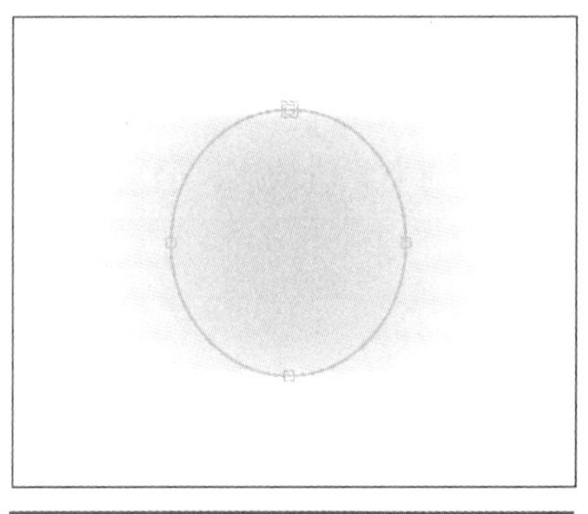

图 6-20　单侧羽化效果

◉ 【蒙版不透明度】：用于设置【蒙版】的不透明度，如图 6-21 所示。

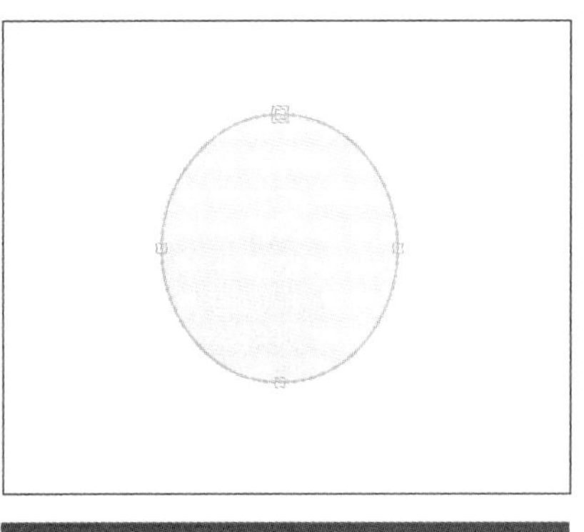

图 6-21　蒙版不透明度

◉ 【蒙版扩展】：用于设置【蒙版】选区边缘的扩展效果，当此属性值大于 0 像素时，原有【蒙版】区域将向外扩展；当值小于 0 像素时，原有【蒙版】区域将向内收缩，如图 6-22 所示。

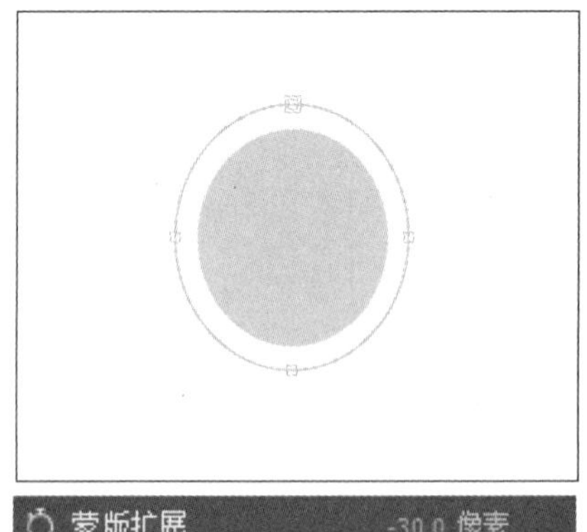

图 6-22　蒙版扩展

6.2　编辑蒙版

无论使用哪种方式创建蒙版，在创建完成后都可以对其进行调整和修改。

6.2.1　调整蒙版形状

在创建蒙版后，可以观察到有顶点分布在形状周围，我们可以通过调节这些顶点来调整蒙版形状的效果。

首先使用【选取工具】选中蒙版所在的图层，可以看到当前蒙版有哪些顶点，如图 6-23 所示。

接着单击所要调整的顶点，被选中的顶点会变为实心正方形的状态，此时进行拖移等操作，蒙版形状将会发生相应变化，如图 6-24 所示。

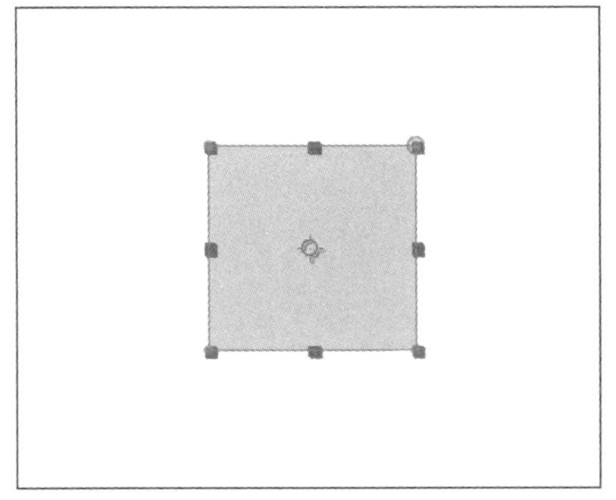

图 6-23　选取蒙版

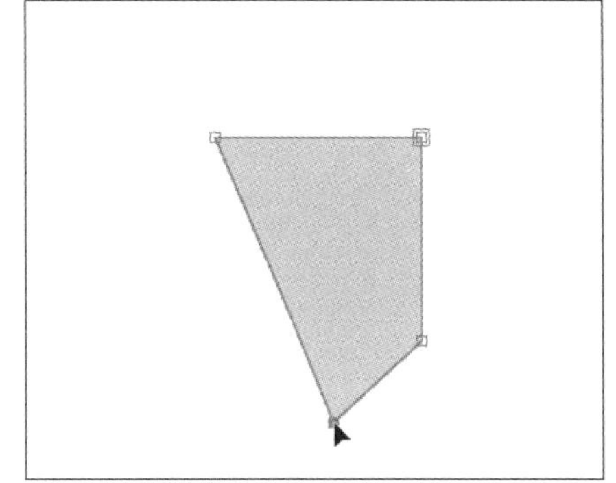

图 6-24　通过顶点调整蒙版形状

如果不选取某一个特定的顶点，而是选取某条边，或框选某几个顶点，也可对蒙版做出调整，如图 6-25 所示。

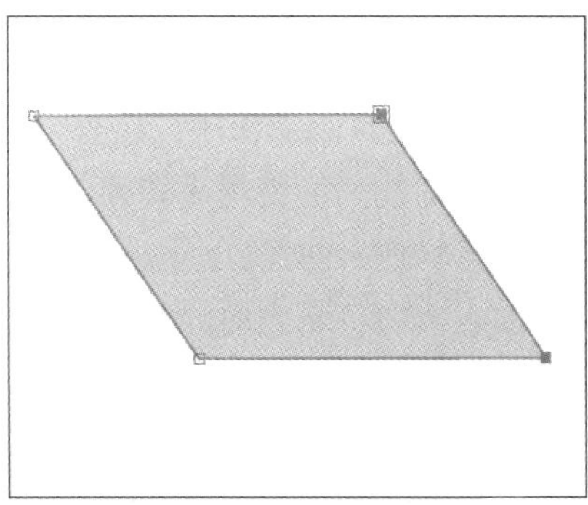

图 6-25　通过边调整蒙版形状

6.2.2　添加/删除顶点

After Effects 中默认的几种蒙版形状如不能满足需求，可以在其形状的基础上添加或删除顶点以便更好地调整形状。

- 【添加“顶点”工具】：在【钢笔工具】组中可以选择此工具，如图 6-26 所示。接着，在已有的蒙版形状上的合适的位置单击，即可添加新的顶点，如图 6-27 所示。这时拖动相应的顶点，即可调整蒙版形状，如图 6-28 所示。

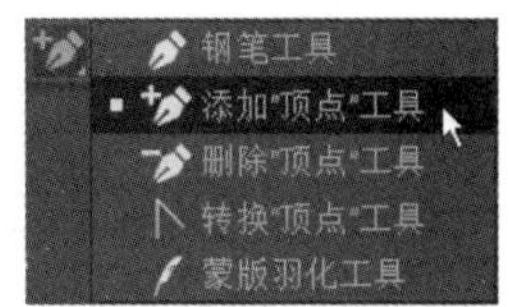

图 6-26　添加“顶点”工具

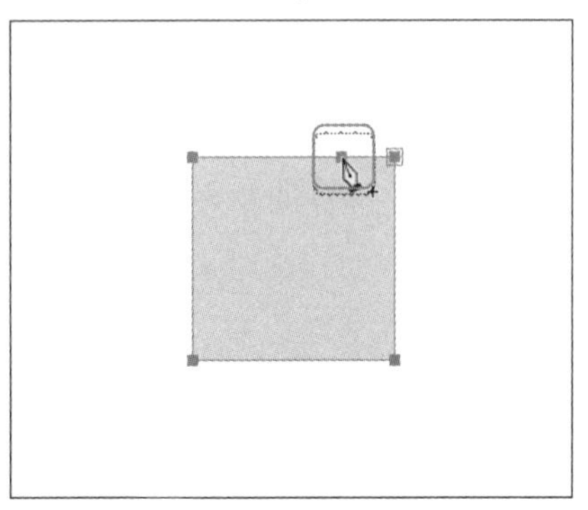
图 6-27　添加顶点

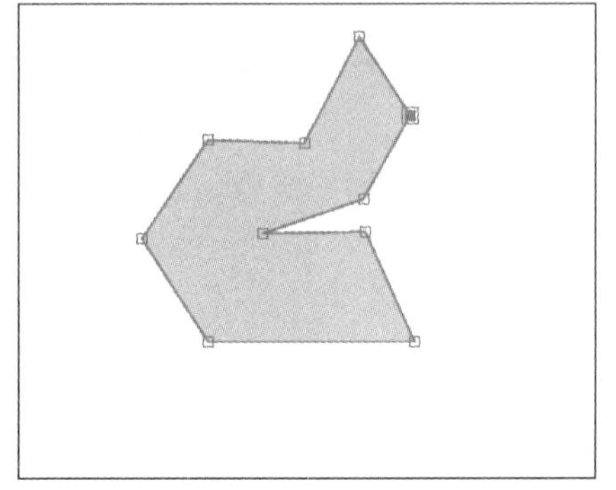
图 6-28　调整蒙版形状

⊙ 【删除“顶点”工具】：在【钢笔工具】组中可以选择此工具，此时使用鼠标左键单击需要删除的顶点，即可删除顶点，如图 6-29 所示。

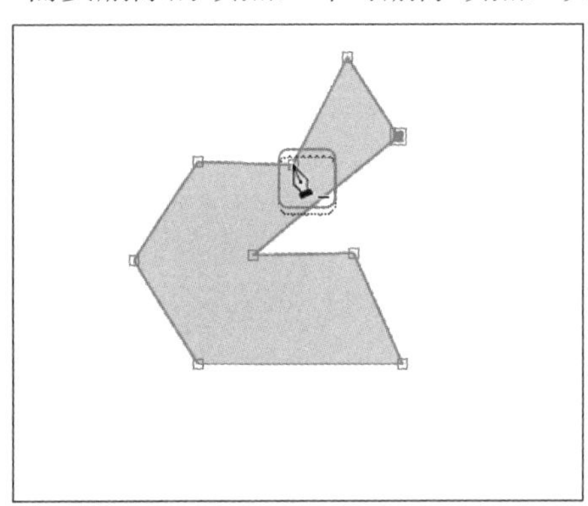

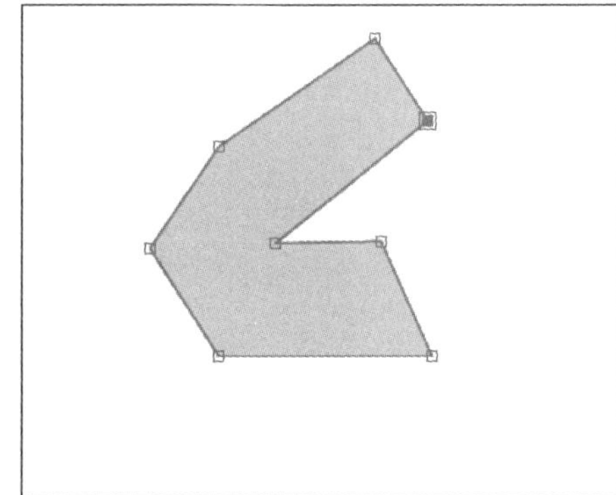
图 6-29　删除顶点

6.2.3　转换“顶点”工具

在【钢笔工具】组中，还有一个工具是【转换“顶点”工具】。蒙版形状上的顶点有两种，即角点与曲线点。使用【转换“顶点”工具】，可以使这两种顶点互相转换。

角点转换为曲线点：选中【钢笔工具】组的【转换“顶点”工具】，单击并拖动蒙版上已有的顶点，即可将当前的角点转换为曲线点，如图 6-30 所示。

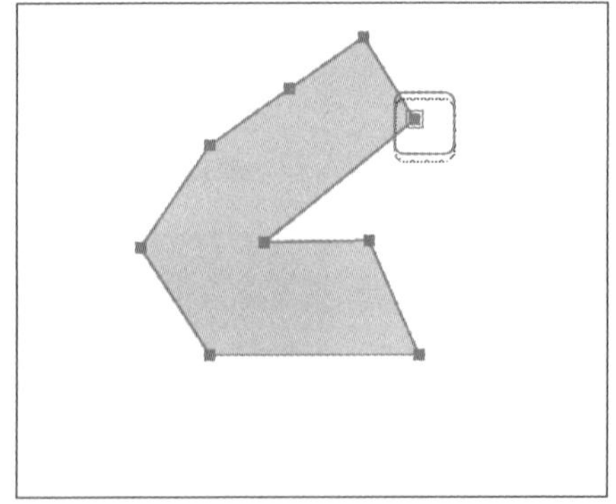

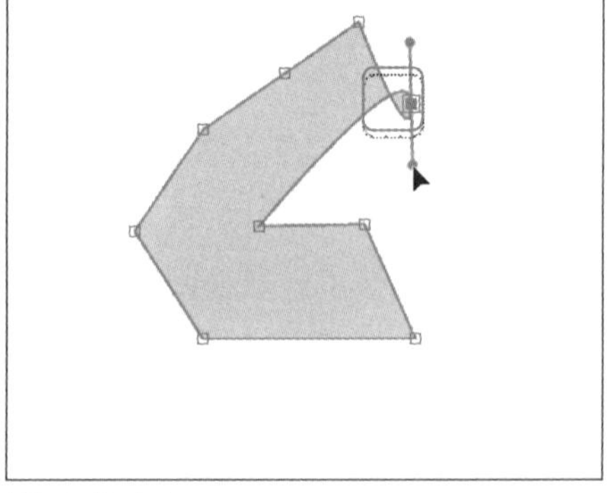
图 6-30　角点转换为曲线点

曲线点转换为角点：选中【钢笔工具】组中的【转换“顶点”工具】，单击蒙版上已有的曲线顶点，即可将当前的曲线点转换为角点，如图 6-31 所示。

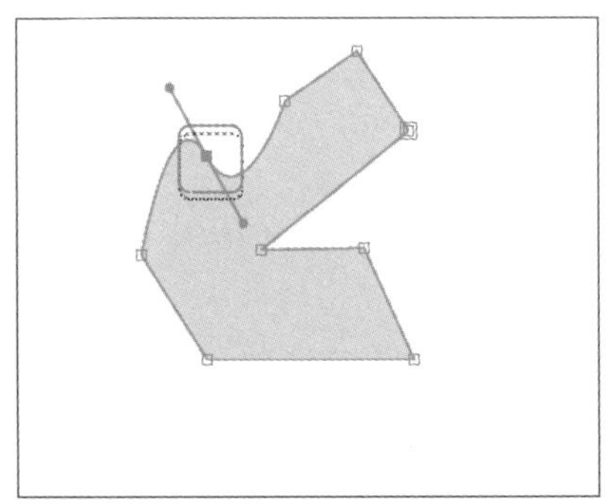
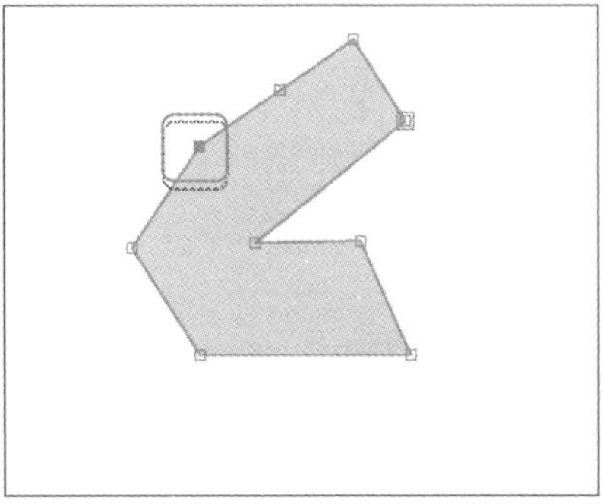

图 6-31　曲线点转换为角点

6.3　蒙版的其他属性

6.3.1　蒙版属性

使用菜单命令可以对【蒙版】的属性做进一步调整。选中要调整的蒙版，选择【图层】|【蒙版】命令，将弹出【蒙版】子菜单，如图 6-32 所示。

- 【新建蒙版】：用于创建一个新的蒙版。
- 【蒙版形状】：用于调整蒙版形状和参数，选择该命令后，将弹出如图 6-33 所示的【蒙版形状】对话框。
- 【蒙版羽化】：用于调整蒙版边缘的羽化程度。
- 【蒙版不透明度】：用于设置蒙版的不透明度。
- 【蒙版扩展】：用于调整蒙版选区边缘的扩展程度。

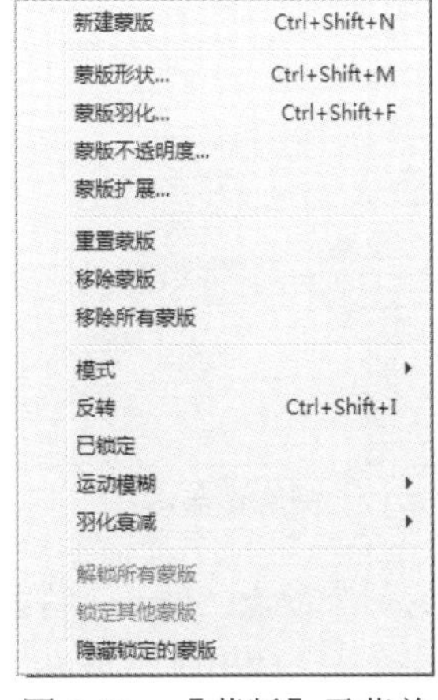

图 6-32　【蒙版】子菜单

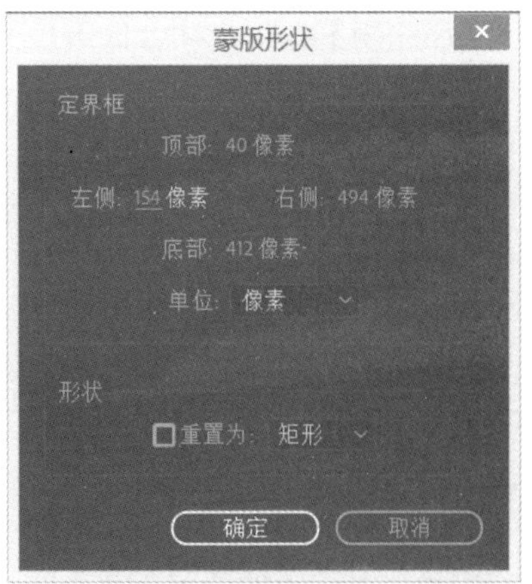

图 6-33　【蒙版形状】对话框

- 【重置蒙版】：用于将蒙版的属性恢复为默认参数。
- 【移除蒙版】：用于将当前选中的蒙版移除。
- 【移除所有蒙版】：用于将当前图层中的所有蒙版移除。
- 【模式】：用于设置多个蒙版的混合模式。
- 【反转】：用于反转当前蒙版的混合模式。
- 【已锁定】：用于锁定当前选中的蒙版，也可在【时间轴】面板中单击蒙版前的图标进行操作。
- 【运动模糊】：用于设置蒙版的运动模糊效果，包含 3 个选项：【与图层相同】【开】和【关】，如图 6-34 所示。【与图层相同】：即蒙版的运动模糊效果与其所在的图层的运动模糊效果相同；【开】：开启蒙版运动模糊效果；【关】：关闭蒙版运动模糊效果。
- 【羽化衰减】：用于设置【蒙版】羽化的衰减模式，包含【平滑】与【线性】两种模式，如图 6-35 所示。

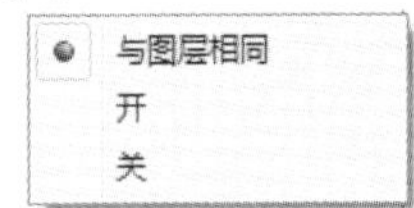

图 6-34　运动模糊选项

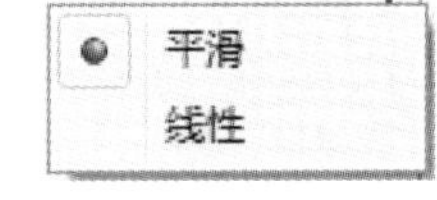

图 6-35　羽化衰减模式

- 【解锁所有蒙版】：用于解除所有在锁定状态下的蒙版。
- 【锁定其他蒙版】：用于将其他未在锁定状态下的蒙版加以锁定。
- 【隐藏锁定的蒙版】：用于将在锁定状态下的蒙版隐藏。

6.3.2　蒙版和形状路径

在菜单栏中的【图层】|【蒙版和形状路径】子菜单中，有以下命令可操作，如图 6-36 所示。

- 【RotoBezier】：将蒙版的顶点转换为贝塞尔曲线形式，更加方便用户控制和修改蒙版曲线。
- 【已关闭】：将未闭合的蒙版完成闭合，如图 6-37 所示。

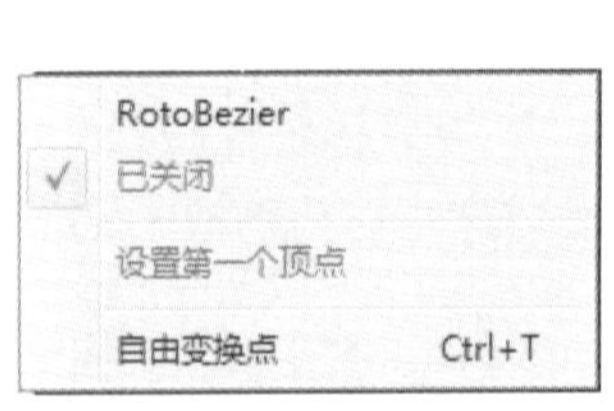

图 6-36　【蒙版和形状路径】子菜单

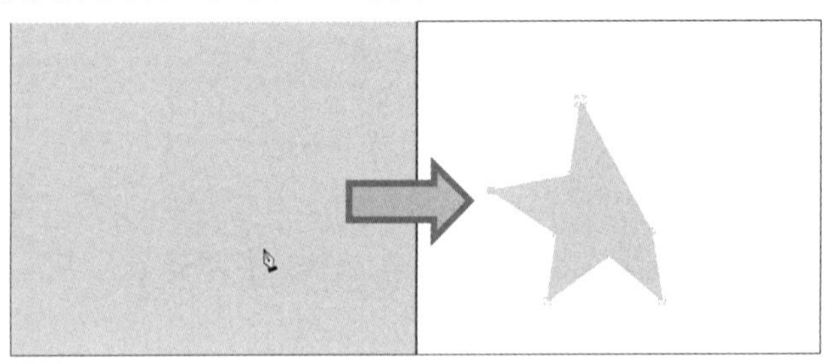
图 6-37　闭合蒙版

- 【设置第一个顶点】：将某个非起始点的顶点设置为第一个顶点。对于一些蒙版的路径来说，起始点的位置非常重要，将会直接影响蒙版的效果。使用这个命令，可以更改

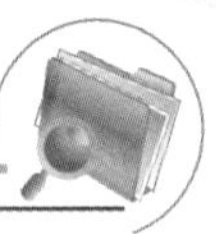

蒙版的起始点。选中蒙版后，选择希望设置的顶点，再选择此命令，将更改起始点为当前选择的顶点，如图 6-38 所示。

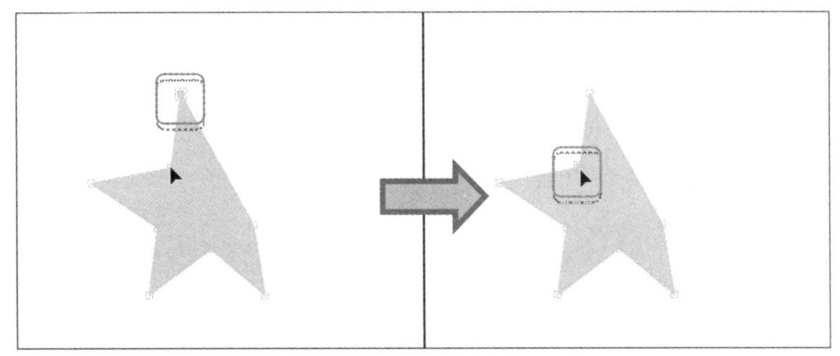

图 6-38　设置第一个顶点

◉ 【自由变换点】：设置蒙版的自由变换点。

6.4　蒙版动画

蒙版动画，即对蒙版的基本属性设置关键帧，制作动画影片，用来突出图层中的某部分重点内容或表现某部分画面。蒙版的基本属性包括【蒙版路径】【蒙版羽化】【蒙版不透明度】和【蒙版扩展】。

【例 6-2】为图层设置蒙版动画。

(1) 选中希望添加蒙版的图层，在菜单栏中选择【图层】|【蒙版】|【新建蒙版】命令，调整蒙版为需要的形状及大小。

(2) 对【蒙版路径】设置关键帧动画：将时间轴指针移动至 00:00:00:00 处，调整【蒙版路径】，单击【蒙版路径】前的 ⏱ 图标，设置第一个关键帧，如图 6-39 所示。

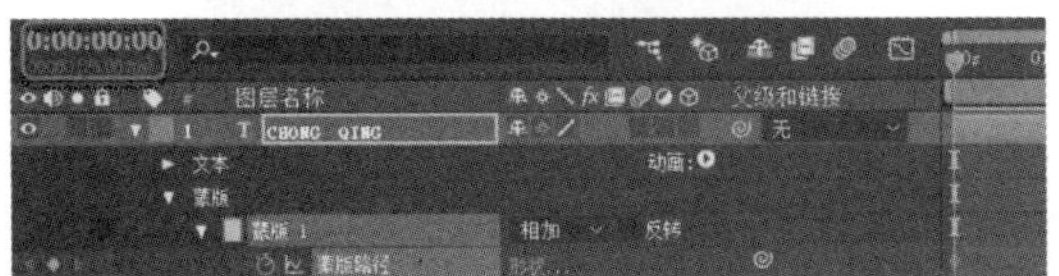

图 6-39　蒙版路径关键帧

(3) 将时间轴指针移至 00:00:02:00 处，调整【蒙版路径】形状，设置第二个关键帧。

(4) 拖动指针在 00:00:00:00 与 00:00:02:00 之间滑动时，可以观察到【蒙版路径】的变化和对图层的作用。

(5) 对【蒙版羽化】设置关键帧动画：将时间轴指针移动至 00:00:00:00 处，设置【蒙版羽化】属性值为 0，单击【蒙版羽化】前的 ⏱ 图标，设置第一个关键帧，如图 6-40 所示。

(6) 将时间轴指针移至 00:00:02:00 处，调整【蒙版羽化】属性值，设置第二个关键帧。

(7) 移动时间轴指针或按下空格键播放动画，可以观察到 00:00:00:00 到 00:00:02:00 之间的【蒙版羽化】的变化效果，如图 6-41 所示。

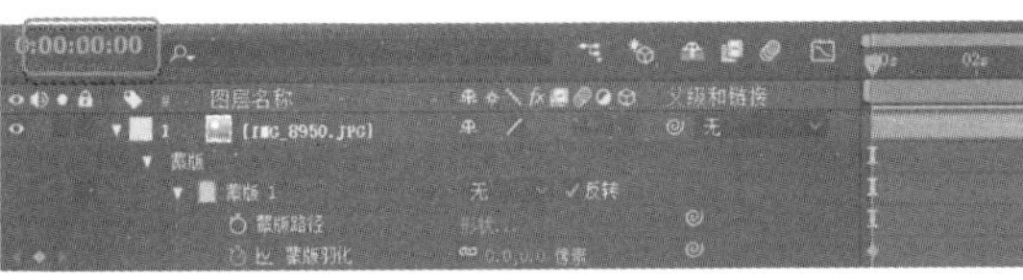

图 6-40　蒙版羽化关键帧 1

图 6-41　【蒙版羽化】的变化效果

(8) 对【蒙版不透明度】设置关键帧动画：将时间轴指针移动至 00:00:00:00 处，调整【蒙版不透明度】参数值(默认值为 100%)，单击 ⏱ 图标，设置第一个关键帧，如图 6-42 所示。

(9) 将时间轴指针移动至 00:00:02:00 处，调整【蒙版不透明度】参数值，单击【蒙版不透明度】前的 ⏱ 图标，设置第二个关键帧。

(10) 移动时间轴指针或按下空格键播放影片，可以观察到 00:00:00:00 到 00:00:02:00 之间的【蒙版不透明度】的属性动画，如图 6-43 所示。

图 6-42　蒙版不透明度关键帧 1

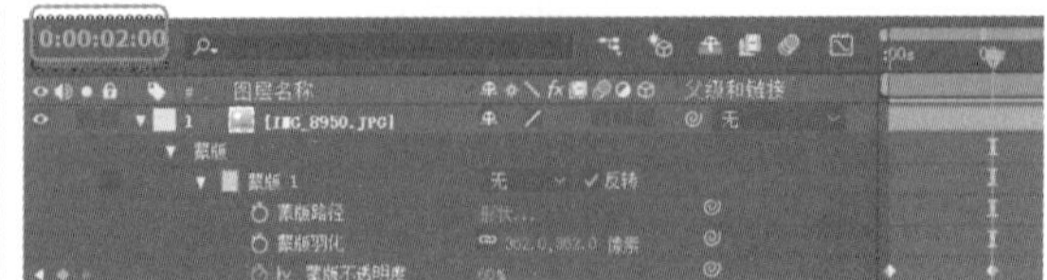

图 6-43　【蒙版不透明度】的属性动画

(11) 对【蒙版扩展】设置关键帧动画：将时间轴指针移动至 00:00:00:00 处，设置【蒙版扩展】属性值为 0，单击【蒙版扩展】前的 图标，设置第一个关键帧，如图 6-44 所示。

(12) 将时间轴指针移动至 00:00:02:00 处，调整【蒙版扩展】参数值，单击【蒙版扩展】前的 图标，设置第二个关键帧。

(13) 移动时间轴指针或按下空格键播放影片，可以观察到 00:00:00:00 到 00:00:02:00 之间的【蒙版扩展】的属性动画，如图 6-45 所示。

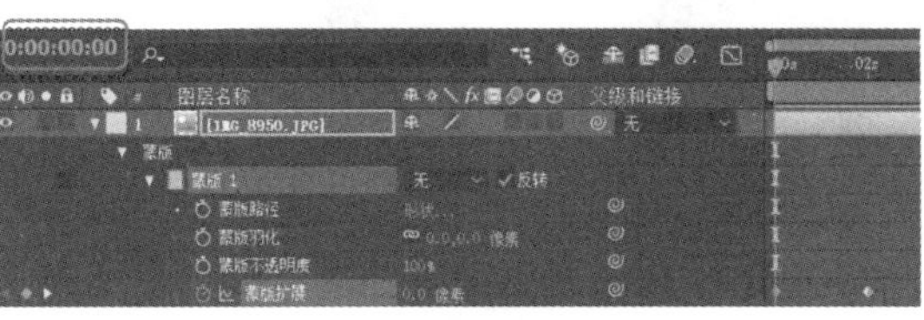

图 6-44　蒙版扩展关键帧 1

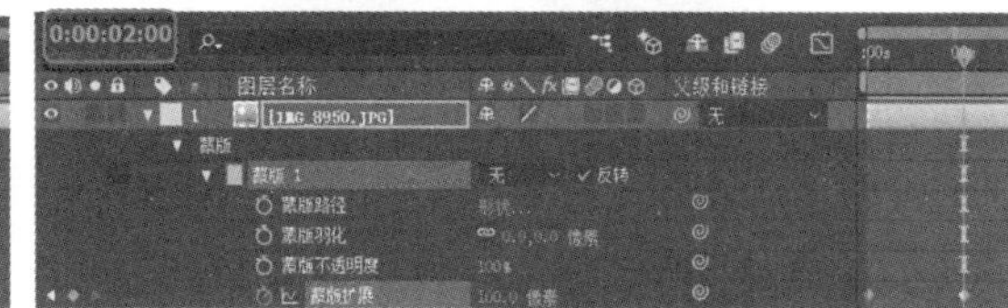

图 6-45　【蒙版扩展】的属性动画

通过本例可以了解到，对蒙版的形状、羽化、不透明度及扩展等参数值的调整都可以形成蒙版动画，在以后的操作中，我们可以根据需要，对不同的参数设置关键帧，不仅能够突出重点，还可以使影片内容变得更加丰富。

提示

本例中在设置【蒙版不透明度】动画时，由于蒙版是创建在【图片】图层上的，所以调整【蒙版不透明度】参数值时，对【文本】图层并无影响。

6.5　Roto 笔刷工具

除了用蒙版划定选区外，After Effects 中还有【Roto 笔刷工具】，可以选定较为复杂的、不规则的选区形状，从而使物体从背景中分离出来。

【例 6-3】使用【Roto 笔刷工具】抠像。

(1) 导入图片素材，将图片拖入【时间轴】面板中，双击图片，进入图层面板。

(2) 在工具箱中选择【Roto 笔刷工具】，如图 6-46 所示。

图 6-46　Rotor 笔刷工具

(3) 当鼠标指针变为 时，用此工具沿着需要保留的区域边缘绘制，将需要的选区包含在内，如图 6-47 所示。

(4) 用户可以观察到，大致绘制出的选区不那么精确，有些需要的部分没有选中，不需要的部分又包含在选区内。若在图层面板中不便于观察抠像变化情况，可回到合成面板中观察，如图 6-48 所示。

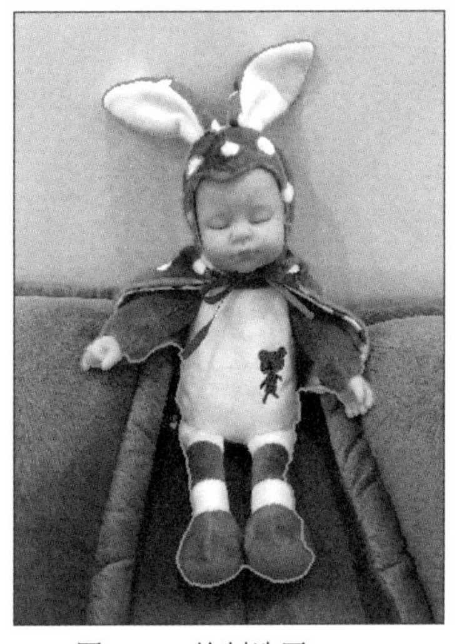

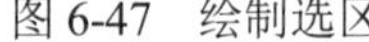
图 6-47　绘制选区

图 6-48　合成面板视图

(5) 对于范围较小的部分，使用鼠标滚轮将图片放大到合适尺寸，再进行较为细致的抠像，如图 6-49 所示。

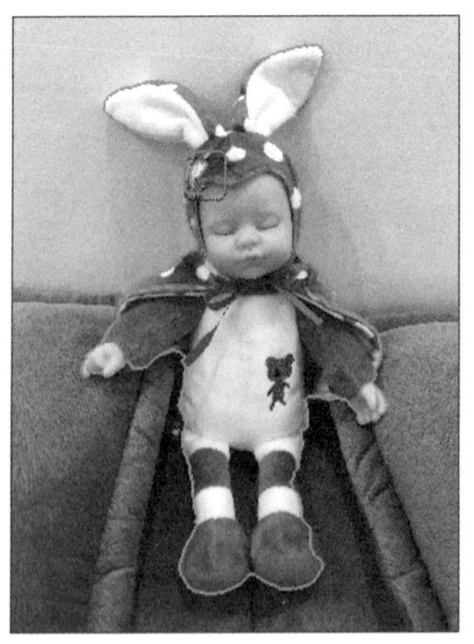

图 6-49　细致抠像 1

(6) 对于不需要的部分，按住 Alt 键，会发现笔刷由绿色变为红色，这时使用笔刷工具，可将不需要的部分剔除，如图 6-50 所示。

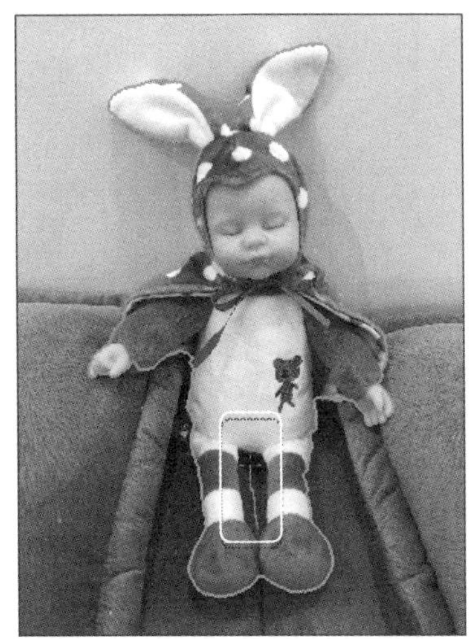
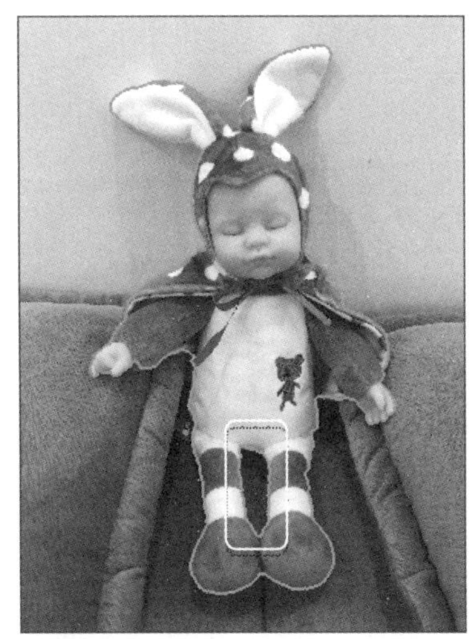

图 6-50　细致抠像 2

(7) 再次回到合成面板中观察，可以发现抠像的选区有所改善，如图 6-51 所示。

(8) 在时间轴面板的【Roto 笔刷遮罩】属性中，可以对选区的【羽化】【对比度】【移动边缘】和【减少震颤】等参数进行设置和调整，以得到更细致的抠像效果，如图 6-52 所示。

图 6-51　合成面板视图

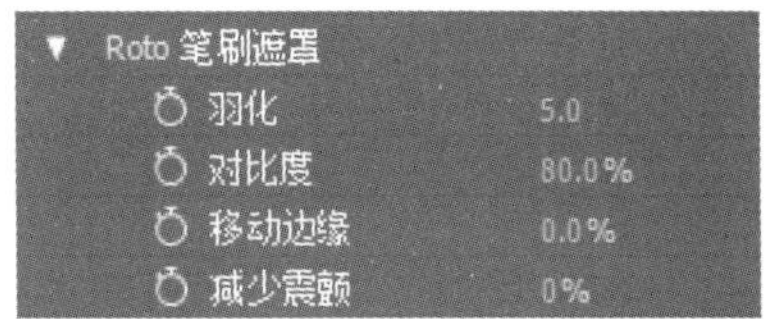

图 6-52　Rotor 笔刷遮罩属性

(9) 若想将已绘制出的选区去除，可在【Roto 笔刷和调整边缘】属性下将【反转前台/后台】开启，将会得到已有选区的反转区域，如图 6-53 所示。

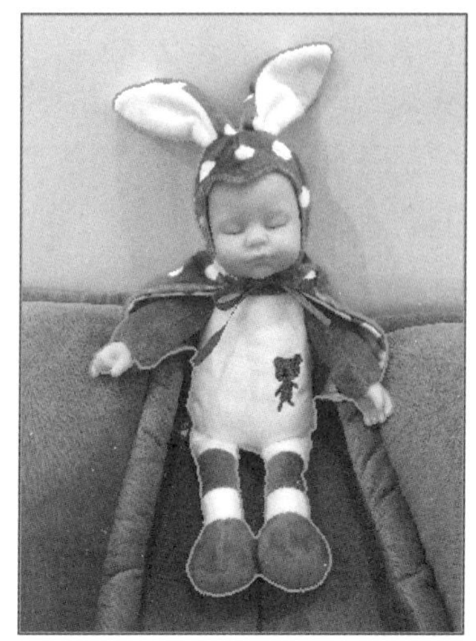

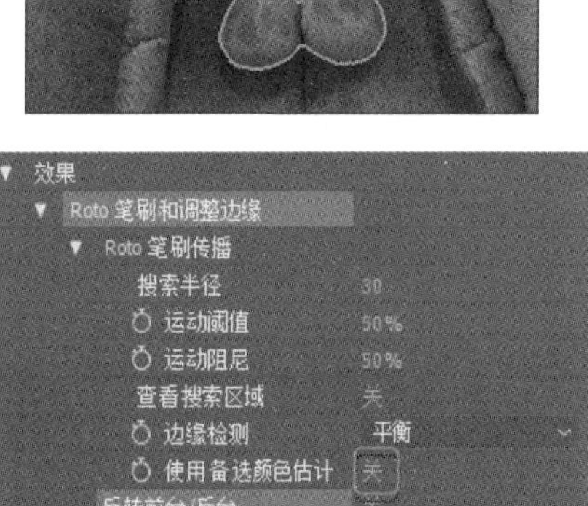

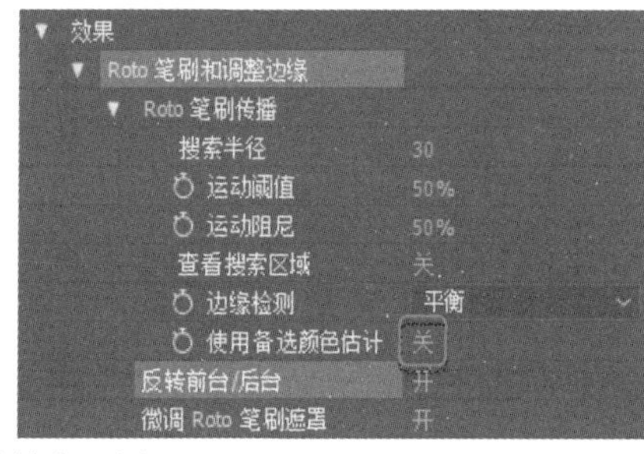

图 6-53　反转前台/后台

6.6　上机练习

本章的第一个上机练习主要练习制作植物生长动画效果，使用户更好地掌握蒙版和蒙版动画的基本操作方法和技巧。练习内容主要是制作动态的植物逐步生长效果，再利用蒙版制作一个动态的文字效果。

(1) 首先需要建立一个合成。选择【合成】|【新建合成】命令。在弹出的【合成设置】对话框中设置【预设】为【HDTV 1080 25】，设置【持续时间】为 0:00:15:00，单击【确定】按钮，建立一个新的合成。

(2) 导入名为“梅花生长动画”的素材文件夹。执行【文件】|【导入】|【导入文件】命令，从计算机中找到素材文件夹，单击【导入文件夹】按钮。将导入的图片素材按照顺序放置在【合成】面板中，如图 6-54 所示。

(3) 建立树干蒙版。选中【时间轴】面板中的“树干”图层，使用钢笔工具在树干的最左侧绘制一个矩形蒙版。因为蒙版之外图层的内容都不显示，仅显示蒙版内的内容，要是树干生长，需要在最开始使树干完全消失不见，所以这里将蒙版最右侧边缘的部分与树干最左侧的部分相连接。将时间轴指针移至 0:00:00:00，并为“树干”图层【蒙版】属性下的【蒙版路径】添加关键帧，记录蒙版最开始的位置和样式，如图 6-55 所示。

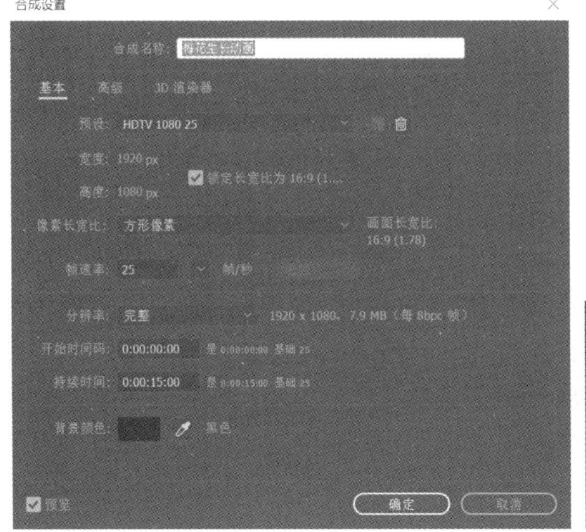

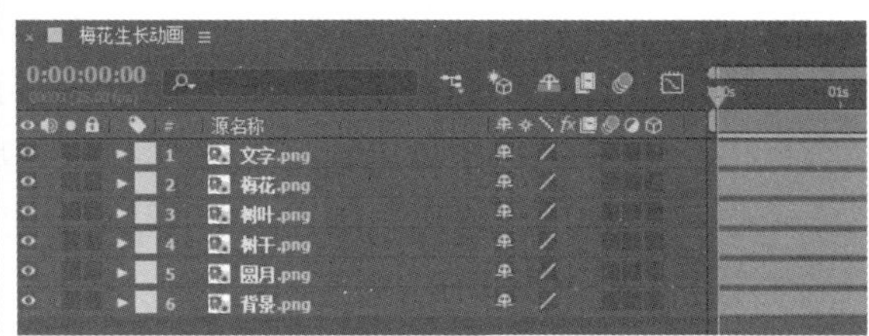

图 6-54　新建合成并导入素材

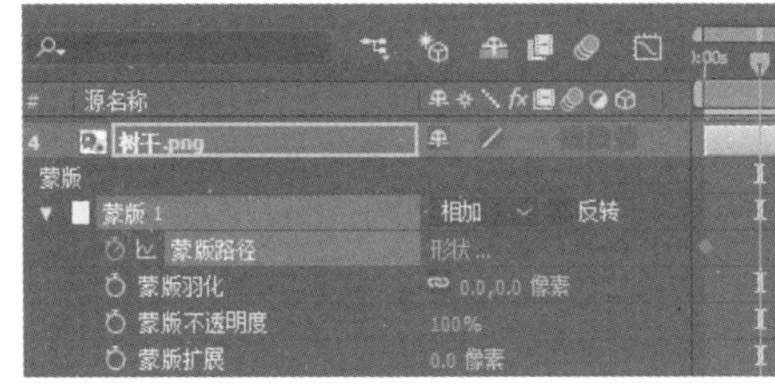

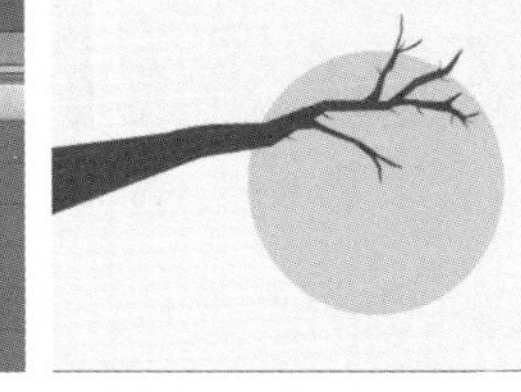

图 6-55　建立树干蒙版

(4) 制作树干生长动画。首先制作主树干的生长动画，将时间轴指针移至 0:00:02:00，将蒙版形状通过选取工具调整为与主树干相同样式的多边形，并为“树干”图层【蒙版】属性下的【蒙版路径】添加关键帧。通过播放观看动画，完成主树干的生长动画，如图 6-56 所示。

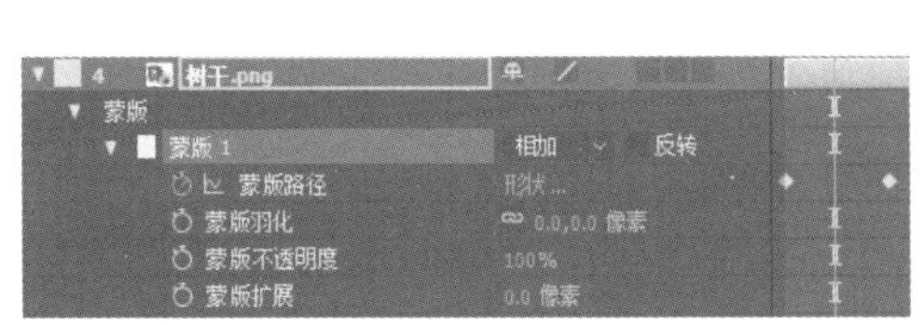

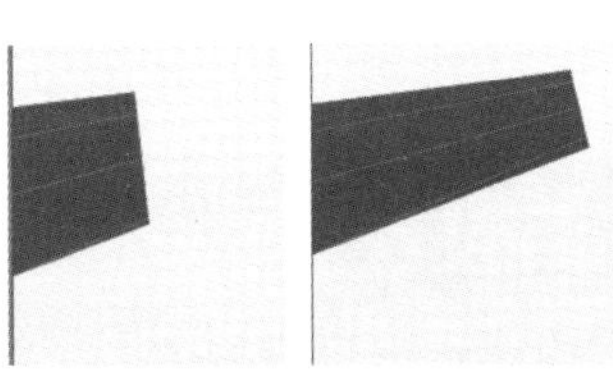

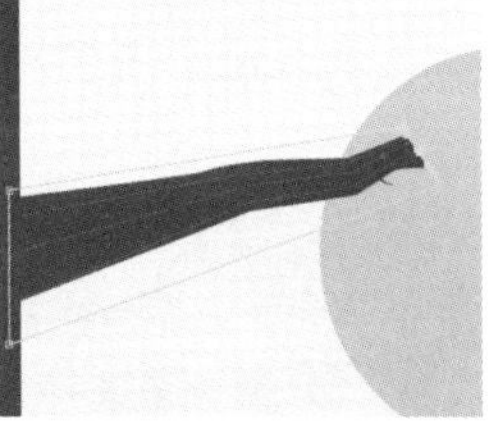

图 6-56　主树干生长动画

(5) 接下来制作分枝干的生长动画，将时间轴指针移至 0:00:03:00，这里需要将蒙版形状调整为分枝干的形状，原来的两个关键点无法实现这个效果，需要通过钢笔工具在蒙版路径上添加 3 个控制点，然后使用选取工具将蒙版路径调整为与分枝干相同样式的多边形，并为“树干”图层【蒙版】属性下的【蒙版路径】添加关键帧。通过播放观看动画，完成第一个分枝干的生长动画，如图 6-57 所示。

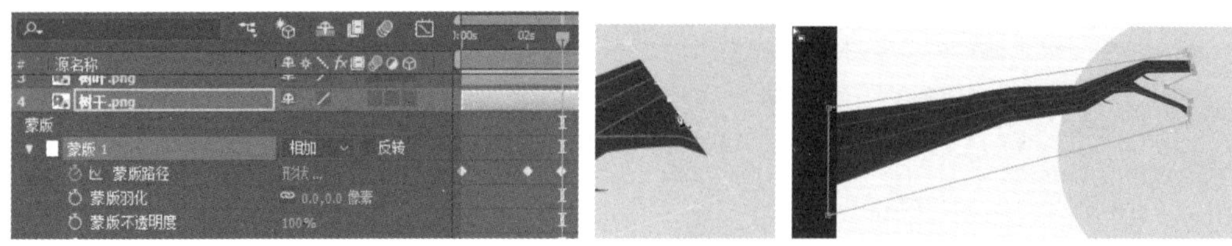

图 6-57　第一个分枝干生长动画

(6) 然后制作后面分枝干的生长动画。将时间轴指针移至 0:00:04:00，使用钢笔工具在蒙版路径上继续添加需要的控制点，然后使用选取工具将蒙版路径调整为与第二处分枝干相同样式的多边形，并为“树干”图层【蒙版】属性下的【蒙版路径】添加关键帧。以此类推，在第五秒和第六秒位置进行相同的操作，直到所有的枝干都被蒙版所覆盖并显示出来。通过播放观看动画，完成整个树干的生长动画，如图 6-58 所示。

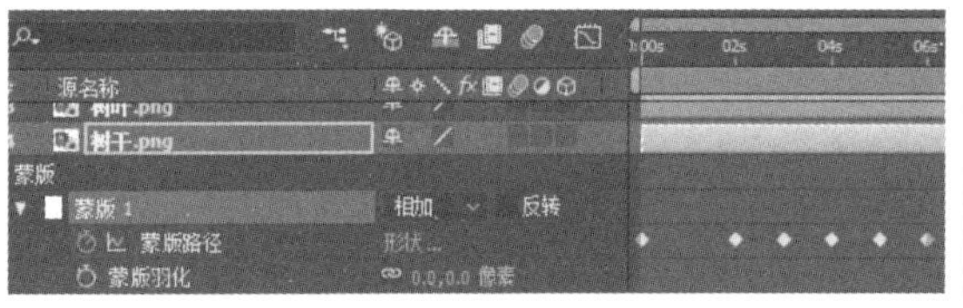
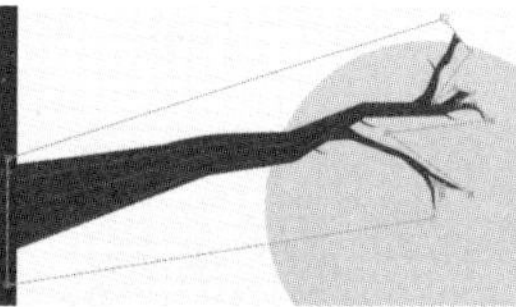
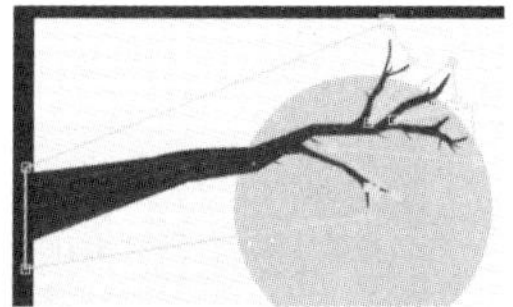

图 6-58　树干生长动画

(7) 制作树叶生长动画。选择“树叶”图层，使用矩形工具在树叶的最下方绘制一个矩形蒙版。因为蒙版之外图层的内容都不显示，仅显示蒙版内的内容，要是树叶生长，需要在最开始使树叶完全消失不见，所以这里将蒙版最上边缘的部分与树叶最下边缘的部分相连接。将时间轴指针移至 0:00:06:00，并为“树叶”图层【蒙版】属性下的【蒙版路径】添加关键帧，记录蒙版最开始的位置和样式。接着将时间轴指针移至 0:00:06:10，将蒙版形状通过选取工具调整为与树叶相同大小的矩形，并为“树叶”图层【蒙版】属性下的【蒙版路径】添加关键帧。然后调整树叶的位置和大小，将其放置在树干上。通过播放观看动画，完成一个树叶的生长动画，如图 6-59 所示。

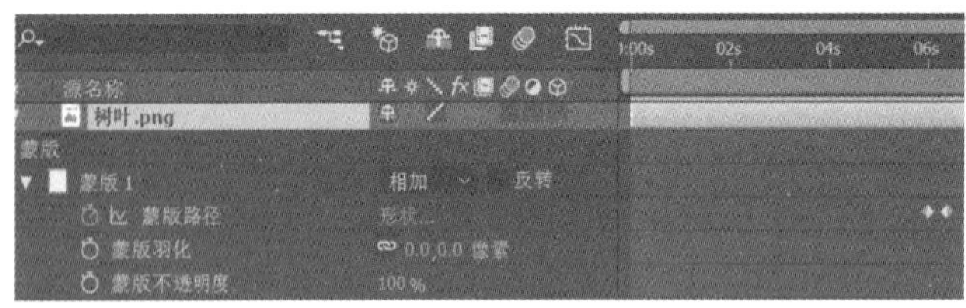
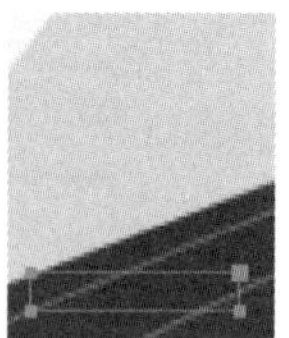

图 6-59　单个树叶生长动画效果

(8) 接下来制作多个树叶的生长动画。选择“树叶”图层，将其进行多次复制粘贴。然后调整每一层树叶的大小和位置，让它们随机分布在树干的不同地方。通过播放观看动画，会发现已完成树叶生长动画，但所有树叶都是在同一时间生长出来。为了符合动画规律，这里将复制出来的每一层树叶图层在时间轴上依次后移，使树叶生长动画发生的时间错开，依次进行，如图 6-60 所示，通过播放动画可以观看树叶生长的最终效果。

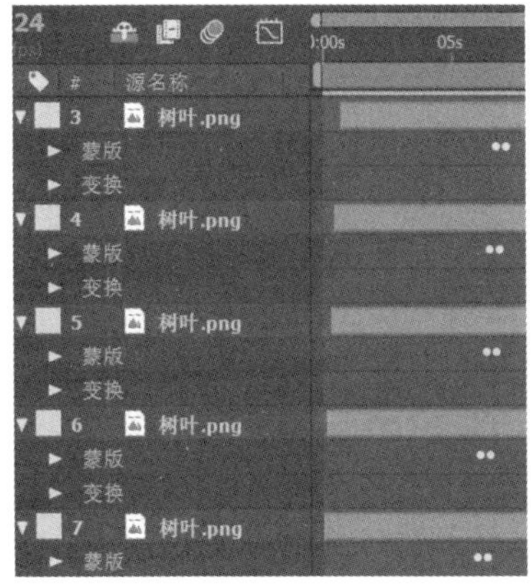

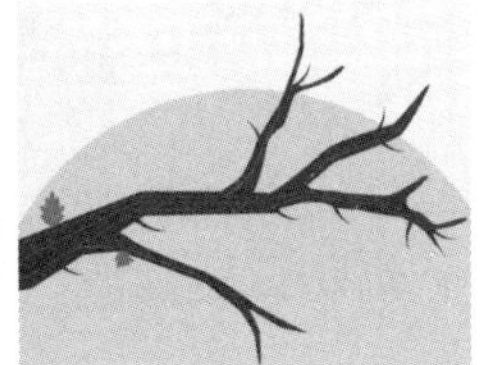

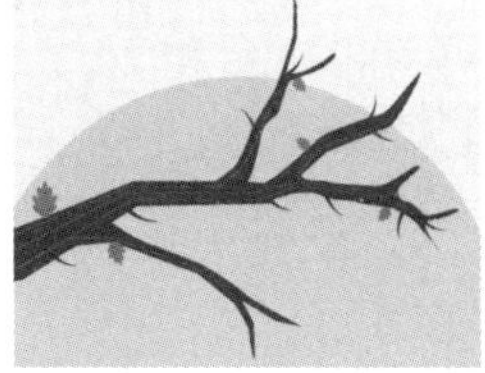

图 6-60　多个树叶生长动画效果

(9) 制作梅花生长动画。选择“梅花”图层，为了模仿梅花的生长效果，这里不选择蒙版动画，而是选择缩放关键帧动画。将时间轴指针移至 0:00:06:15，选中“梅花”图层，将【变换】属性下的【缩放】数值更改为 0.0%，并设置关键帧。再将时间轴指针移至 0:00:07:00，将“梅花”图层的【缩放】数值更改为 100.0%，并设置关键帧。然后调整梅花的位置和大小，将其放置在树干上。通过播放观看动画，这样就完成了一朵梅花生长的动画，如图 6-61 所示。

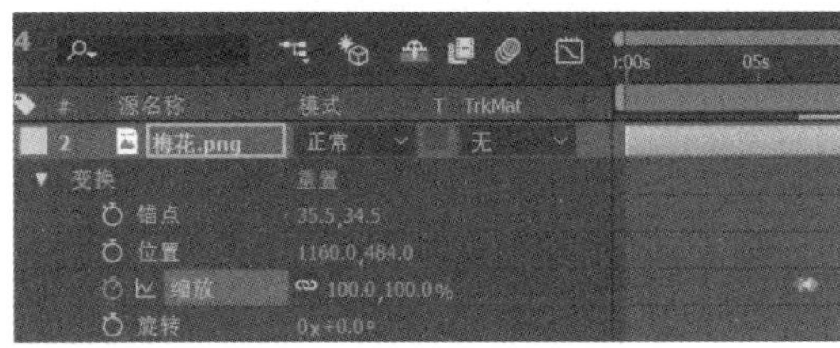

图 6-61　单个梅花生长动画效果

(10) 接下来制作多个梅花的生长动画。选择“梅花”图层，将其进行多次复制粘贴。然后调整每一层梅花的大小和位置，让它们随机分布在树干的不同地方。这里调整梅花大小的时候，需要注意将时间轴指针放置在每朵梅花生长动画的最后一帧上，因为【缩放】属性是梅花动画的关键帧属性，如果不调整时间轴指针的位置而进行数值改动时，将会产生新的关键帧，从而影响动画效果。通过播放观看动画，会发现已完成梅花生长动画，但所有梅花都是在同一时间生长出来。为了符合动画规律，这里将复制出来的每一层梅花图层在时间轴上依次后移，使梅花生长动画发生的时间错开，依次进行，如图 6-62 所示，通过播放动画可以观看梅花生长的最终效果。

(11) 制作月亮升起动画。这里选择位移关键帧动画。选择“圆月”图层，将时间轴指针移至 0:00:09:00，将【变换】属性下的【位置】数值更改为-418、722，并设置关键帧，使月亮首先处于画面外的最左侧。再将时间轴指针移至 0:00:12:00，将“圆月”图层的【位置】数值更改为 960、540，并设置关键帧，使月亮移动至画面正中央。然后调整运动路径的弧度，使月亮沿一条弧线运动。通过播放观看动画，完成月亮升起的动画，如图 6-63 所示。

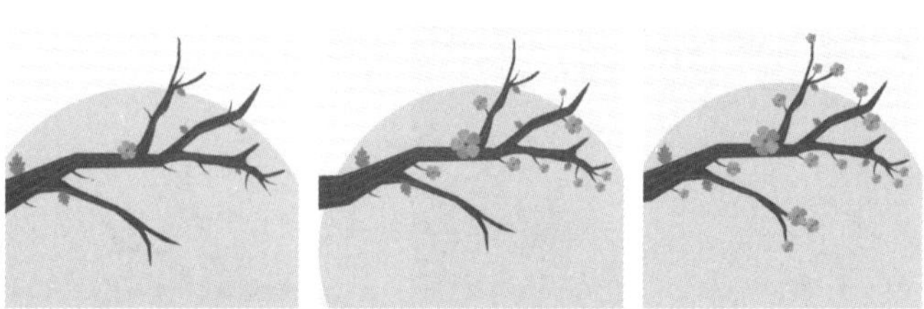

图 6-62　多个梅花生长动画效果

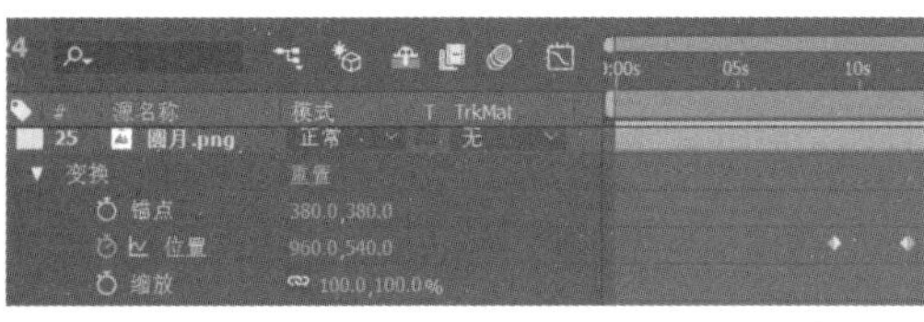

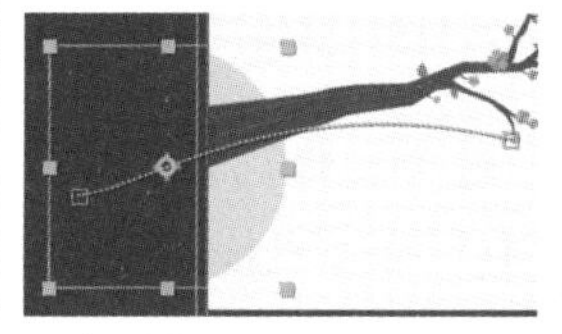

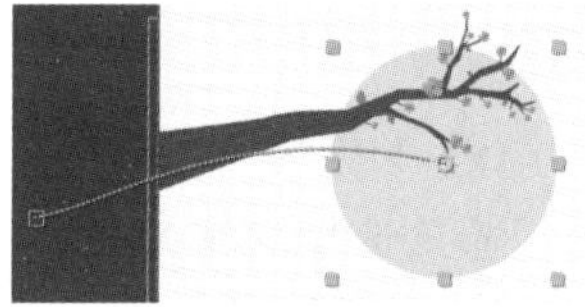

图 6-63　月亮升起动画

(12) 制作文字逐字显现动画。这里选择蒙版动画。选择“文字”图层，使用矩形工具在第一句文字的最上方绘制一个矩形蒙版。文字逐步显现，需要在最开始使文字完全消失不见，所以这里将蒙版最下方边缘的部分与文字最上方的部分相连接。将时间轴指针移至 0:00:10:00，并为“文字”图层【蒙版 1】属性下的【蒙版路径】添加关键帧，记录蒙版最开始的位置和样式。接着制作逐字显现动画，将时间轴指针移至 0:00:12:00，将蒙版形状通过选取工具调整为与第一句文字相同大小的矩形，并为“文字”图层【蒙版】属性下的【蒙版路径】添加关键帧。通过播放观看动画，完成第一句文字逐字显现动画，如图 6-64 所示。

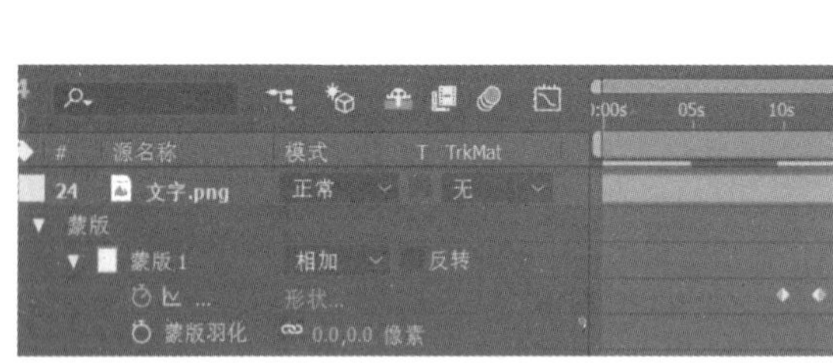

图 6-64　第一句文字逐字显现动画

(13) 接下来制作第二句文字逐字显现动画。这里需要再单独为第二句文字建立一个蒙版，选中“文字”图层，使用矩形工具在文字第二句的最上方再绘制一个矩形蒙版，将蒙版最下方边缘的部分与文字最上方的部分相连接。将时间轴指针移至 0:00:12:00，并为“文字”图层【蒙版 2】属性下的【蒙版路径】添加关键帧，记录蒙版最开始的位置和样式。接着制作逐字显现动画，将时间轴指针移至 0:00:14:00，将蒙版形状通过选取工具调整为与第二句文字相同大小的矩形，并为“文字”图层【蒙版 2】属性下的【蒙版路径】添加关键帧。通过播放观看动画，完成第二句文字逐字显现动画，如图 6-65 所示。

图 6-65　第二句文字逐字显现效果

本章的第二个上机练习主要练习制作水墨动画的效果，使用户更好地掌握蒙版和蒙版动画的基本操作方法和技巧。练习内容主要是制作一幅水墨画里的山水内容逐步显现的效果，再利用蒙版制作一个文字显现动画效果。

(1) 首先需要建立一个合成。选择【合成】|【新建合成】命令。在弹出的【合成设置】对话框中设置【预设】为【HDV/HDTV 720 25】，设置【持续时间】为 0:00:15:00，单击【确定】按钮，建立一个新的合成。

(2) 然后导入名为“水墨动画”的素材文件夹。执行【文件】|【导入】|【导入文件】命令，从计算机中找到素材文件夹，单击【导入文件夹】按钮。将导入的图片素材按照顺序放置在【合成】面板中，并按照效果图调整位置，如图 6-66 所示。

图 6-66　新建合成并导入素材

(3) 制作山脉逐渐显现动画。这里将山脉分为三个部分，并使这三个部分依次使用蒙版动画显现出来。选中“山脉”图层，因为要分为三个部分显现，所以这里需要创建三个蒙版。使用椭圆工具在山脉部分从左至右绘制三个椭圆形，使椭圆形部分重叠，保证所有山脉的部分都包含在蒙版路径内。因为蒙版之外图层的内容都不显示，仅显示蒙版内的内容，要是山脉逐渐显现，需要在最开始使山脉完全消失不见。这里倒着进行动画设置，先确定蒙版最终路径样式的关键帧，将时间轴指针移至 0:00:02:00，并为“山脉”图层【蒙版 1】属性下的【蒙版路径】添加关键帧，记录蒙版最后的位置和样式。再将时间轴指针移至 0:00:00:00，将【蒙版 1】的椭圆路径居中收缩至看不到山脉，为【蒙版路径】添加关键帧，记录蒙版最初的位置和样式。为了增加水墨动画的感

觉，这里将【蒙版 1】属性下的【蒙版羽化】数值设置为 40.0，使蒙版边缘羽化模糊，如图 6-67 所示。

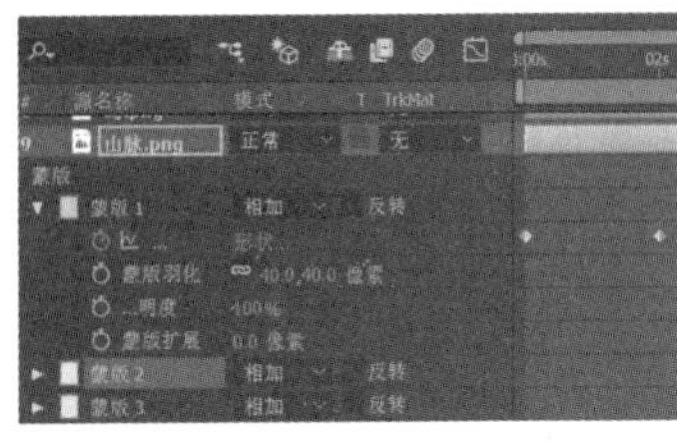
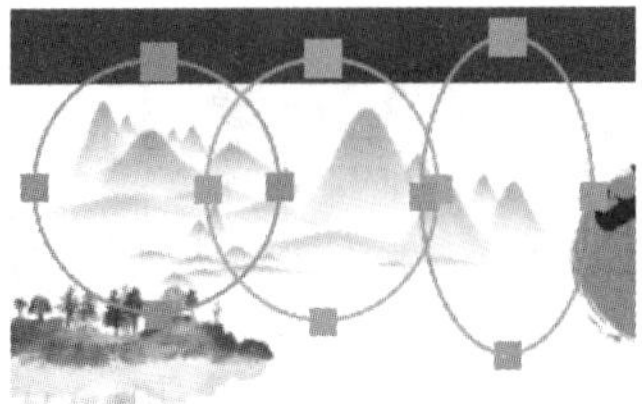
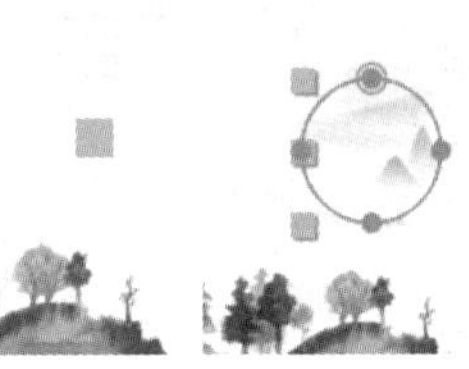

图 6-67　山脉蒙版 1 动画

(4) 制作剩下的山脉逐渐显现动画。选中“山脉”图层，这里仍需要倒着进行动画设置，先确定蒙版最终路径样式的关键帧，将时间轴指针移至 0:00:03:12，并为“山脉”图层【蒙版 2】属性下的【蒙版路径】添加关键帧，记录蒙版 2 最后的位置和样式，再将时间轴指针移至 0:00:01:12，将【蒙版 2】的椭圆路径居中收缩至看不到山脉，为【蒙版路径】添加关键帧，记录蒙版最初的位置和样式，将【蒙版羽化】数值设置为 40.0。接着将时间轴指针移至 0:00:05:00，并为“山脉”图层【蒙版 3】属性下的【蒙版路径】添加关键帧，记录蒙版 3 最后的位置和样式，再将时间轴指针移至 0:00:03:00，将【蒙版 3】的椭圆路径居中收缩至看不到山脉，为【蒙版路径】添加关键帧，记录蒙版最初的位置和样式，将【蒙版羽化】数值设置为 40.0。播放观看动画，完成山脉逐渐显现动画，如图 6-68 所示。

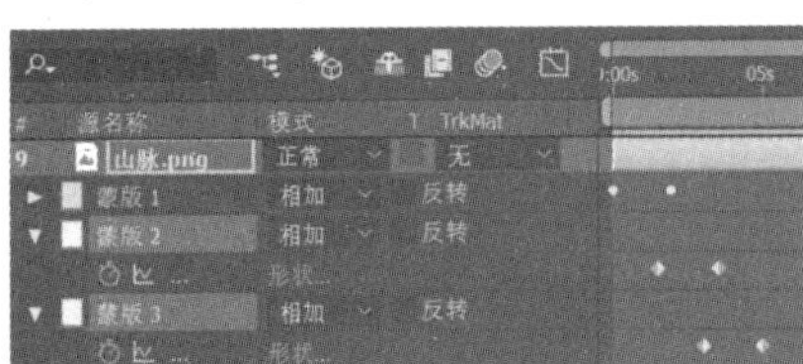

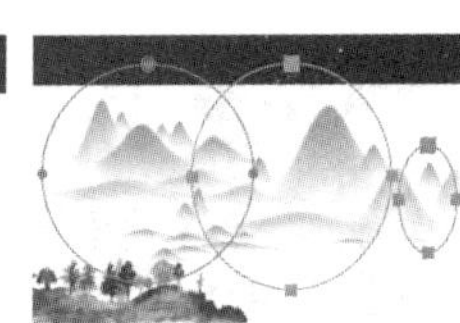

图 6-68　山脉蒙版动画

(5) 制作小岛动画，使小岛由左向右逐步显现。选中“岛”图层，使用矩形工具在小岛的最左侧绘制一个矩形蒙版。因为蒙版之外图层的内容都不显示，仅显示蒙版内的内容，要是小岛显现，需要在最开始使小岛完全消失不见，所以这里将蒙版最右侧边缘的部分与小岛最左侧的部分相连接。将时间轴指针移至 0:00:05:00，并为“岛”图层【蒙版 1】属性下的【蒙版路径】添加关键帧，记录蒙版最开始的位置和样式。将时间轴指针移至 0:00:08:00，将蒙版形状通过选取工具调整为与岛相同大小的矩形，并为“岛”图层【蒙版 1】属性下的【蒙版路径】添加关键帧，将【蒙版羽化】数值设置为 40.0。通过播放观看动画，完成小岛逐步显现动画，如图 6-69 所示。

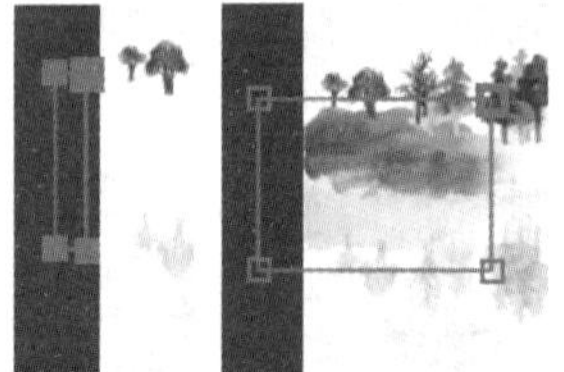

图 6-69　小岛动画

(6) 制作树木生长动画。选择“树 1”图层，使用矩形工具在树和倒影中间的部分绘制一个矩形蒙版。因为蒙版之外图层的内容都不显示，仅显示蒙版内的内容，要是树木生长，需要在最开始使树木完全消失不见，然后和倒影同步出现，所以这里将蒙版绘制在树木和倒影的中间部分。将时间轴指针移至 0:00:08:00，并为“树 1”图层【蒙版 1】属性下的【蒙版路径】添加关键帧，记录蒙版最开始的位置和样式。接着制作树木生长动画，将时间轴指针移至 0:00:09:00，将蒙版形状通过选取工具调整为与树木加上倒影相同大小的矩形，并为“树 1”图层【蒙版 1】属性下的【蒙版路径】添加关键帧，将【蒙版羽化】数值设置为 20.0。通过播放观看动画，完成一组树木的生长动画，如图 6-70 所示。

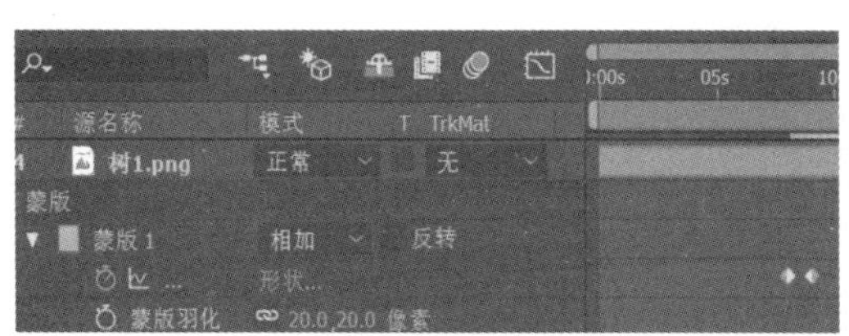

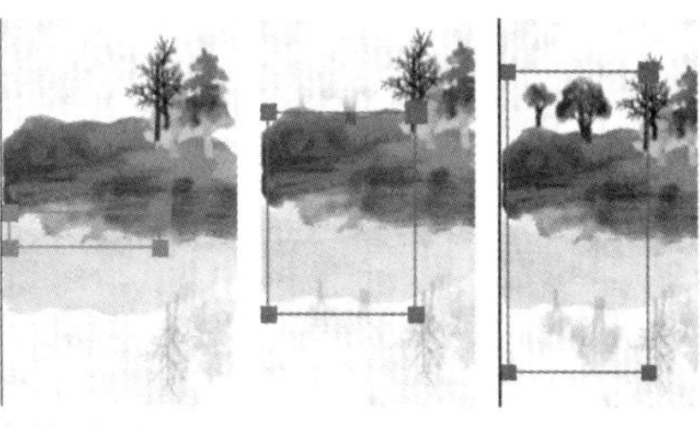

图 6-70 一组树木生长动画

(7) 制作剩余树木生长动画。选择“树 2”图层，使用矩形工具在树和倒影的中间部分绘制一个矩形蒙版。将时间轴指针移至 0:00:08:12，并为“树 2”图层【蒙版 2】属性下的【蒙版路径】添加关键帧，记录蒙版最开始的位置和样式。接着制作树木生长动画，将时间轴指针移至 0:00:09:12，将蒙版形状通过选取工具调整为与树木加上倒影相同大小的矩形，并为“树 2”图层【蒙版 2】属性下的【蒙版路径】添加关键帧，将【蒙版羽化】数值设置为 20.0。选择“树 3”图层，使用矩形工具在树和倒影的中间部分绘制一个矩形蒙版。将时间轴指针移至 0:00:09:00，并为“树 3”图层【蒙版 1】属性下的【蒙版路径】添加关键帧。将时间轴指针移至 0:00:10:00，将蒙版形状通过选取工具调整为与树木加上倒影相同大小的矩形，并为“树 3”图层【蒙版 1】属性下的【蒙版路径】添加关键帧，将【蒙版羽化】数值设置为 20.0。选择“树 4”图层，使用矩形工具在树和倒影的中间部分绘制一个矩形蒙版。将时间轴指针移至 0:00:09:12，并为“树 4”图层【蒙版 1】属性下的【蒙版路径】添加关键帧。将时间轴指针移至 0:00:10:12，将蒙版形状通过选取工具调整为与树木加上倒影相同大小的矩形，并为“树 4”图层【蒙版 1】属性下的【蒙版路径】添加关键帧，将【蒙版羽化】数值设置为 20.0。通过播放观看动画，完成所有树木的生长动画，如图 6-71 所示。

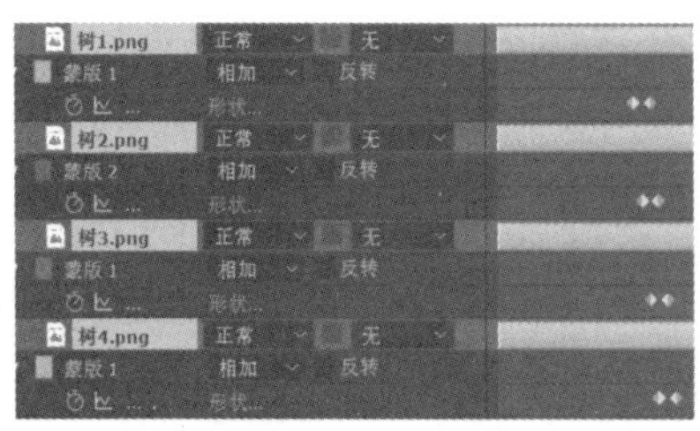

图 6-71 所有树木生长动画

(8) 制作墨点显现动画。这里的制作方法和效果与山脉相似。使用椭圆工具绘制一个能使墨点完全显现的圆形。这里倒着进行动画设置，先确定蒙版最终路径样式的关键帧，将时间轴指针移至 0:00:11:12，并为“墨点”图层【蒙版 1】属性下的【蒙版路径】添加关键帧，记录蒙版最后的位置和样式。再将时间轴指针移至 0:00:10:12，将【蒙版 1】的椭圆路径居中收缩至看不到墨点，并为【蒙版路径】添加关键帧，记录蒙版最初的位置和样式。为了增加水墨动画的感觉，这里将【蒙版 1】属性下的【蒙版羽化】数值设置为 40.0，使蒙版边缘羽化模糊，如图 6-72 所示。

图 6-72　墨点显现动画

(9) 制作文字逐个显现动画。这里的制作方法和效果与墨点相似，由于有两个文字，所以这里需要建立两个蒙版动画。选择“文字”图层，使用椭圆工具绘制一个能使“山”字完全显现的圆形。这里倒着进行动画设置，先确定蒙版最终路径样式的关键帧，将时间轴指针移至 0:00:12:12，并为“文字”图层【蒙版 1】属性下的【蒙版路径】添加关键帧，记录蒙版最后的位置和样式。再将时间轴指针移至 0:00:11:12，将【蒙版 1】的椭圆路径居中收缩至看不到“山”字，并为【蒙版路径】添加关键帧，记录蒙版最初的位置和样式。为了增加水墨动画的感觉，这里将【蒙版 1】属性下的【蒙版羽化】数值设置为 20.0，使蒙版边缘羽化模糊。接着使用椭圆工具绘制一个能使“水”字完全显现的圆形。将时间轴指针移至 0:00:13:00，并为“文字”图层【蒙版 2】属性下的【蒙版路径】添加关键帧。再将时间轴指针移至 0:00:12:00，将【蒙版 2】的椭圆路径居中收缩至看不到“水”字，并为【蒙版路径】添加关键帧。将【蒙版 2】属性下的【蒙版羽化】数值设置为 20.0，使蒙版边缘羽化模糊，如图 6-73 所示。

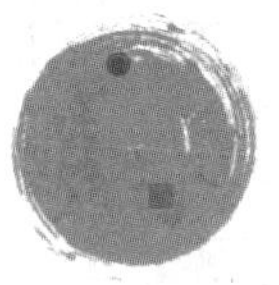
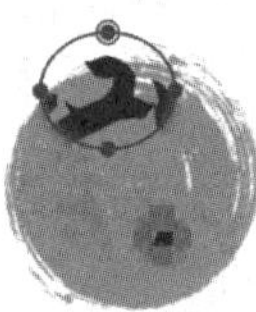

图 6-73　文字显现动画

(10) 最后制作小船游动动画，这里选择位移关键帧动画。选择“船”图层，将时间轴指针移至 0:00:00:00，为“船”图层【变换】属性下的【位置】设置关键帧，并将小船移至画面外的最左侧。将时间轴指针移至 0:00:15:00，将小船移至画面中间偏右的位置，如图 6-74 所示。通过播放观看动画，已完成全部水墨动画效果，如图 6-75 所示。

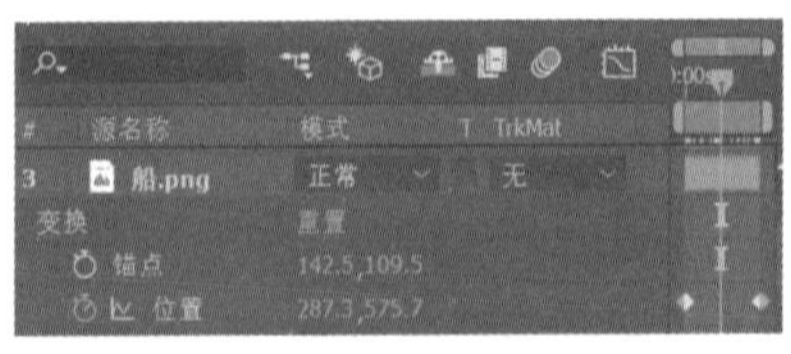
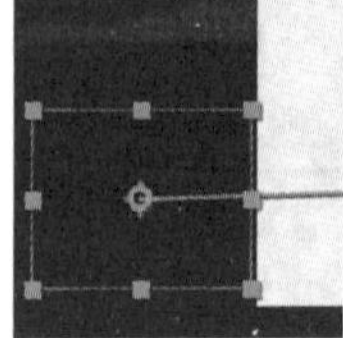

图 6-74　小船游动动画

图 6-75　水墨动画最终效果

6.7　习题

1. 创建两个不同形状的蒙版，并调整其混合方式，观察每个混合方式呈现的效果。
2. 运用本章所学知识，制作一段文字书写动画。

三维空间动画

学习目标

After Effects 不仅可以帮助用户高效且精准地创建二维动态影片和精彩的平面视觉效果，而且在三维效果的应用上也有多样化的表现。在 After Effects 的 3D 图层效果中，灯光的应用和摄像机的架设可以使画面的光线和最终呈现的效果更加直观和显著。本章将详细讲解 After Effects 中 3D 图层的概念与应用方法，以及 3D 图层中灯光与摄像机的设置。掌握本章内容后，用户可以结合其他三维软件，创建出更为丰富的动画效果。

本章重点

- 3D 图层的基本操作
- 灯光的应用
- 摄像机的架设

7.1 认识 3D 图层

通常意义上的三维是指在平面二维中又增加了一个方向向量后所构成的空间系。我们所看到的画面，不论静态或是动态，都是在二维空间中形成的，但画面呈现的效果可以是立体的，这是三维给人的视觉造成的立体感、深度感、空间感。

三维即是 3 个坐标轴：X 轴、Y 轴、Z 轴。其中，X 表示左右空间，Y 表示上下空间，Z 表示前后空间。Z 轴的坐标是体现三维空间的关键要素。三维空间具有立体性，但 3 个坐标轴所代表的空间方向都是相对的，没有绝对的左右、上下、前后。

7.2 3D 图层的应用

在 After Effects 中，将图层转换为 3D 图层，使图层之间相互投影、遮挡，从而体现透视关系。架设摄像机后，可以为摄像机位置设定关键帧，从而产生推拉摇移等镜头运动的动态效果。

7.2.1 创建 3D 图层

选择【合成】|【新建合成】命令新建一个合成，并创建一个纯色图层，如图 7-1 所示。

图 7-1 新建纯色图层

选中该图层，找到【时间轴】面板中的【3D 图层】命令，将按钮下对应的方框激活，即表示该图层已转换为 3D 图层，如图 7-2 所示。或在菜单栏中选择【图层】|【3D 图层】命令进行转换。

图 7-2 激活 3D 图层

开启【3D 图层】前后的【纯色】图层的属性对比，如图 7-3 所示。可以观察到，开启【3D 图层】后，该图层多了许多属性。

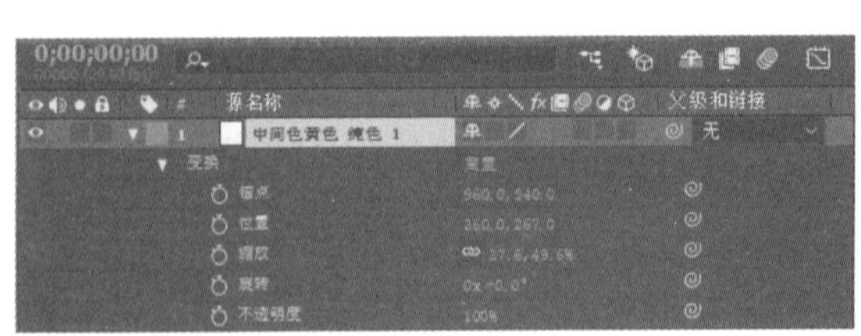

图 7-3 普通图层与 3D 图层属性对比

使用旋转工具，拖动【X 轴旋转】坐标属性值，可以看到图层有了立体的视觉效果，并且在纯色图层上出现了一个三色的坐标控制器。该纯色图层在 X 轴上的旋转变化如图 7-4 所示。

改变【Y 轴旋转】坐标属性值，得到图 7-5 所示的效果；改变【Z 轴旋转】坐标属性值，可以看到该图层在 Z 轴上的旋转效果，如图 7-6 所示。

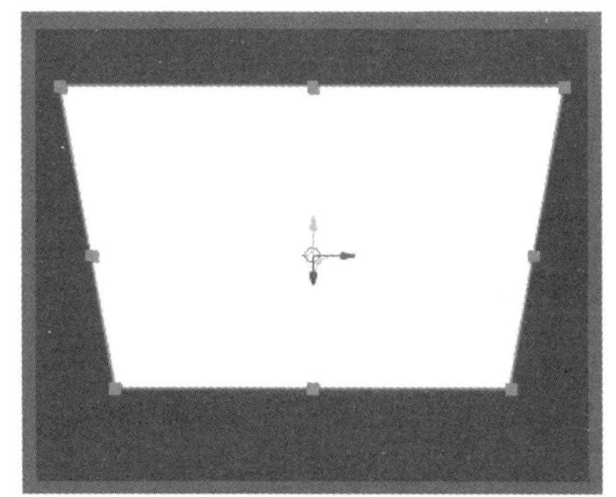

图 7-4　X 轴旋转

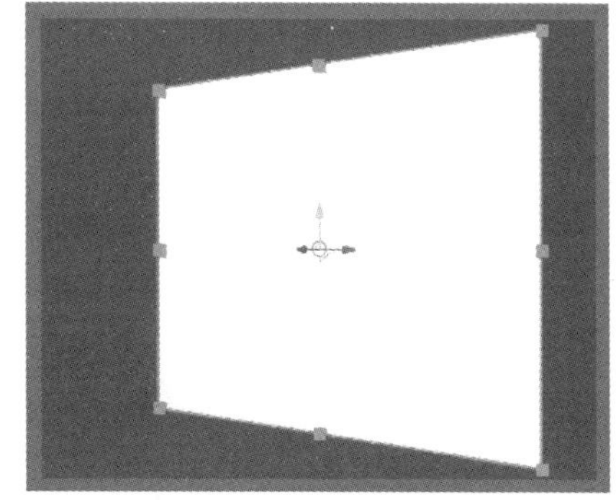

图 7-5　Y 轴旋转

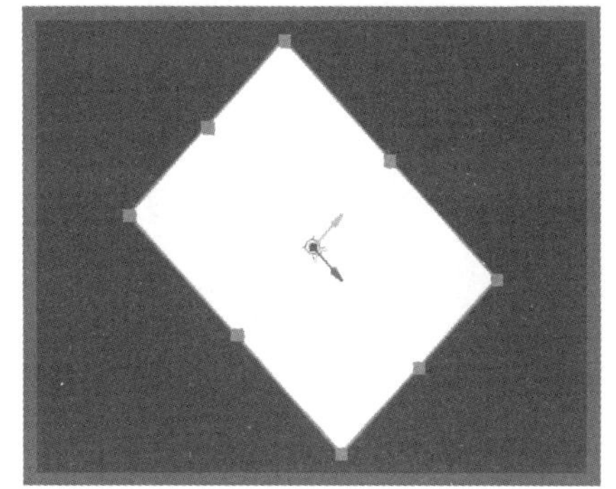

图 7-6　Z 轴旋转

提示

在创建纯色图层后，如果想改变图层颜色，可以使用快捷键 Ctrl+Shift+Y 再次打开纯色设置面板，更改图层颜色。

7.2.2　3D 图层的基本操作

将图层由 2D 转换为 3D 后，我们可以观察到在图层原有属性的基础上又增加了许多 3D 图层特有的属性，在 X 轴(水平方向)、Y 轴(垂直方向)的基础上，又增加了 Z 轴(深度)坐标。在【合成】面板中直接拖动相应的坐标轴，即可调整图层在某个方向上的位置，也可以在时间轴面板中选中某个坐标轴，通过改变属性值来调整图层位置。

在旋转 3D 图层时，可以在【合成】面板中通过控制【旋转】工具直观地调整图层的旋转变换。当移动鼠标靠近【合成】面板中图层的坐标时，面板中会显示相应的坐标名称，如图 7-7 所示。

通过前面章节的学习可以了解到，在 After Effects 的 2D 图层中，图层显示顺序与在时间轴中的排序是相对应的，即图层位置越靠前，图层内容在【合成】面板中也会在前端显示。如将文字图层放置于纯色图层下，在 2D 图层的显示中，文字图层将无法显示，如图 7-8 所示。

从图 7-8 可以看到，在 2D 模式下，图层的先后顺序影响着图层的显示情况。但在 3D 模式中，图层显示的先后顺序与其排列的顺序并无联系，而是取决于它在 3D 空间中所在的位置。

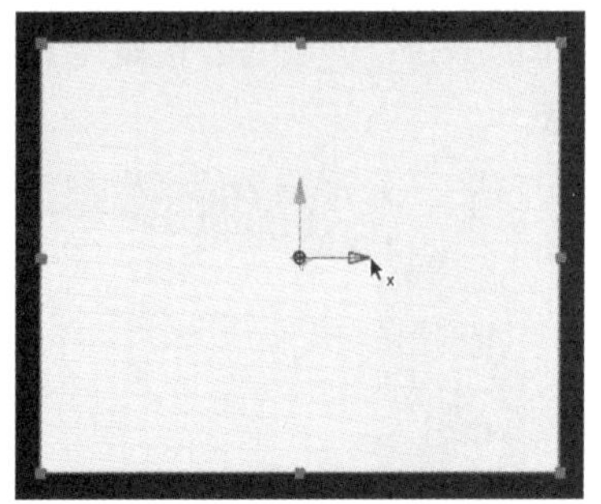

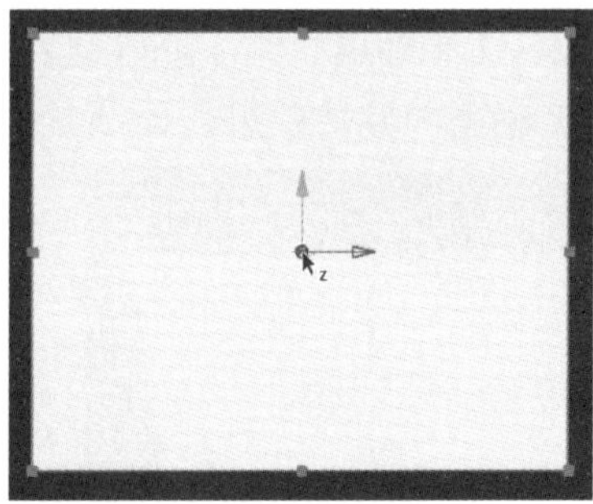

图 7-7　显示坐标名称

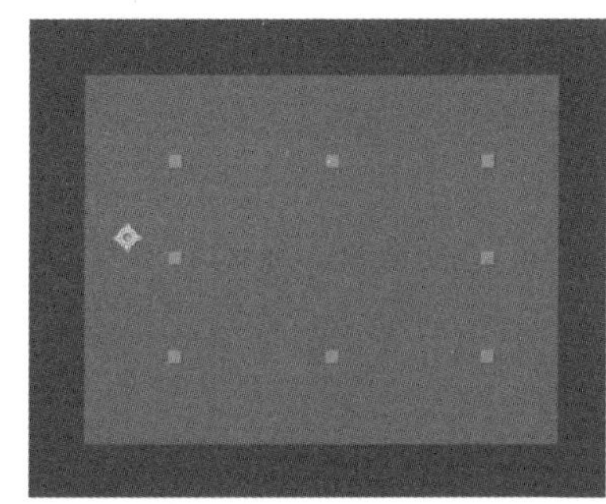
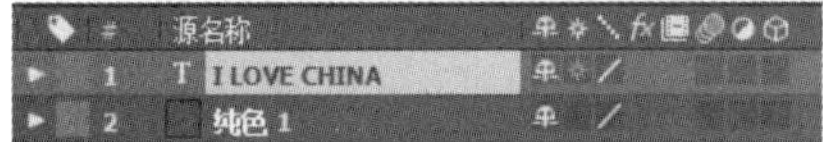

图 7-8　2D 图层排列顺序

从图 7-9 中可以看到，开启 3D 图层效果后，图层排列的先后顺序将不再影响合成影片的显示。

图 7-9　3D 图层排列顺序

现在，我们可以通过不同的角度观察几个 3D 图层间的关系。

单击【合成】面板下方的【活动摄像机】，如图 7-10 所示，弹出 3D 视图弹出式菜单。

图 7-10　单击【活动摄像机】

默认设置为【活动摄像机】，其他几种视图角度分别为【正面】【左侧】【顶部】【背面】【右侧】【底部】及【自定义视图】，用户可根据需要在下拉菜单中选择不同的视图角度，如图 7-11

所示。

也可以在菜单栏中选择【视图】|【切换 3D 视图】命令进行切换，如图 7-12 所示。

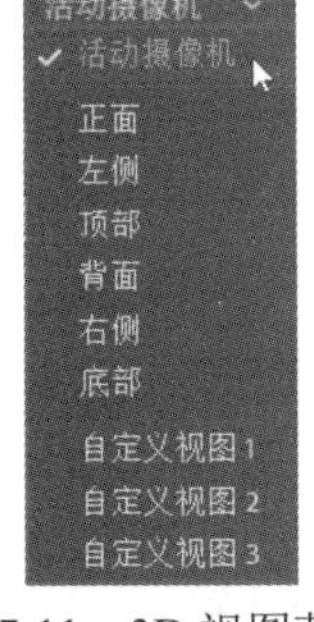

图 7-11　3D 视图菜单

图 7-12　切换 3D 视图

接下来，我们可以选择不同的视角，对合成进行观察，以更好地了解图层之间的位置关系。在图 7-13 中，可以看到不同角度下显示的不同画面。

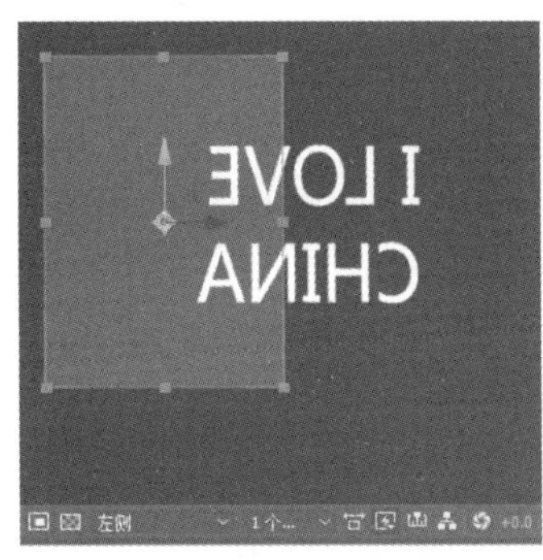

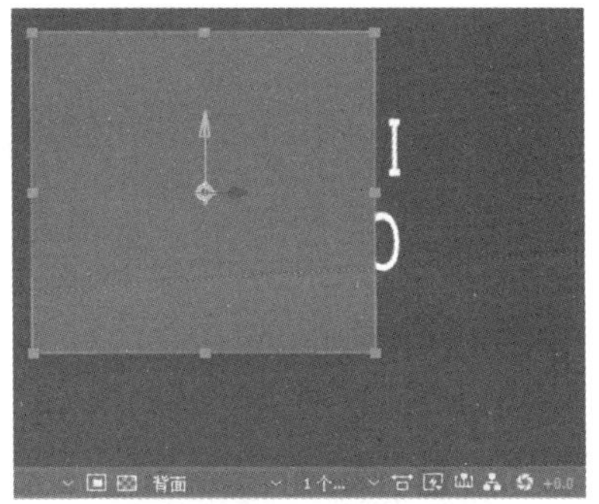

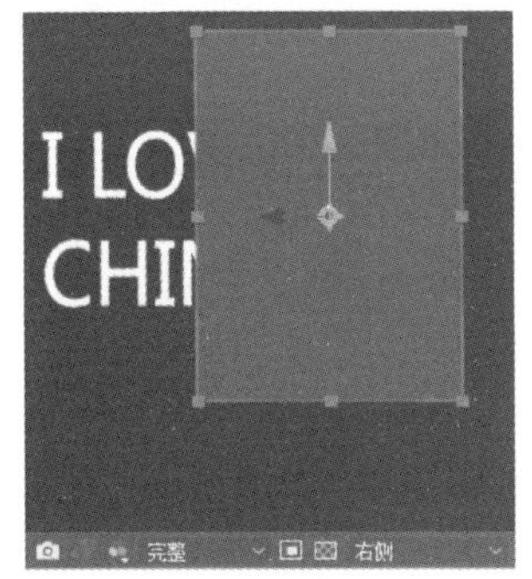

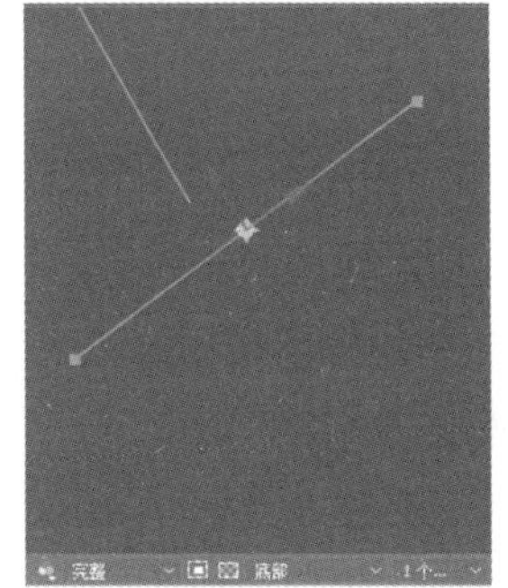

图 7-13　切换视角

也可以在【选择视图布局】下拉列表中选择合成面板同时显示的视图，【2 个视图-水平】和【4 个视图】的预览效果如图 7-14 所示。

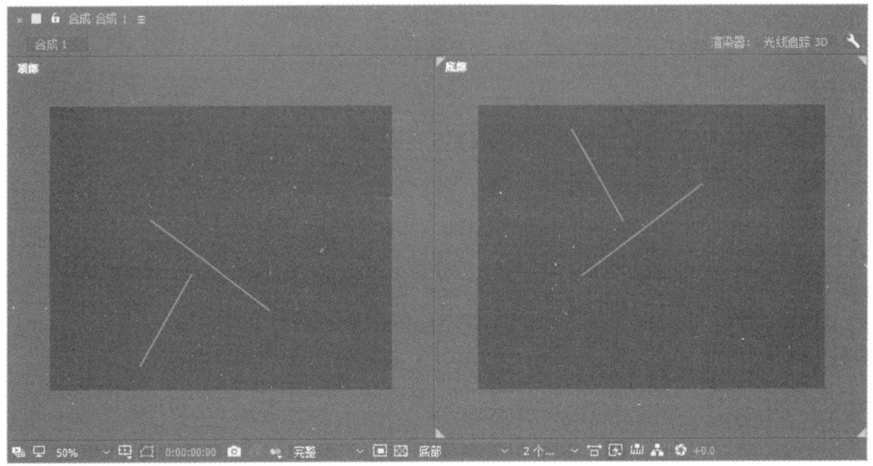

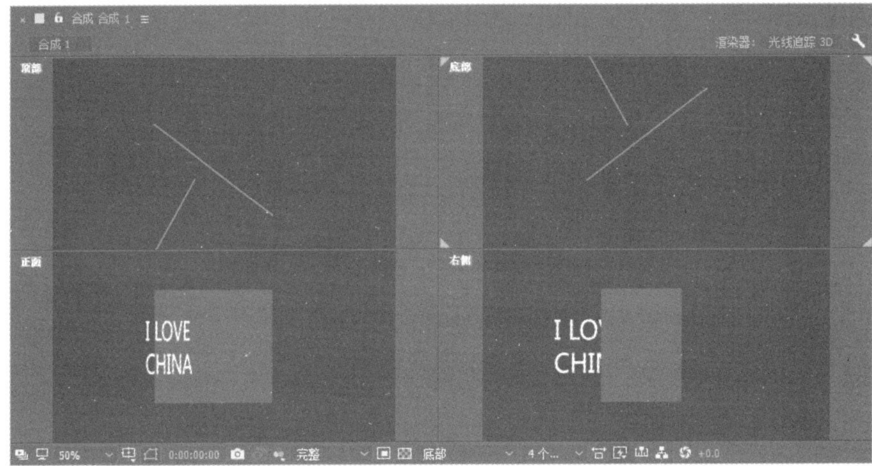

图 7-14　视图布局

7.3　灯光的运用

在影片合成中，合理地使用灯光图层，可以通过影片画面光线的变化表现丰富的内容。使用灯光可以营造场景中的气氛，不同的灯光颜色也可以使 3D 场景中的素材图层渲染出不同的效果。

在 After Effects 中创建灯光图层，对 3D 效果的实现有着不可替代的作用。光线和阴影的效果在各种场景中都影响着视觉化的表达，在 3D 场景中，对图层的三维效果也有很好的渲染表现。灯光图层在 After Effects 中除了常规的图层属性外，还具备一些特有的属性，方便我们更好地控制影片的画面视觉效果。

7.3.1　灯光图层的创建

选择【图层】|【新建】|【灯光】命令，如图 7-15 所示，可以创建灯光图层。弹出【灯光设置】对话框，如图 7-16 所示。

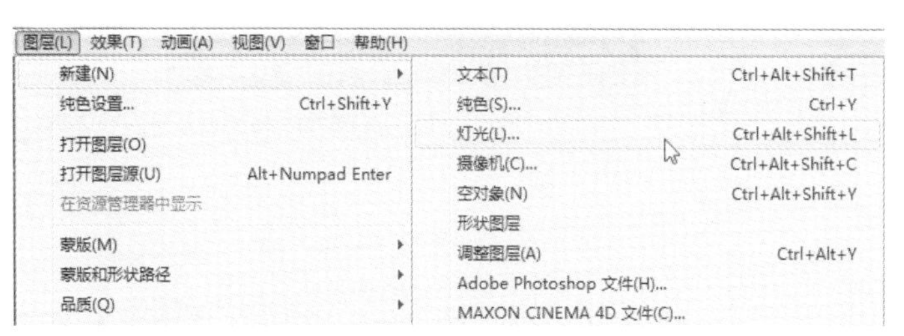

图 7-15　选择【灯光】命令

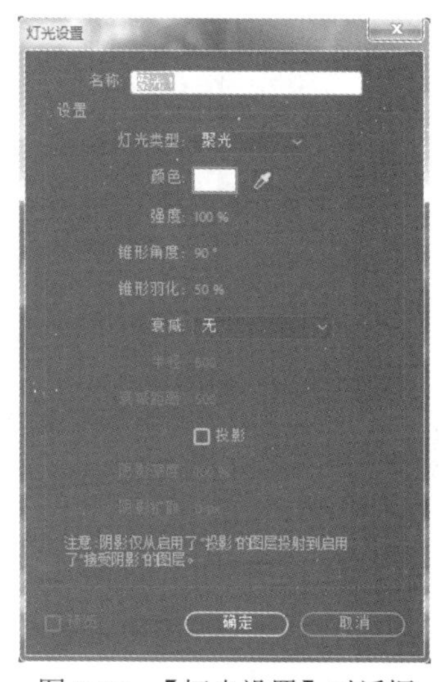

图 7-16　【灯光设置】对话框

在【灯光设置】对话框中，我们可以对【灯光类型】【颜色】【强度】等属性进行调整，以满足不同影片的需求。【灯光类型】的下拉列表中有【平行】【聚光】【点】和【环境】4 种类型，默认设置为【聚光】，如图 7-17 所示。

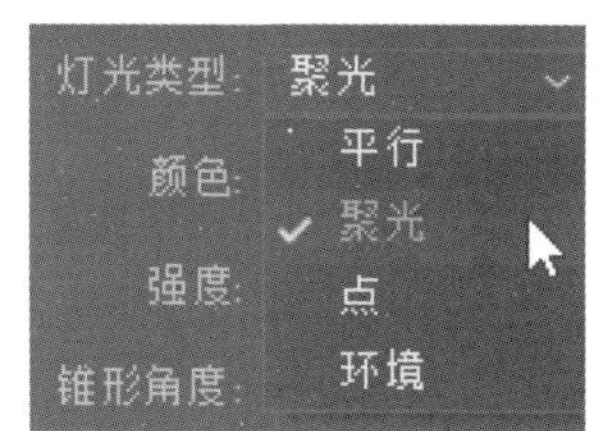

图 7-17　灯光类型

这 4 种灯光类型是很多三维软件中的常见类型，分别有着不同的渲染效果。

- 【平行】：即光线以平行的方式从某一条线发出，向目标位置照射。它可以照亮场景中目标位置里的每一处画面，如图 7-18 所示。
- 【聚光】：光线从某一个点发出，以圆锥形呈放射状向目标位置照射，被影响的物体上会显示出圆形的光照范围，范围的大小可以在【聚光】灯光图层的属性中调整，如图 7-19 所示。

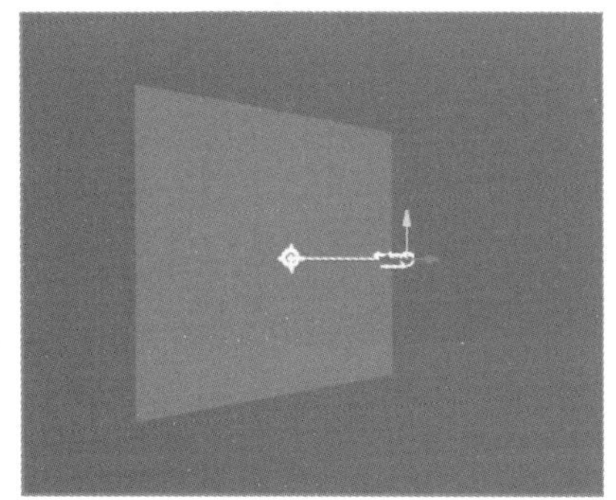

图 7-18　平行光

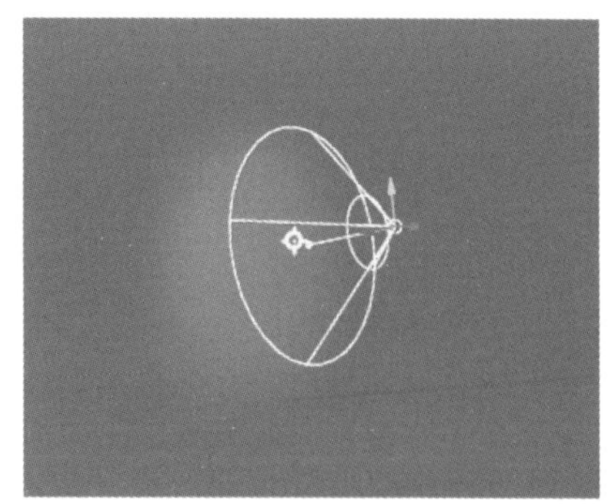

图 7-19　聚光

- 【点】：光线从某一个点发出，向四周扩散。灯光光源离物体越近，光照的强度就会越强，如图 7-20 所示。
- 【环境】：光线对物体图层整体起照亮作用，没有固定的发射点，但也无法产生投影，可调节和统一整个合成画面的色调，如图 7-21 所示。

图 7-20　点光

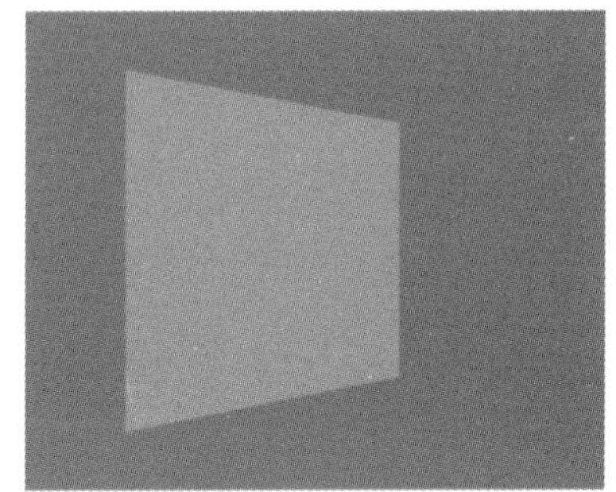
图 7-21　环境光

7.3.2　灯光图层的控制

通过以上图示我们可以看到，灯光的坐标轴控制不同于其他 3D 图层。下面以【聚光】图层为例，简单讲解一下灯光图层的调节和控制。

【例 7-1】【聚光】图层的控制。

(1) 选中需要调节的灯光，选中后该灯光图层将出现一个三维坐标控制器，位于圆锥形控制器的顶部，以及一个【目标点】控制器，位于圆锥形底面的圆心处，如图 7-22 所示。

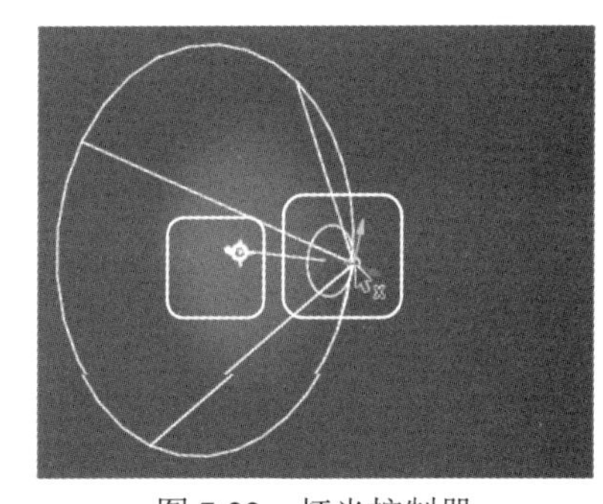
图 7-22　灯光控制器

(2) 使用鼠标拖动圆锥形顶端的三维坐标控制器，可以根据场景需要对整个灯光的位置进行调整，如图 7-23 所示。

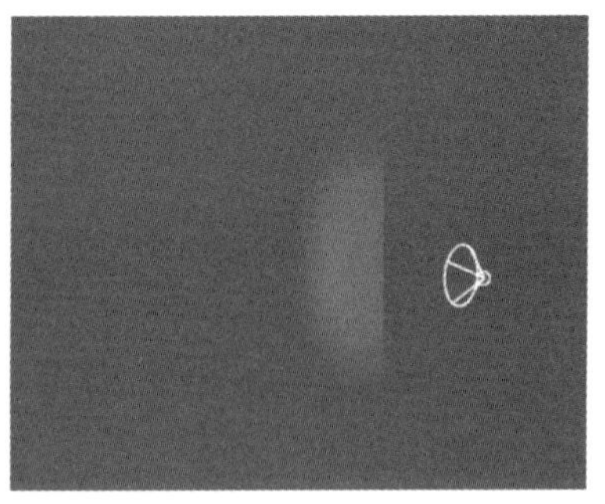
图 7-23　调整灯光位置

(3) 也可以在选中灯光图层后拖动【目标点】控制器，对光源的方向做出调整，如图 7-24 所示，或在【时间轴】面板中的【目标点】属性下调整数值以改变目标点的位置。

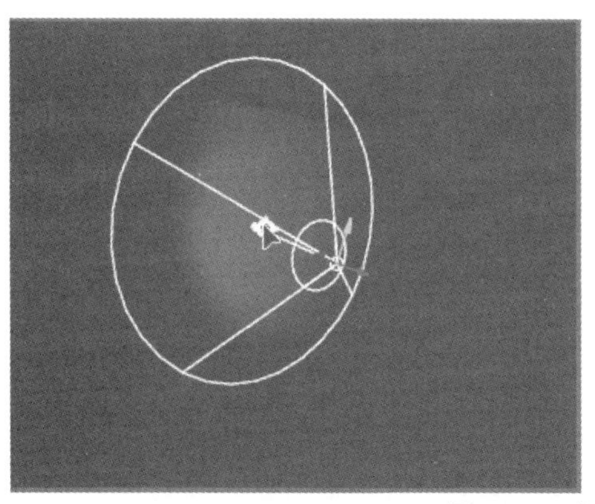

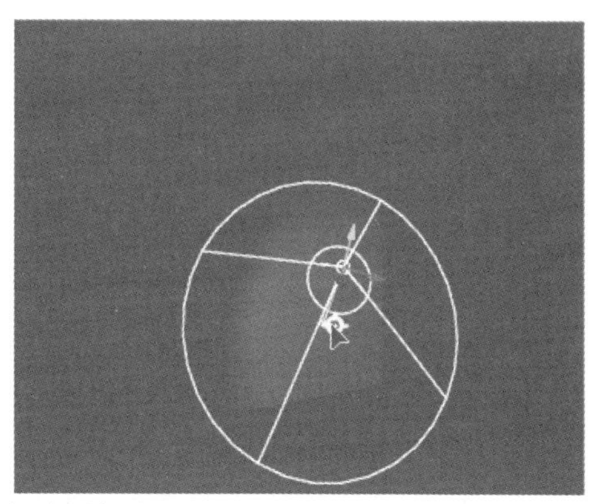

图 7-24　改变灯光目标点

7.3.3　灯光图层的属性

下面以【聚光】类型为例简单介绍【灯光】图层的属性。

在创建【灯光】图层后，可以在【属性】栏中对其【变换】及【灯光选项】中的参数进行调整，如图 7-25 和图 7-26 所示。

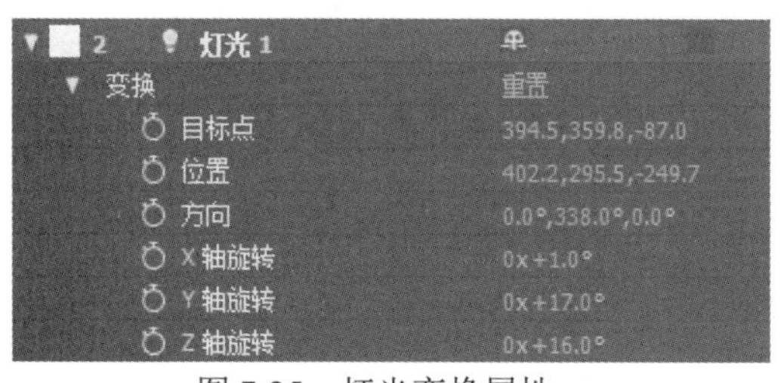

图 7-25　灯光变换属性

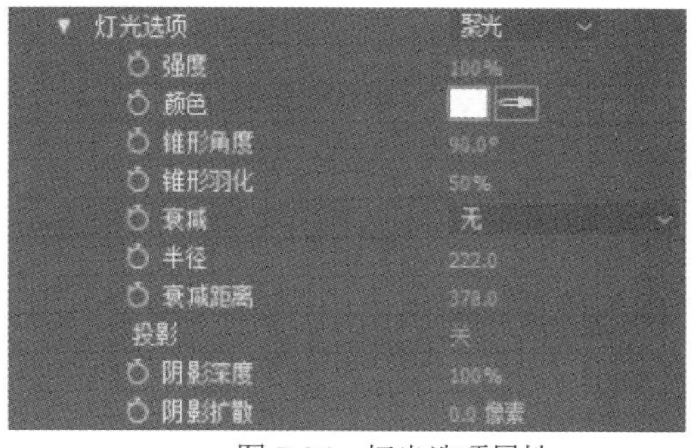

图 7-26　灯光选项属性

- 【目标点】：即灯光照射的目标位置，可拖动鼠标或直接修改数值进行调节。
- 【位置】【方向】：这两种属性可以调整灯光照射的位置和角度，可以直接拖动鼠标或修改参数进行调整。
- 【X 轴旋转】【Y 轴旋转】【Z 轴旋转】：可以调节所选灯光在不同坐标轴上的旋转角度。
- 【强度】：该属性可以调节灯光的强弱。强度越强，灯光越亮。当【强度】为 0%时，灯光不发射光线，场景将会变黑。
- 【颜色】：调节灯光颜色。不同颜色的灯光对合成有不同的渲染效果，如图 7-27 所示。
- 【锥形角度】：此属性为【聚光】类型灯光的特有属性，用来调整圆锥体控制器范围的大小。数值越大，光照范围越大，数值越小，光照范围越小，如图 7-28 所示。

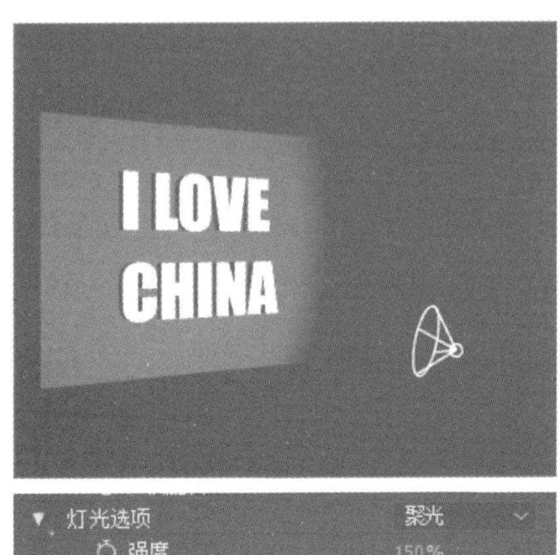

图 7-27　灯光颜色

图 7-28　锥形角度

⊙ 【锥形羽化】：此属性同样是【聚光】类型灯光的特有属性，羽化的原理是使衔接的部分虚化，起到渐变的效果，使边缘交界处变得柔和。改变该属性数值，可以调整圆锥体控制器边缘的虚化程度，数值越高，灯光边缘的光线越柔和，数值越低，光线边缘越锐利，如图 7-29 所示。

图 7-29　锥形羽化

⊙ 【衰减】：现实生活中的灯光有衰减的属性，站在不同距离观察同一束光线，所感受到的强度是不同的。After Effects 中【衰减】属性的默认设置为【无】，此外还有【平滑】和【反向正方形已固定】选项，效果如图 7-30 所示。

图 7-30　灯光衰减

⊙ 【半径】：设置【衰减】属性的半径值。

⊙ 【衰减距离】：设置【衰减】属性的距离。

⊙ 【投影】：可打开或关闭投影。在【投影】设置为【开】时，合成中会显示灯光的投影效果。如果看不到投影效果，需在图层的【材质选项】中将【接受阴影】的选项打开。

⊙ 【阴影深度】：此选项可以设置阴影的颜色深度，数值越大，颜色越深，如图 7-31 所示。

图 7-31　阴影深度

⊙ 【阴影扩散】：此选项可以调整阴影的漫反射效果，数值越大，阴影边缘越柔和，如图 7-32 所示。

图 7-32　阴影扩散

7.3.4 几何选项和材质选项

在将普通图层转换为3D图层后，将添加【几何选项】和【材质选项】两种属性，下面以【文本】属性为例简单介绍一下图层属性的变化及设置。

【例7-2】【文本】图层的3D属性。

(1) 新建合成，创建【文本】和【灯光】图层。

(2) 在【时间轴】面板中将【文本】图层的3D模式开启。

(3) 用户可以观察到，【文本】图层除了常规的【文本】及【变换】属性外，还添加了【几何选项】和【材质选项】属性。

(4)【几何选项】中的【斜面样式】默认设置为【无】，此外还有【尖角】【凹面】【凸面】几个选项，可以设置文本的不同效果，如图7-33所示。

图7-33 斜面样式

(5)【斜面深度】中可以调整斜面样式的倒角程度，数值越大，字符边缘的角度越宽。

(6)【洞斜面深度】中可以调整有洞面角字符的倒角深度，使文本更有立体感。本例中字符“O”与“A”在设置了【洞斜面深度】属性值后的效果如图7-34所示。

洞斜面深度 50.0%

图7-34 洞斜面深度

(7) 在【凸出深度】中可以设置字符凸出的厚度，数值越大，厚度越大，如图7-35所示。

图 7-35　凸出深度

(8)【材质选项】中【投影】的开关决定了灯光阴影的形成，如果没有开启【投影】，则无法显示阴影效果，除【开】与【关】外，还有【仅】选项，代表仅显示物体投影，不显示图层物体，几种选项效果如图 7-36 所示。

图 7-36　投影

(9) 在【透光率】选项中，调节灯光穿过文本图层的程度，数值越大，光线穿透图层的程度越深，如图 7-37 所示。

图 7-37　透光率

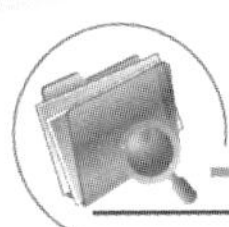

(10)【接受阴影】：打开此选项开关，使图层接受其他图层投射的阴影。

(11)【接受灯光】：将此选项打开，当前图层才能接受灯光的影响，如图 7-38 所示。

图 7-38　接受灯光

此外，在【材质选项】中还有很多可供用户调整的选项。

- 【环境】：可调节图层对周围其他物体反射的程度。
- 【漫射】：此项可调节当前图层中的物体在受到灯光照射时，所反射出光线的程度，如图 7-39 所示。

漫射　50%

图 7-39　漫射

- 【镜面强度】：此项可设置灯光被图层反射的程度。
- 【镜面反光度】：控制镜面高光的范围。
- 【金属质感】：调节高光的颜色，当设置为最大值 100%时，高光颜色与图层颜色相同；当值为最小值时，高光颜色与灯光颜色一致。
- 【反射强度】：此项可以调节其他物体对当前图层的反射程度。
- 【反射锐度】：设置反射光线的锐利程度，数值越大，反射越锐利。
- 【反射衰减】：设置光线反射的衰减程度。

◉ 【透明度】：设置当前图层材质的透明度，且即使在透明度为最大值时，图层依然有反射的效果，如图 7-40 所示。

图 7-40　透明度

◉ 【透明度衰减】：调节透明度的衰减量。透明的表面从不同的视点和角度观察时，会有不同的透明度。

◉ 【折射率】：折射率越高，入射光线发生折射的能力越强。

7.4　摄像机的设置

在观察 3D 图层之间的关系时，我们了解到合成的窗口默认使用【活动摄像机】观察。其实，除了系统自动创建的摄像机，我们还可以自行创建摄像机窗口，除了方便观察和调整图层间的位置关系，更可以为摄像机设置关键帧，以丰富合成影片的效果。就像拍摄电影时所架设的不同机位可以表达不同的叙事内容，不同的摄像机位置也可以创造精彩的视觉效果。

选择【图层】|【新建】|【摄像机】命令即可创建摄像机图层，或在【合成】面板中单击右键，在弹出的快捷菜单中选择【新建】|【摄像机】命令，在弹出的对话框中对摄像机的基本设置进行调整，如图 7-41 所示。

在【预设】选项的下拉列表中可以选择摄像机镜头，After Effects 中的镜头类型范围在 15 毫米到 200 毫米之间，用户可根据需要调节镜头类型和焦距，如图 7-42 所示。常见的摄像机镜头有以下两种：

◉ 15 毫米：广角镜头，视野范围很广，可以包容的场面较大，因此在表现空间方面有很强的优势，用来制作一些气势恢宏的全景场面，使画面有很好的透视感。

◉ 35 毫米：标准镜头，焦距长度与所摄画幅的对角线长度大致相等的镜头，所表现的景物透视与我们目视的效果基本一致，应用范围非常广泛。

此外，用户可以在设置面板中直观看到，其所调节和设置的是摄像机的哪一部分属性。

◉ 【视角】：控制摄像机的可视范围。

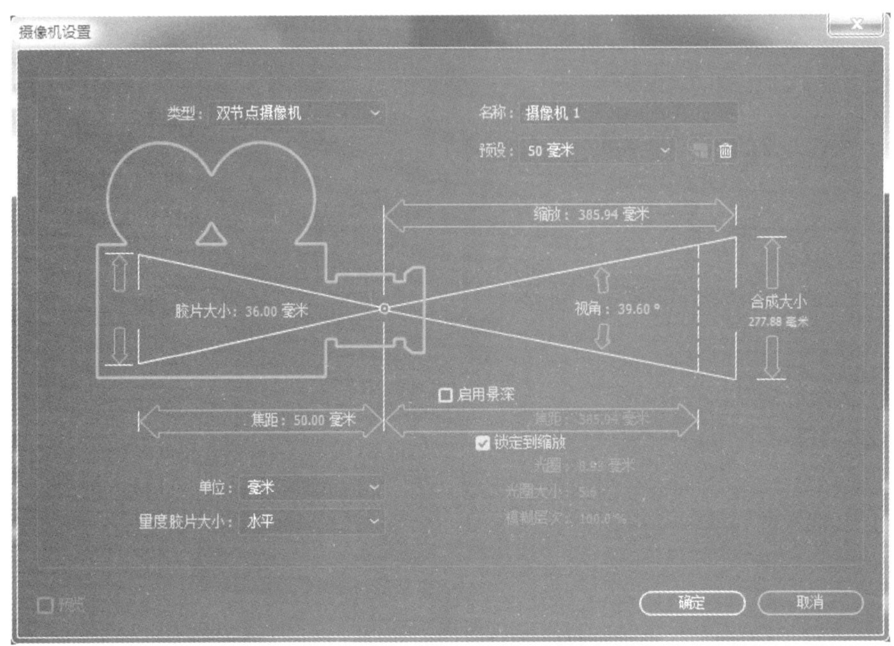

图 7-41 【摄像机设置】对话框

- 【焦距】：设置焦距的长度。
- 【胶片大小】：设置胶片用于合成的尺寸，调整【胶片大小】时，【缩放】和【视角】参数值也会发生相应改变。

在创建摄像机后，可以对其属性进行设置。我们可以看到，除了常规图层中的【变换】属性外，还有【摄像机选项】，如图 7-43 所示。

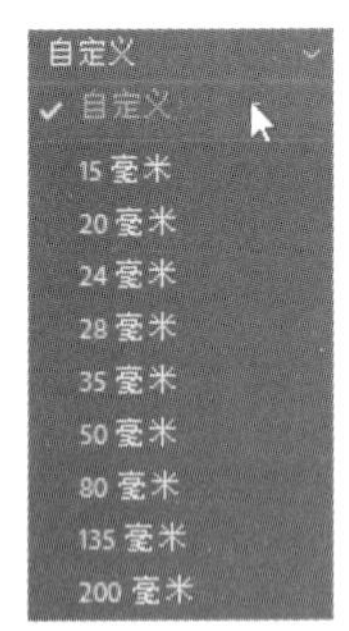

图 7-42 镜头类型

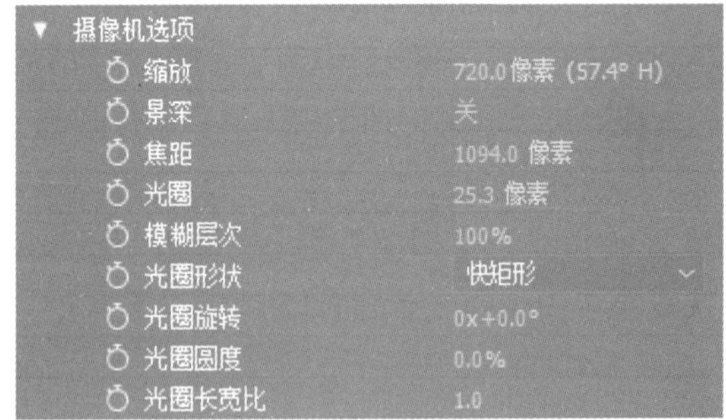

图 7-43 摄像机选项

下面简单介绍一下【摄像机选项】中的属性。

- 【缩放】：调整摄像机镜头到所拍摄图层视线框之间的距离，如图 7-44 所示。
- 【景深】：在聚焦完成后，焦点前后的范围内将呈现清晰的图像。而这焦点前后的范围距离就叫景深。此项属性可以控制景深的开启或关闭。
- 【焦距】：此项可调整焦点到面镜的中心点间的距离，如图 7-45 所示。

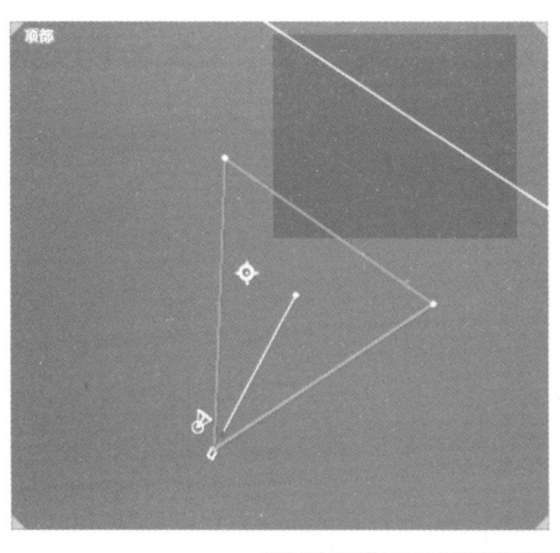

▼ 摄像机选项
缩放　720.0 像素 (57.4° H)

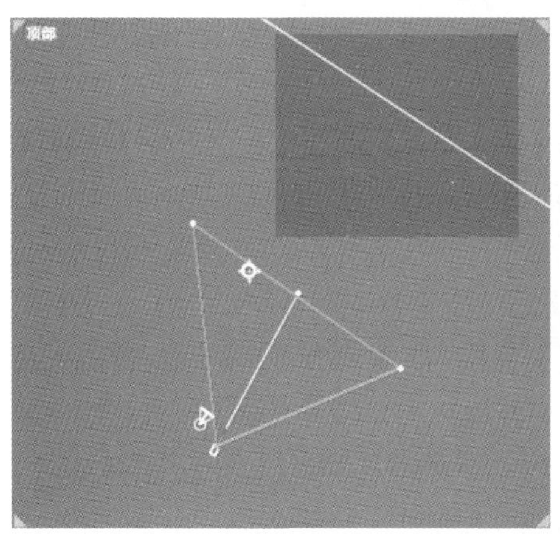

▼ 摄像机选项
缩放　500.0 像素 (76.5° H)

图 7-44　缩放

焦距　300.0 像素

CHONG QING

焦距　1000.0 像素

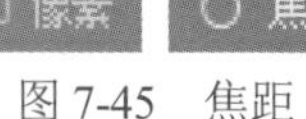

图 7-45　焦距

◉ 【光圈】：设置镜头快门尺寸。镜头快门越大，受到焦距影响的像素点就越多。
◉ 【模糊层次】：设置聚焦效果的模糊程度。
◉ 【光圈形状】：设置光圈的形状，默认设置为【快矩形】，此外还有【三角形】【正方形】等形状可选。
◉ 【光圈旋转】：设置光圈旋转的角度。
◉ 【光圈圆度】：设置光圈的圆润程度。
◉ 【光圈长宽比】：设置光圈的长度与宽度的比值。

7.5 上机练习

本章的第一个上机练习主要练习制作 3D 动态相册效果，使用户更好地掌握 3D 图层和摄像机的基本操作方法和技巧。练习内容主要是制作动态的三维立体相册效果，再利用摄像机制作一个动态的镜头移动效果。

(1) 首先需要建立一个合成。选择【合成】|【新建合成】命令，在弹出的【合成设置】对话框中设置【预设】为【HDTV 1080 25】，设置【持续时间】为 0:00:15:00，单击【确定】按钮，建立一个新的合成。

(2) 导入名为【3D 动态相册】的素材文件夹。执行【文件】|【导入】|【导入文件】命令，从计算机中找到素材文件夹，单击【导入文件夹】按钮。将导入的图片素材按照顺序放置在【合成】面板中，如图 7-46 所示。

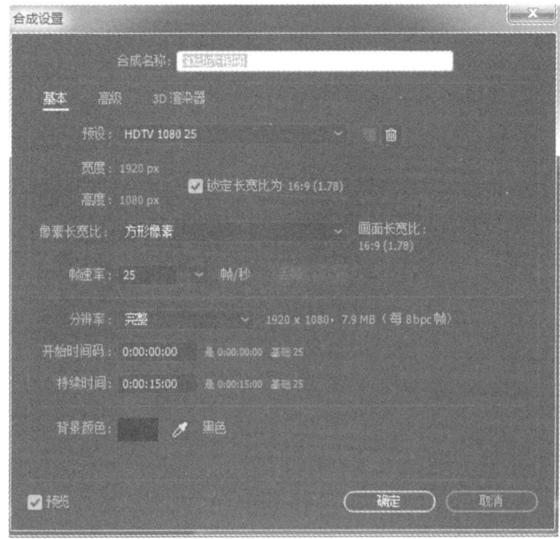

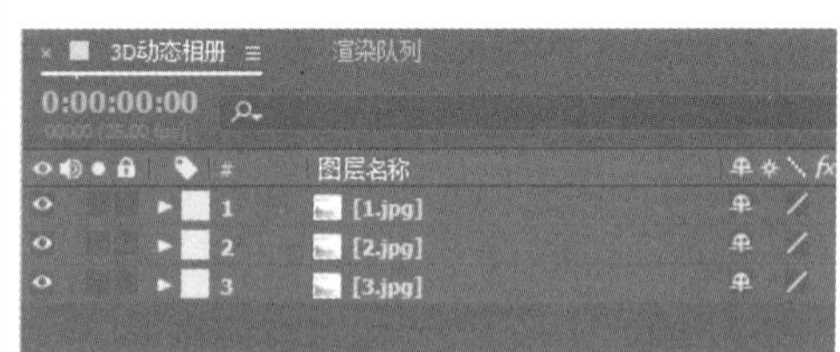

图 7-46　新建合成

(3) 制作 3D 相册效果。选中【时间轴】面板中的图层“1、2、3”三个图层，打开三维图层效果按钮，使三个图层都激活三维属性数值。选中图层“1”，将【位置】设为 256、540、-173.2；【缩放】设为 20%、20%、20%；【方向】设为 0.0°、300.0°、0.0°。选中图层“2”，将【缩放】设为 20%、20%、20%，其他不变。选中图层“3”，将【位置】设为 1758、540、38；【缩放】设为

20%、20%、20%；【方向】设为 0.0°、60.0°、0.0°。此时的 3D 相册静态效果如图 7-47 所示。

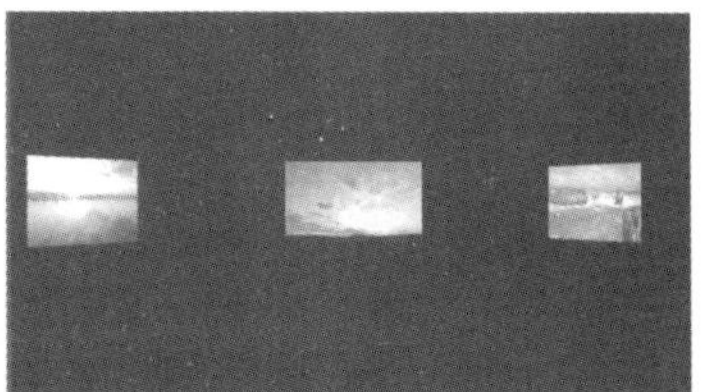

图 7-47　3D 相册静态效果

(4) 添加摄像机，制作摇镜头效果。这里先实现一个动态的镜头展示图片效果，执行【图层】|【新建】|【摄像机】命令，创建一个摄像机。接下来为摄像机添加动画，制作一个由左向右的平摇镜头，用于展示电子相册。首先将时间轴指针移至 0:00:00:00，将摄像机图层下【变换】属性中的【方向】数值设为 0.0°、320°、0.0°，并添加关键帧，使镜头移至图像的最左侧。然后将时间轴指针移至 0:00:02:00，【方向】数值设为 0.0°、14°、0.0°，使镜头移至图像的最右侧。最后将时间轴指针移至 0:00:04:00，【方向】数值设为 0.0°、0.0°、0.0°，使镜头恢复最中间的位置，如图 7-48 所示。

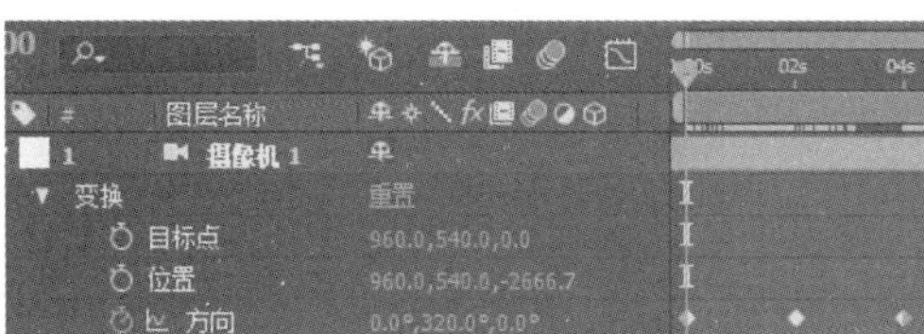

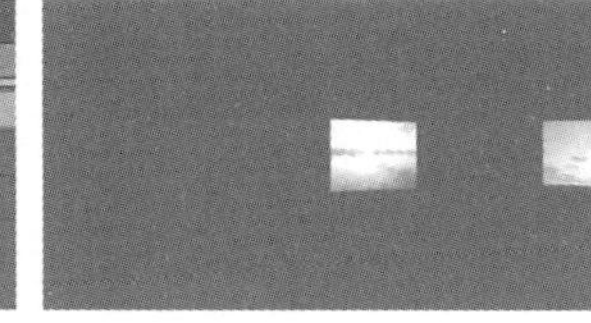

图 7-48　动态镜头 1

(5) 在镜头移动的过程中增加一个推进的动画，使图片的展示更清晰。首先将时间轴指针移至 0:00:00:00，将摄像机图层下【摄像机选项】属性中的【缩放】数值设为 2666.7，并添加关键帧。然后将时间轴指针移至 0:00:02:00，【缩放】数值设为 6930.7，使镜头推进，图片放大。最后将时间轴指针移至 0:00:04:00，【缩放】数值设为 2666.7，使镜头恢复初始位置，如图 7-49 所示。

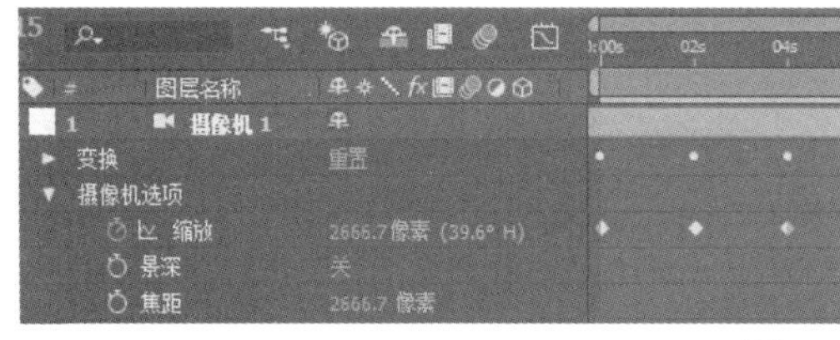

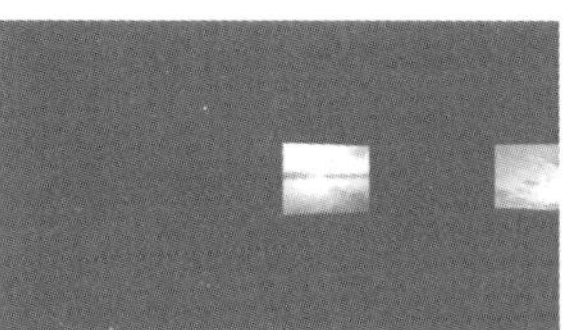

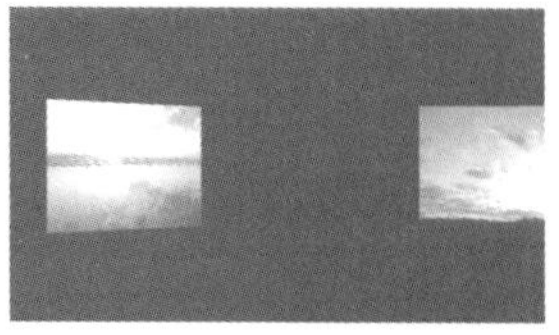

图 7-49　动态镜头 2

(6) 制作单幅图片全屏展示动画。选择图层“1”，将时间轴指针移至 0:00:05:00，为图层“1”下【变换】属性中的【位置】【缩放】和【方向】添加关键帧，目的是使这个时间点之前该图层的这三个属性数值都不发生变化。接着将时间轴指针移至 0:00:06:00，将【位置】数值设为 912、540、−173.2，【缩放】数值设为 100%、100%、100%，【方向】数值设为 0.0°、0.0°、0.0°，使图片“1”全屏展示。将 0:00:06:00 设置的 3 个属性的关键帧复制，然后将时间轴指针移至 0:00:07:00，将复制的关键帧进行粘贴，使图片全屏展示的状态持续 1 秒钟时间。最后将 0:00:05:00 设置的 3 个属性的关键帧复制，将时间轴指针移至 0:00:08:00，将复制的关键帧进行粘贴，使图片恢复初始样式，如图 7-50 所示。

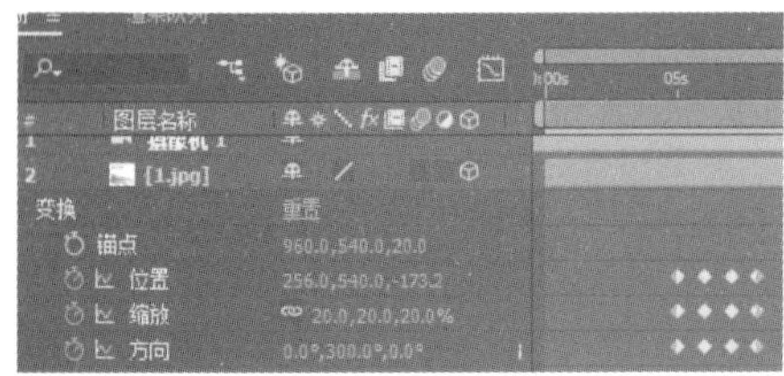
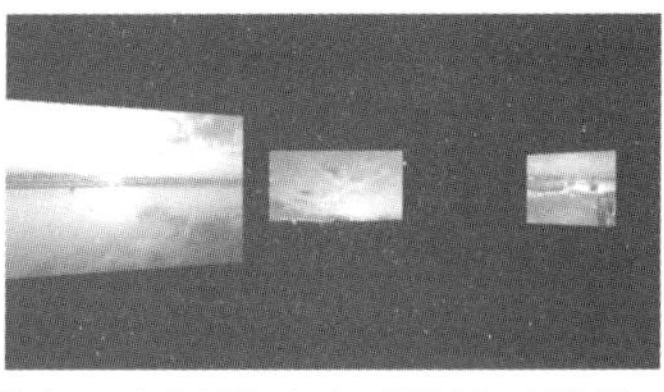

图 7-50　图片 1 全屏展示动画设置及效果

(7) 制作图片“2”全屏展示动画。选择图层“2”，将时间轴指针移至 0:00:08:00，为图层“2”下【变换】属性中的【位置】和【缩放】添加关键帧，由于该图片处于舞台的中间，所以无须对【方向】属性进行设置。接着将时间轴指针移至 0:00:09:00，将【位置】数值设为 960、540、-346，【缩放】数值设为 100%、100%、100%，使图片“2”全屏展示。将 0:00:09:00 设置的两个属性的关键帧复制，然后将时间轴指针移至 0:00:10:00，将复制的关键帧进行粘贴，使图片全屏展示的状态持续 1 秒钟时间。最后将 0:00:08:00 设置的两个属性的关键帧复制，将时间轴指针移至 0:00:11:00，将复制的关键帧进行粘贴，使图片恢复初始样式，如图 7-51 所示。

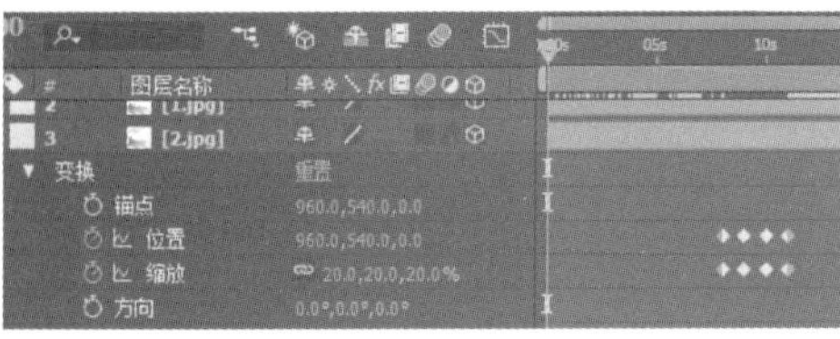

图 7-51　图片 2 全屏展示动画设置及效果

(8) 制作图片“3”全屏展示动画。选择图层“3”，将时间轴指针移至 0:00:11:00，为图层“3”下【变换】属性中的【位置】【缩放】和【方向】添加关键帧。接着将时间轴指针移至 0:00:12:00，将【位置】数值设为 1016、540、-390.9，【缩放】数值设为 100%、100%、100%，【方向】数值设为 0.0°、0.0°、0.0°，使图片“3”全屏展示。将 0:00:12:00 设置的 3 个属性的关键帧复制，然后将时间轴指针移至 0:00:13:00，将复制的关键帧进行粘贴，使图片全屏展示的状态持续 1 秒钟时间。最后将 0:00:11:00 设置的 3 个属性的关键帧复制，将时间轴指针移至 0:00:14:00，将复制的关键帧进行粘贴，使图片恢复初始样式，如图 7-52 所示。通过播放动画可以观看最终效果。

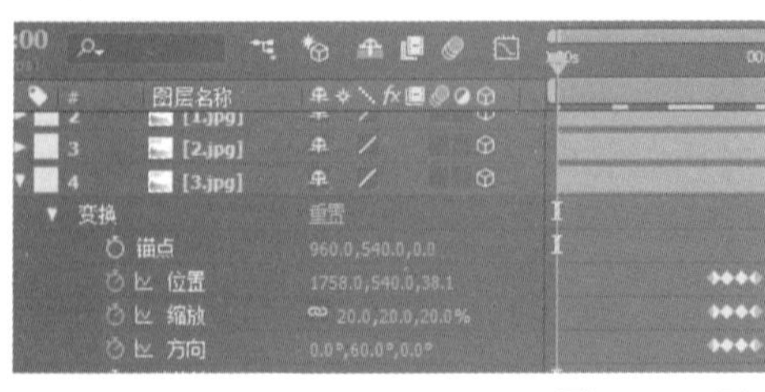
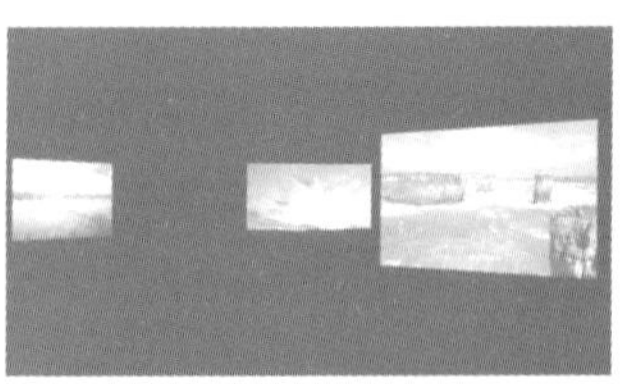

图 7-52　图片 3 全屏展示动画设置及效果

本章的第二个上机练习主要练习制作 3D 心形 Logo 展示的动画效果，使用户更好地掌握 3D 图形创建和摄像机的基本操作方法及技巧。练习内容主要是将一个二维平面的心形 Logo 图制作

成三维效果，为其创建动画并添加运动摄像机进行动态镜头效果展示。

(1) 首先需要建立一个合成。选择【合成】|【新建合成】命令。在弹出的【合成设置】对话框中设置【预设】为【HDTV 1080 25】，设置【持续时间】为 0:00:10:00，单击【确定】按钮，建立一个新的合成。

(2) 导入名为【心】的 AI 素材。执行【文件】|【导入】|【导入文件】命令，从计算机中找到素材文件，单击【导入】按钮。将导入的素材放置在【合成】面板中，如图 7-53 所示。

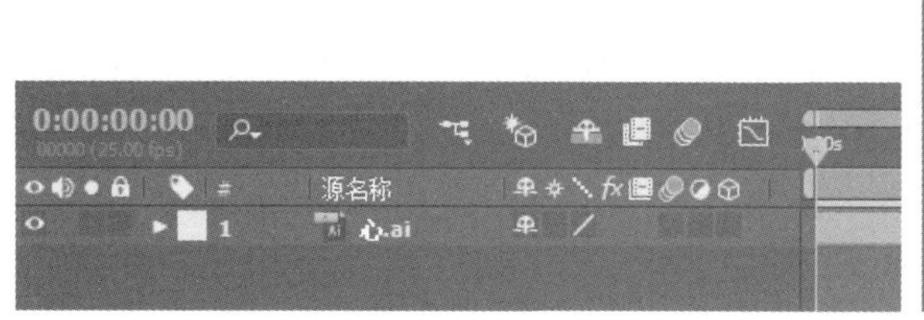

图 7-53　导入素材

(3) 边缘部分想要和填充部分区分开，就要改变一下心形的颜色。选中“心”图层，执行【效果】|【生成】|【填充】命令，为其添加填充效果。将【颜色】属性改为#FFA2A2 淡粉色，这样整个心形就变为淡粉色，如图 7-54 所示。

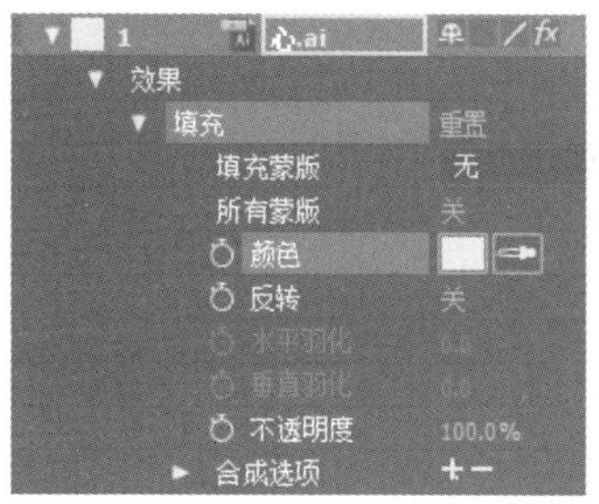

图 7-54　用填充特效改变心形颜色

(4) 制作描边效果。选中“心”图层，执行【效果】|【生成】|【勾画】命令，将【正在渲染】属性下的【混合模式】改为【模板】，使图形只显示轮廓；【宽度】改为 20，使边缘加粗效果更明显；【硬度】改为 1，使边缘更清晰；【中点不透明度】和【结束点不透明度】都改为 1，使起点和终点的连接部分更清晰；【中点位置】改为 0.99，使连接部分更完整。此外将【片段】属性下的【片段】数值改为 1，使整个边缘部分为一条流畅的线条，如图 7-55 所示。

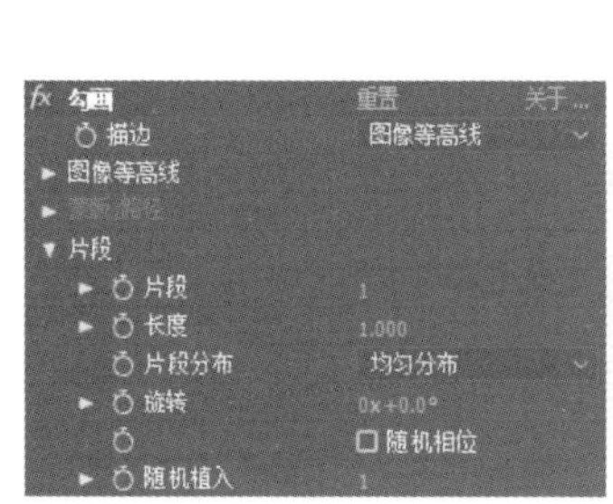

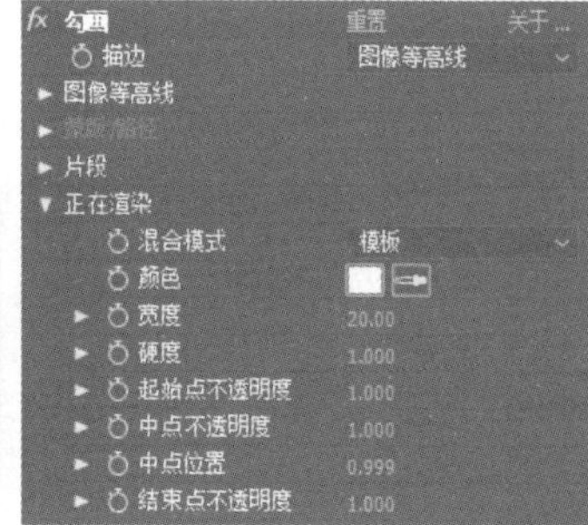

图 7-55　描边效果

(5) 制作勾画动画。【勾画】特效中【片段】属性下的【长度】是实现描边动画的主要属性。首先将时间轴指针移至 0:00:00:00，将【长度】属性数值设为 0，并添加关键帧；再将时间轴指针移至 0:00:02:10，将【长度】属性数值设为 1。通过播放观看动画，可以看出已实现描边绘制心形的效果，如图 7-56 所示。

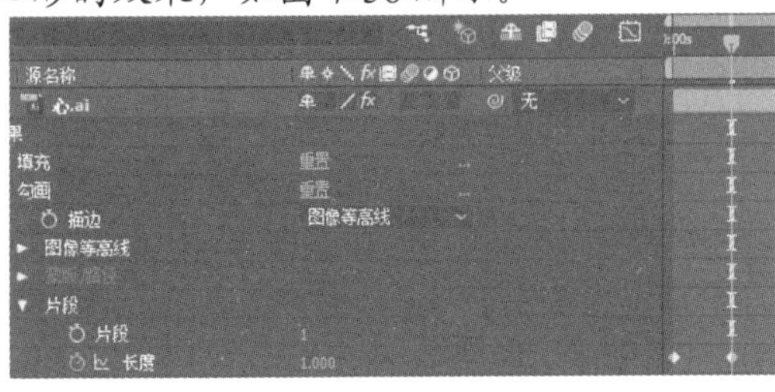

图 7-56　勾画动画效果

(6) 添加纯色填充效果。这里不能将特效添加至描边图层上，所以将“心”图层进行复制粘贴，然后删除图层中的所有效果。选中复制出来的“心”图层，执行【效果】|【过渡】|【线性擦除】命令，将【擦除角度】数值设置为 322°。然后制作填充动画，填充是一个从无到有的过程，让擦除动作倒放就可以形成填充动画。将时间轴指针移至 0:00:02:12，【过渡完成】数值先设为 100%；接着将时间轴指针移至 0:00:04:13，将【过渡完成】数值设为 0%。通过播放观看动画，已完成填充颜色的效果动画，如图 7-57 所示。

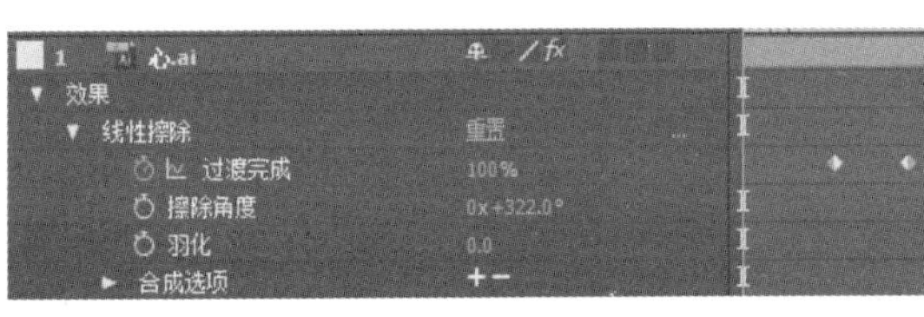

图 7-57　填充动画效果

(7) 添加条纹填充效果。为了增强动画感，这里添加两种填充动画效果。选中被复制的“心”图层，执行【效果】|【过渡】|【百叶窗】命令，将【方向】数值设置为 90°，【宽度】设置为 15，调整条纹样式。然后制作条纹填充动画，与【线性擦除】动画效果相同，条纹填充也是一个从无到有的过程。将时间轴指针移至 0:00:02:12，将【过渡完成】数值先设为 100%；然后将时间轴指针移至 0:00:04:13，将【过渡完成】数值设为 0%。通过播放观看动画，已完成条纹填充的效果动画，如图 7-58 所示。这样就完成了二维心形绘制动画效果。

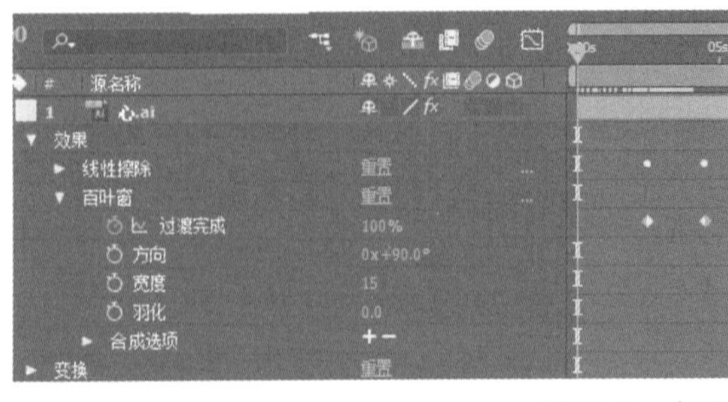

图 7-58　条纹填充动画效果

(8) 为了使画面效果更丰富，这里将设置好填充动画效果的图层进行复制粘贴，且将复制后的图层在时间轴上整体后移 7 帧，使同样的动画效果进行延迟重叠展示，如图 7-59 所示。

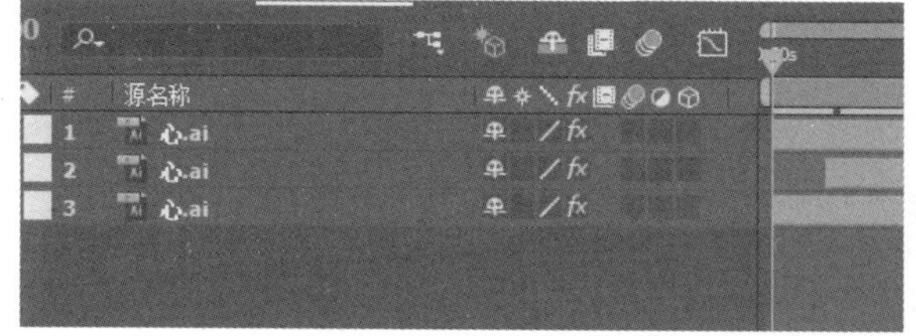

图 7-59　填充动画复制且延迟效果

(9) 接下来制作 3D 心形效果，3D 效果需要对制作好的二维心形动画进行多次复制，且在 Z 轴上进行依次排列，从而形成 3D 效果，这里新建一个合成，命名为“心”，与心形动画合成格式相同，然后将心形动画合成更名为“Logo”，放置在新建的“心”合成内，并将“Logo”合成进行复制粘贴 30 次。将这 30 个图层的三维效果图标都打开，然后将第 1 层的【位置】属性中 Z 轴数值改为 6，其他数值不变。再将第 2 层的【位置】属性中 Z 轴数值改为 7。以此类推第 3 层 Z 轴数值改为 8，第 4 层改为 9，第 5 层改为 10……第 30 层改为 35，如图 7-60 所示。这样就制作好了三维效果的心形，由于目前是正面视图，所以还不能看出 3D 效果。

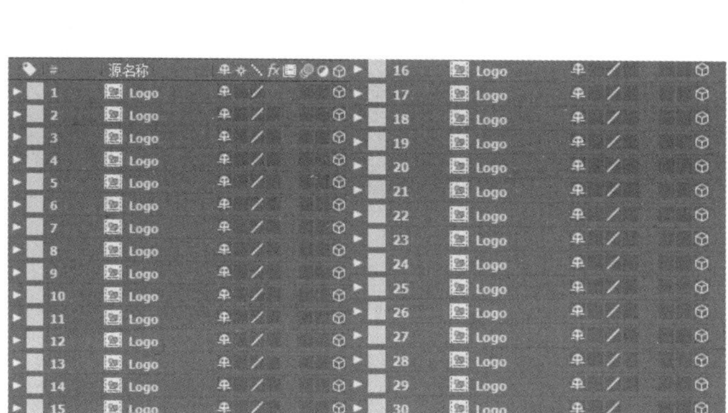

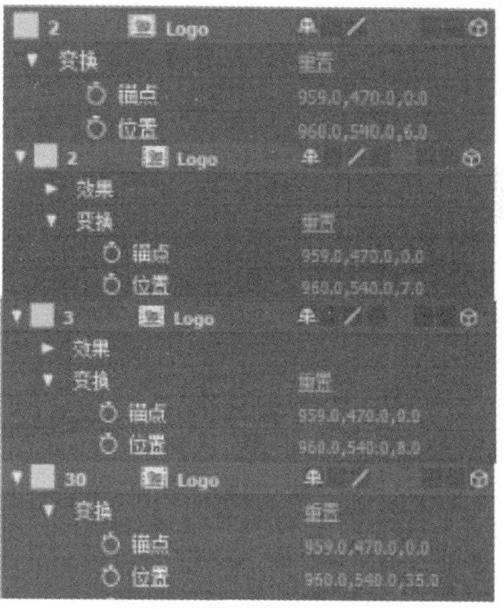

图 7-60　制作 3D 心形效果

(10) 为了使心形 3D 效果更明显，这里将 30 层心形中第 2～29 层的心形颜色变浅，这样 3D 效果的心形边缘部分会更加明显。选中第 2 层的“Logo”合成图层，执行【效果】|【生成】|【梯度渐变】命令，为其添加一个改变颜色的特效。将特效属性中【起始颜色】更改为#FFCFCF，【结束颜色】更改为#FFD4D4，使心形变为一个浅粉色的过渡颜色，如图 7-61 所示。选中设置好的效果进行复制，再将它分别粘贴到第 3～29 图层上，使每个图层都包含该特效。由于目前是正面视图，所以还不能看出 3D 效果。

(11) 添加一个纯色背景，使心形效果更明显。执行【图层】|【新建】|【纯色】命令，将图层命名为“背景”，将颜色设置为#FAE4B5，单击【确定】按钮，如图 7-62 所示。将该图层放置

在最下层。

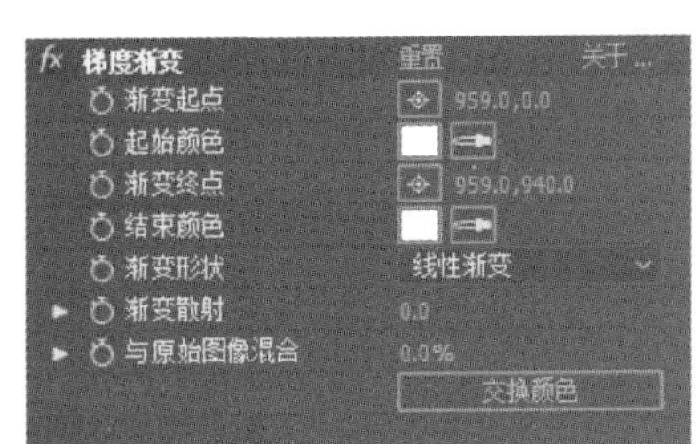

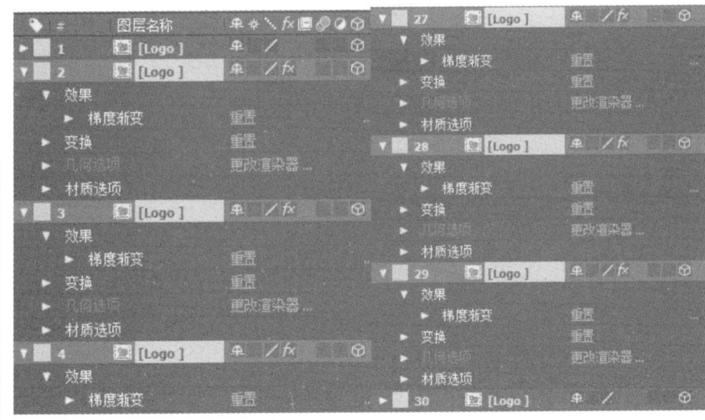

图 7-61 制作浅色边缘效果

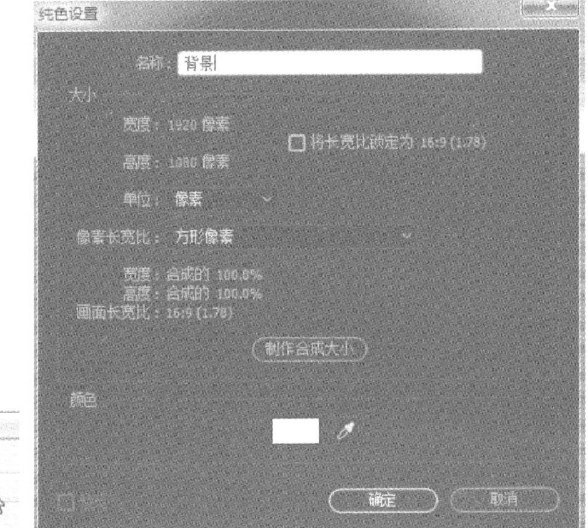

图 7-62 建立纯色背景

(12) 添加摄像机，制作运动镜头展示效果。执行【图层】|【新建】|【摄像机】命令，创建一个摄像机。接下来为摄像机添加动画，制作一个围绕心形旋转并且先推进后拉远的移动镜头。首先将时间轴指针移至 0:00:00:00，将摄像机图层下【变换】属性中的【目标点】数值设为 1054.2、588.6、64.7，并添加关键帧；将摄像机图层下【变换】属性中的【位置】数值设为 3376.5、-770.9、-1804.7，并添加关键帧，使心形图像一开始从侧面且全景展示。再将时间轴指针移至 0:00:03:08，将摄像机图层下【变换】属性中的【目标点】数值设为 1036.4、475.8、51.2，并添加关键帧；将摄像机图层下【变换】属性中的【位置】数值设为 2086.4、919.4、457.4，并添加关键帧，使镜头围绕心形旋转且将镜头推进特写展示，如图 7-63 所示。

(13) 最后将时间轴指针移至 0:00:07:00，将摄像机图层下【变换】属性中的【目标点】数值设为 1015.3、562.7、35.2，并添加关键帧；将摄像机图层下【变换】属性中的【位置】数值设为 -100、540、-2101.3，并添加关键帧，使镜头围绕心形继续旋转且将镜头拉远再次进行全景展示。通过播放观看动画，已完成所有动画效果，如图 7-64 所示。

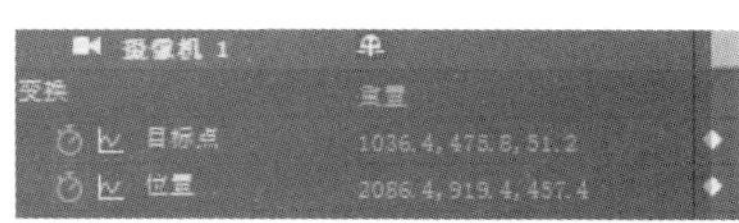

图 7-63　摄像机镜头旋转且推进效果

图 7-64　摄像机镜头旋转且拉远效果

7.6　习题

1. 创建一个文本，为其制作 3D 效果。
2. 创建一个 3D 效果几何模型，创建灯光和摄像机图层，制作摄像机围绕模型旋转动画。

第8章 特效的基本操作

学习目标

特效是 AE 里一项非常重要的功能，要想用 AE 做出优秀的作品，就一定要熟练地掌握各种特效的使用方法。AE 中的特效不仅可以优化素材，还可以为作品添加丰富的动画效果。本章主要介绍关于特效的一些基本操作方法，其中包括添加特效、设置特效和编辑特效等。

本章重点

- 添加特效
- 设置特效参数
- 编辑特效

8.1 添加特效

添加特效是制作特效的第一步。在 AE 中，用户可以通过两种方式来添加特效。一种是通过【效果】菜单来添加效果；另一种是通过【效果和预设】面板来添加特效。

【例 8-1】通过【效果】菜单添加效果。

(1) 选中需要添加效果的图层。

(2) 在菜单栏中选择【效果】|【模糊和锐化】命令，在打开的列表中选择【复合模糊】命令，如图 8-1 所示。

提示

在 AE 中添加特效，一定要选中需要添加特效的素材图层。同一个图层，可以被添加多个特效。如果需要为多个图层添加同一个特效，则需要同时选中多个图层，然后执行添加特效的命令。

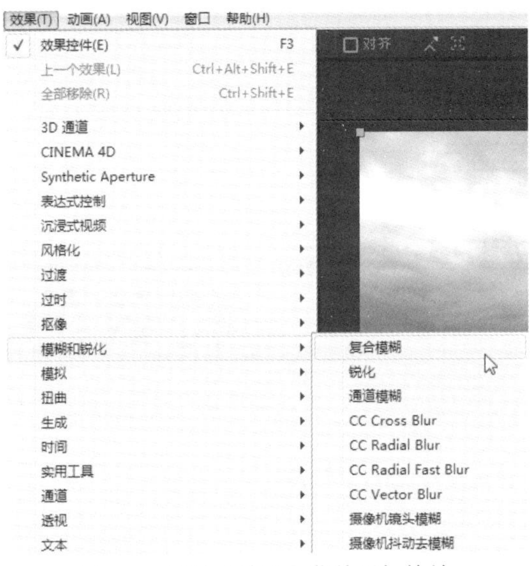

图 8-1　通过【效果】菜单添加特效

【例 8-2】通过【效果和预设】面板添加特效。

(1) 选中需要添加效果的图层。

(2) 在【效果和预设】面板中，打开【模糊和锐化】选项的下拉列表，然后双击列表中的【复合模糊】命令，如图 8-2 所示。

(3) 选中需要添加效果的素材。在【效果和预设】面板中，打开【模糊和锐化】选项的下拉列表，然后单击并拖动【复合模糊】命令至【合成】窗口素材所在的区域，如图 8-3 所示。

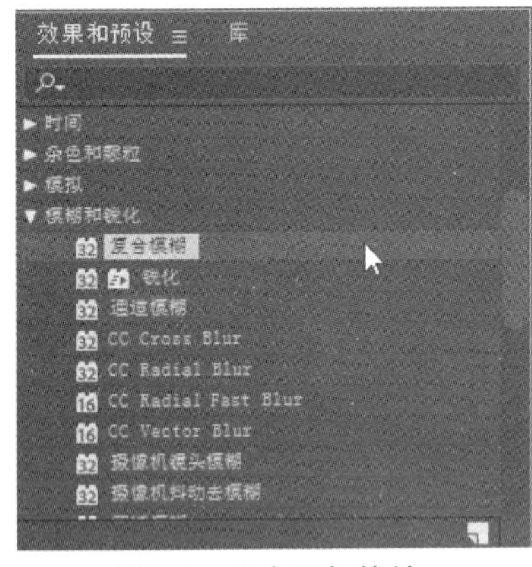

图 8-2　双击添加特效

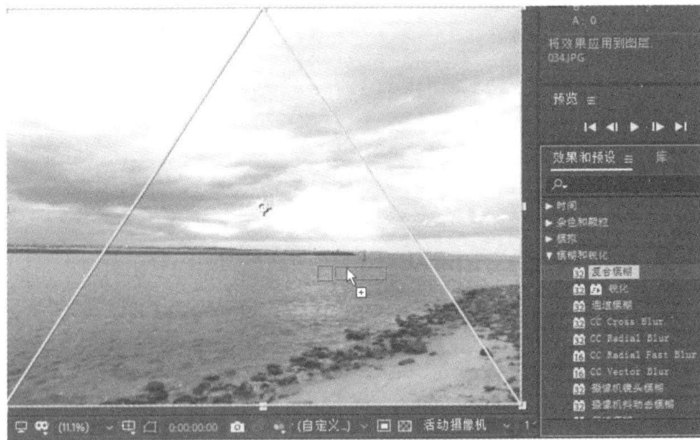

图 8-3　拖动添加特效

8.2　设置特效

特效被添加后，可以通过设置特效自带的参数来展现不同的效果。特效的参数类型分很多种，这里先介绍最常见的 4 种，分别是数值类的、带颜色拾取器的、带角度控制器的和带坐标的参数。

8.2.1　数值类的参数

数值类的参数是 AE 特效中最常见的一种参数。设置这种参数一般可以通过两种方式。一种是通过鼠标来设置；另一种是通过直接输入数值来设置。

【例 8-3】为高清图片设置模糊效果。

(1) 选中图层，在菜单栏中选择【效果】|【模糊和锐化】|【高斯模糊】命令。

(2) 在【效果控件】面板中将出现【高斯模糊】特效的参数。将鼠标放置在【模糊度】参数的数值上方，此时鼠标的形状会由箭头形转换为手形，如图 8-4 所示。当鼠标形状为手形时，按住鼠标左键并左右移动鼠标，数值会随着鼠标的移动发生改变。

(3) 将鼠标放置在模糊度参数的数值上方并单击。原本数值的位置上会出现一个文本框，文本框内的数值为可编辑状态。将数值改为 100，如图 8-5 所示。

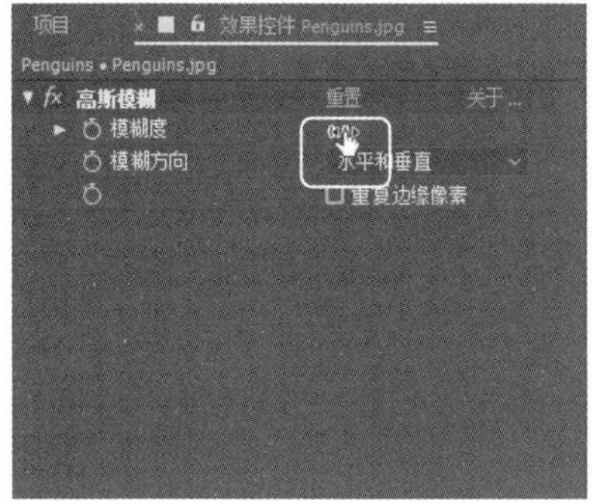

图 8-4　通过鼠标调整数值类参数

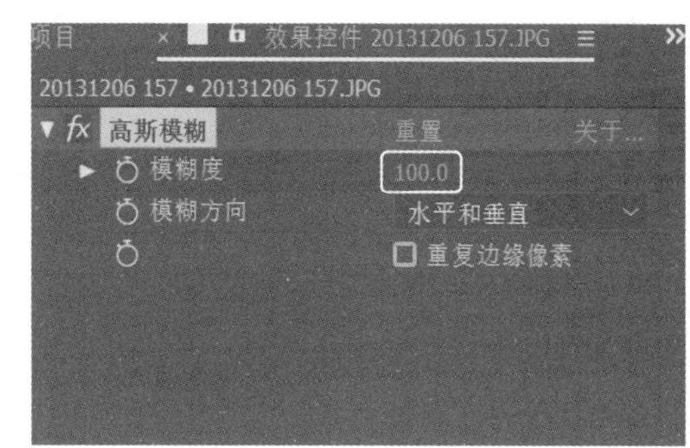

图 8-5　通过输入数值来设置参数

(4) 通过修改模糊度的数值可以为高清图片整体添加模糊效果，如图 8-6 所示。

图 8-6　素材添加特效前后对比图

提示

当按下鼠标左键并左右移动时，鼠标的形状会由手形变为向左向右两个小箭头形。移动鼠标的过程中，向左移动时数值将减小，向右移动时数值将增大。

8.2.2 带颜色拾取器的参数

颜色拾取器一般存在于与颜色有关的特效参数中，通过颜色拾取器可以更改颜色的参数。该参数可以通过颜色面板和颜色拾取器两种方式设置。

【例 8-4】为彩色图片添加三色调特效。

(1) 选中图层，选择【效果】|【颜色校正】|【三色调】命令。素材从彩色图片变为了只有白、棕、黑 3 种颜色的图片，如图 8-7 所示。

图 8-7　为彩色图片添加三色调特效

(2) 在【效果控件】面板中将出现【三色调】特效的参数。单击【中间调】参数对应的色块，会弹出一个【颜色面板】，如图 8-8 所示。将【中间调】的颜色设为红色。素材图片中原本棕色的部分就变为红色。

(3) 单击【中间调】参数对应的吸管按钮，鼠标形状会由箭头形状变为吸管形状，如图 8-9 所示。此时将鼠标放置在屏幕上任意位置并单击，就可以吸取该位置所对应的颜色。【中间调】的颜色参数就设置为被吸取的颜色。将【中间值】的颜色设为灰色，素材图片中原本红色的部分就变为灰色。

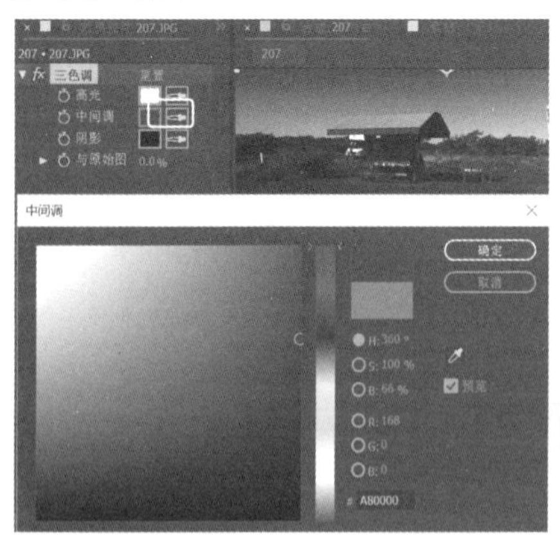

图 8-8　通过颜色面板设置参数

图 8-9　通过颜色拾取器设置参数

8.2.3 带角度控制器的参数

角度控制器一般存在于与方向或角度有关的参数中。这类参数可以通过输入数值和【角度控

制器】两种方式设置。

【例 8-5】为照片添加油画效果。

(1) 选中图层，选择【效果】|【风格化】|【画笔描边】命令。

(2) 在【效果控件】面板中将出现【画笔描边】特效的参数。单击并拖动【角度控制器】上的指针即可修改数值，如图 8-10 所示。

(3) 单击【方向】参数对应的数值并修改为 45°，将【画笔大小】改为 5，如图 8-11 所示。一张普通的照片就被转换为油画，如图 8-12 所示。

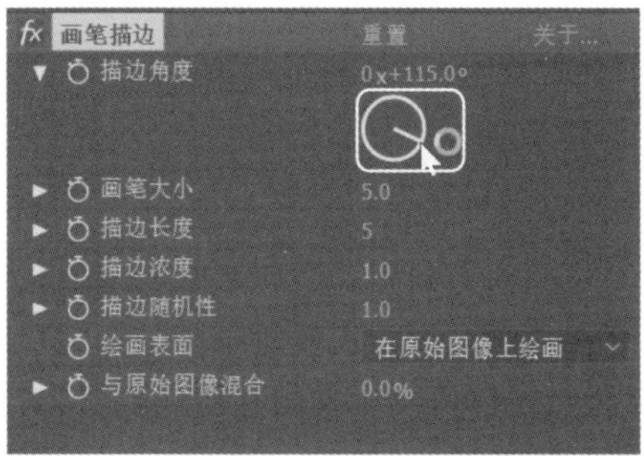

图 8-10　通过【角度控制器】设置参数

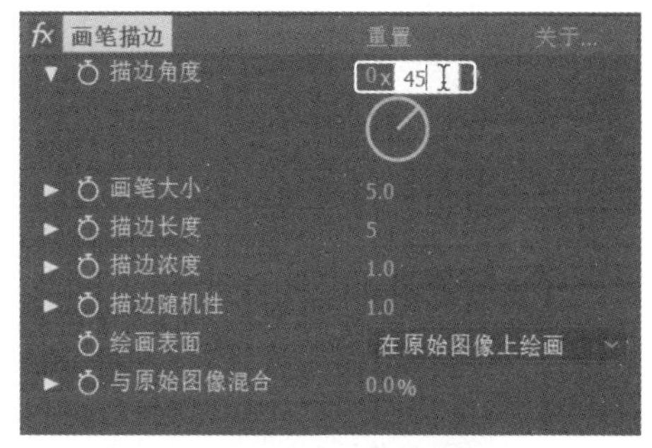

图 8-11　通过修改数值设置参数

图 8-12　【画笔描边】特效前后对比

8.2.4　带坐标的参数

坐标参数一般存在于与位置有关的参数中。这类参数可以通过输入数值和【坐标】按钮两种方式设置。

【例 8-6】添加【镜头光晕】特效。

(1) 选中图层，选择【效果】|【生成】|【镜头光晕】命令。

(2) 在【效果控件】面板中将出现【镜头光晕】特效的参数。单击【光晕中心】参数对应的数值进行修改，如图 8-13 所示。

(3) 单击【光晕中心】参数的【坐标】按钮，鼠标的形状由箭头形状变为十字坐标形状，如图 8-14 所示。此时将鼠标放置在【合成】面板素材中太阳的位置并单击，即可设置光晕的位置。为素材添加【镜头光晕】后的效果如图 8-15 所示。

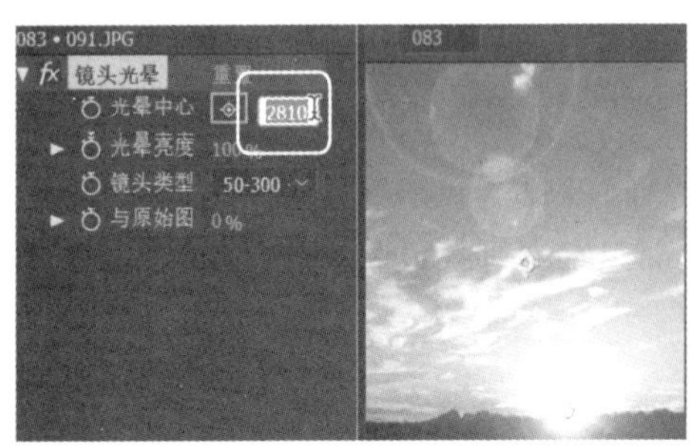

图 8-13　通过修改数值设置参数

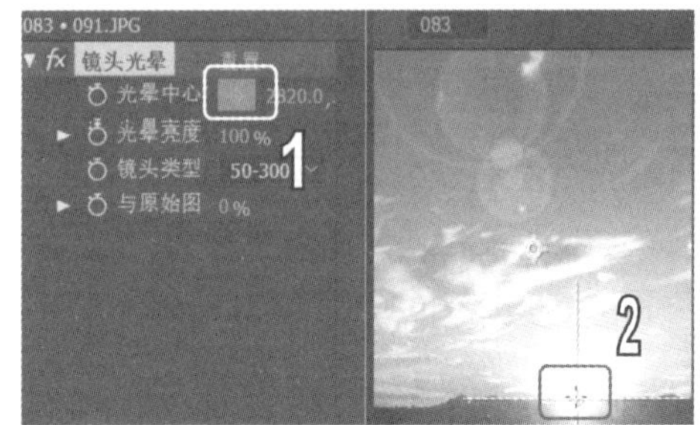

图 8-14　通过坐标按钮设置参数

图 8-15　【镜头光晕】效果前后对比

8.3　编辑特效

在 AE 中，为了制作更丰富的特效效果，除了可以对特效自带的参数进行设置以外，还可以对特效本身进行复制、删除、禁用和添加动画等。

8.3.1　复制特效

当用户需要对多个图层运用同一个特效或对同一图层多次运用同一个特效时，可以先对某个图层添加特效并调整好参数，然后将设置好的特效复制到其他或同一图层上。

【例 8-7】复制特效。

(1) 选中图层，选择【效果】|【模糊和锐化】|【高斯模糊】命令。

(2) 选中【效果控件】面板中的【高斯模糊】特效，打开【编辑】菜单，选择【复制】命令，如图 8-16 所示。或者按键盘上的 Ctrl+C 快捷键对该特效进行复制。

(3) 选中【时间轴】面板中的一个或多个需要添加该特效的图层，打开【编辑】菜单，选择【粘贴】命令，如图 8-17 所示。或者按键盘上的 Ctrl+V 快捷键对该特效进行粘贴。

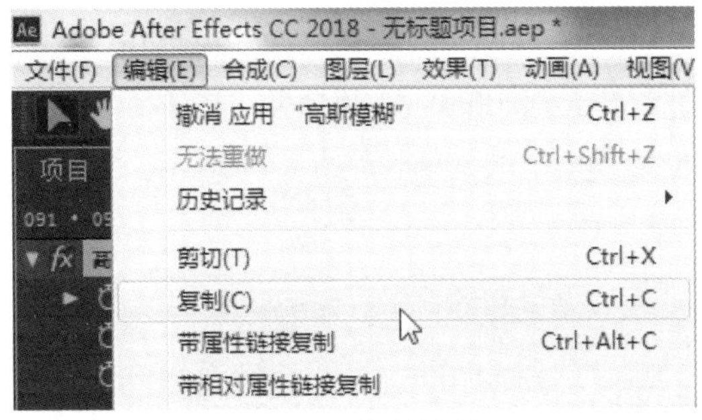

图 8-16　复制特效

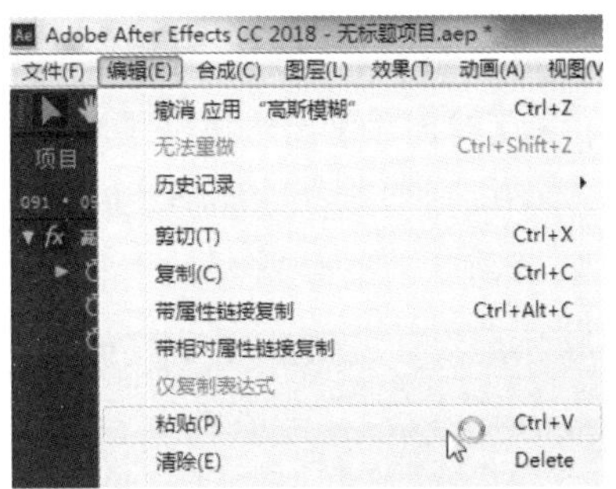

图 8-17　粘贴特效

8.3.2　禁用和删除特效

当用户需要取消某个图层的特效时可以禁用和删除特效。禁用特效命令还可以用来对比某个图层应用特效前和应用特效后的效果。

【例 8-8】禁用特效。

(1) 选中图层，选择【效果】|【颜色校正】|【三色调】命令。

(2) 在【效果控件】面板中将出现【三色调】特效的参数。单击特效名称左侧的【fx】特效按钮即可禁用该特效。当特效被禁用时特效按钮处显示为空，当特效被启用时特效按钮处显示为 fx，如图 8-18 所示。

【例 8-9】删除特效。

(1) 选中图层，选择【效果】|【颜色校正】|【三色调】命令。

(2) 在【效果控件】面板中将出现【三色调】特效的参数。单击选中【三色调】特效，打开【编辑】菜单，选择【清除】命令，如图 8-19 所示。或者按键盘上的 Delete 键将该特效删除。

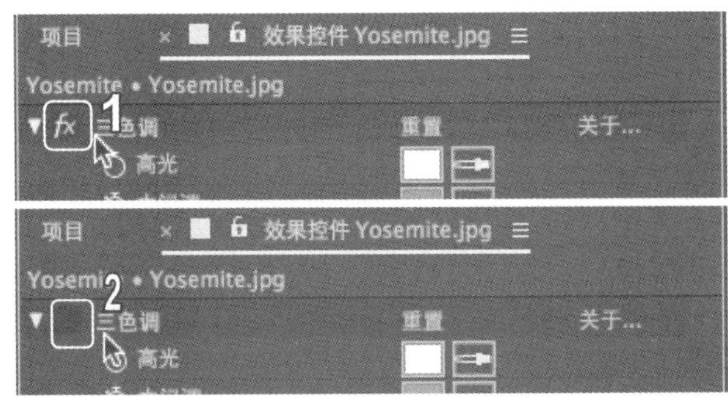

图 8-18　禁用特效

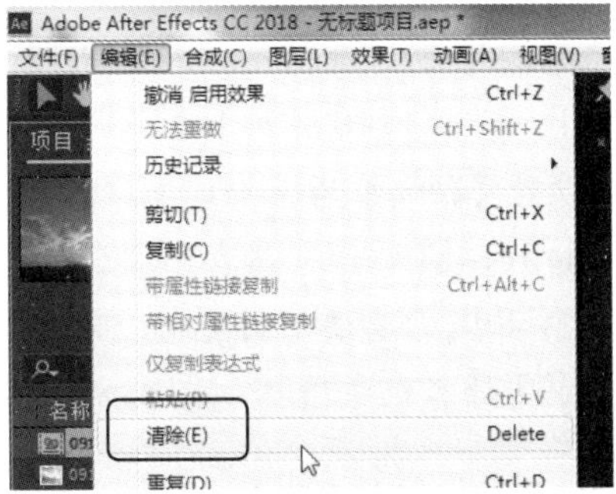

图 8-19　删除特效

8.3.3　添加特效动画

使用 AE 里的特效也可以制作丰富的动画效果。

【例 8-10】为图片添加逐渐模糊的动画。

(1) 选中图层，选择【效果】|【模糊和锐化】|【高斯模糊】命令。

(2) 在【时间轴】面板中将【时间指示器】调整至 00:00:00:00 的位置。单击【模糊度】左边

的【关键帧控制器】按钮，时间轴上 00:00:00:00 的位置会出现一个关键帧，如图 8-20 所示。

(3) 在【时间轴】面板中将【时间指示器】调整至 00:00:05:00 的位置。将【模糊度】的参数修改为 500.0，时间轴上 00:00:05:00 的位置会出现另一个关键帧，如图 8-21 所示。播放动画即可观看特效动画效果，如图 8-22 所示。

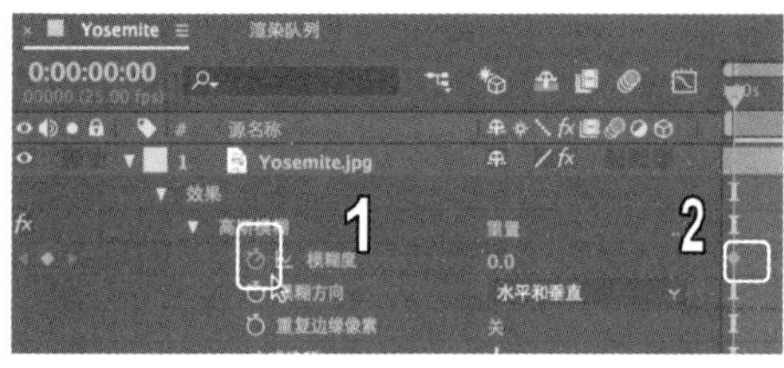

图 8-20　添加模糊度为 0.0 的关键帧

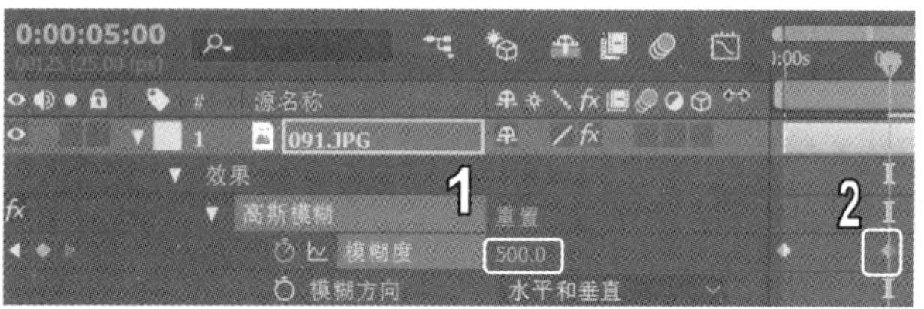

图 8-21　添加模糊度为 500.0 的关键帧

图 8-22　【高斯模糊】特效动画效果

8.4　上机练习

本章的上机练习主要练习制作动态照片的效果，使用户更好地掌握添加、设置和编辑特效的基本操作方法和技巧。练习内容主要是为静态图片添加动态的过渡效果，将静态的图片通过添加特效动画转换为动态的视频形式。图片将通过【径向擦除】特效过渡为黑场。

(1) 首先需要建立一个合成。选择【合成】|【新建合成】命令。在弹出的【合成设置】对话框中设置【预设】为【HDV/HDTV 720 25】，设置【持续时间】为 0:00:10:00，单击【确定】按钮，如图 8-23 所示，建立一个新的合成。

(2) 导入需要使用的素材，这里只需要一张图片即可。执行【文件】|【导入】|【导入文件】命令，从计算机中选择一张图片并单击【打开】按钮。将导入的图片素材放置在【合成】面板中。

(3) 接下来要为图片添加【径向擦除】特效。选中【时间轴】面板中的图片图层，执行【效果】|【过渡】|【径向擦除】命令。图片被添加特效后没有产生任何变化。但可以看到在【径向擦除】的属性中有一个【过渡完成】，默认值为 0%，如图 8-24 所示。“过渡”是一个动态的过程，值为 0%意味着特效还未开始。将【过渡完成】的数值调整为 100%时，【合成】将变为黑场，如图 8-25 所示。这也是该练习需要达到的最终效果。

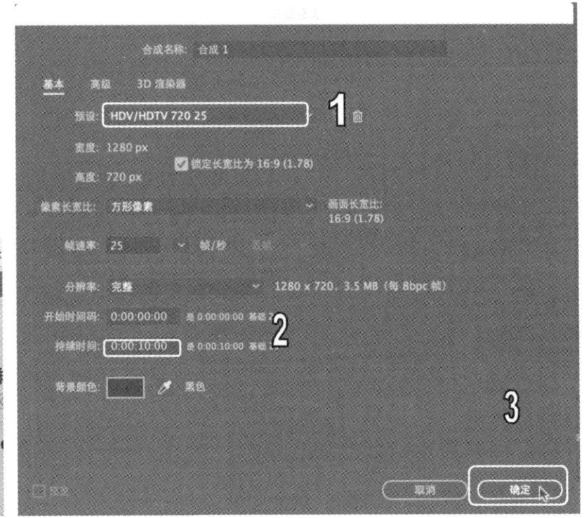

图 8-23　新建合成

图 8-24　【过渡完成】为 0%

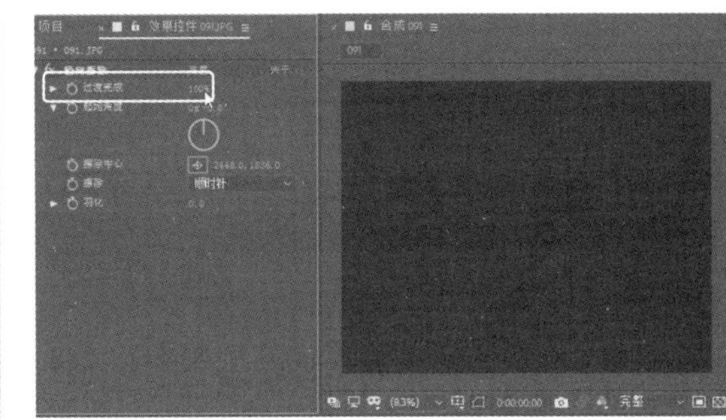

图 8-25　【过渡完成】为 100%

(4) 视频的过渡是一个动态效果。所以需要给【径向擦除】的【过渡完成】参数添加动画，使之在一定的时间内完成从无到有的运动。首先要设置过渡开始效果的关键帧。在【时间轴】面板中将【时间指示器】调整至 00:00:00:00 的位置，将【过渡完成】参数设置为 0%，然后单击参数左边的【关键帧控制器】按钮，设置起始关键帧，如图 8-26 所示。

(5) 接下来设置过渡终止效果的关键帧。在【时间轴】面板中将【时间指示器】调整至 00:00:02:00 的位置，将【过渡完成】参数设置为 100%，设置终止关键帧，如图 8-27 所示。

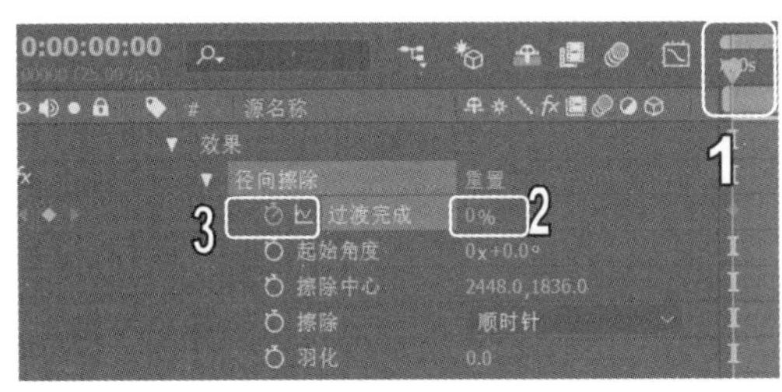

图 8-26　添加起始关键帧

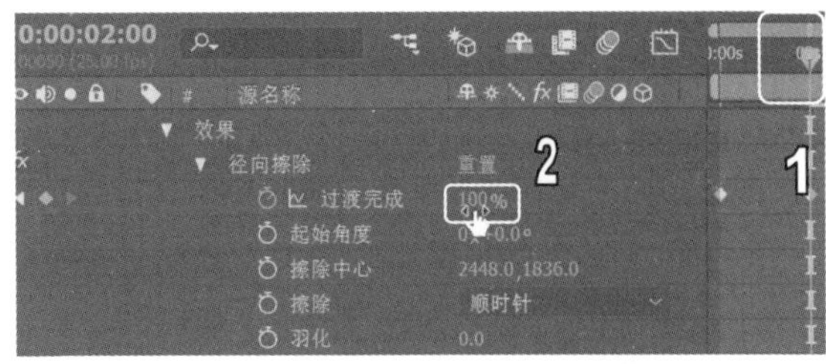

图 8-27　添加终止关键帧

(6) 单击播放按钮查看特效动画效果。静态图片被添加了【径向擦除】的动态视频过渡效果，从图片过渡为黑场，如图 8-28 所示。

图 8-28 【径向擦除】动态效果

8.5 习题

1. 设置带颜色拾取器的参数有哪几种方式？具体操作方法是什么？
2. 选择一张日出图，并为其添加一个运动的【镜头光晕】特效动画。

第9章 颜色校正与抠像特效

学习目标

颜色校正特效是 AE 中用来对图片和视频素材的色彩相关属性进行调整修改的特效。主要用来在整体上对图片和视频素材的色调、对比度、色相、色阶等方面进行修饰。抠像特效是图像和视频素材进行合成的重要手段之一，主要用来对图像和视频素材本身进行编辑整合。通过对本章的学习，用户能够掌握颜色校正特效和抠像特效的使用方法。

本章重点

- 颜色校正特效
- 抠像特效
- 遮罩特效

9.1 颜色校正特性

颜色校正特效是 AE 中对作品整体风格进行处理和统一的重要工具之一。After Effects CC 2018 中共包含了 35 种颜色校正特效，为用户提供了多样化且精准的颜色修正效果。使用户能够快速细致地对作品进行修改完善。

9.1.1 CC Color Neutralizer 和三色调

CC Color Neutralizer 特效通过控制图像的暗部、中间调和亮部的色彩平衡来调整图像本身的颜色效果。属性面板如图 9-1 所示，应用特效效果如图 9-2 所示，参数设置说明如下。

- 【Shadows Unbalance】：通过控件设置暗部的颜色，调整暗部的色彩平衡。
- 【Shadows】：调整暗部的红、绿、蓝三色数值。
- 【Midtones Unbalance】：通过控件设置中间调部分的颜色，调整中间调的色彩平衡。
- 【Midtones】：调整中间调的红、绿、蓝三色数值。

- ⊙ 【Highlights Unbalance】：通过控件设置亮部的颜色，调整亮部的色彩平衡。
- ⊙ 【Highlights】：调整亮部的红、绿、蓝三色数值。
- ⊙ 【Pinning】：加大调整后的暗部、中间调和亮部之间的对比度。
- ⊙ 【Blend w. Original】：设置调整后的效果与原素材的融合程度。100%为完全融合。
- ⊙ 【Special】：对暗部和亮部的色彩饱和度进一步进行调整。

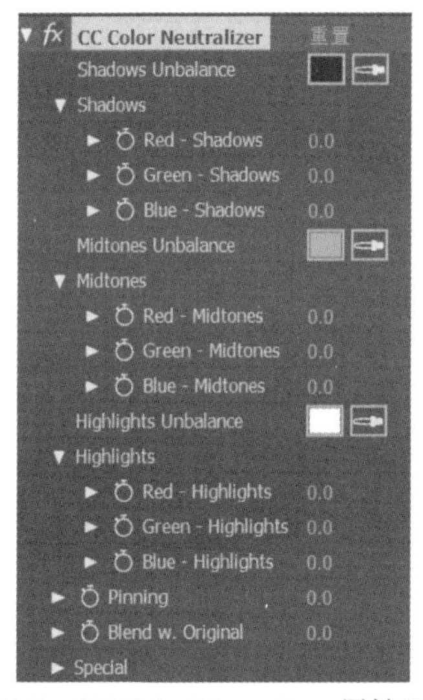

图 9-1　CC Color Neutralizer 属性面板

图 9-2　CC Color Neutralizer 效果对比图

颜色校正特效中的【三色调】特效的效果与设置原理与 CC Color Neutralizer 基本相同。属性面板以及效果对比如图 9-3 所示。

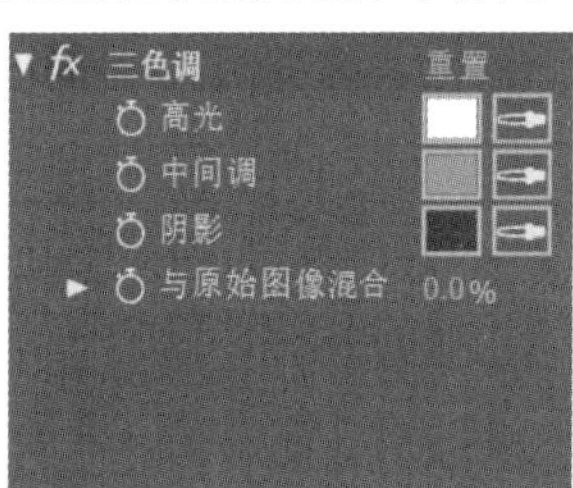

图 9-3　【三色调】特效属性面板和效果对比图

9.1.2　CC Color Offset

CC Color Offset 特效通过控制图像的红、绿、蓝这 3 个颜色通道的色相来调整图像本身的颜色效果。属性面板如图 9-4 所示，应用特效效果如图 9-5 所示，参数设置说明如下。

- ⊙ 【Red Phase】：通过控件设置红色通道的色相。
- ⊙ 【Green Phase】：通过控件设置绿色通道的色相。
- ⊙ 【Blue Phase】：通过控件设置蓝色通道的色相。
- ⊙ 【Overflow】：用于应对映射颜色值超出正常范围的情况。

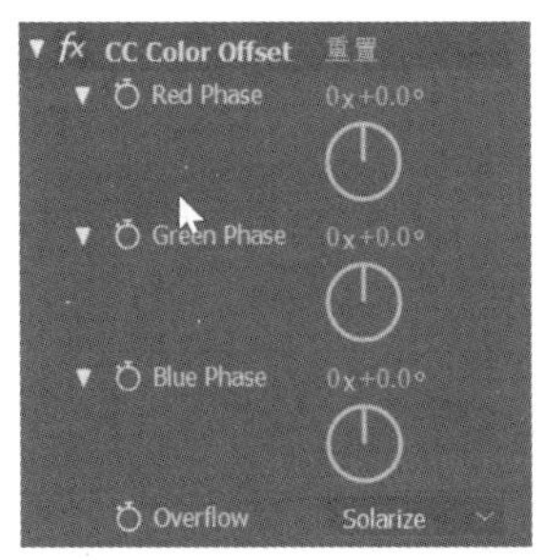

图 9-4　CC Color Offset 属性面板

图 9-5　CC Color Offset 效果对比图

9.1.3　CC Toner

CC Toner 特效将素材的色调分为不同的明度，通过调整各个明度的颜色来修改素材本身的颜色。属性面板如图 9-6 所示，应用特效效果如图 9-7 所示，参数设置说明如下。

- 【Tones】：该参数用来选择划分素材明度的色调类型。
- 【Highlights】【Brights】【Midtones】【Darktones】【Shadows】：5 种明度参数。根据【Tones】的色调类型不同，被启用的明度个数和种类也不同。
- 【Blend w. Original】：设置调整后的效果与原素材的融合程度。100%为完全融合。

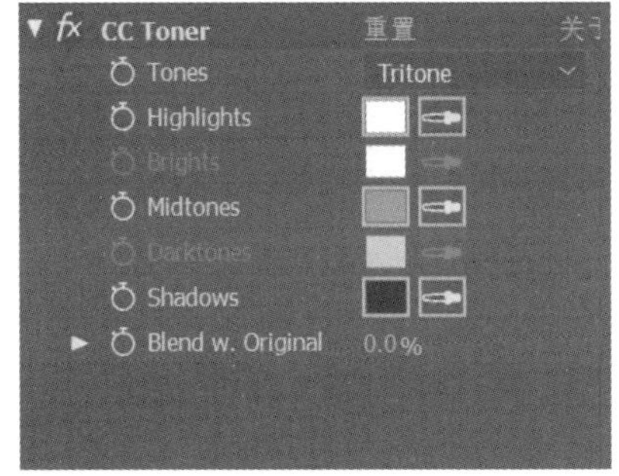

图 9-6　CC Toner 属性面板

图 9-7　CC Toner 效果对比图

9.1.4　亮度和对比度

【亮度和对比度】特效通过控制器调整素材的亮度和对比度属性。属性面板如图 9-8 所示，应用特效效果如图 9-9 所示，参数设置说明如下。

- 【亮度】：调整素材的亮度，数值越大，亮度越高。
- 【对比度】：调整素材的对比度，数值越大，对比度越高。

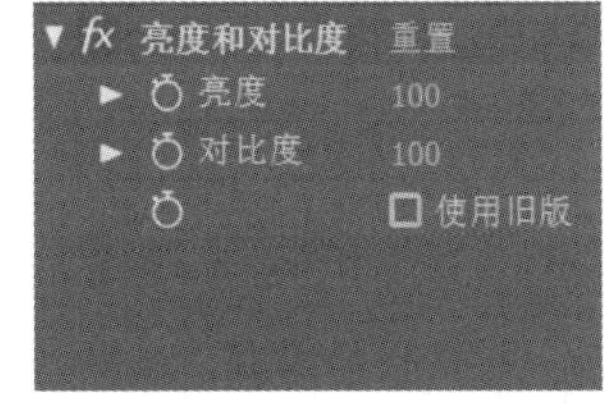

图 9-8　【亮度和对比度】属性面板

图 9-9　亮度和对比度效果对比图

9.1.5 保留颜色

【保留颜色】特效通过调整参数来指定图像中被保留下来的颜色，其他颜色则转换为灰色效果。属性面板如图 9-10 所示，应用特效效果如图 9-11 所示，参数设置说明如下。

- 【脱色量】：用来控制除被选中颜色以外颜色的脱色百分比。
- 【要保留的颜色】：通过颜色拾取器来选择素材中需要被保留下来的颜色。
- 【容差】：用于调整被保留颜色的容差程度，数值越大，被保留颜色面积越大。
- 【边缘柔和度】：通过调整数值设置被保留颜色边缘的柔和度。
- 【匹配颜色】：选择匹配颜色的模式。

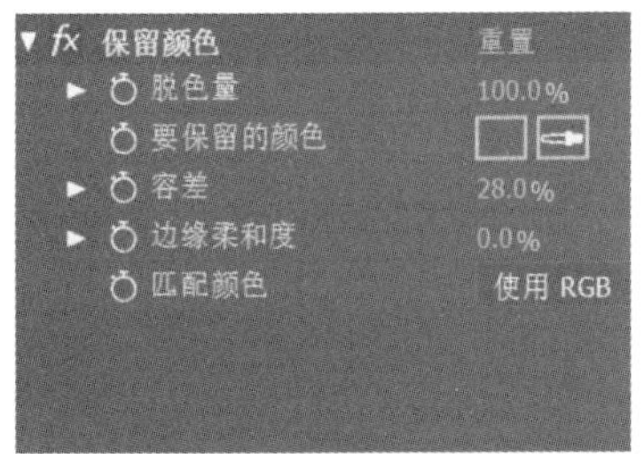

图 9-10 【保留颜色】属性面板

图 9-11 保留颜色效果对比图

9.1.6 可选颜色

【可选颜色】特效可以对素材中指定的某种颜色部分进行调整，从而修整素材的整体色彩效果。属性面板如图 9-12 所示，应用特效效果如图 9-13 所示，参数设置说明如下。

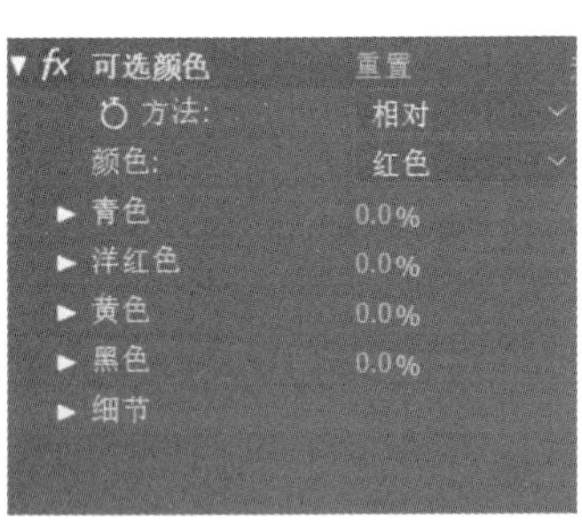

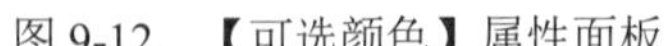

图 9-12 【可选颜色】属性面板

图 9-13 可选颜色效果对比图

- 【方法】：选择划分素材中颜色的方法。
- 【颜色】：选择需要调整的素材中的某个颜色部分。
- 【青色】【洋红色】【黄色】【黑色】：从这 4 种颜色倾向的多少来调整被选择颜色部分的色相。

9.1.7 广播颜色

【广播颜色】特效用来规范素材的颜色范围。由于计算机和其他视频播放设备的色彩范围有一些区别，为了确保作品能在多种设备上准确播放，可以使用该特效将素材的颜色属性控制在安

全范围内。属性面板如图 9-14 所示，参数设置说明如下。

- 【广播区域设置】：选择 NTSC 或 PAL 广播制式。
- 【确保颜色安全的方式】：选择需要调整颜色的方式。
- 【最大信号振幅(IRE)】：限制最大信号幅度。

图 9-14　【广播颜色】属性面板

9.1.8　曝光度

【曝光度】特效可以对素材的曝光程度进行调整，从而修整素材的整体曝光效果。属性面板如图 9-15 所示，应用特效效果如图 9-16 所示，参数设置说明如下。

- 【通道】：选择曝光的通道为【主要通道】或者【单个通道】。
- 【主】：选择【主要通道】时可调节的参数。用于调整整个素材的曝光度。可通过【曝光度】【偏移】【灰度系数校正】三个方面进行设置。
- 【红色】【绿色】【蓝色】：选择【单个通道】时可调节的参数。分别设置红、绿、蓝三色通道的曝光度、偏移和灰度系数校正的数值。

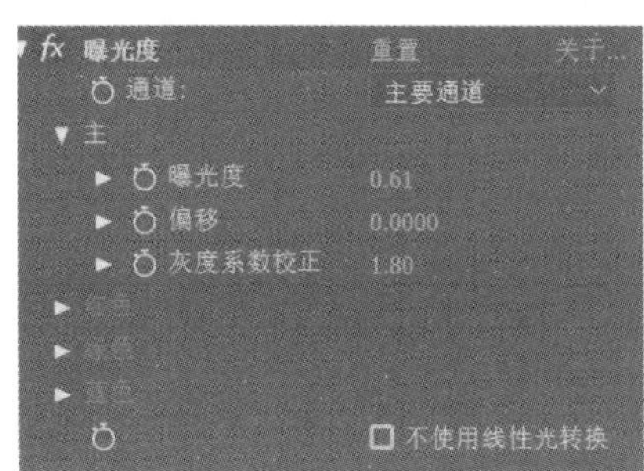

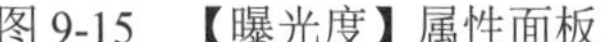
图 9-15　【曝光度】属性面板

图 9-16　曝光度效果对比图

9.1.9　曲线

【曲线】特效用来调整素材的色调和明暗度。【曲线】与其他调整色调和明暗度特效不同的是，它可以精确地调整高光、中间调和暗部中任何部分的色调与明暗度。还可以对素材的各个通道进行控制，调节色调。在曲线上最多可设置 16 个控制点。属性面板如图 9-17 所示，应用特效效果如图 9-18 所示，参数设置说明如下。

- 【通道】：选择需要调整的颜色通道。
- 按钮：选中该按钮后可以对曲线进行修改。单击曲线可以在曲线上增加控制点。在坐标区域内按住鼠标左键拖动控制点可以编辑曲线。将控制点拖出坐标区域则删除控制点。

- 按钮：选中该按钮后可以在坐标区域内绘制曲线来控制明暗效果。
- ：用来切换曲线视图的大小。
- 【打开】【保存】：用于存储和打开调节好的曲线文件。
- 【平滑】：将设置的曲线转换为平滑的曲线。

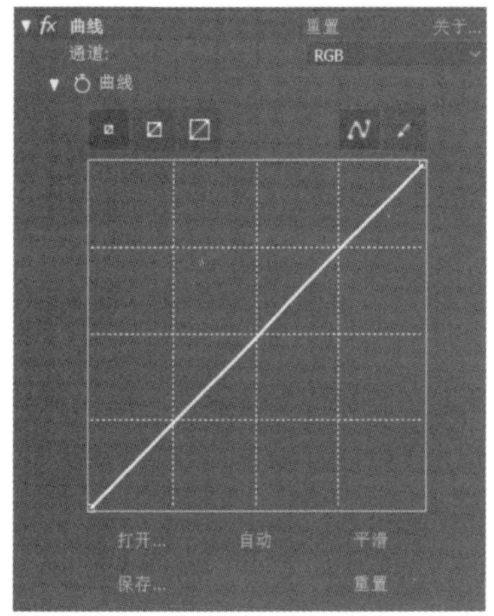

图 9-17 【曲线】属性面板

图 9-18 曲线效果对比图

9.1.10 更改颜色和更改为颜色

【更改颜色】特效用于改变素材中某种被选中颜色区域的色相、亮度和饱和度。属性面板如图 9-19 所示，应用特效效果如图 9-20 所示，参数设置说明如下。

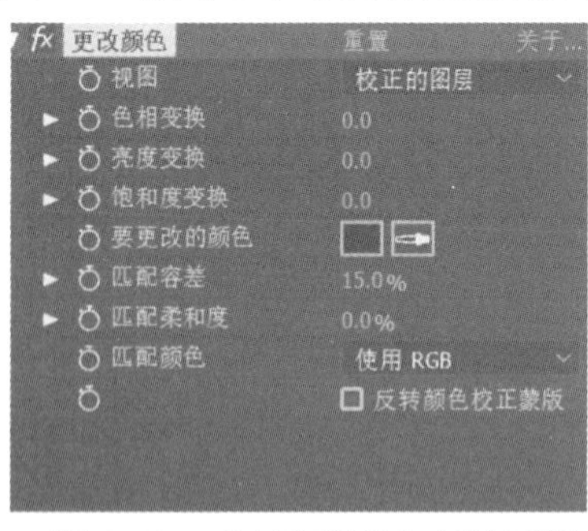

图 9-19 【更改颜色】属性面板

图 9-20 更改颜色效果对比图

- 【视图】：选择视图模式为【校正的图层】或者【颜色校正蒙版】。
- 【色相变换】【亮度变换】【饱和度变换】：用来调节被选中颜色所属区域的色相、亮度和饱和度数值。
- 【要更改的颜色】：通过颜色拾取器来选择素材中需要被更改的颜色。
- 【匹配容差】：用于调整被选中颜色的容差程度。
- 【匹配柔和度】：控制修正颜色的柔和度。
- 【匹配颜色】：选择某种颜色模式为基础匹配色。

- 【反转颜色校正蒙版】：选中该选项，将调换被选中颜色区域与其他未被选中区域的特效效果。

【更改为颜色】特效与【更改颜色】功能基本相似。属性面板如图 9-21 所示，参数设置说明如下。

- 【自】：通过颜色拾取器来选择素材中需要被更改的颜色。
- 【至】：通过颜色拾取器来选择替换的颜色。
- 【更改】：选择更改时所包含的属性内容。
- 【更改方式】：选择颜色替换的方式。
- 【容差】：用于调整被选中颜色的容差程度。
- 【柔和度】：用于控制修正颜色的柔和度。

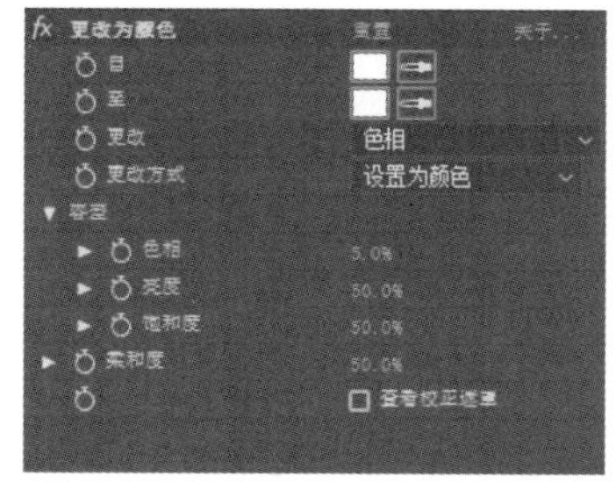

图 9-21　【更改为颜色】属性面板

9.1.11　灰度系数/基值/增益

【灰度系数/基值/增益】特效通过设置红、绿、蓝颜色通道的数值，从而调整整个素材的色彩效果。属性面板如图 9-22 所示，应用特效效果如图 9-23 所示，参数设置说明如下。

- 【黑色伸缩】：用来控制素材中的黑色部分。
- 【红色/绿色/蓝色灰度系数】：用来设置三色通道的灰度值。灰度值越大，该通道色彩对比度越小；灰度值越小，该通道色彩对比度越大。
- 【红色/绿色/蓝色基值】：用于设置三色通道中最小输出值，主要控制图像的暗部。
- 【红色/绿色/蓝色增益】：用于设置三色通道中最大输出值，主要控制图像的亮部。

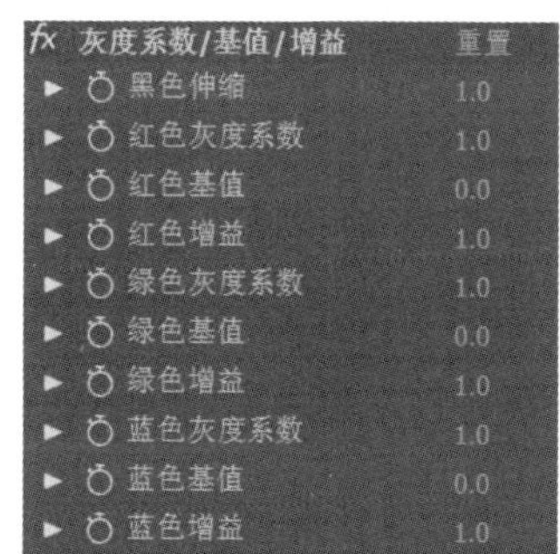

图 9-22　【灰度系数/基值/增益】属性面板

图 9-23　灰度系数/基值/增益效果对比图

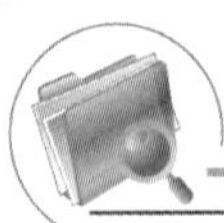

9.1.12 照片滤镜

【照片滤镜】特效可为素材直接添加已设置好的彩色滤镜，从而调整素材的色彩平衡和色相。属性面板如图 9-24 所示，应用特效效果如图 9-25 所示，参数设置说明如下。

- ⊙ 【滤镜】：包含多种已设置好的滤镜效果，用户可直接选择。
- ⊙ 【颜色】：当【滤镜】设置为自定义时，用户可以通过修改该参数的数值来设置自己想要的滤镜效果。
- ⊙ 【密度】：用于设置滤镜颜色的透明度，该数值越高，滤镜颜色透明度越低。
- ⊙ 【保持发光度】：用于保持素材原本的亮度和对比度。

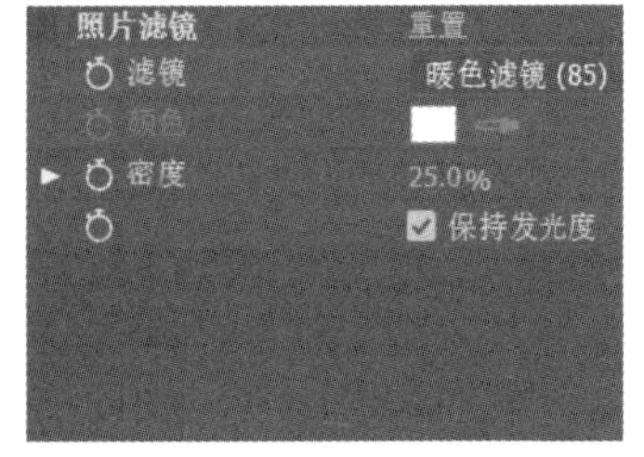

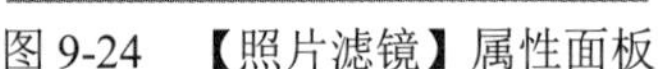

图 9-24 【照片滤镜】属性面板

图 9-25 照片滤镜效果对比图

9.1.13 黑色和白色

【黑色和白色】特效可以将素材转换为黑白色或单一色调。属性面板如图 9-26 所示，应用特效效果如图 9-27 所示，参数设置说明如下。

- ⊙ 【红色/黄色/绿色/青色/蓝色/洋红】：用来调整素材本身相对应色系的明暗度。
- ⊙ 【淡色】：选中该选项可以将素材转换为某种单一色调。
- ⊙ 【色调颜色】：用于设置单一色调的颜色。

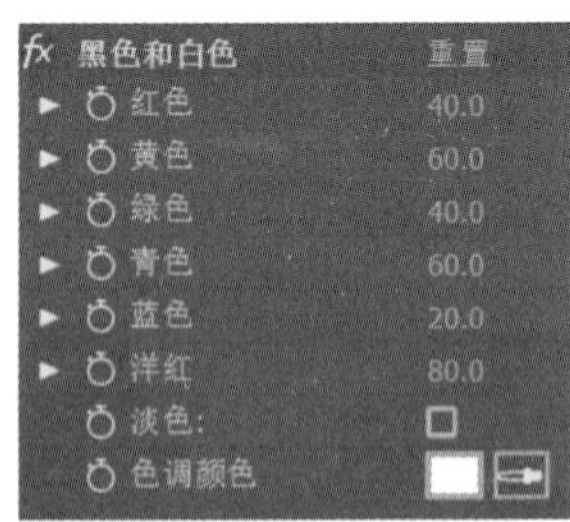

图 9-26 【黑色和白色】属性面板

图 9-27 黑色和白色效果对比图

9.1.14 色调和色调均化

【色调】特效将素材分为黑白两色，然后将黑白两部分分别映射为某种颜色，从而改变素材本身的色调。属性面板如图 9-28 所示，应用特效效果如图 9-29 所示，参数设置说明如下。

- ⊙ 【将黑色映射到】：用来设置图像中黑色和灰色部分映射成为的颜色。
- ⊙ 【将白色映射到】：用来设置图像中白色部分映射成为的颜色。

◉【着色数量】：用于设置映射的程度。

◉【交换颜色】：该按钮用来交换素材黑灰和白色部分的颜色。

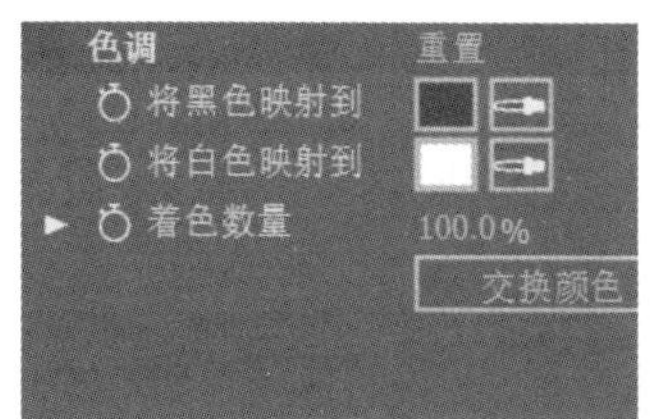

图 9-28　【色调】属性面板

图 9-29　色调效果对比图

【色调均化】特效用来对素材的颜色色调进行平均化处理。属性面板如图 9-30 所示。应用特效效果如图 9-31 所示。参数设置说明如下。

◉【色调均化】：用来设置均化的方式。

◉【色调均化量】：用来设置均化的程度。

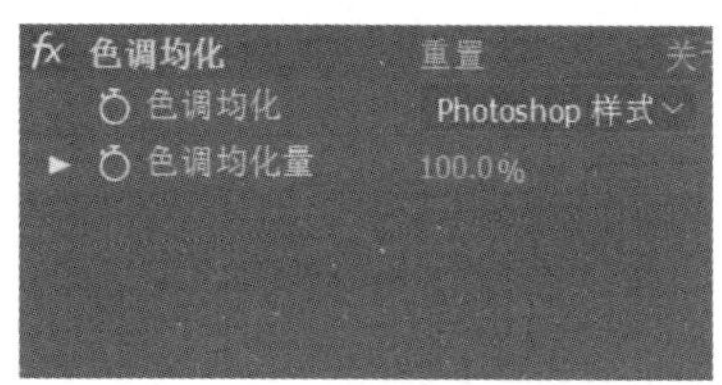

图 9-30　【色调均化】属性面板

图 9-31　色调均化效果对比图

9.1.15　色光

【色光】特效用来给素材重新上色，大多用于色彩方面的动画。属性面板如图 9-32 所示，应用特效效果如图 9-33 所示，参数设置说明如下。

◉【输入相位】：用于设置素材的色彩相位。【获取相位，自】用来选择素材色彩相位的色彩通道；【添加相位】可以选择为素材添加其他素材的色彩相位；【添加相位，自】用来选择其他素材相位的色彩通道；【添加模式】用来选择其他素材相位与原素材相位的融合模式；【相移】用来设置相位的移动与旋转。

◉【输出循环】：用来设置映射色彩。【使用预设调板】用来选择特效自带的设置好的映射色彩；【输出循环】通过调整三角色块来自行设置映射的色彩；【循环重复次数】用来设置映射颜色的循环次数；【插值调板】被选中后，映射色彩将以色块的方式呈现。

◉【修改】：对设置好的映射效果进行修改。

◉【像素选区】：指定特效所影响的颜色。

◉【蒙版】：用于指定一个控制色光特效的蒙版层。

◉【在图层上合成】：用于设置特效是否与素材相合成。

◉【与原始图像混合】：用于设置特效与素材的混合程度。

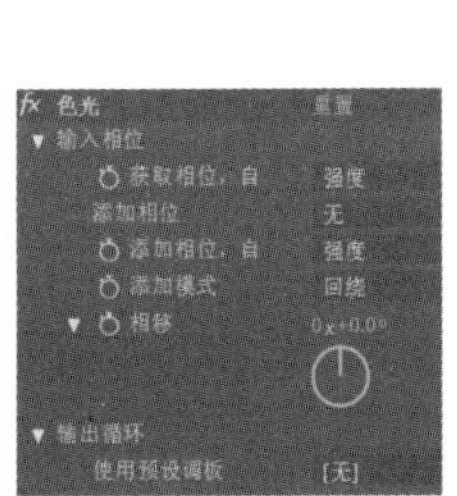

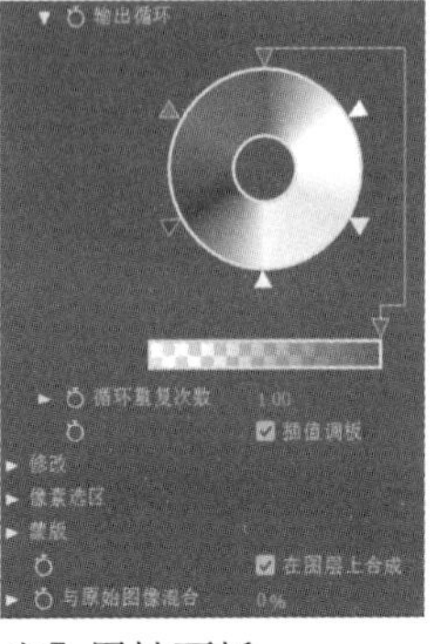

图 9-32 【色光】属性面板

图 9-33 色光效果对比图

9.1.16 色阶和色阶(单独控件)

【色阶】特效用来调整素材的亮部、中间调和暗部三个部分的亮度和对比度，从而调整素材本身的亮度和对比度。属性面板如图 9-34 所示，应用特效效果如图 9-35 所示，参数设置说明如下。

- 【通道】：选择整个颜色范围内调整或是某个颜色通道内调整。
- 【直方图】：用来显示素材中亮部、中间调和暗部三个部分的分布情况。
- 【输入黑色】【输入白色】：用于设置输入图像中暗部和亮部的区域值，分别对应直方图最左侧和最右侧的两个小三角。
- 【灰度系数】：用于设置中间调的区域值，对应直方图中间的小三角。
- 【输出黑色】【输出白色】：用于设置输出图像中黑色和白色的区域大小，分别由直方图下方的黑白色条上的两个小三角控制。

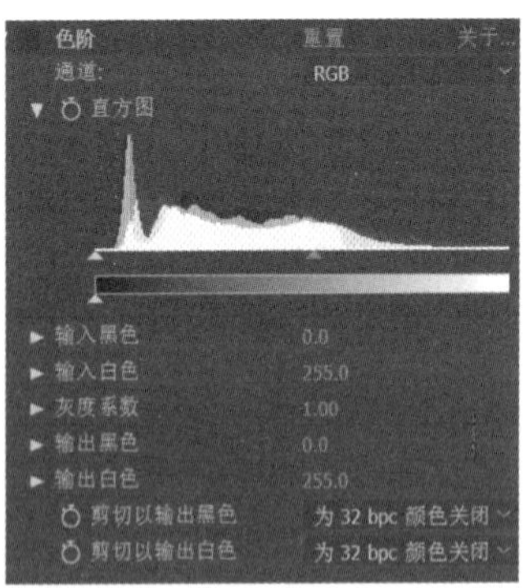

图 9-34 【色阶】属性面板

图 9-35 色阶效果对比图

【色阶(单独控件)】特效与【色阶】特效的应用方法相同，只是可以通过不同的颜色通道对素材的亮度、对比度和灰度系数进行设置。

9.1.17 色相/饱和度

【色相/饱和度】特效用来调整素材的颜色和色彩的饱和度。与其他特效不同的是，该特效可

以直接整体改变素材本身的色相。属性面板如图 9-36 所示，应用特效效果如图 9-37 所示，参数设置说明如下。

- 【通道控制】：用来选择特效应用的颜色。选择【主】则对全部颜色应用特效，也可选择应用于单独的某个颜色范围上。
- 【通道范围】：用来显示调节颜色的范围。上面的色条表示调节前的颜色，下面的色条表示调整后的颜色。
- 【主色相】：用于设置调节颜色的色相。
- 【主饱和度】：用于设置调节颜色的饱和度。
- 【主亮度】：用于设置调节颜色的亮度。
- 【彩色化】：选中该选项后，素材将被转换为单色调。
- 【着色色相】【着色饱和度】【着色亮度】：这 3 个选项用来控制单色调特效的色相、饱和度和亮度。

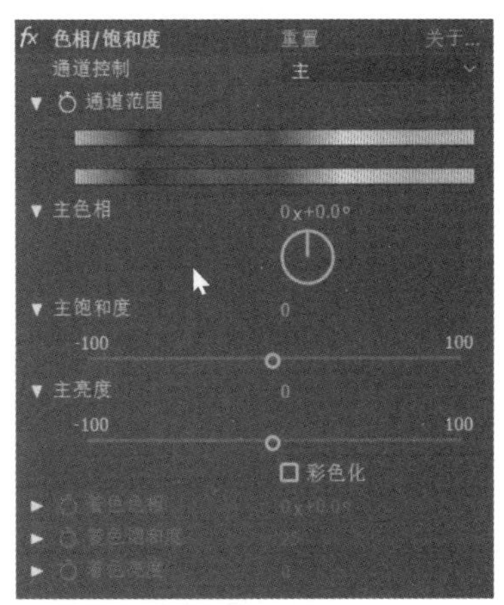

图 9-36　【色相/饱和度】属性面板

图 9-37　色相/饱和度效果对比图

9.1.18　通道混合器

【通道混合器】特效可以使图像原有的颜色通道与其他颜色进行混合，从而改变图像整体的色相。该特效多用于调整灰度图像的效果。属性面板如图 9-38 所示，应用特效效果如图 9-39 所示，参数设置说明如下。

- 【红色、绿色、蓝色】：3 个颜色通道，可以分别调整某个颜色通道与其他颜色的混合程度。
- 【单色】：选中该选项后，图像从彩色变为黑白图像。此时再调整颜色的混合程度，则是调整图像各个颜色通道的明暗度。

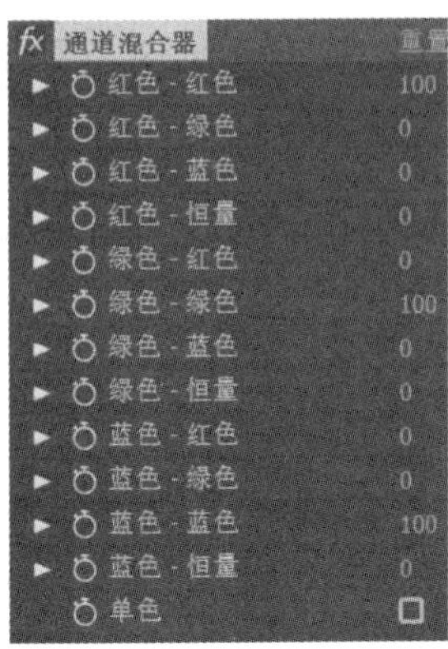

图 9-38 【通道混合器】属性面板

图 9-39 通道混合器效果对比图

9.1.19 颜色链接

【颜色链接】特效是将某个素材的混合色调作为蒙版来对当前层的素材进行色彩叠加，从而改变素材自身的色调。属性面板如图 9-40 所示，应用特效效果如图 9-41 所示，参数设置说明如下。

- 【源图层】：用来选择作为蒙版的图层。
- 【示例】：用来选择蒙版图层的颜色基准。
- 【剪切(%)】：用于设置对蒙版图层调节的程度。
- 【模板原始 Alpha】：如果作为蒙版图层有透明区域，可以通过选中该选项来应用该图层的透明区域。
- 【不透明度】：用于设置蒙版的不透明度。
- 【混合模式】：用于设置蒙版和被调节图层之间的混合模式。该选项也是颜色链接特效被应用的关键选项。

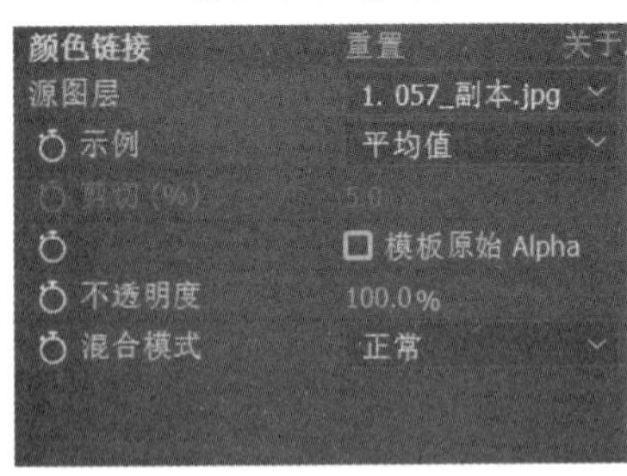

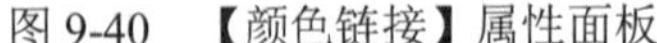

图 9-40 【颜色链接】属性面板

图 9-41 颜色链接效果对比图

9.1.20 颜色平衡和颜色平衡(HLS)

【颜色平衡】特效通过调整素材的暗部、中部、亮部的三色平衡，从而使素材自身整体的色彩平衡。属性面板如图 9-42 所示，应用特效效果如图 9-43 所示，参数设置说明如下。

- 【阴影红色/绿色/蓝色平衡】：用于设置素材阴影部分的红、绿、蓝三个颜色通道的色彩平衡值。
- 【中间调红色/绿色/蓝色平衡】：用于设置素材中间调部分的色彩平衡值。
- 【高光红色/绿色/蓝色平衡】：用于设置素材高光部分的色彩平衡值。

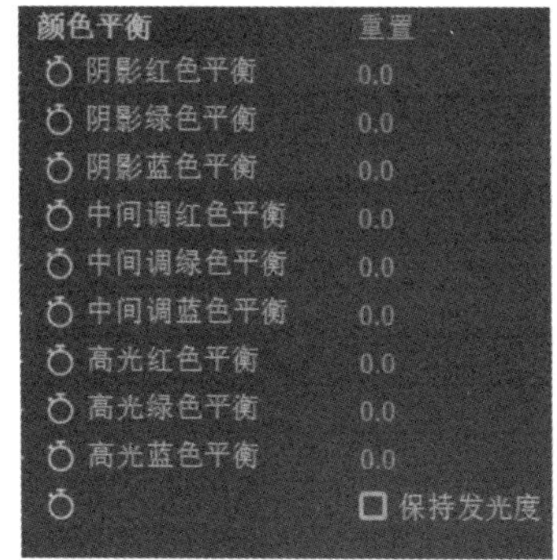

图 9-42　【颜色平衡】属性面板

图 9-43　颜色平衡效果对比图

【颜色平衡(HLS)】特效与【颜色平衡】特效的应用方法相同。区别在于【颜色平衡】特效是通过素材的 RGB 属性进行调整的，而该特效是通过素材的 HLS 属性进行颜色平衡的调整的。HLS 指素材的色相、亮度和饱和度。属性面板如图 9-44 所示。应用特效效果如图 9-45 所示。

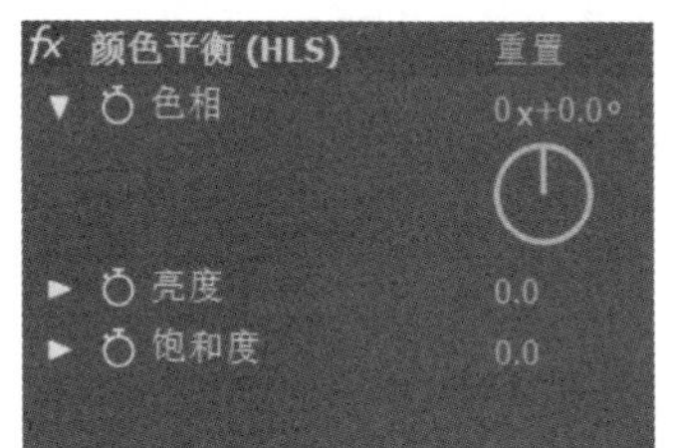

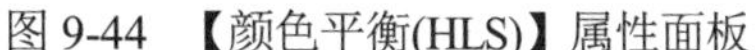

图 9-44　【颜色平衡(HLS)】属性面板

图 9-45　颜色平衡(HLS)效果对比图

9.1.21　阴影/高光

【阴影/高光】特效用于校正由于逆光造成的暗部过暗，或者曝光过度造成的亮度过亮等问题。该特效较为智能的地方在于，它能相对于暗部和亮部周围的像素来相应地进行调节，而不是整体地对整个素材进行调整。属性面板如图 9-46 所示，应用特效效果如图 9-47 所示，参数设置说明如下。

- 【自动数量】：选中该选项后，则应用特效的自动值对素材进行调整。
- 【阴影数量】：用于手动调整素材的暗部。
- 【高光数量】：用于手动调整素材的亮部。
- 【更多选项】：在该选项下有更细致的选项，用来帮助手动调整素材。
- 【与原始图像混合】：用于调整特效与原素材的混合程度。

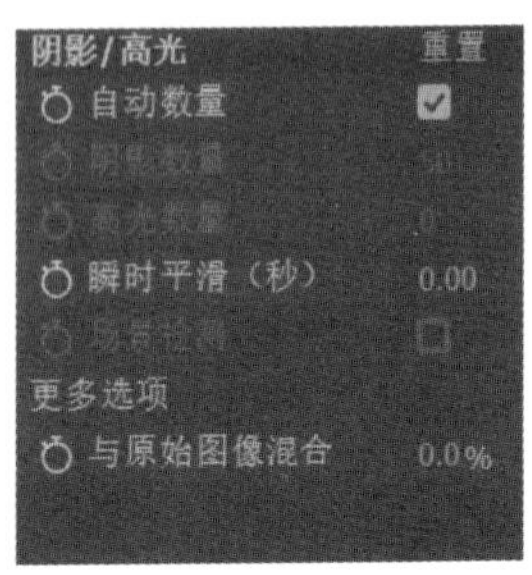

图 9-46 【阴影/高光】属性面板

图 9-47 阴影/高光效果对比图

9.1.22 自动特效

自动特效包含【自动对比度】【自动色阶】【自动颜色】和【自然饱和度】4 个特效。这 4 个特效在对比度、色阶、颜色和饱和度 4 个属性上有固定的数值。当素材应用这些特效时，这 4 个方面的属性都将设定为相应特定的数值。只有当某个数值明显偏差于正常值时，这些特效才会起到明显的效果。属性面板如图 9-48 所示。

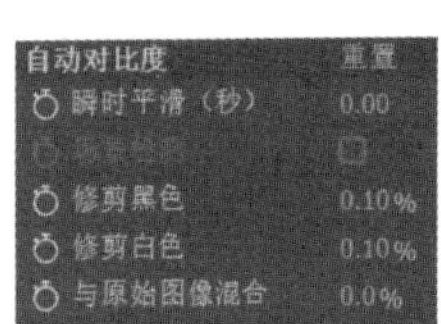

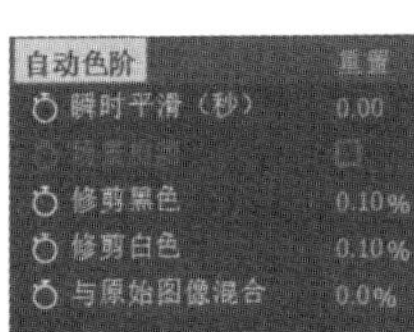

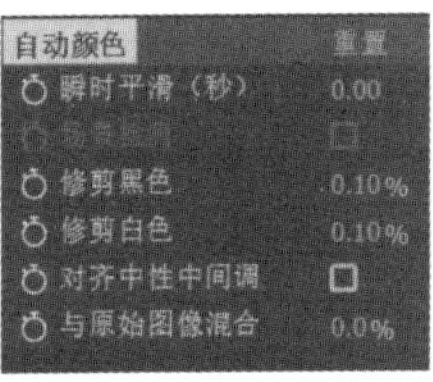

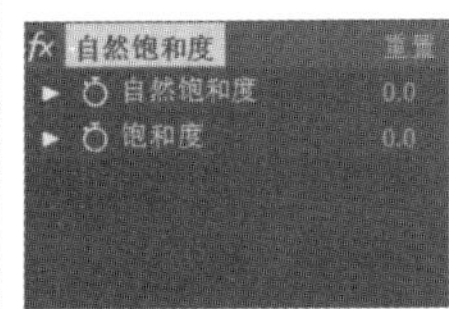

图 9-48 自动特效属性面板

9.2 抠像特效

抠像特效是 AE 中最具代表性的一类特效，主要用于去除素材的背景。将主场景以外的背景通过这类特效转换为透明状态，从而可以与其他的背景相融合。

9.2.1 Keylight(1.2)

Keylight(1.2)特效可以用来对素材的指定颜色区域进行抠图。属性面板如图 9-49 所示，应用特效效果如图 9-50 所示，参数设置说明如下。

- 【View】：用于选择不同的视图模式。
- 【Screen Colour】：用于设置要抠除的颜色，可以用吸管工具直接在素材中吸取颜色。
- 【Screen Gain】：用于设置被抠除部分的范围大小。
- 【Screen Balance】：用于设置屏幕的色彩平衡。
- 【Screen Pre-blur】：用于调整被抠除部位的边缘模糊程度。
- 【Screen Matte】：用于调节图像的黑白两色的比例以及柔和度。
- 【Inside Mask】【Outside Mask】：用于为素材添加内部和外部遮罩。

◉ 【Foreground Colour Correction】：用于校正素材的颜色属性。

◉ 【Edge Colour Correction】：用于校正抠除边缘的颜色属性。

◉ 【Source Crops】：用于设置裁剪素材。

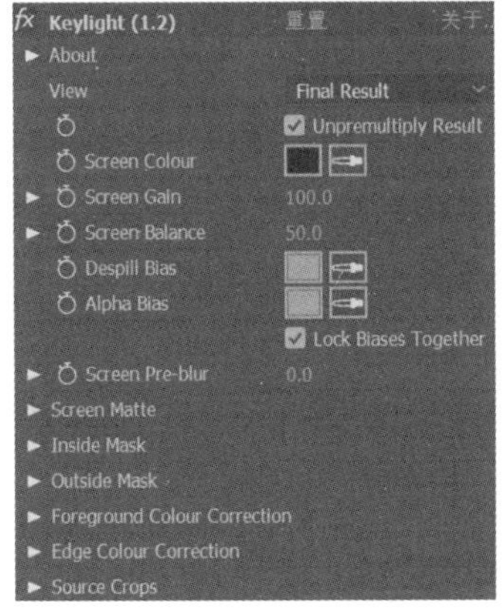

图 9-49　Keylight(1.2)属性面板

图 9-50　Keylight(1.2)效果对比图

9.2.2　差值遮罩

【差值遮罩】特效可以将两个图层的颜色进行筛选，选出相同颜色的区域并对特效层进行抠图，制作出两个图层相融合的效果。属性面板如图 9-51 所示，应用特效效果如图 9-52 所示，参数设置说明如下。

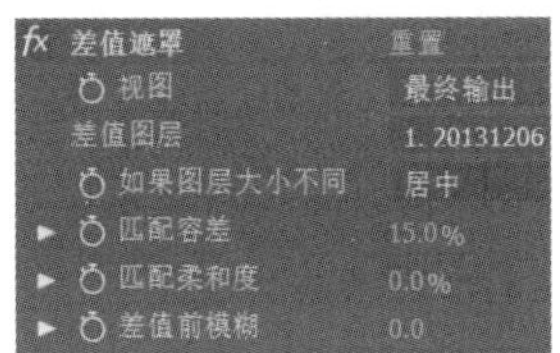

图 9-51　【差值遮罩】属性面板

图 9-52　差值遮罩效果对比图

◉ 【视图】：用于选择不同的视图模式。

◉ 【差值图层】：用于选择与添加特效图层进行颜色对比的图层。

◉ 【如果图层大小不同】：用于设置当两个图层大小不同时的对齐方式。

◉ 【匹配容差】：用于设置被抠除部位的范围大小。

◉ 【匹配柔和度】：用于调整被抠除部位的柔和程度。

◉ 【差值前模糊】：用于调节图像的模糊值。

9.2.3　内部/外部键

【内部/外部键】特效主要作用于利用蒙版进行抠图的素材上。用来调整蒙版的前景或背景属性。属性面板如图 9-53 所示，应用特效效果如图 9-54 所示，参数设置说明如下。

◉ 【前景(内部)】：用于选择作为前景的蒙版层。

◉ 【背景(外部)】：用于选择作为背景的蒙版层。

- ⊙ 【单个蒙版高光半径】：用于调整蒙版区域的高光范围。
- ⊙ 【清理前景】【清理背景】：对前景和背景设置另外的清理蒙版。
- ⊙ 【薄化边缘】：用于设置蒙版边缘的薄厚程度。
- ⊙ 【羽化边缘】：用于调节蒙版边缘的羽化程度。
- ⊙ 【边缘阈值】：用于整体调整蒙版的区域。
- ⊙ 【反转提取】：启用该选项可以反转蒙版。
- ⊙ 【与原始图像混合】：用于设置蒙版层与原始素材的混合程度。

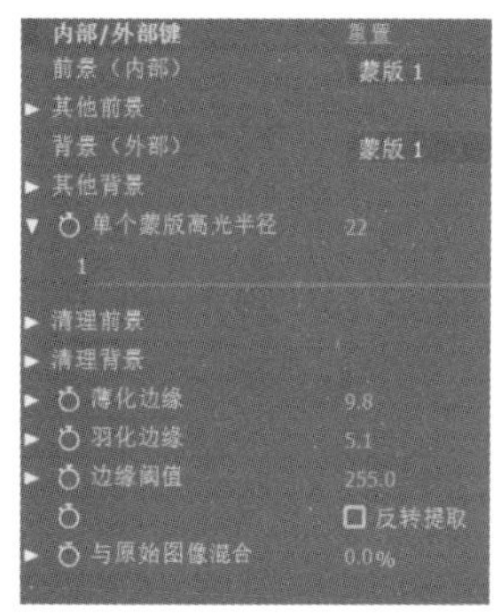

图 9-53　【内部/外部键】属性面板

图 9-54　内部/外部键效果对比图

9.2.4　提取

【提取】特效主要用于对明暗对比度特别强烈的素材进行抠像，通过特效数值的调整来抠除素材的亮部或者暗部。属性面板如图 9-55 所示，应用特效效果如图 9-56 所示，参数设置说明如下。

- ⊙ 【直方图】：用于显示和调整素材本身的明暗分布情况。
- ⊙ 【通道】：用于设置素材被抠像的色彩通道依据。可以选择【明亮度】【红色】【绿色】【蓝色】和【Alpha】。
- ⊙ 【黑场】：用于设置被抠除的暗部的范围。
- ⊙ 【白场】：用于设置被抠除的亮部的范围。
- ⊙ 【黑色柔和度】：用于调节暗部区域的柔和度。
- ⊙ 【白色柔和度】：用于调节亮部区域的柔和度。
- ⊙ 【反转】：选中该选项，可以反转蒙版范围。

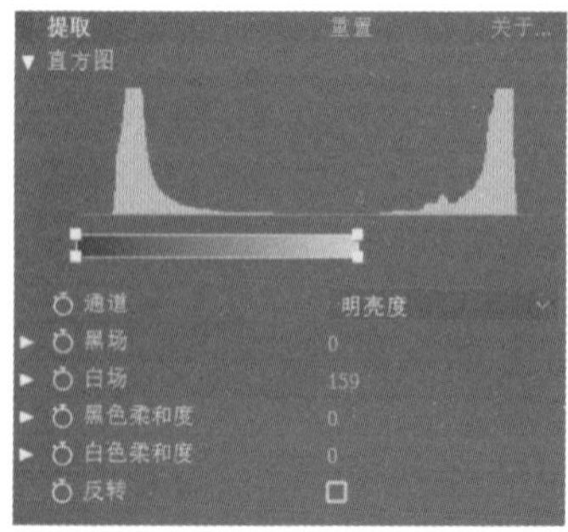

图 9-55　【提取】属性面板

图 9-56　提取效果对比图

9.2.5　线性颜色键

【线性颜色键】特效主要通过 RGB、色调、色度等信息来对素材进行抠像，多用于蓝屏或绿屏抠像。属性面板如图 9-57 所示，应用特效效果如图 9-58 所示，参数设置说明如下。

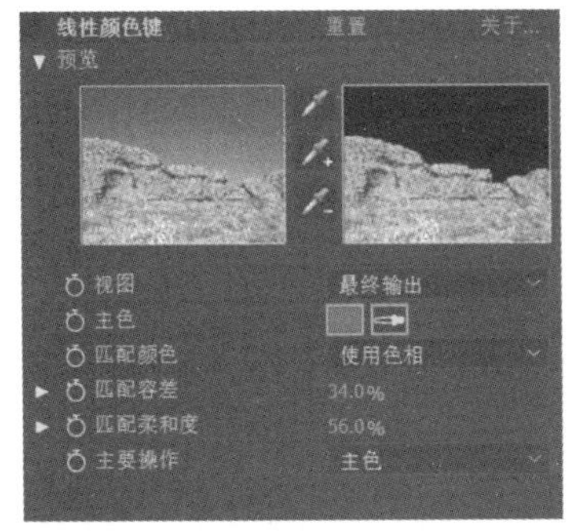

图 9-57　【线性颜色键】属性面板

图 9-58　线性颜色键效果对比图

- 【预览】：用于显示素材视图和抠像后的视图。吸管工具用来选取素材中需要被抠除的颜色。带加号的吸管工具用来补充选取需要被抠除的颜色。带减号的吸管工具用来排除不需要被抠除的颜色。
- 【视图】：用于选择视图查看的模式。
- 【主色】：用于设置需要被抠除的颜色。
- 【匹配颜色】：用于设置抠除时所依据的色彩模式。
- 【匹配容差】：用于调节抠除区域与留下区域的容差值。
- 【匹配柔和度】：用于调节抠除区域与留下区域的柔和度。
- 【主要操作】：用于设置抠除的颜色是被删除还是保留原色。

9.2.6　颜色差值键

【颜色差值键】特效是通过颜色的差别来实现多色抠图效果。特效将素材分为 A 被抠除的主要颜色区域，B 被抠除的第二个颜色区域，两个区域相叠加得到最终的 Alpha 透明区域。属性面板如图 9-59 所示，应用特效效果如图 9-60 所示，参数设置说明如下。

- 【预览】：用于显示素材视图、A 区域视图、B 区域视图和最终透明区域视图。
- 【视图】：用于选择视图查看的模式。
- 【主色】：用于设置需要被抠除的颜色。
- 【颜色匹配准确度】：用于设置颜色匹配的方式，可选择【更好】或【更快】。
- 【黑色区域的 A 部分/B 部分/遮罩】：用于调节 A、B 和遮罩部分，抠除区域的非溢出黑平衡。
- 【白色区域的 A 部分/B 部分/遮罩】：用于调节 A、B 和遮罩部分，抠除区域的非溢出白平衡。
- 【黑色区域外的 A 部分/B 部分】：用于调节 A、B 部分，抠除区域的溢出黑平衡。
- 【白色区域外的 A 部分/B 部分】：用于调节 A、B 部分，抠除区域的溢出白平衡。

- ⊙【A 部分/B 部分/遮罩的灰度系数】：分别设置 A、B 和遮罩三部分，抠除区域的黑白反差值。

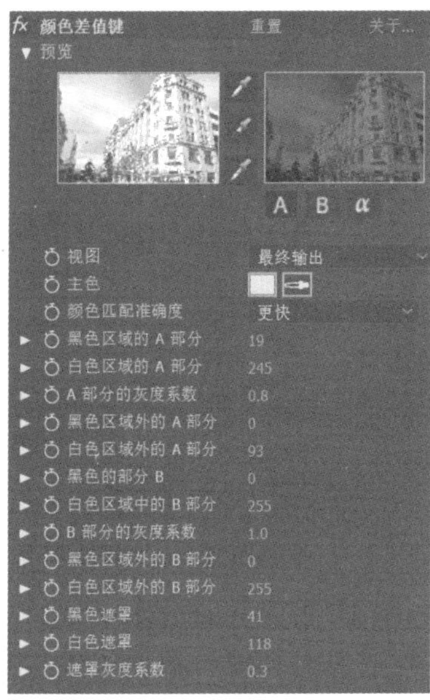

图 9-59 【颜色差值键】属性面板

图 9-60 颜色差值键效果对比图

9.2.7 颜色范围

【颜色范围】特效主要用于对颜色对比强烈的素材进行抠图，通过特效数值的调整来抠除素材的某个颜色以及相近颜色。属性面板如图 9-61 所示，应用特效效果如图 9-62 所示，参数设置说明如下。

- ⊙【预览】：用于显示被抠除的区域。黑色部分就是被抠除的部分，旁边的吸管按钮与【线性颜色键】属性面板中的 3 个吸管按钮用途相同。
- ⊙【模糊】：用于设置被抠除区域的模糊度。
- ⊙【色彩空间】：用于选择素材颜色的模式。可选择的有【Lab】【YUV】【RGB】。
- ⊙【最小值(L、Y、R)/(a、U、G)/(b、V、B)】：用于设置(L、Y、R)/(a、U、G)/(b、V、B)色彩控制的最小值。
- ⊙【最大值(L、Y、R)/(a、U、G)/(b、V、B)】：用于设置(L、Y、R)/(a、U、G)/(b、V、B)色彩控制的最大值。

9.2.8 高级溢出抑制器和抠像清除器

【高级溢出抑制器】和【抠像清除器】特效都不是单独的抠像特效。这两个都是抠像辅助特效，主要作用于被抠像的素材。【高级溢出抑制器】主要用来对抠完像的素材边缘部分的颜色进行二次调整；【抠像清除器】主要用来对素材进行二次抠像。属性面板如图 9-63 所示。

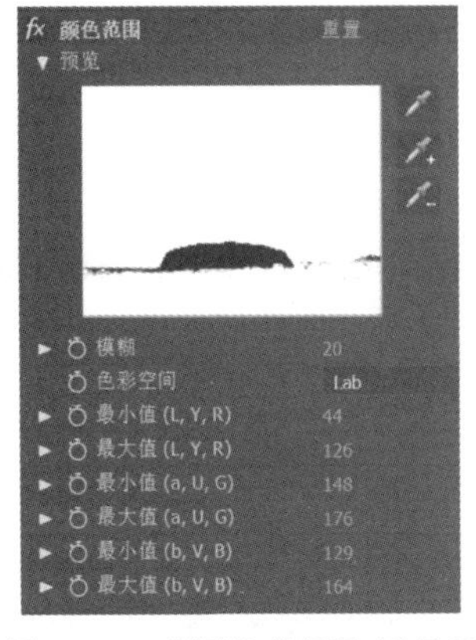

图 9-61　【颜色范围】属性面板

图 9-62　颜色范围效果对比图

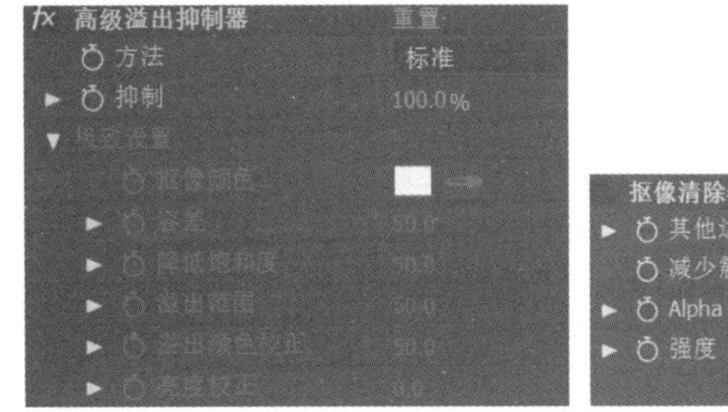

图 9-63　【高级溢出抑制器】和【抠像清除器】属性面板

9.3　遮罩特效

遮罩特效是一种辅助特效，主要是在抠像特效完成后，对被抠像的素材进行辅助调整。具有修整边缘，填补漏洞等效果。该类特效常与抠像特效结合使用。

9.3.1　mocha shape

mocha shape 特效主要用于改变抠像图层的形状和颜色，用来观察抠像后素材的细节。属性面板如图 9-64 所示，应用特效效果如图 9-65 所示，参数设置说明如下。

- 【Blend mode】：用于设置抠像层的混合模式。有【Add(加)】【Subtract(减)】和【Multiply(乘)】3 种方式可选。
- 【Invert】：选中该选项后，抠像区域将被反转。
- 【Render edge width】：选中该选项后，将对抠像区域的边缘进行渲染。
- 【Render type】：用于设置抠像层的渲染类型。有【Shape cutout(形状抠图)】【Color composite(色彩合成)】【Color shape cutout(颜色形状抠图)】3 种类型可选。
- 【Shape colour】：用于设置覆盖在抠像层上的颜色。
- 【Opacity】：用于设置覆盖颜色的不透明度。

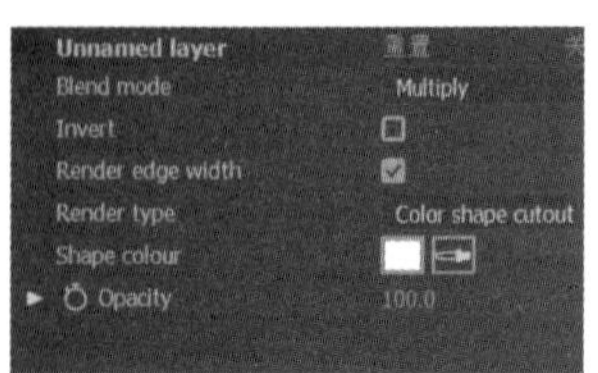

图 9-64　mocha shape 属性面板

图 9-65　mocha shape 效果对比图

9.3.2　调整柔和遮罩和调整实边遮罩

【调整柔和遮罩】和【调整实边遮罩】特效主要用于修整由于抠像造成的杂点、边缘锯齿，图像某个部分的缺失等现象，主要针对动态素材的抠像。两个特效的区别在于【调整柔和遮罩】多用于不规则图形的抠像，【调整实边遮罩】多用于规则图形的抠像。属性面板如图 9-66 所示，参数设置说明如下。

- 【计算边缘细节】：选中该选项后可以查看和调整不规则图形的边缘。
- 【其他边缘半径】：用于设置遮罩边缘的半径大小。
- 【查看边缘区域】：选中该选项后，可以较清楚地查看遮罩边缘区域。
- 【平滑】：用于设置抠像层的边缘和漏洞处的平滑度。
- 【羽化】：用于设置边缘和漏洞处的羽化值。
- 【对比度】：用于设置边缘和漏洞处的对比度。
- 【移动边缘】：用于调整边缘的位置，使之扩张或者收缩。
- 【震颤减少】：用于选择使震颤减少的类型，用于动态素材。
- 【减少震颤】：用于设置边缘的震颤程度。
- 【更多运动模糊】：选中该选项后，可以使抠像边缘产生运动模糊。
- 【运动模糊】：用于调整抠像边缘运动模糊的效果。
- 【净化边缘颜色】：选中该选项后，可以启用【净化】参数。
- 【净化】：对抠像边缘进行调整。

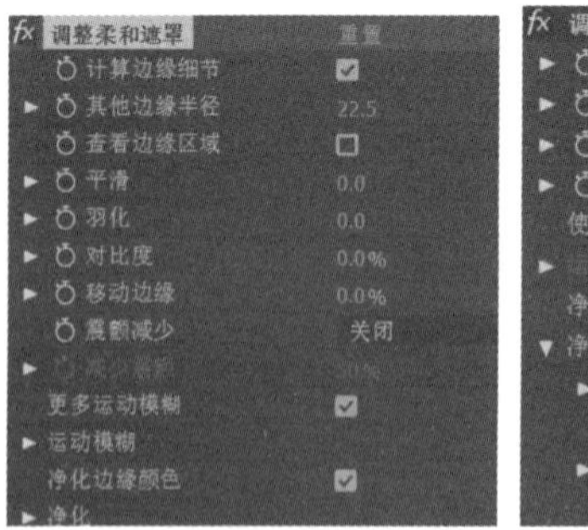

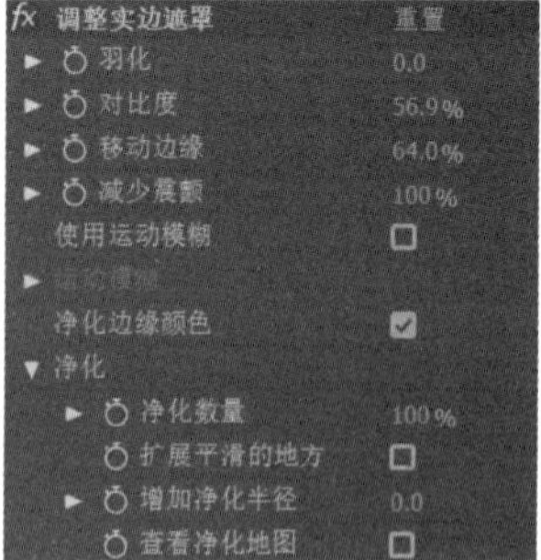

图 9-66　【调整柔和遮罩】和【调整实边遮罩】属性面板

9.3.3　简单阻塞工具和遮罩阻塞工具

【简单阻塞工具】和【遮罩阻塞工具】特效主要用于修整抠像后的边缘。两个特效的区别在

于【遮罩阻塞工具】比【简单阻塞工具】多了一些控制参数。属性面板如图 9-67 所示，应用特效效果如图 9-68 所示，参数设置说明如下。

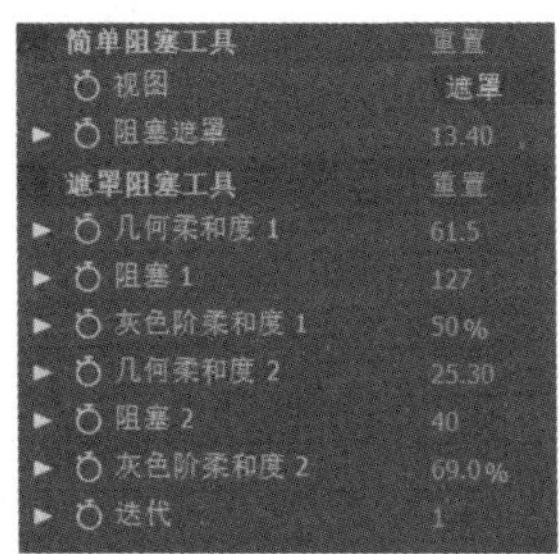

图 9-67　【简单阻塞工具】和【遮罩阻塞工具】属性面板

图 9-68　简单阻塞工具和遮罩阻塞工具效果对比图

- 【视图】：用于选择查看抠像区域的模式。
- 【阻塞遮罩】：用于设置抠像区域的溢出程度。
- 【几何柔和度 1/2】：用于设置抠像区域边缘的柔和度。
- 【阻塞 1/2】：用于设置抠像区域的溢出程度。
- 【灰色阶柔和度 1/2】：用于设置边缘的羽化程度。
- 【迭代】：用于设置特效被应用的次数。

9.4　上机练习

本章的第一个上机练习主要练习制作变换颜色的彩旗视频效果，使用户更好地掌握颜色校正特效的基本操作方法和技巧。为了使彩旗的颜色更鲜明，在制作过程中使用【曲线】特效来调整视频整体的明暗度和对比度，然后利用【色相/饱和度】特效来改变彩旗的颜色并为其制作颜色变化的动画效果。

(1) 首先需要建立一个合成。选择【合成】|【新建合成】命令。在弹出的【合成设置】对话框中设置【预设】为【HDTV 1080 25】，设置【持续时间】为 0:00:10:00，单击【确定】按钮，建立一个新的合成，如图 9-69 所示。

(2) 导入名为“彩旗”的素材视频。执行【文件】|【导入】|【导入文件】命令，从计算机中找到素材，单击【打开】按钮。将导入的视频素材放置在【合成】面板中。

(3) 先来调整视频的明暗度。选中【时间轴】面板中的视频图层，执行【效果】|【颜色校正】|【曲线】命令。

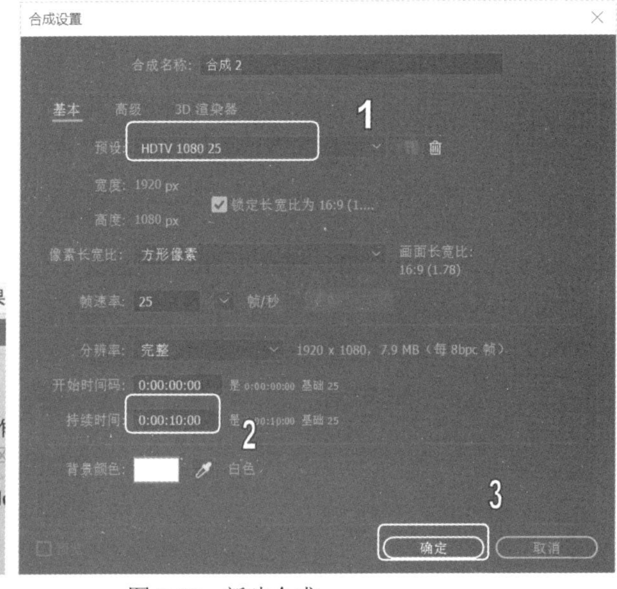

图 9-69　新建合成

(4) 在【曲线】属性面板中的曲线特效图中单击曲线的上部三分之一处，并向左上方拖动曲线，从而提亮视频画面中的亮部，如图 9-70 所示。

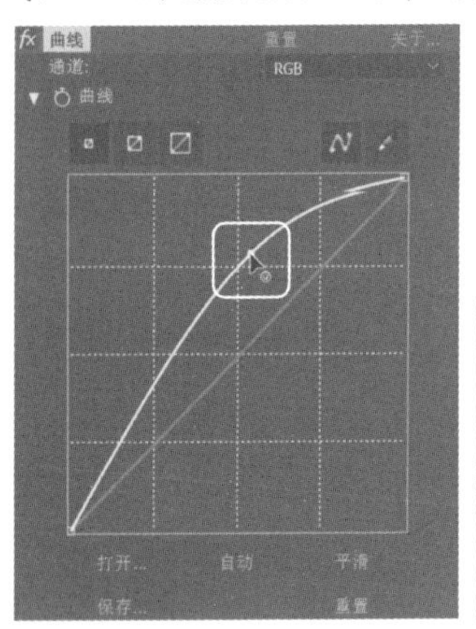

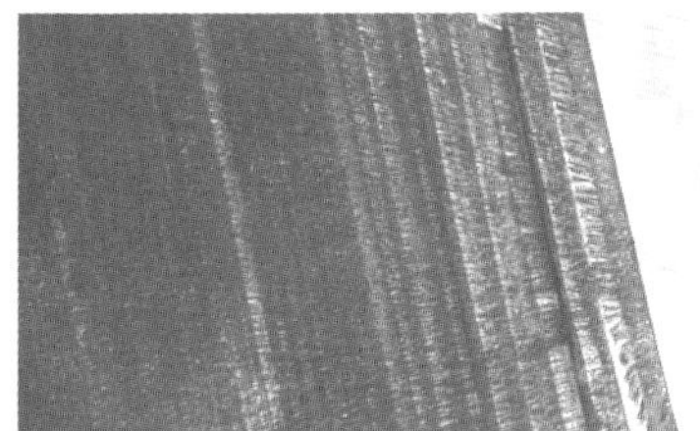

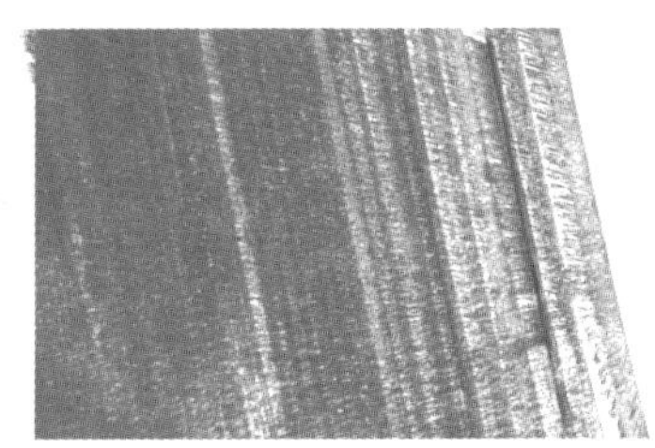

图 9-70　向上调整曲线

(5) 接着在曲线特效图中单击曲线的下部三分之一处，并向右下方拖动曲线，从而加深视频画面中的暗部。使画面对比度整体增加，如图 9-71 所示。

(6) 调整好视频素材的明暗度之后，为素材添加改变颜色的效果。选中【时间轴】面板中的视频图层，执行【效果】|【颜色校正】|【色相/饱和度】命令。

(7) 通过改变【色相/饱和度】特效下的【主色相】的数值就可以改变旗子的颜色。但我们想要制作的效果是旗子自己有一个变换颜色的动画效果。所以我们需要选中特效参数中的【彩色化】选项。选中后可以看到【着色色相】【着色饱和度】和【着色亮度】3 个参数可以被调整。将【着色饱和度】的数值调整为 50，提高旗子的颜色饱和度，如图 9-72 所示。

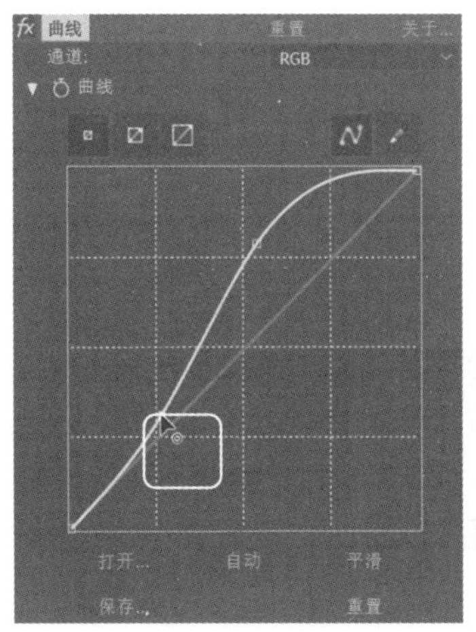

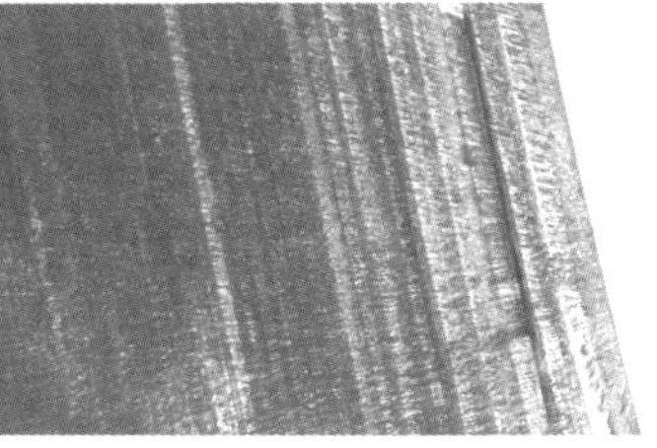

图 9-71　向下调整曲线

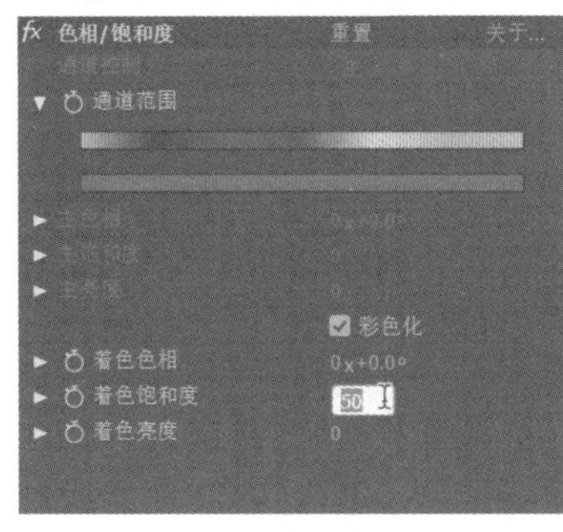

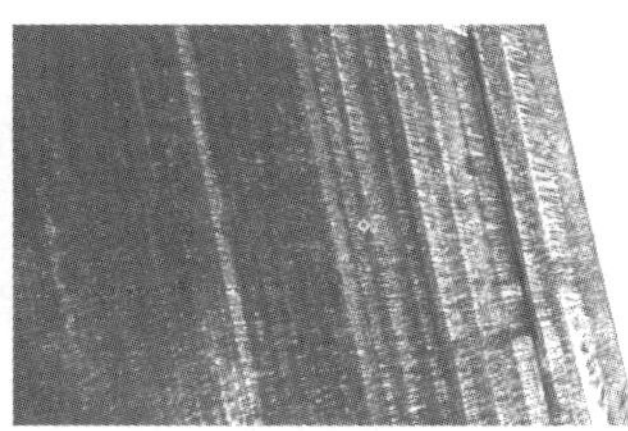

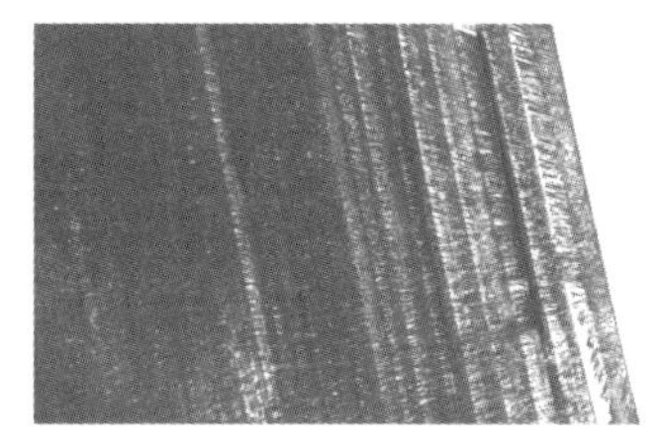

图 9-72　添加色相/饱和度特效

(8) 改变【着色色相】的数值可以看到，旗子的颜色发生了改变。要想让旗子自己改变颜色，就需要对【着色色相】这个参数添加动画，使之在一定时间内完成颜色的变换。首先要设置起始颜色的关键帧。在【时间轴】面板中将【时间指示器】调整至 00:00:00:00 的位置。将【着色色相】参数设置为 0×0°，然后单击参数左边的【关键帧控制器】按钮，设置起始关键帧，如图 9-73 所示。

(9) 接下来设置终止颜色效果的关键帧。在【时间轴】面板中将【时间指示器】调整至 00:00:10:00 的位置。将【着色色相】参数设置为 0×350°，设置终止关键帧，如图 9-74 所示。

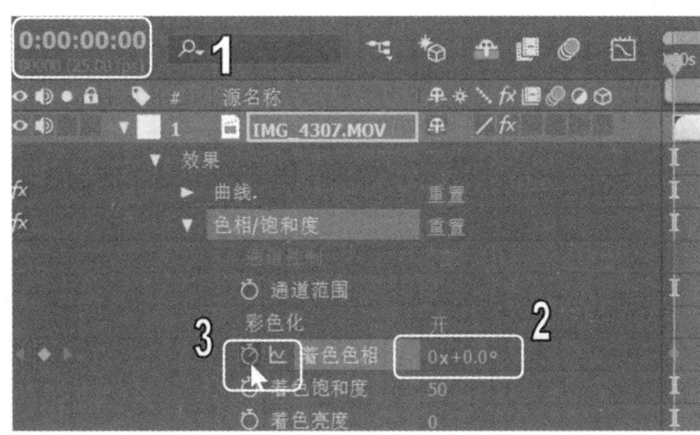

图 9-73　添加起始关键帧

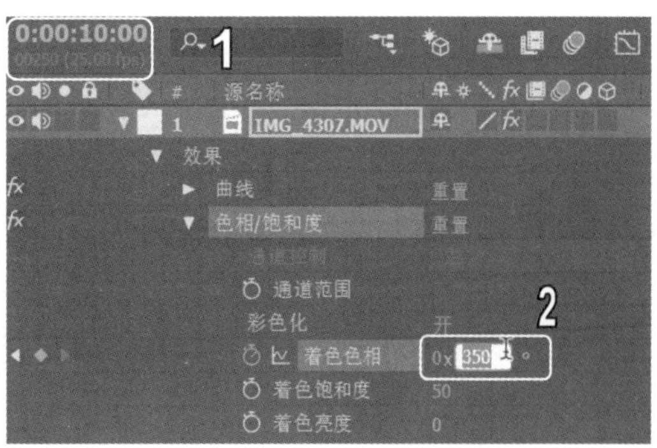

图 9-74　添加终止关键帧

(10) 单击播放按钮查看特效动画效果。单色的旗子视频被添加了【曲线】和【色相/饱和度】特效效果，旗子自身的颜色随视频的播放不断地发生改变，如图 9-75 所示。

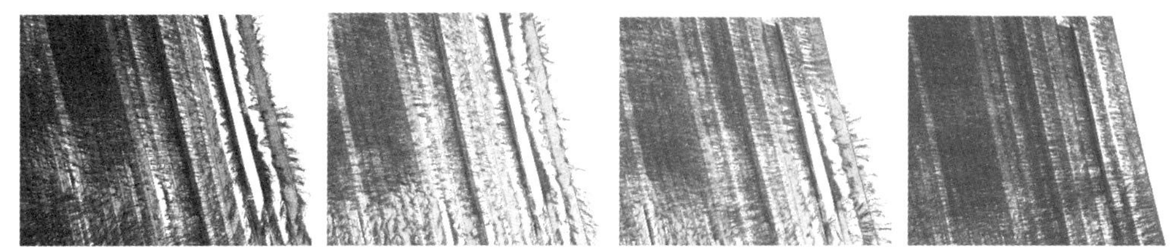

图 9-75 【色相/饱和度】动态效果

本章的第二个上机练习主要练习制作日落时大海的效果，使用户更好地掌握抠像特效的基本操作方法和技巧。练习内容主要是使用【颜色差值键】特效将一段拍摄于阴天的大海视频与一张晚霞图片抠像并合成，制作出一段晚霞下的大海视频。

(1) 首先需要建立一个合成。选择【合成】|【新建合成】命令。在弹出的【合成设置】对话框中设置【预设】为【HDTV 1080 25】，设置【持续时间】为 0:00:30:00，单击【确定】按钮，建立一个新的合成，如图 9-76 所示。

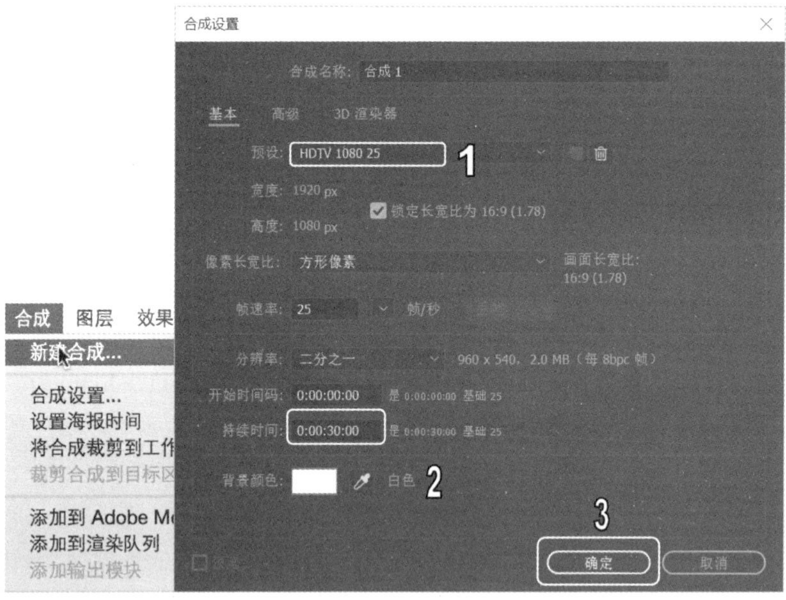

图 9-76 新建合成

(2) 导入“阴天大海”视频和“晚霞”图片。执行【文件】|【导入】|【导入文件】命令，从计算机中找到素材，单击【打开】按钮。将导入的视频和图片素材放置在【合成】面板中，将图片图层放置在视频图层下方。

(3) 接下来进行抠像。选中【时间轴】面板中的视频图层，执行【效果】|【抠像】|【颜色差值键】命令。在【效果控件】面板中，调整特效的数值，如图 9-77 所示。

(4) 调整【晚霞】图片的位置。将图片的最底端与视频中的海平线相重合，如图 9-78 所示。

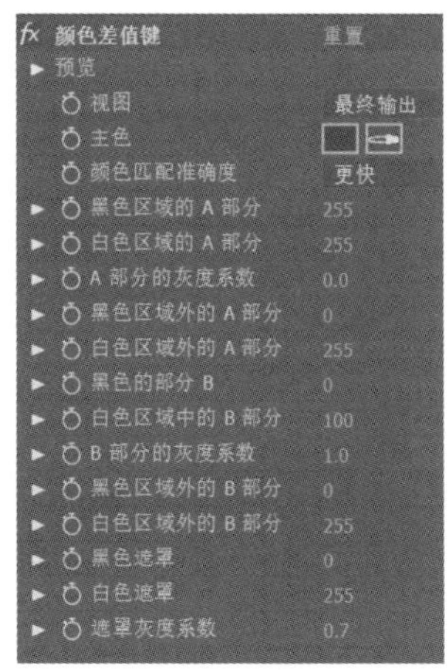

图 9-77　颜色差值键参数设置

图 9-78　调整图片位置

(5) 单击播放按钮查看特效动画效果。阴天大海视频被添加了【颜色差值键】特效效果，阴天部分被抠除，实现晚霞下的大海效果，如图 9-79 所示。

图 9-79　晚霞大海最终效果对比图

9.5　习题

1. 选择一张彩色图，为其添加老照片色调效果。
2. 选择一张彩色图，为其制作一个由彩色照片变为黑白照片的效果动画。
3. 选取一张晴天的风景图，为其添加乌云和阴天的效果。

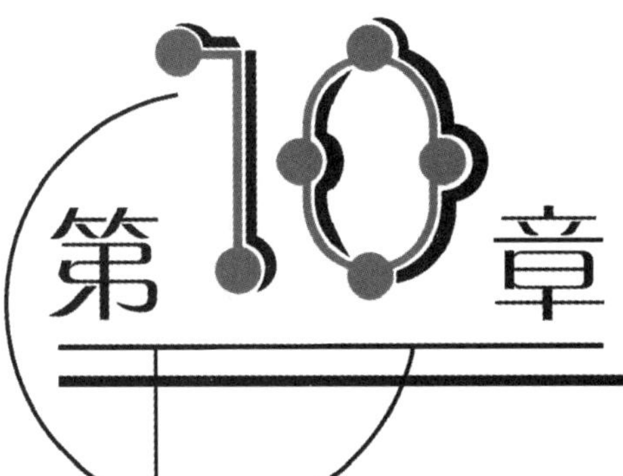

视频与音频特效

学习目标

作为一个影视后期处理软件，After Effects 具备一些对视频和音频进行编辑处理的功能。本章主要介绍如何使用生成特效来制造一些特殊效果画面和如何使用过渡特效来为视频的过渡转场添加特殊效果。此外还介绍一些处理音频的特效。

本章重点

- 生成特效
- 过渡特效
- 音频特效

10.1 生成

生成特效可以直接产生一些图像效果，或者将素材本身转换成一些特殊效果。此外也可以与音频相结合来制作一些视频特效。

10.1.1 CC Glue Gun

CC Glue Gun 是将素材转换成玻璃球的一种特效，可以通过参数的设置来制造玻璃球的效果。属性面板如图 10-1 所示，应用特效效果如图 10-2 所示，参数设置说明如下。

- 【Brush Position】：用来设置球体中心点的位置。
- 【Stroke Width】：用来设置球体的直径大小。
- 【Density】：用来设置球体的密度大小。
- 【Time Span(sec)】：添加动画后可以通过该数值来调节动画的时间跨度。
- 【Reflection】：用来设置球面的曲度。

- ⊙【Strength】：用来整体缩放生成的球体。
- ⊙【Style】：用来选择效果的风格。这里共有两种风格，一种是【Plain(简朴)】用来制作静态的球体效果，一种是【Wobbly(摇晃)】用来制作动态的球体效果。当选择【Wobbly】风格时 3 个相对应的参数也会被激活。这些参数分别是【Wobble Width】用来调节摆动的宽度；【Wobble Height】用来调节摆动的高度；【Wobble Speed】用来调节摆动的速度。
- ⊙【Light】：用来设置灯光有关的数值。【Using】用来选择使用 AE Lights(AE 灯光)还是 Effect Light(效果灯光)。当选择 Effect Light(效果灯光)时，相对应的参数则被激活。这些参数分别是：【Light Intensity】，控制灯光强度；【Light Color】，设置灯光的颜色；【Light Type】，选择 Distant Light(平行光)或者 Point Light(点光源)两种灯光类型。【Light Height】用来设置光与球体的距离。【Light Position】用来设置点光源的位置。【Light Direction】用来设置平行光源的方向。
- ⊙【Shading】：用来设置球体材质与反光的有关数值。【Ambient】用来设置光源的反射程度；【Diffuse】用来设置漫反射的值；【Specular】用来设置高光的强度；【Roughness】用来设置球体表面的粗糙程度；【Metal】用来设置球体的材质。

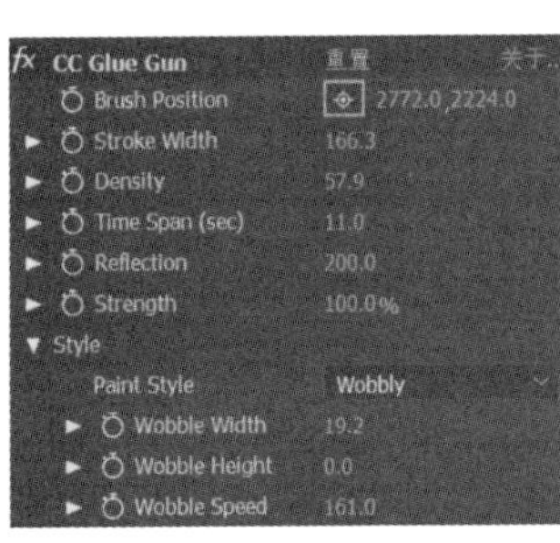

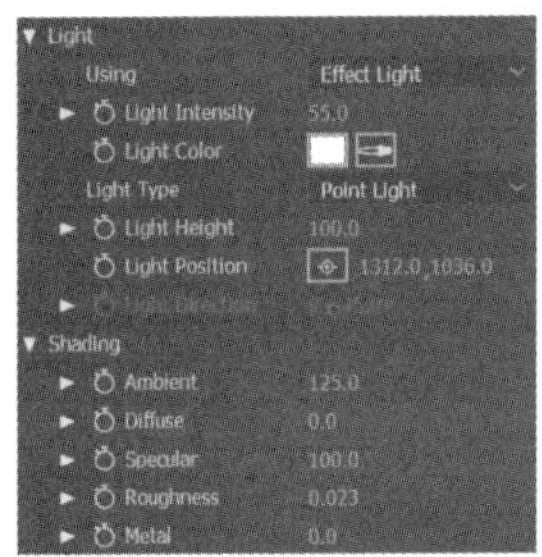

图 10-1　CC Glue Gun 属性面板

图 10-2　CC Glue Gun 效果对比图

10.1.2　CC Light Burst 2.5

CC Light Burst 2.5 特效可以为素材添加光线模糊的效果，使图像生成模拟光线运动模糊的效果。属性面板如图 10-3 所示，应用特效效果如图 10-4 所示，参数设置说明如下。

- ⊙【Center】：用来设置整体效果中心点的位置。
- ⊙【Intensity】：用来设置整体效果的强度。
- ⊙【Ray Length】：用来设置光线的长度。
- ⊙【Burst】：用来选择光线的类型。这里共有 3 种风格，分别是【Fade(淡出)】【Straight(平滑)】、【Center(中心)】。
- ⊙【Halo Alpha】：选中此选项后将显示原图层 Alpha 通道的光线模糊效果。
- ⊙【Set Color】：选中此选项后，可以选择某一个颜色来代替原图层。
- ⊙【Color】：【Set Color】选项被选中后，此选项被激活，用来选择替代原图层的颜色。

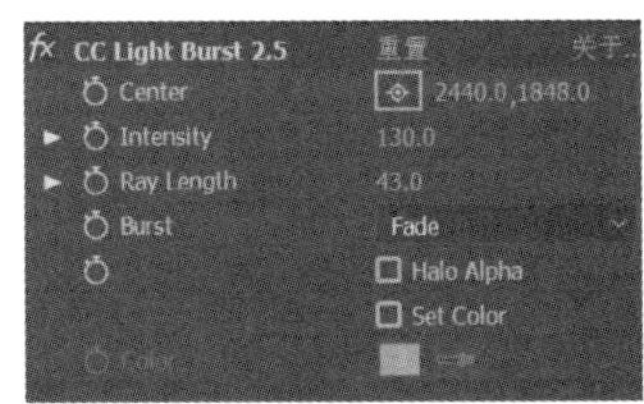

图 10-3　CC Light Burst 2.5 属性面板

图 10-4　CC Light Burst 2.5 效果对比图

10.1.3　CC Light Rays

CC Light Rays 特效可以为素材模拟创建一个点光源的效果。属性面板如图 10-5 所示，应用特效效果如图 10-6 所示，参数设置说明如下。

- 【Intensity】：用来设置光源的强度。
- 【Center】：用来设置光源中心点的位置。
- 【Radius】：用来设置光源的半径大小。
- 【Warp Softness】：用来设置光源的柔和度。
- 【Shape】：用来选择光源的类型。这里共有两种光源，分别是【Round(圆形)】和【Square(正方形)】。
- 【Direction】：用来改变【Square】光线的方向。
- 【Color from Source】：选中此选项后，点光源的颜色来源于原图层。
- 【Allow Brightening】：选中此选项后，点光源中心点的亮度会增加。
- 【Color】：当【Color From Source】选项没有被选中时，可以使用该参数来调节点光源的颜色。
- 【Transfer Mode】：用来选择点光源与原图层的叠加模式。这里共有 4 种叠加模式，分别是【None(无)】、【Add(添加)】、【Lighten(更亮)】和【Screen(屏幕)】。

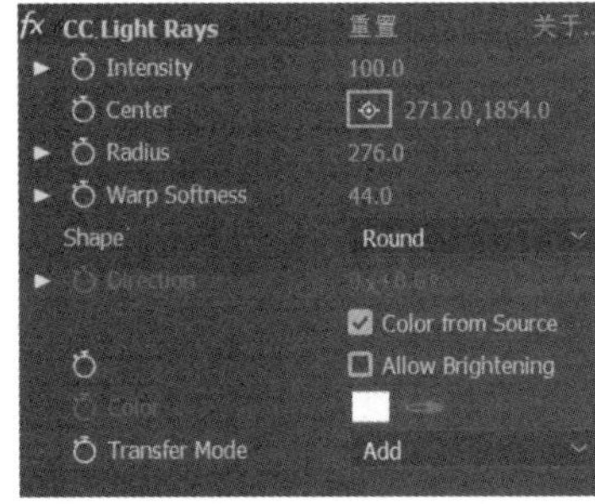

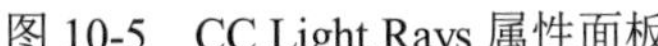

图 10-5　CC Light Rays 属性面板

图 10-6　CC Light Rays 效果对比图

10.1.4　CC Light Sweep

CC Light Sweep 特效可以为素材模拟创建一个线光源的效果。属性面板如图 10-7 所示，应用特效效果如图 10-8 所示，参数设置说明如下。

- 【Center】：用来设置光源中心点的位置。
- 【Direction】：用来改变光线的方向。
- 【Shape】：用来选择光线条纹的类型。这里共有 3 种光线，分别是【Linear(线性)】【Smooth(平滑)】和【Sharp(尖锐)】。
- 【Width】：用来调节光线的宽度。
- 【Sweep Intensity】：用来设置光线的强度。
- 【Edge Intensity】：用来设置光线边缘的强度。
- 【Edge Thickness】：用来设置光线边缘的厚度。
- 【Light Reception】：用来选择光源与原图层的叠加模式。这里共有 3 种叠加模式，分别是【Add(添加)】【Composite(综合)】和【Cutout(抠像)】。

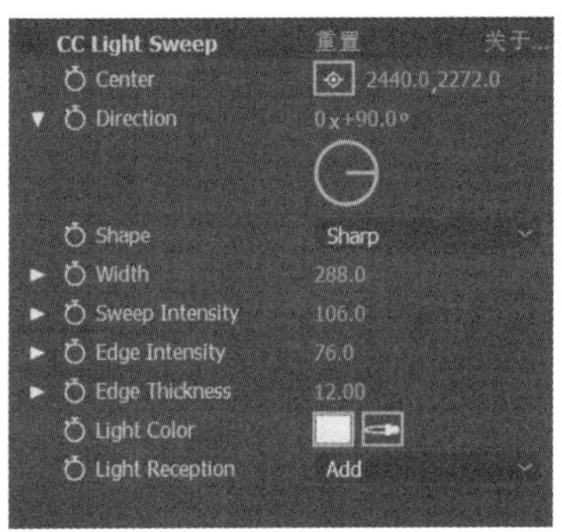

图 10-7　CC Light Sweep 属性面板

图 10-8　CC Light Sweep 效果对比图

10.1.5　CC Threads

CC Threads 特效可以为素材模拟创建一个网格线的蒙版效果。属性面板如图 10-9 所示，应用特效效果如图 10-10 所示，参数设置说明如下。

- 【Width】：用来设置整体效果的宽度。
- 【Height】：用来设置整体效果的高度。
- 【Overlaps】：用来设置网格的密度。数值越小，密度越大。
- 【Direction】：用来设置整体效果的方向。
- 【Center】：用来设置网格的中心点。
- 【Coverage】：用来改变网格的覆盖程度。
- 【Shadowing】：用来设置效果的阴影面积。
- 【Texture】：通过调节该选项的数值可以改变网格的质感。

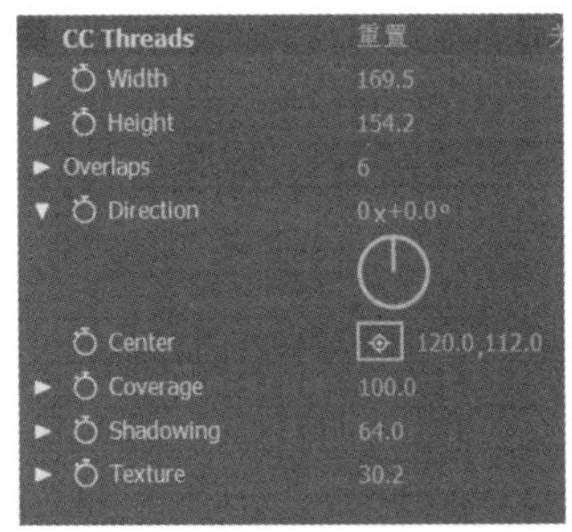

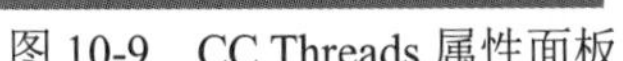
图 10-9　CC Threads 属性面板

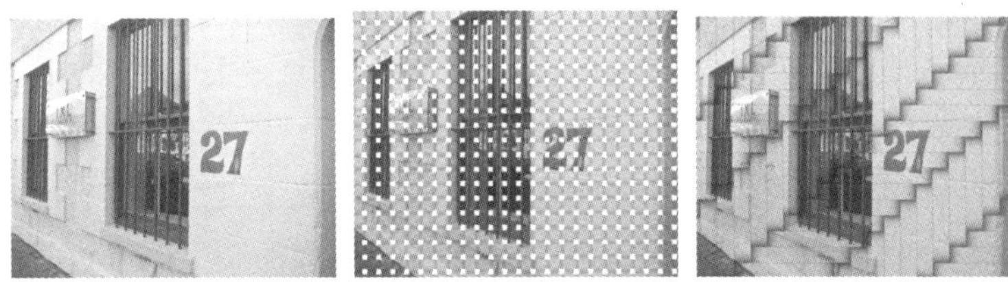

图 10-10　CC Threads 效果对比图

10.1.6　写入

【写入】特效可以通过设置关键帧来模拟书写动画的效果。属性面板如图 10-11 所示，应用特效效果如图 10-12 所示，参数设置说明如下。

- 【画笔位置】：用来设置画笔的位置。调整画笔位置并设置关键帧，即可创建画笔的运动路径。
- 【颜色】：用来设置绘制的路径的颜色。
- 【画笔大小】：用来设置绘制的路径的宽度。
- 【画笔硬度】：用来设置绘制的路径边缘的模糊度。
- 【画笔不透明度】：用来设置路径的不透明度。
- 【描边长度(秒)】：用来设置画笔在每秒钟绘制路径的长度。
- 【画笔间距(秒)】：加大该参数数值，可以将实线路径变为虚线路径。
- 【绘画时间属性】：可以选择绘制时间的类型。这里共有 3 种类型，分别是【无】【不透明度】和【颜色】。
- 【画笔时间属性】：可以选择画笔时间的类型。这里共有 4 种类型，分别是【无】【大小】【硬度】和【大小和硬度】。
- 【绘画样式】：可以选择绘制路径呈现的模式。这里共有 3 种模式，分别是【在原始图像上】【在透明通道上】【显示原始图像】。

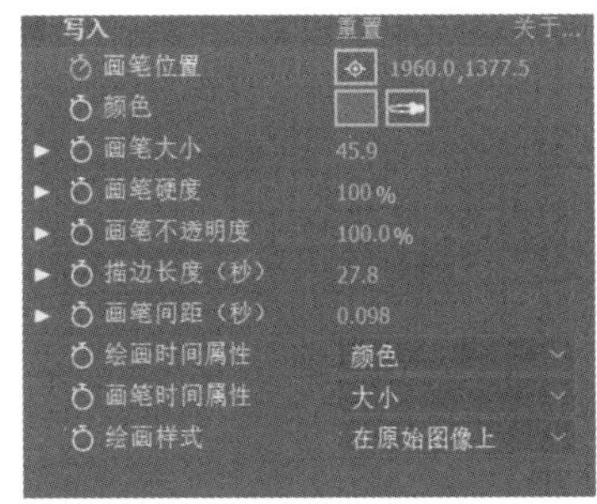

图 10-11　【写入】属性面板

图 10-12　写入效果对比图

10.1.7 单元格图案

【单元格图案】特效可以生成一些动态纹理效果或者将原素材转换为某种纹理效果，可以模拟制造血管、微生物等效果，也可以当作马赛克效果使用。属性面板如图 10-13 所示，应用特效效果如图 10-14 所示，参数设置说明如下。

- 【单元格图案】：可以选择要生成的图案类型，共有 12 种类型可选。
- 【反转】：选中该选项后，可以对生成的图案效果进行颜色反转。
- 【上下文滑块】：用来设置图案的明暗对比度。
- 【溢出】：用来选择图案之间空隙处的呈现方式。共有 3 种方式，分别是【剪切】【柔和固定】【反绕】。
- 【分散】：用来设置生成图案的分散程度。数值越小越整齐，数值越大越混乱。
- 【大小】：用来设置单个图案的大小。
- 【偏移】：用来调整生成图案的中心点位置。
- 【平铺选项】：选中该选项后可以调整图案的平铺效果。这里共有两个参数，分别是【水平单元格】和【垂直单元格】。
- 【演化】：改变该参数数值，并为其设置关键帧，可以生成图案随机运动的动画。
- 【演化选项】：可以设置图案动画的效果。这里共有 3 个参数，【循环演化】使演化动画循环播放，【循环(旋转次数)】用来设置循环的次数，【随机植入】用来设置演化的随机效果。

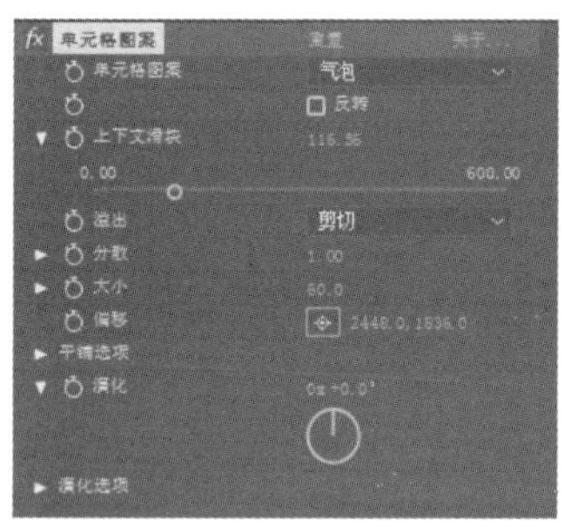

图 10-13 【单元格图案】属性面板

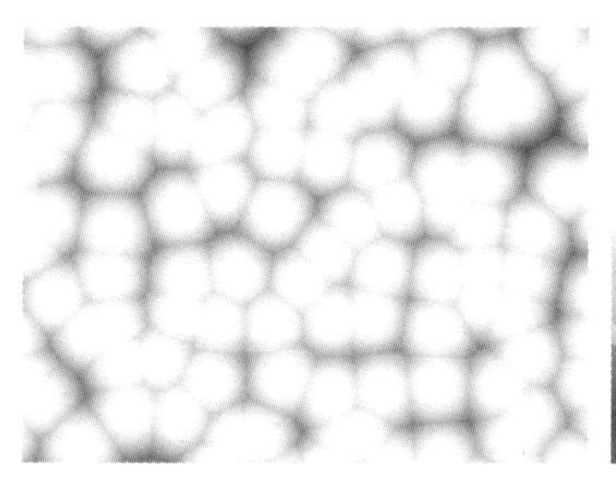

图 10-14 单元格图案效果图

10.1.8 高级闪电

【高级闪电】特效用来制作闪电效果。属性面板如图 10-15 所示，应用特效效果如图 10-16 所示，参数设置说明如下。

- 【闪电类型】：可以选择要生成的闪电类型，共有 8 种类型可选。
- 【源点】：用来设置闪电的起始位置。
- 【上下文控制】：用来设置闪电的终止位置。
- 【传导率状态】：用于设置闪电的传导率随机形态。
- 【核心设置】：用来设置闪电核心的大小、不透明度和颜色。

- 【发光设置】：用来设置闪电发出光的大小、不透明度和颜色。
- 【Alpha 障碍】：用来设置 Alpha 通道对闪电效果的影响。
- 【湍流】：用于设置闪电的曲折性。数值越大，曲折越多。
- 【分叉】：用于设置闪电效果的分叉多少。数值越大，分叉越多。
- 【衰减】：用于设置闪电分叉和末端的衰减程度。数值越大，衰减越高。
- 【主核心衰减】：选中该选项后，主核心将产生衰减。
- 【在原始图像上合成】：选中该选项后，闪电效果将与原图层共同显示；不选中的话只显示闪电效果。
- 【专家设置】：提供一些能够更细致调整闪电效果的参数。

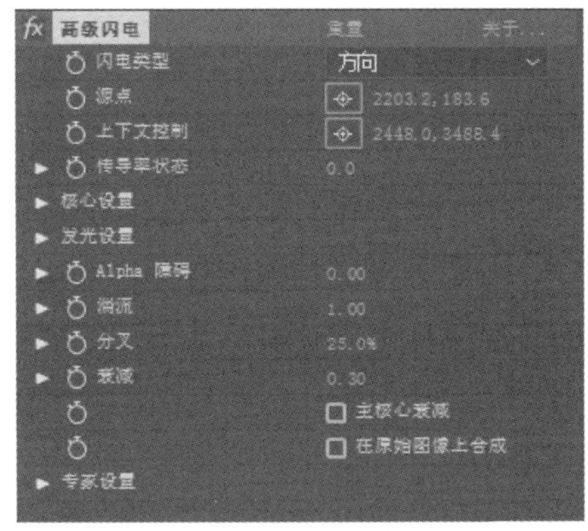

图 10-15　【高级闪电】属性面板

图 10-16　高级闪电效果对比图

10.1.9　光束

【光束】特效用来制作光束的效果。属性面板如图 10-17 所示，应用特效效果如图 10-18 所示，参数设置说明如下。

- 【起始点】：用来设置光束的起始位置。
- 【结束点】：用来设置光束的结束位置。
- 【长度】：用来设置光束的长短。
- 【时间】：该参数可以通过设置关键帧来模拟光束发出的动画。
- 【起始厚度】：用来设置光束起始位置的宽度。
- 【结束厚度】：用来设置光束结束位置的宽度。
- 【柔和度】：用来设置光束边缘的羽化程度。
- 【内部颜色】：用于设置光束中心的颜色。
- 【外部颜色】：用于设置光束边缘的颜色。
- 【3D 透视】：选中该选项后，光束以 3D 效果呈现。
- 【在原始图像上合成】：选中该选项后，光束效果将与原图层共同显示。不选中的话只显示光束效果。

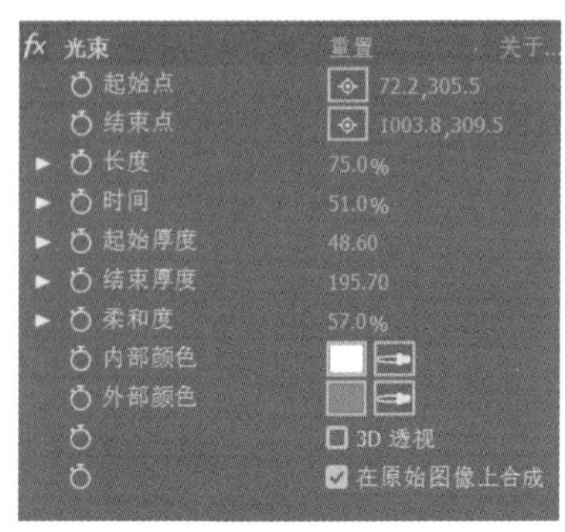

图 10-17　【光束】属性面板

图 10-18　光束效果对比图

10.1.10　镜头光晕

【镜头光晕】特效用来制作光晕的效果。属性面板如图 10-19 所示，应用特效效果如图 10-20 所示，参数设置说明如下。

- ⊙ 【光晕中心】：用来设置光晕的中心点位置。
- ⊙ 【光晕亮度】：用来设置光晕效果的强度。
- ⊙ 【镜头类型】：用来选择不同的镜头类型，产生的光晕效果也不同。共有 3 种镜头类型可以选择，分别是【50-300 毫米变焦】【35 毫米定焦】【105 毫米定焦】。
- ⊙ 【与原始图像混合】：用来设置光晕效果的不透明度。

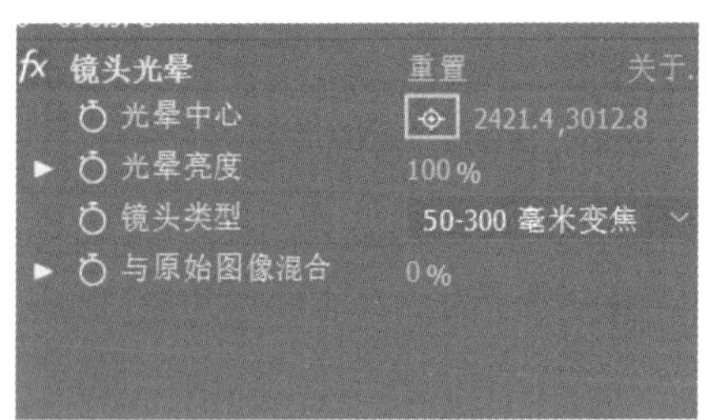

图 10-19　【镜头光晕】属性面板

图 10-20　镜头光晕效果对比图

10.1.11　描边

【描边】特效为蒙版遮罩的边框制作描边效果，可以通过设置关键帧来模拟书写动画效果。属性面板如图 10-21 所示，应用特效效果如图 10-22 所示，参数设置说明如下。

- ⊙ 【路径】：用来选择添加描边特效的蒙版。
- ⊙ 【所有蒙版】：选中该选项后，原图层中所有蒙版都会被添加描边效果。
- ⊙ 【顺序描边】：选中该选项后，蒙版之间的效果将依次进行展示；不选中时将同时显示效果。
- ⊙ 【颜色】：设置描边的颜色。
- ⊙ 【画笔大小】：设置描边的粗细。

- 【画笔硬度】：设置描边边缘的清晰度，数值越大，边缘越清晰。
- 【不透明度】：设置描边效果的不透明度。
- 【起始】：设置描边效果的开始位置。
- 【结束】：设置描边效果的结束位置。为该选项设置关键帧动画，可以生成模拟书写效果的动画。

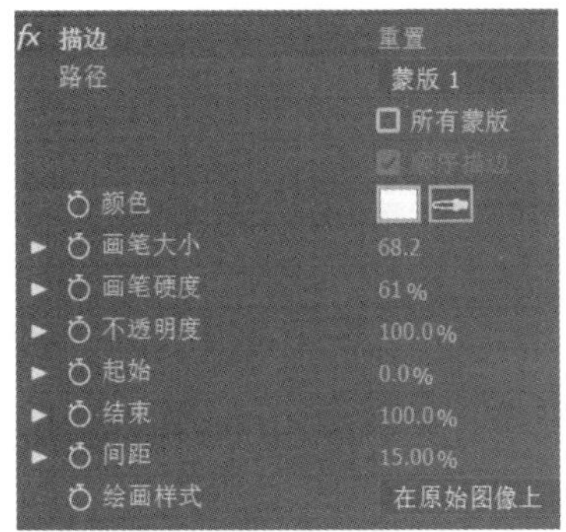

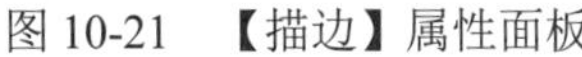

图 10-21　【描边】属性面板

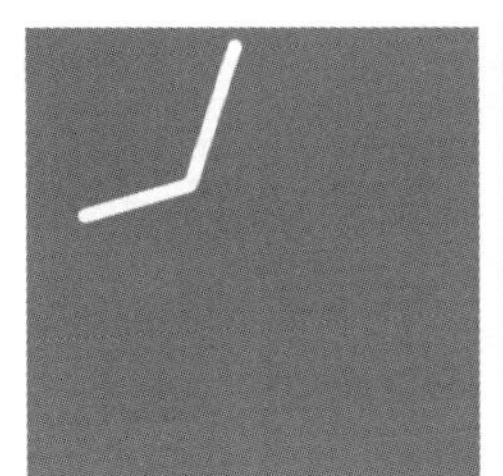

图 10-22　描边效果图

10.1.12　涂写

【涂写】特效为原图层上的蒙版添加涂写的效果，该特效的原理与【描边】特效相似。描边特效主要针对蒙版的边缘，【涂写】则可以应用于蒙版的内部和边缘，并且【涂写】特效在效果表现上更为丰富。属性面板如图 10-23 所示，应用特效效果如图 10-24 所示，参数设置说明如下。

- 【涂抹】：用来选择是为单个还是所有蒙版设置特效。
- 【蒙版】：用来选择需要添加特效的蒙版。
- 【填充类型】：用来选择填充的类型。共有 6 种类型，分别是【内部】【中心边缘】【在边缘内】【外面边缘】【左边】和【右边】。
- 【边缘选项】：用来设置蒙版边缘的属性效果。当填充类型不为【内部】时该选项内的参数将被启用。
- 【颜色】：用来设置涂写的颜色。
- 【不透明度】：用来设置涂写颜色的不透明度。
- 【角度】：用来设置涂写纹理的角度。
- 【描边宽度】：用来设置笔触的粗细。
- 【描边选项】：用来更细致地设置涂写纹理的属性。
- 【起始】：用来设置涂写效果的开始状态。
- 【结束】：用来设置涂写效果的结束状态。为该选项设置关键帧动画，可以生成模拟填色效果的动画。
- 【摆动类型】：选择涂写效果运动时的动画类型。共有 3 种类型，分别是【静态】【跳跃】和【平滑】。

- ◉【摇摆/秒】：用来调整每秒钟涂写特效的运动摆动效果。
- ◉【随机植入】：用来设置随机产生的线条数量。
- ◉【合成】：用来选择效果与原图层之间的混合模式。共有 3 种模式，分别是【在原始图像上】【在透明背景上】和【显示原始图像】。

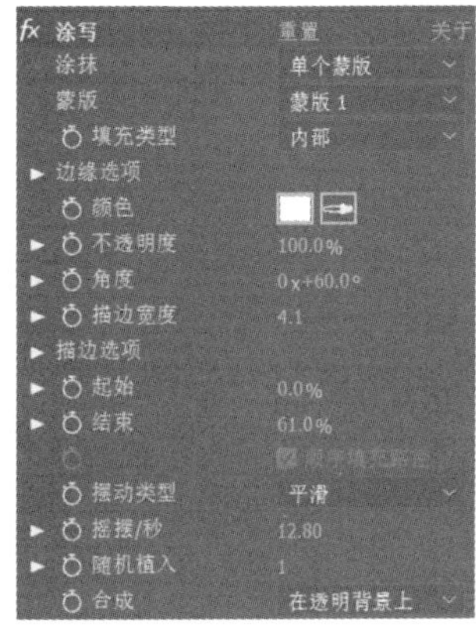

图 10-23 【涂写】属性面板

图 10-24 涂写效果图

10.1.13 四色渐变

【四色渐变】特效可以为原素材图层覆盖 4 种颜色的渐变效果。属性面板如图 10-25 所示，应用特效效果如图 10-26 所示，参数设置说明如下。

- ◉【点 1/2/3/4】：用来设置 4 种颜色的中心点位置。
- ◉【颜色 1/2/3/4】：用来设置 4 种颜色。
- ◉【混合】：用来设置 4 种颜色的混合程度，数值越大，混合度越高。
- ◉【抖动】：用来调整 4 种颜色产生噪点的大小。
- ◉【不透明度】：用来设置 4 种颜色的不透明度。
- ◉【混合模式】：用来选择颜色效果层与原图层之间的混合模式，这里提供了 18 种模式。

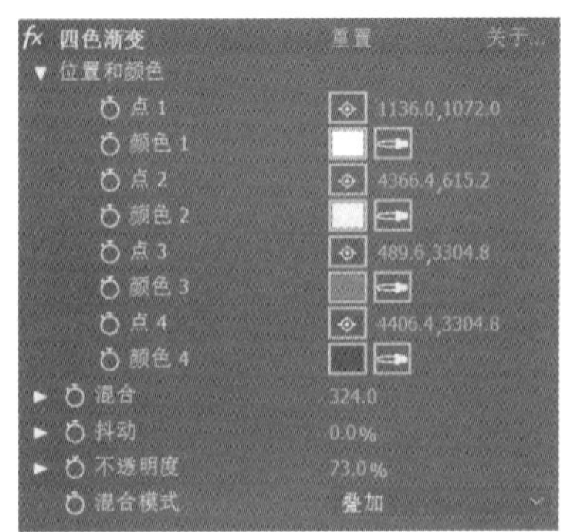

图 10-25 【四色渐变】属性面板

图 10-26 四色渐变效果对比图

10.1.14　梯度渐变

【梯度渐变】特效可以为原素材图层覆盖两种颜色的线性或径向渐变效果。属性面板如图 10-27 所示，应用特效效果如图 10-28 所示，参数设置说明如下。

- 【渐变起点/终点】：用来设置渐变颜色的起始位置和结束位置。
- 【起始/结束颜色】：用来设置渐变的起始和终止颜色。
- 【渐变形状】：用来选择渐变的模式。这里提供了两种模式，分别是【线性渐变】和【径向渐变】。
- 【渐变散射】：用来调整两种颜色交界处的颜色渐变效果。
- 【与原始图像混合】：用来设置效果层与原始图层的融合度。

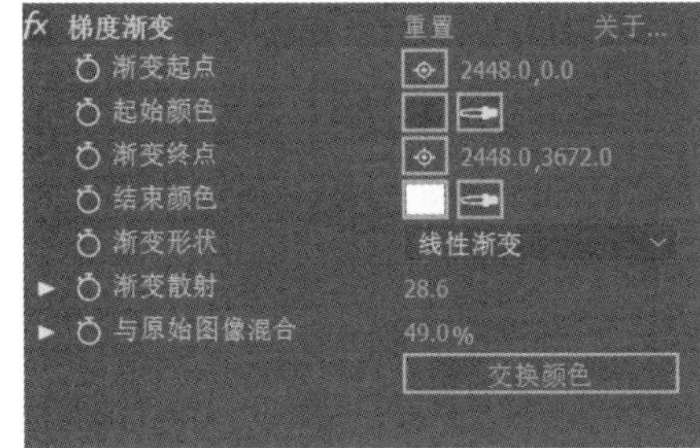

图 10-27　【梯度渐变】属性面板

图 10-28　梯度渐变效果对比图

10.1.15　吸管填充

【吸管填充】特效是吸取原图层中的某种颜色，并用这种颜色对图层填充效果。属性面板如图 10-29 所示，应用特效效果如图 10-30 所示，参数设置说明如下。

- 【采样点】：用来设置吸取颜色的位置点。
- 【采样半径】：用来设置采样颜色的半径大小。
- 【平均像素颜色】：用来选择颜色平均的方式。这里共有 4 种方式，分别是【跳过空白】【全部】【全部预乘】和【包括 Alpha】。
- 【保持原始 Alpha】：选中该选项后，将保持原始图像的 Alpha 通道效果。
- 【与原始图像混合】：用来设置效果层与原始图层的融合度。

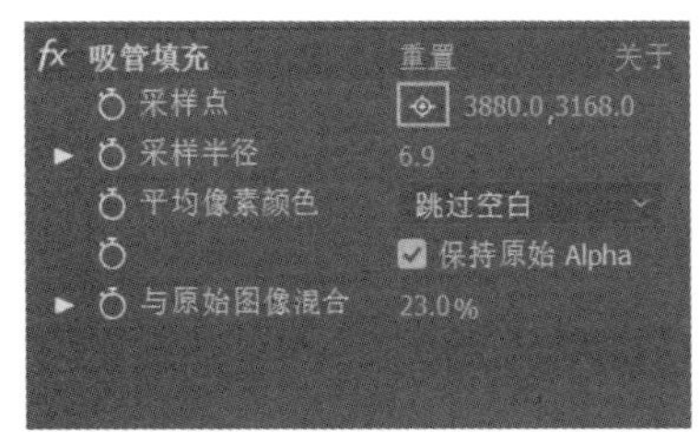

图 10-29　【吸管填充】属性面板

图 10-30　吸管填充效果对比图

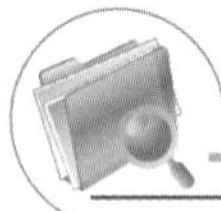

10.1.16 填充

【填充】特效是用某种颜色对原图层的整体或者某个蒙版填充效果。属性面板如图 10-31 所示，应用特效效果如图 10-32 所示，参数设置说明如下。

- 【填充蒙版】：用来选择需要被填充颜色的蒙版。
- 【所有蒙版】：选中该选项后，将对原图层的所有蒙版都进行颜色填充。
- 【颜色】：用来选择填充的颜色。
- 【反转】：选中该选项后，将反转填充区域。
- 【水平/垂直羽化】：用来设置边缘部分的垂直和水平羽化程度。
- 【不透明度】：用来设置填充颜色的不透明度。

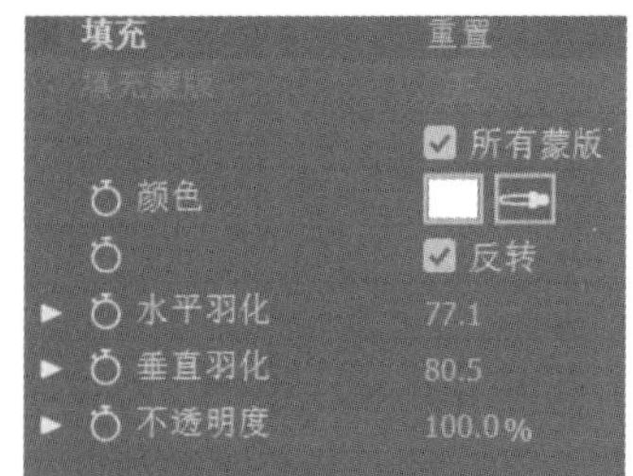

图 10-31 【填充】属性面板

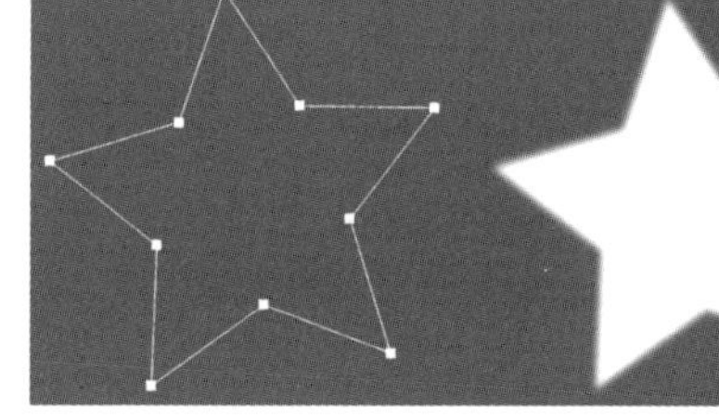

图 10-32 填充效果对比图

10.1.17 油漆桶

【油漆桶】特效是为原图层的某个区域进行颜色填充，区域是经过调整特效的数值来选择的。属性面板如图 10-33 所示，应用特效效果如图 10-34 所示。参数设置说明如下。

- 【填充点】：用来选择填充区域的中心点位置。
- 【填充选择器】：用来设置选取区域的依据。共有 5 种类型，分别是【颜色和 Alpha】【直接颜色】【透明度】【不透明度】和【Alpha 通道】。
- 【容差】：用来设置填充颜色区域的范围大小。
- 【描边】：用来选择填充颜色区域边缘部分的效果。共有 5 种效果，分别是【消除锯齿】【羽化】【扩展】【阻塞】和【描边】。
- 【上下文滑块】：用于调节羽化程度。
- 【反转填充】：选中该选项后，填充颜色的区域将进行反转。
- 【颜色】：用来设置填充的颜色。
- 【不透明度】：用来设置填充颜色的不透明度。
- 【混合模式】：用来选择填充颜色与原图层之间的混合模式。共有 19 种模式可选。

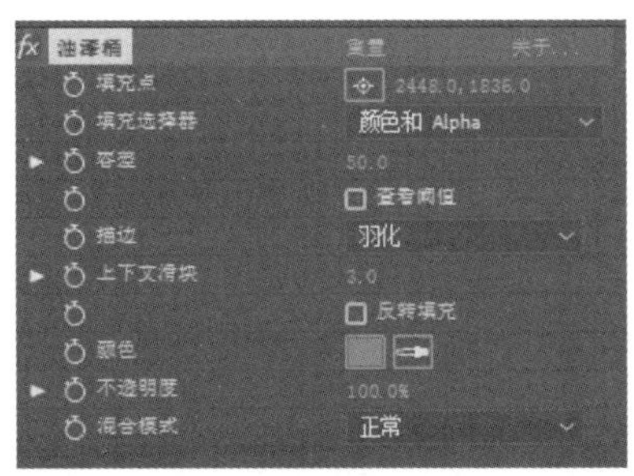

图 10-33　【油漆桶】属性面板

图 10-34　油漆桶效果对比图

10.1.18　音频波形和音频频谱

【音频波形】特效可以将音频图层生成可视的动态波形图。属性面板如图 10-35 所示，应用特效效果如图 10-36 所示。参数设置说明如下。

- 【音频层】：用来选择需要被波形展示的音频图层。
- 【起始点】：用来设置波形线的起始点。
- 【结束点】：用来设置波形线的结束点。
- 【路径】：用来选择某个蒙版路径，使波形图沿该路径进行显示。
- 【显示的范例】：用来设置波形的密集程度。
- 【最大高度】：用来设置波形的最大幅度。
- 【音频持续时间(毫秒)】：用来设置截取音频的时间。
- 【音频偏移(模拟)】：用来设置音频的时间偏移数值。
- 【厚度】：用来设置波形线的粗细。
- 【柔和度】：用来设置波形线边缘的羽化程度。
- 【随机植入(模拟)】：用来设置波形的随机程度。
- 【内部颜色】：用来设置音频线内部的颜色。
- 【外部颜色】：用来设置音频线边缘的颜色。

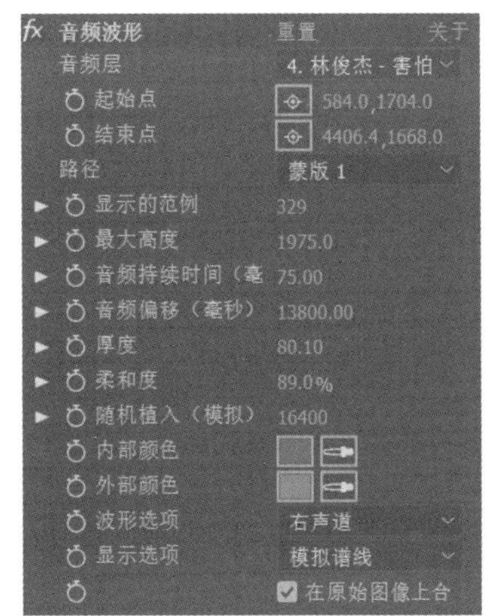

图 10-35　【音频波形】属性面板

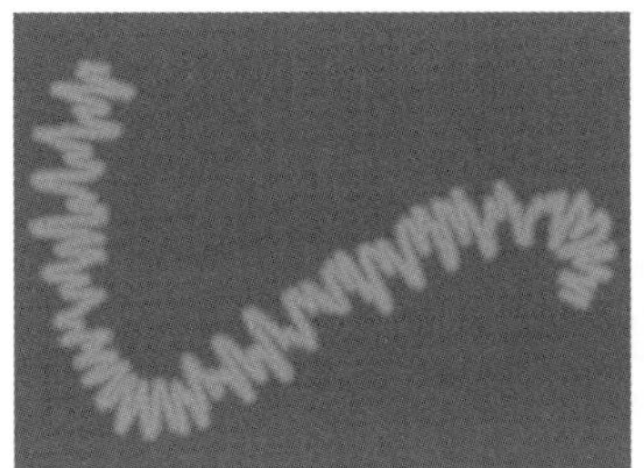

图 10-36　音频波形效果图

⊙【波形选项】：用来选择波形所依据的音频通道。共有 3 个选项，分别是【单声道】【左声道】和【右声道】。

⊙【显示选项】：用来选择波形的显示模式。共有 3 种模式，分别是【模拟频点】【数字】和【模拟谱线】。

⊙【在原始图像上合成】：选中该选项后，音频波形图将与原始图层共同显示。

【音频频谱】特效的原理与【音频波形】相同。不同的地方在于【音频波形】特效是通过波形来展示动态音频效果，而【音频频谱】特效是通过颜色变换来展示动态音频效果。属性面板如图 10-37 所示。应用特效效果如图 10-38 所示。

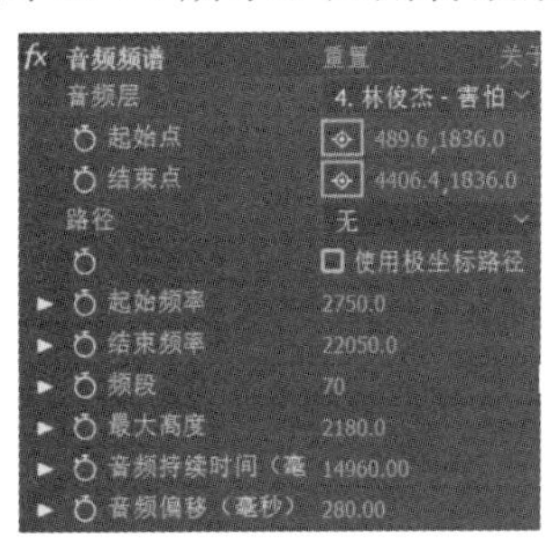

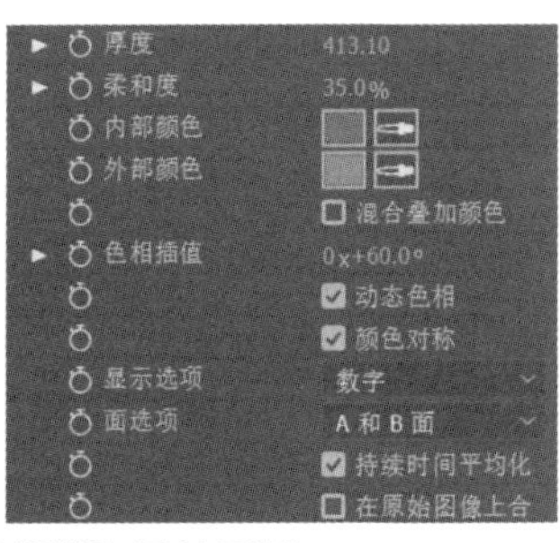

图 10-37　【音频频谱】属性面板

图 10-38　音频频谱效果对比图

10.1.19　勾画

【勾画】特效可以在物体周围生成光圈效果，可以利用该特效制作镜面反光动画。属性面板如图 10-39 所示，应用特效效果如图 10-40 所示。参数设置说明如下。

⊙【描边】：用来选择勾画效果形成的依据。共有两种模式，分别是【图像等高线】和【蒙版/路径】。

⊙【图像高等线】：通过修改不同参数的数值来调整特效的整体效果。

⊙【输入图层】：用来选择特效依据的图层。

⊙【反转输入】：选中该选项后，勾画的范围将进行反转。

⊙【通道】：用来选择特效所依据的图层通道类型。共有 9 种类型可选。

⊙【阈值】：用来勾画效果的范围。为该数值添加关键帧动画，可以生成模拟镜片反光的效果。

⊙【预模糊】：用来设置勾画部分边缘的羽化程度。

⊙【容差】：用来调整勾画轮廓的平滑度。

⊙【渲染】：用来设置效果的渲染方式。共有两种方式，分别是【所有等高线】和【选定等高线】。

⊙【蒙版/路径】：通过图层的蒙版或路径来添加效果。

⊙【片段】：限制勾画路径的线条数量。

⊙【长度】：限制勾画路径的线段长度。

⊙【片段分布】：用来选择勾画路径线段的分布方式。共有两种方式，分别是【均匀分布】和【成簇分布】。

- 【旋转】：用来设置路径线段的旋转角度。
- 【混合模式】：用来选择效果与原图层之间的混合模式。共有 4 种模式，分别是【透明】【超过】【曝光不足】和【模板】。
- 【颜色】：用来设置勾画路径的颜色。
- 【宽度】：用来设置勾画路径的粗细。
- 【硬度】：用来设置勾画路径边缘的羽化程度。
- 【起始点/中点/结束点不透明度】：分别调整三个点位置效果的不透明度。
- 【中点位置】：用来调整中点的位置。

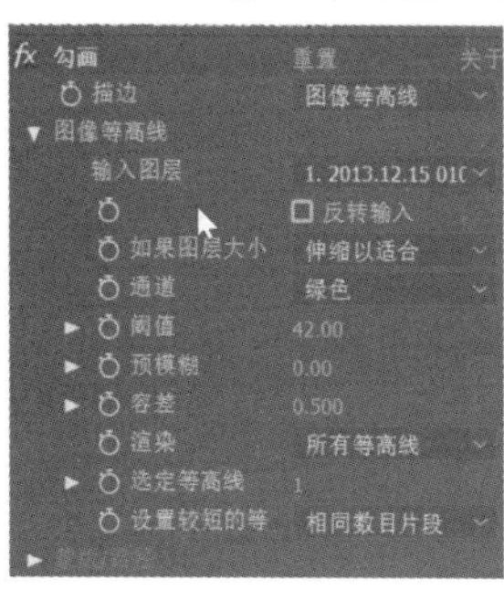

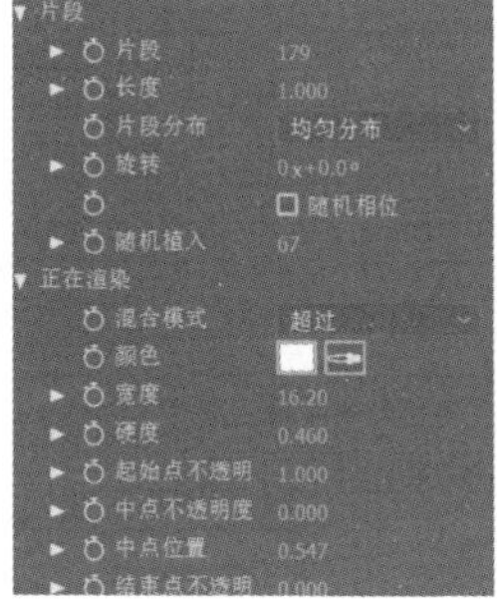

图 10-39　【勾画】属性面板

图 10-40　勾画效果对比图

10.1.20　棋盘

【棋盘】特效可以生成棋盘的纹理效果。属性面板如图 10-41 所示，应用特效效果如图 10-42 所示。参数设置说明如下。

- 【锚点】：用来设置纹理的中心点位置。
- 【大小依据】：用来选择纹理的类型。共有 3 种选项，分别是【边角点】【宽度滑块】和【宽度和高度滑块】。
- 【宽度】：用来设置单个纹理方块的宽度。
- 【高度】：用来设置单个纹理方块的高度。
- 【羽化】：用来设置边缘部分的羽化程度。
- 【颜色】：用来选择纹理的颜色。

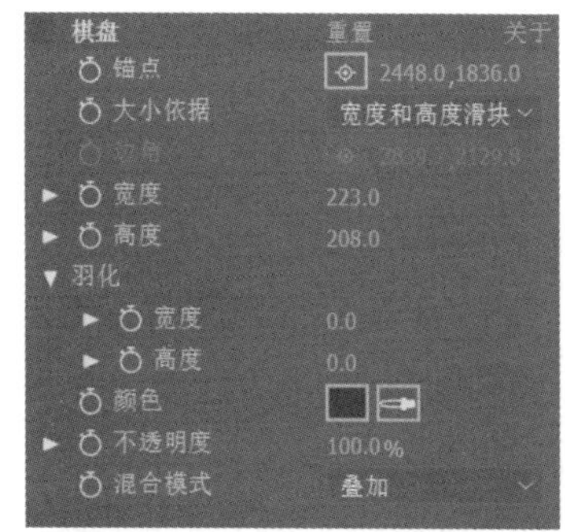

图 10-41　【棋盘】属性面板

图 10-42　棋盘效果对比图

- 【不透明度】：用来设置纹理的不透明度。
- 【混合模式】：用来设置纹理与原图层的混合模式。共有 19 种混合模式可选。

10.1.21 网格

【网格】特效可以生成网格的纹理效果。属性面板如图 10-43 所示，应用特效效果如图 10-44 所示。参数设置说明如下。

- 【锚点】：用来设置纹理的中心点位置。
- 【大小依据】：用来选择纹理的类型。共有 3 种选项，分别是【边角点】【宽度滑块】和【宽度和高度滑块】。
- 【宽度】：用来设置单个纹理方块的宽度。
- 【高度】：用来设置单个纹理方块的高度。
- 【边界】：用来设置网格线的粗细。
- 【羽化】：用来设置边缘部分的羽化程度。
- 【反转网格】：选中该选项后网格的颜色填充将被反转。
- 【颜色】：用来选择纹理的颜色。
- 【不透明度】：用来设置纹理的不透明度。
- 【混合模式】：用来设置纹理与原图层的混合模式。共有 19 种混合模式可选。

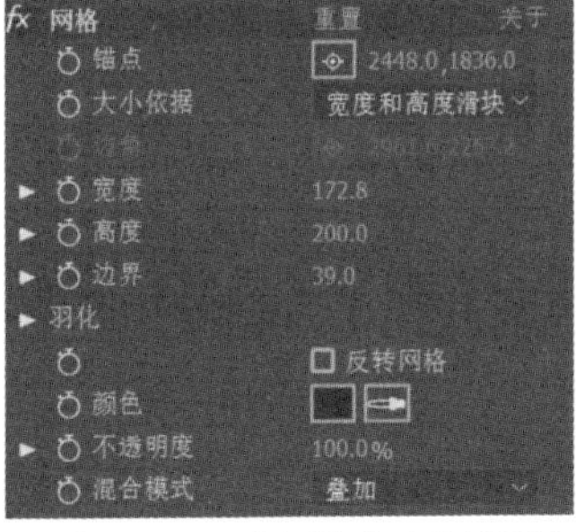

图 10-43 【网格】属性面板

图 10-44 网格效果对比图

10.1.22 其他生成特效

【分形】特效包含一些特殊的纹理图案，这些图案都是通过程序运算产生的，也可以通过调整特效的数值来改变图案。应用特效效果如图 10-45 所示。

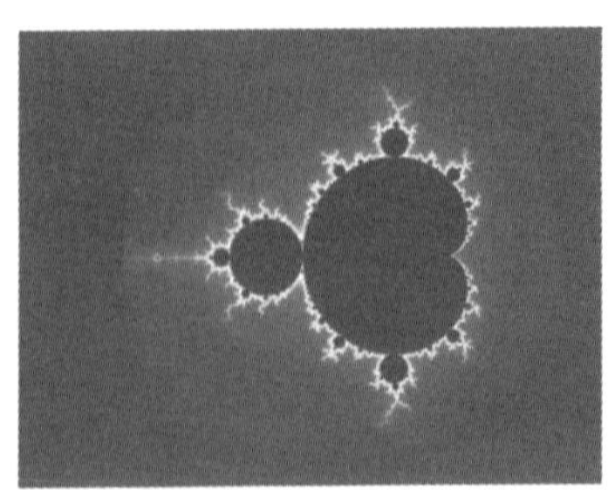
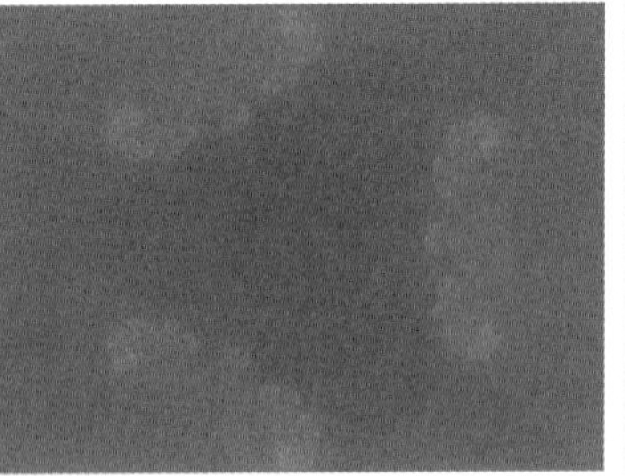
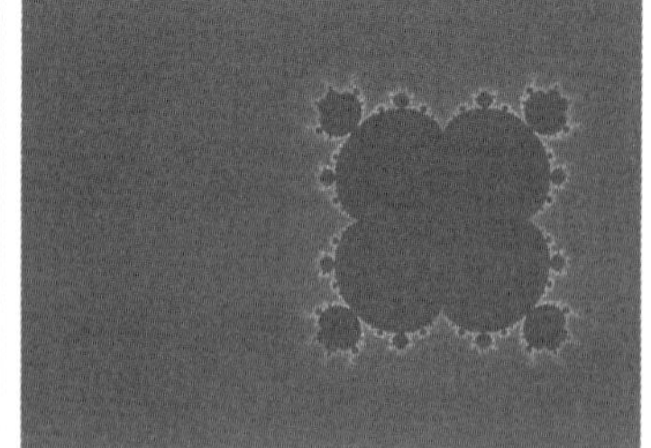

图 10-45 分形效果图

【椭圆】特效用来制作圆形光圈效果。应用特效效果如图 10-46 所示。

【圆形】特效用来制作圆形图案效果。应用特效效果如图 10-47 所示。

图 10-46　椭圆效果图

图 10-47　圆形效果对比图

【无线电波】特效用来制作一些模仿波纹的线性图案。应用特效效果如图 10-48 所示。

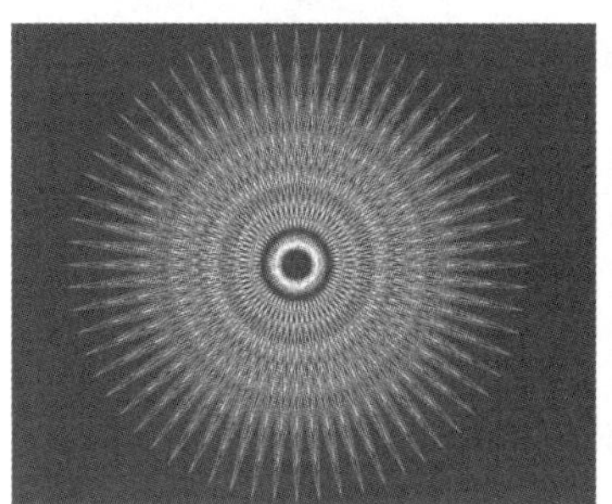

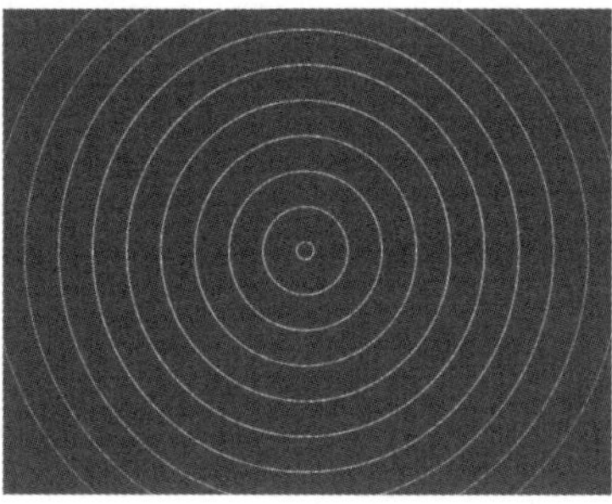

图 10-48　无线电波效果对比图

10.2　过渡

过渡特效主要为视频添加转场效果，大多用于实现视频镜头的转换效果。AE 与其他视频编辑软件的不同之处在于，它的过渡特效可以直接添加在图层之上，并且具有更丰富的转场效果。

10.2.1　CC Glass Wipe

CC Glass Wipe 特效主要是为原始图层添加一层模拟玻璃融化的效果。该特效需要两个图层相结合来使用，在特效图层上玻璃效果融化后显示另外一个图层，从而实现转场效果。属性面板如图 10-49 所示，应用特效效果如图 10-50 所示。参数设置说明如下。

- 【Completion】：用来设置特效对于图像产生效果的完成度。为该参数设置动画关键帧，可以实现玻璃融化的动态效果。
- 【Layer to Reveal】：选择特效结束后显示的图层。
- 【Gradient Layer】：选择效果作用的图层。
- 【softness】：用来设置效果的柔化程度。
- 【Displacement Amount】：用来设置过渡时的效果扭曲度。数值越大，效果越明显。

计算机 基础与实训教材系列

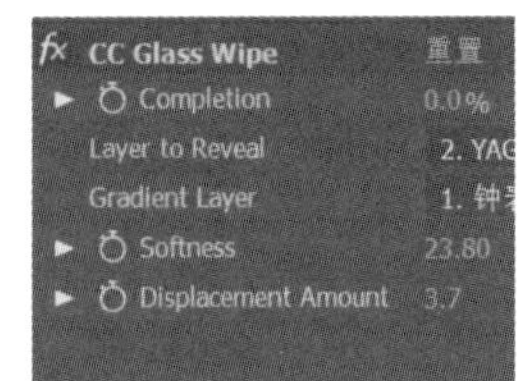

图 10-49　CC Glass Wipe 属性面板

图 10-50　CC Glass Wipe 效果对比图

10.2.2　CC Grid Wipe

【CC Grid Wipe】特效是将原素材图层转换成菱形网格图案，从而实现擦除式的转场效果。属性面板如图 10-51 所示，应用特效效果如图 10-52 所示。参数设置说明如下。

- 【Completion】：用来设置特效对于图像产生效果的完成度。为该参数设置动画关键帧，可以实现网格擦除的动态效果。
- 【Center】：用来选择网格生成时的中心点。
- 【Rotation】：用来设置网格的整体旋转角度。
- 【Border】：用来设置网格整体的大小。
- 【Tiles】：用来设置网格的密度大小。
- 【Shape】：用来选择网格的类型。共有 3 种类型，分别是【Doors】【Radial】和【Rectangle】。
- 【Reverse Transition】：选中此选项后将反转过渡效果。

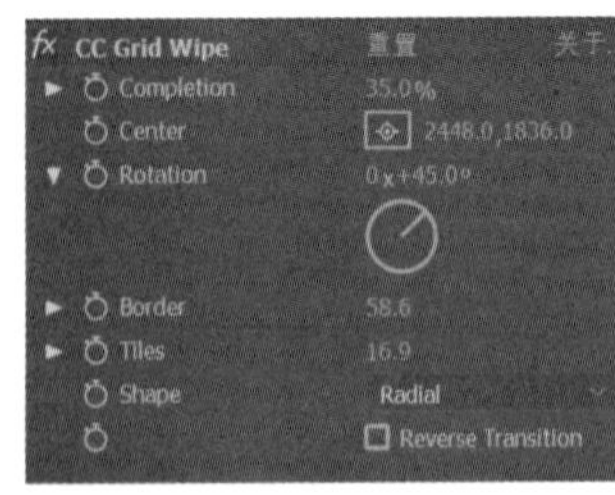

图 10-51　CC Grid Wipe 属性面板

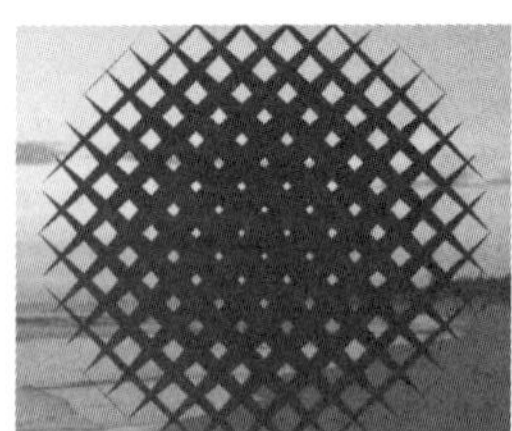
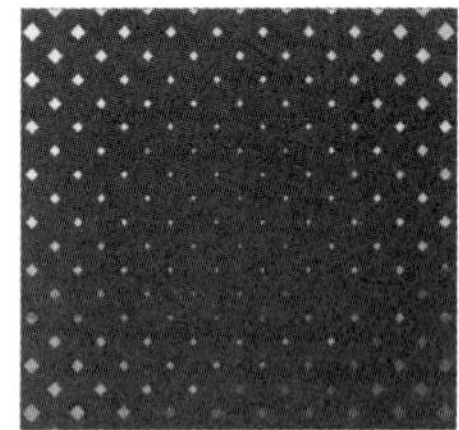

图 10-52　CC Grid Wipe 效果对比图

10.2.3　CC Image Wipe

CC Image Wipe 特效是通过原素材的明暗度来实现擦除式的转场效果。属性面板如图 10-53 所示，应用特效效果如图 10-54 所示。参数设置说明如下。

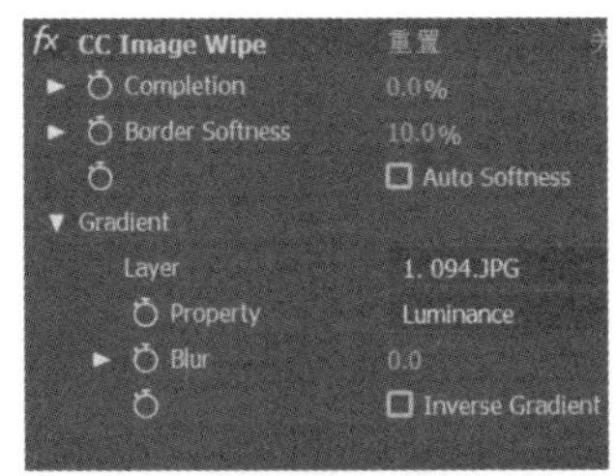

图 10-53　CC Image Wipe 属性面板

  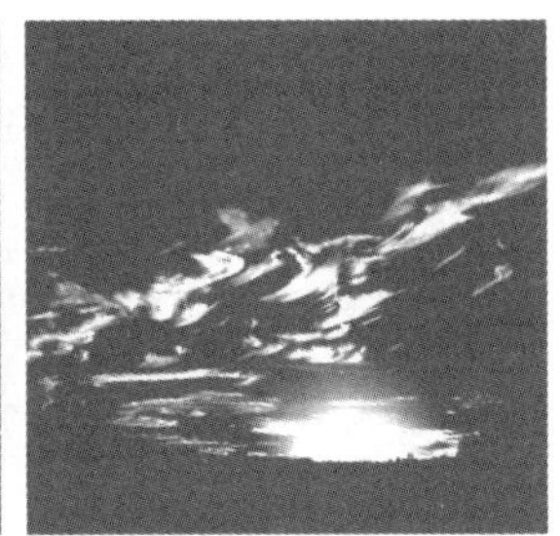

图 10-54　CC Image Wipe 效果对比图

- 【Completion】：用来设置特效对于图像产生效果的完成度。为该参数设置动画关键帧，可以实现图像逐渐擦除的动态效果。
- 【Border Softness】：用来设置效果边缘的柔和度。
- 【Auto Softness】：选中该选项后，将自动调节效果边缘的柔和度来适应运动效果。
- 【Layer】：用来选择应用效果的图层。
- 【Property】：用来选择控制过渡效果的通道。共有 8 个通道可选。
- 【Blur】：用来设置效果的模糊度。
- 【Inverse Gradient】：选中此选项后将反转过渡效果。

10.2.4　CC Jaws

CC Jaws 特效是将原素材分割成锯齿状图形，从而实现擦除式的转场效果。属性面板如图 10-55 所示，应用特效效果如图 10-56 所示，参数设置说明如下。

- 【Completion】：用来设置特效对于图像产生效果的完成度。为该参数设置动画关键帧，可以实现图像逐渐擦除的动态效果。
- 【Center】：用来设置效果的中心位置。
- 【Direction】：用来设置整体效果的角度。
- 【Height】：用来设置锯齿形状的高度。
- 【Width】：用来设置锯齿形状的宽度。
- 【Shape】：用来选择锯齿的形状类型。共有 4 种类型，分别是【Spikes】【RoboJaw】【Block】和【Waves】。

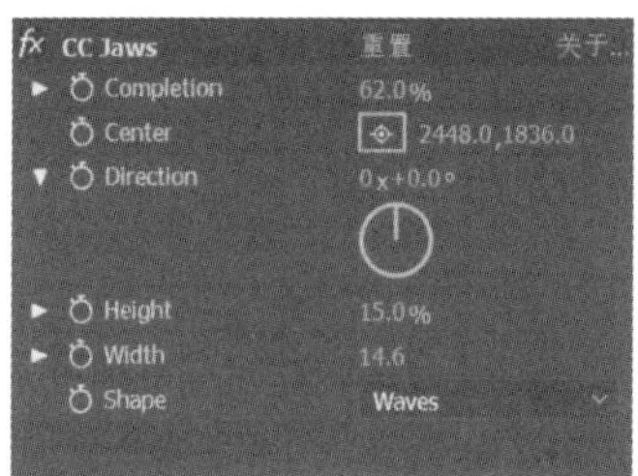

图 10-55　CC Jaws 属性面板

  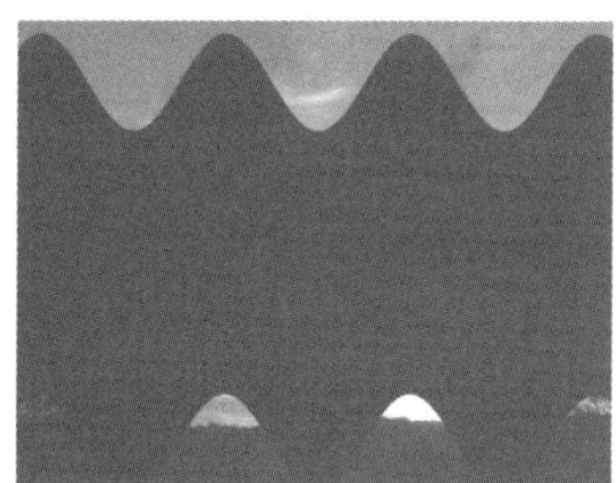

图 10-56　CC Jaws 效果对比图

10.2.5　CC Light Wipe

CC Light Wipe 特效是模拟灯光的扩大来实现擦除式的转场效果。属性面板如图 10-57 所示，应用特效效果如图 10-58 所示。参数设置说明如下。

- 【Completion】：用来设置特效对于图像产生效果的完成度。为该参数设置动画关键帧，可以实现图像逐渐擦除的动态效果。
- 【Center】：用来设置效果的中心位置。
- 【Intensity】：用来调控灯光的强度。数值越大，光照越强。
- 【Shape】：用来选择灯光的形状类型。共有 3 种类型，分别是【Doors】【Radial】和【Rectangle】。
- 【Direction】：用来设置整体效果的角度。
- 【Color from Source】：选中此选项后，光的颜色将从原素材图层中选取。
- 【Color】：用来选择光的颜色。当【Color from Source】选项被选中时，此选项禁用。
- 【Reverse Transition】：选中此选项后将反转过渡效果。

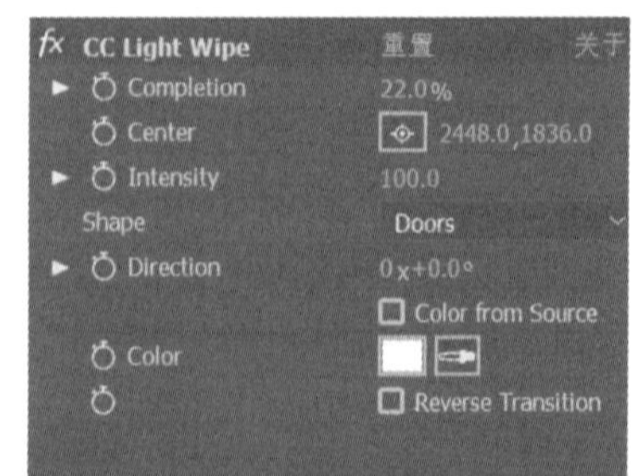

图 10-57　CC Light Wipe 属性面板

图 10-58　CC Light Wipe 效果对比图

10.2.6　CC Line Sweep

CC Line Sweep 特效可以生成一个斜边线性或梯形的擦除式转场效果。属性面板如图 10-59 所示，应用特效效果如图 10-60 所示。参数设置说明如下。

- 【Completion】：用来设置特效对于图像产生效果的完成度。为该参数设置动画关键帧，可以实现图像逐渐擦除的动态效果。
- 【Direction】：用来设置整体效果的角度。
- 【Thickness】：用来设置阶梯的高度。数值越大，阶梯越高。
- 【Slant】：用来设置阶梯的宽度。数值越大，阶梯越窄。
- 【Flip Direction】：选中此选项后将反转过渡的方向。在该特效中是指阶梯线运动的方向。

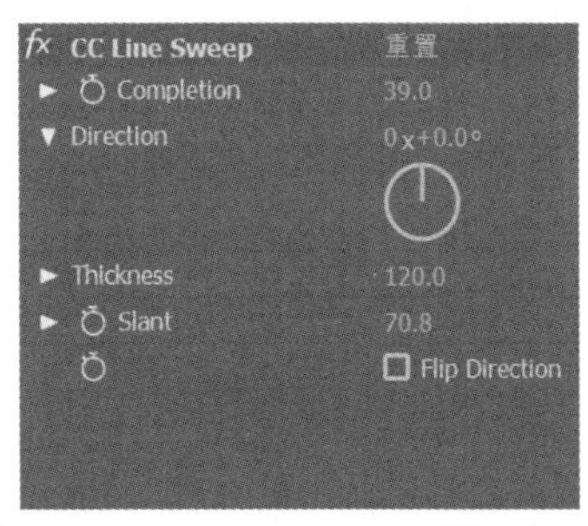

图 10-59　CC Line Sweep 属性面板

图 10-60　CC Line Sweep 效果对比图

10.2.7　CC Radial ScaleWipe

CC Radial ScaleWipe 特效可以生成一个球状扭曲的径向擦除式转场效果。属性面板如图 10-61 所示，应用特效效果如图 10-62 所示。参数设置说明如下。

- 【Completion】：用来设置特效对于图像产生效果的完成度。为该参数设置动画关键帧，可以实现图像逐渐擦除的动态效果。
- 【Center】：用来设置效果的中心位置。
- 【Reverse Transition】：选中此选项后将反转过渡效果。

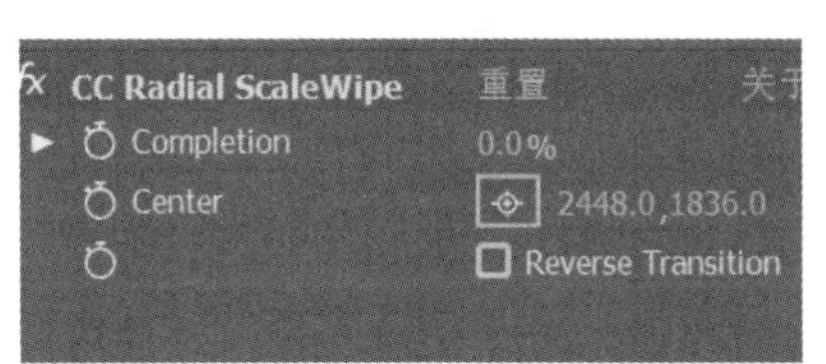

图 10-61　CC Radial ScaleWipe 属性面板

图 10-62　CC Radial ScaleWipe 效果对比图

10.2.8　CC Scale Wipe

CC Scale Wipe 特效通过将原素材图层拉伸来实现转场效果。属性面板如图 10-63 所示，应

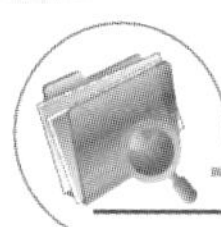

用特效效果如图 10-64 所示。参数设置说明如下。

- 【Stretch】：用来设置图像产生拉伸的程度。为该参数设置动画关键帧，可以实现图像转场的动态效果。
- 【Center】：用来设置效果的中心位置。
- 【Direction】：用来设置拉伸效果的角度。

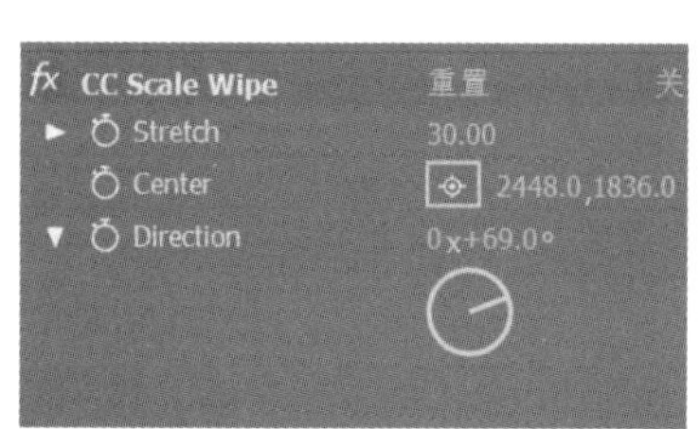

图 10-63　CC Scale Wipe 属性面板

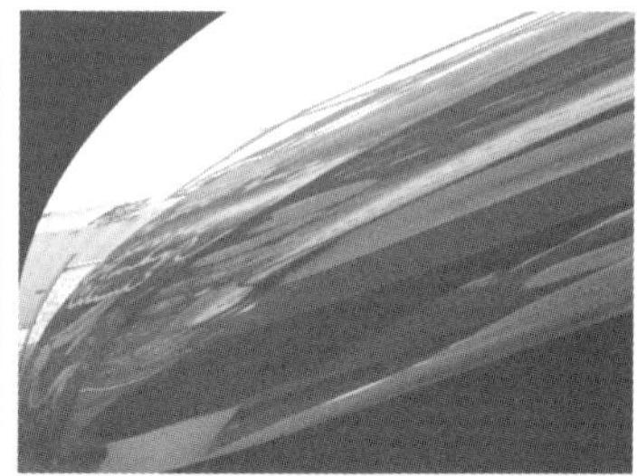
图 10-64　CC Scale Wipe 效果对比图

10.2.9　CC Twister

CC Twister 特效通过将原素材图层进行 3D 扭曲反转来实现转场效果。属性面板如图 10-65 所示，应用特效效果如图 10-66 所示。参数设置说明如下。

- 【Completion】：用来设置特效对于图像产生效果的完成度。为该参数设置动画关键帧，可以实现图像逐渐擦除的动态效果。
- 【Backside】：用来设置应用该效果图像的背面图案。以此来实现两个场景的过渡。如果不选择背面的图案，特效完成后，原素材图层将消失。如果选择素材图层本身作为背面图案，则实现原图像自行扭转并恢复原状的效果。
- 【Shading】：选中此选项后，扭转时的 3D 效果会更加明显。
- 【Center】：用来设置效果的中心位置。
- 【Axis】：用来设置旋转扭曲的方向。

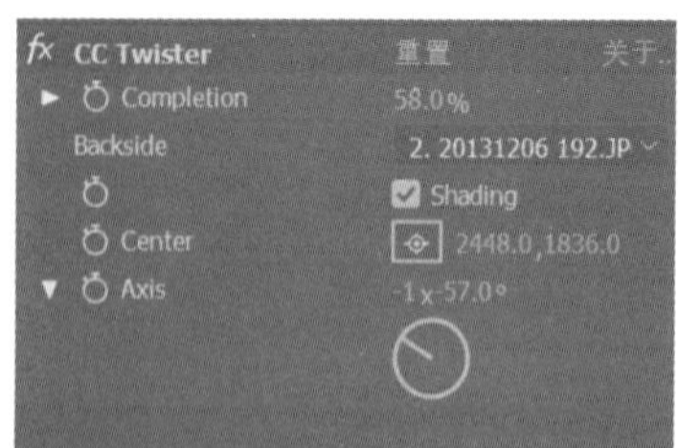

图 10-65　CC Twister 属性面板

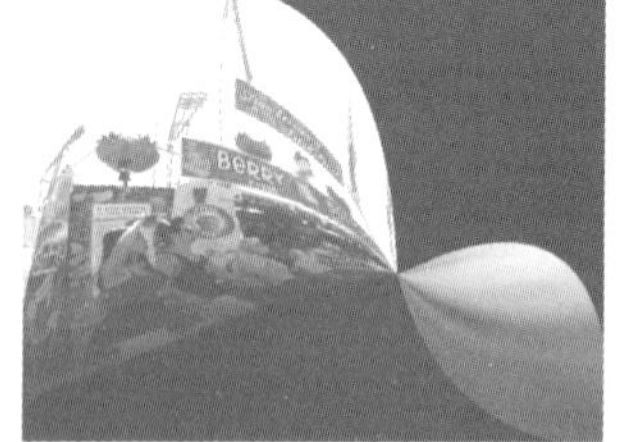
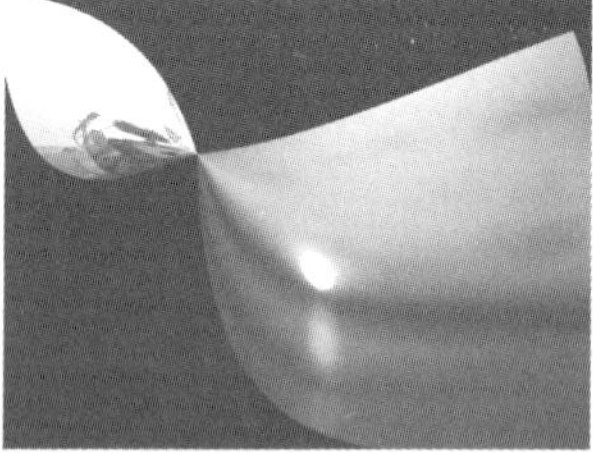
图 10-66　CC Twister 效果对比图

10.2.10　CC WarpoMatic

CC WarpoMatic 特效是使两个素材图层进行特殊扭曲和融合来实现转场效果。属性面板如图 10-67 所示，应用特效效果如图 10-68 所示。参数设置说明如下。

- 【Completion】：用来设置特效对于图像产生效果的完成度。为该参数设置动画关键帧，可以实现图像转场的动态效果。
- 【Layer to Reveal】：用来选择需要与原素材图层进行融合转场的图层。
- 【Reactor】：用来选择两个图层融合的方式。一共有 4 种方式，分别是【Brightness】【Contrast Differences】【Brightness Differences】和【Local Differences】
- 【Smoothness】：用来设置扭曲效果的平滑度。
- 【Warp Amount】：用来设置扭曲效果的程度。数值越大，扭曲越明显，设置为负值时将向反方向进行扭曲。
- 【Warp Direction】：用来选择扭曲效果的类型。一共有 3 种类型，分别是【Joint】【Opposing】和【Twisting】。
- 【Blend Span】：用来设置两个图层在进行过渡效果时的融合度。

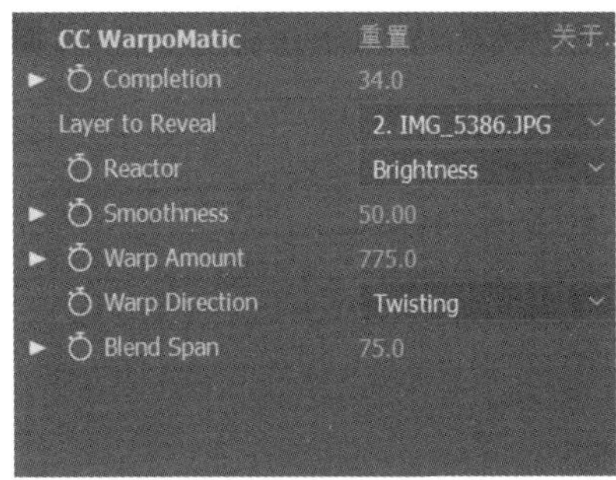

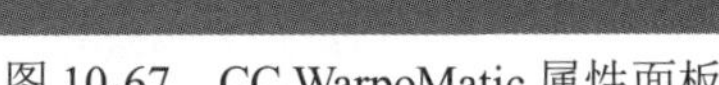

图 10-67　CC WarpoMatic 属性面板

图 10-68　CC WarpoMatic 效果对比图

10.2.11　擦除类过渡特效

【百叶窗】特效是模拟百叶窗的关闭形式来实现擦除转场效果。属性面板如图 10-69 所示，应用特效效果如图 10-70 所示。参数设置说明如下。

- 【过渡完成】：用来设置特效对于图像产生效果的完成度。为该参数设置动画关键帧，可以实现图像转场的动态效果。
- 【方向】：用来设置效果的角度方向。
- 【宽度】：用来设置百叶窗效果的宽度。
- 【羽化】：用来设置百叶窗效果边缘的模糊程度。

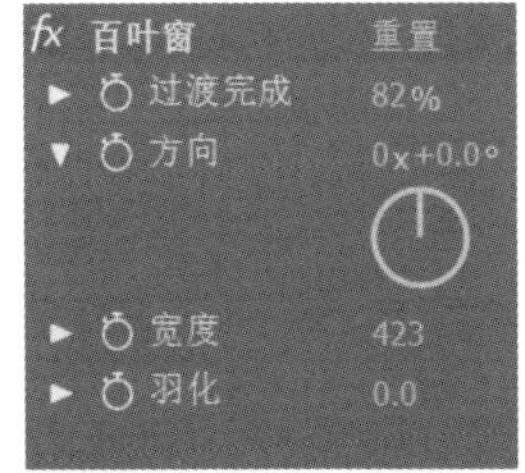

图 10-69　【百叶窗】属性面板

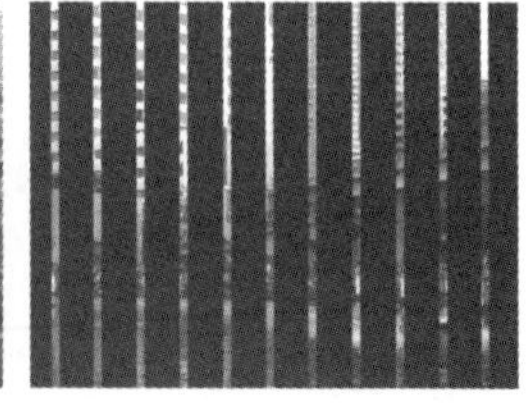

图 10-70　百叶窗效果对比图

【光圈擦除】特效是模拟多边形图形扩大的形式来实现擦除转场效果。属性面板如图 10-71

所示，应用特效效果如图 10-72 所示。参数设置说明如下。

- 【光圈中心】：用来设置效果的中心点位置。
- 【点光圈】：用来设置图形样式。
- 【外径】：用来设置图形外半径的大小。为该参数设置动画关键帧，可以实现图像转场的动态效果。
- 【内径】：用来设置图形内半径的大小。
- 【旋转】：用来设置图形旋转的角度。
- 【羽化】：用来设置图形边缘的模糊度。

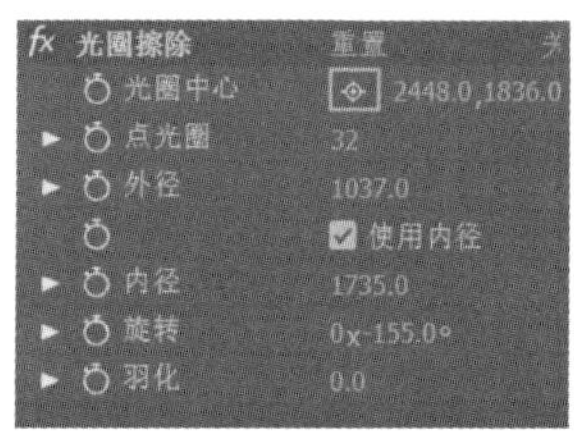

图 10-71 【光圈擦除】属性面板

图 10-72 光圈擦除效果对比图

【渐变擦除】特效是根据两个图层的亮度差来实现擦除转场效果。属性面板如图 10-73 所示，应用特效效果如图 10-74 所示。参数设置说明如下。

- 【过渡完成】：用来设置特效对于图像产生效果的完成度。为该参数设置动画关键帧，可以实现图像转场的动态效果。
- 【过渡柔和度】：用来设置效果边缘的羽化程度。
- 【渐变图层】：用来选择生成渐变效果的图层。
- 【渐变位置】：用来选择渐变图层相对于原素材图层的位置。共有 3 个选项，分别是【拼贴渐变】【中心渐变】和【伸缩渐变以适合】。
- 【反转渐变】：选中该选项后，渐变效果将被反转。

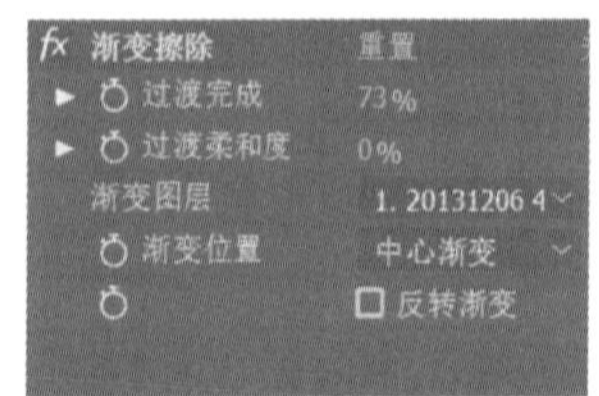

图 10-73 【渐变擦除】属性面板

图 10-74 渐变擦除效果对比图

【径向擦除】特效是通过径向旋转来实现擦除转场效果。属性面板如图 10-75 所示，应用特效效果如图 10-76 所示。参数设置说明如下。

- 【过渡完成】：用来设置特效对于图像产生效果的完成度。为该参数设置动画关键帧，可以实现图像转场的动态效果。
- 【起始角度】：用来设置效果的起始位置。
- 【擦除中心】：用来设置效果的中心点位置。
- 【擦除】：用来选择擦除运动的方式。共有 3 个选项，分别是【顺时针】【逆时针】和【两者兼有】。
- 【羽化】：用来设置效果边缘的羽化程度。

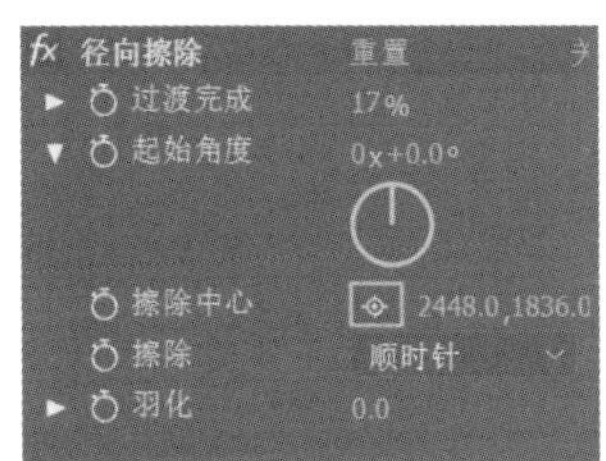

图 10-75　【径向擦除】属性面板

图 10-76　径向擦除效果对比图

【卡片擦除】特效是将原图层分为若干个小卡片，并使这些卡片进行旋转，从而实现擦除转场效果。属性面板如图 10-77 所示，应用特效效果如图 10-78 所示。参数设置说明如下。

- 【过渡完成】：用来设置特效对于图像产生效果的完成度。为该参数设置动画关键帧，可以实现图像转场的动态效果。
- 【过渡宽度】：用来设置卡片之间旋转时的时间差。
- 【背面图层】：用来选择原图层在进行卡片反转时的背面图层。
- 【行数和列数】：可以选择行数和列数的调控方式。【独立】选项指行数和列数可以分开设置；【列数受行数控制】选项指设置行数数值时，列数数值随之改变。
- 【行数/列数】：用来设置行数和列数的数值。
- 【卡片缩放】：用来设置效果对原图层的缩放比例。
- 【翻转轴】：用来选择卡片翻转时的坐标轴，共有 3 个选项，分别是【X】【Y】和【随机】。
- 【翻转方向】：用来选择卡片翻转时的方向，共有 3 个选项，分别是【正向】【反向】和【随机】。
- 【翻转顺序】：用来选择卡片翻转时的顺序，共有 9 个选项可选。
- 【渐变图层】：用来选择一个渐变图层来影响卡片翻转的效果。
- 【随机时间】：用来设置卡片在进行翻转时，时间差的随机性。
- 【随机植入】：用来设置卡片翻转效果的随机性。

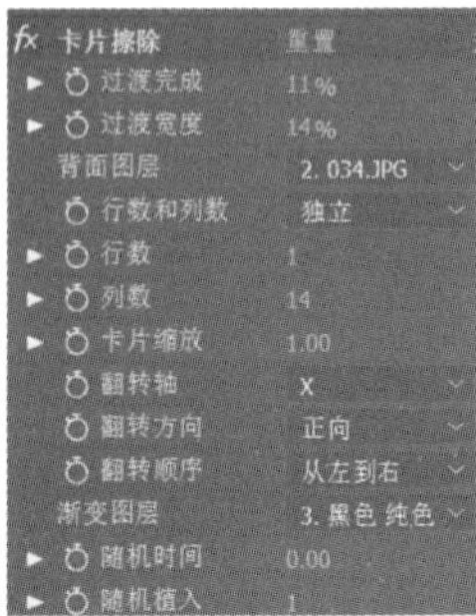

图 10-77　【卡片擦除】属性面板

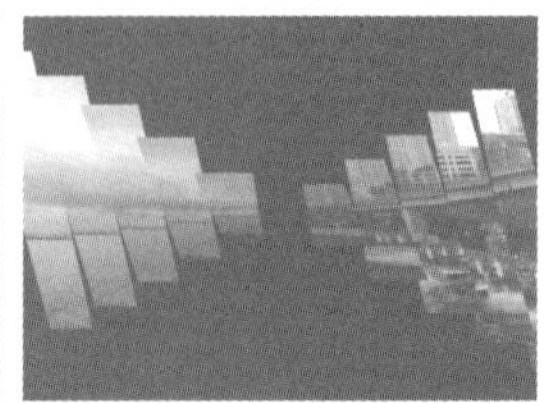

图 10-78　卡片擦除效果对比图

【块溶解】特效是模拟斑驳形状并逐步溶解的过程，从而实现擦除转场效果。属性面板如图 10-79 所示，应用特效效果如图 10-80 所示。参数设置说明如下。

- 【过渡完成】：用来设置特效对于图像产生效果的完成度。为该参数设置动画关键帧，可以实现图像转场的动态效果。
- 【块宽度】：用来设置块状图形整体的宽度。
- 【块高度】：用来设置块状图形整体的高度。
- 【羽化】：用来设置图形整体的羽化程度。
- 【柔化边缘】：选中该选项后，形状的边缘将添加模糊效果。

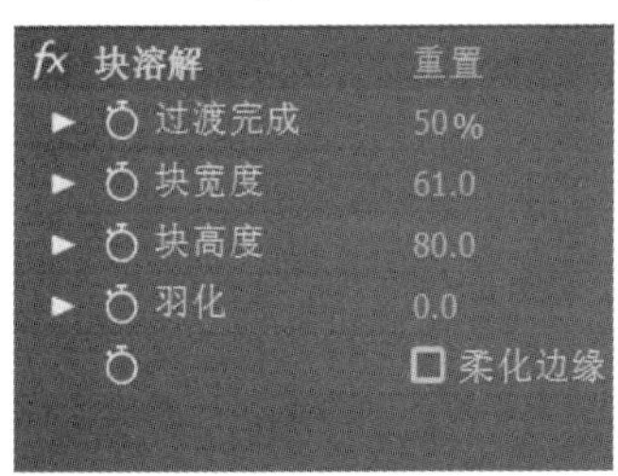

图 10-79　【块溶解】属性面板

图 10-80　块溶解效果对比图

【线性擦除】特效是以直线运动的方式来实现擦除转场效果。属性面板如图 10-81 所示，应用特效效果如图 10-82 所示。参数设置说明如下。

- 【过渡完成】：用来设置特效对于图像产生效果的完成度。为该参数设置动画关键帧，可以实现图像转场的动态效果。
- 【擦除角度】：用来设置线条的角度。
- 【羽化】：用来设置过渡时线条部分的羽化程度。

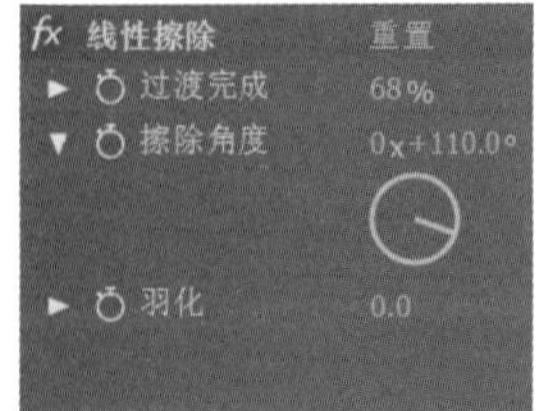

图 10-81　【线性擦除】属性面板

图 10-82　线性擦除效果对比图

10.3　音频

音频特效主要是对音频文件添加一些特殊效果，从而对音频素材进行简单的调整。这里介绍几个简单常用的音频特效，属性面板如图 10-83 所示。

【倒放】特效可以对音频文件进行倒着播放的效果处理。

【低音和高音】特效可以对音频的低音和高音进行加强或减弱处理。

【调制器】特效可以对音频文件的速率、深度和振幅进行调整。

【混响】特效可以为音频素材添加回声效果。

【延迟】特效可以为音频素材添加延迟效果。

【音调】特效可以对音频的音调高低进行调整。

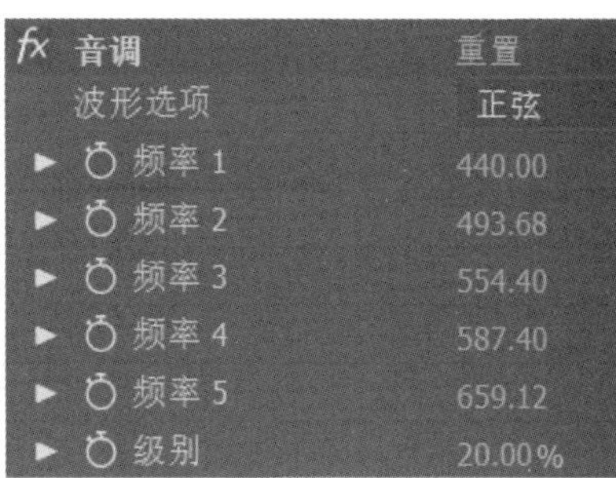

图 10-83　音频特效属性面板

10.4　上机练习

本章的第一个上机练习主要练习制作毛笔字书写动画效果，使用户更好地掌握生成特效的基本操作方法和技巧。练习内容主要是为一幅静态水墨画添加小船移动的动画效果，再利用【写入】特效在水墨画的中央制作一段“墨”字的书写动画效果。

(1) 首先需要建立一个合成。选择【合成】|【新建合成】命令。在弹出的【合成设置】对话框中设置【预设】为【HDTV 1080 25】，设置【持续时间】为 0:00:10:00，单击【确定】按钮，建立一个新的合成。

(2) 导入名为“书写动画”的素材文件夹。执行【文件】|【导入】|【导入文件】命令，从计算机中找到素材文件夹，单击【导入文件夹】按钮。将导入的素材放置在【合成】面板中。其中“水墨画”作为背景放置在底层，“小船”和“墨”分别放置在二、三层，如图 10-84 所示。

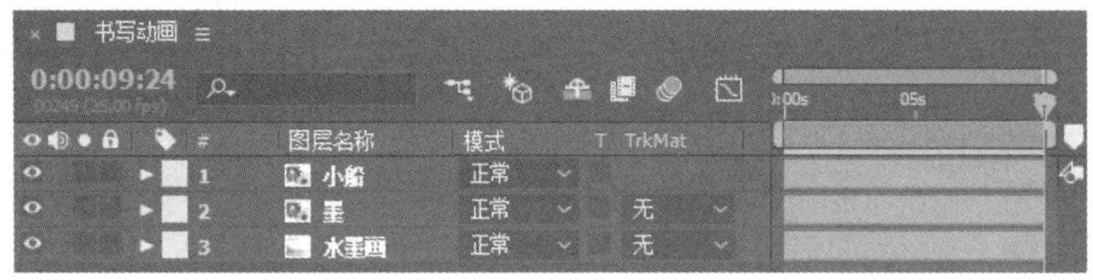

图 10-84　导入素材

(3) 先来制作小船移动的动画。选中【时间轴】面板中的“小船”图层，将时间轴指针移至 0:00:00:00。调整小船的位置，将其放置在画面中心偏左下方的位置。为小船的【位置】属性添加关键帧。将时间轴指针移至 0:00:10:00，调整小船的位置，将其放置在画面中心偏右的位置，此时会自动生成该位置的关键帧，如图 10-85 所示。单击播放按钮可以看出，已经完成了小船在湖面上移动的动画。

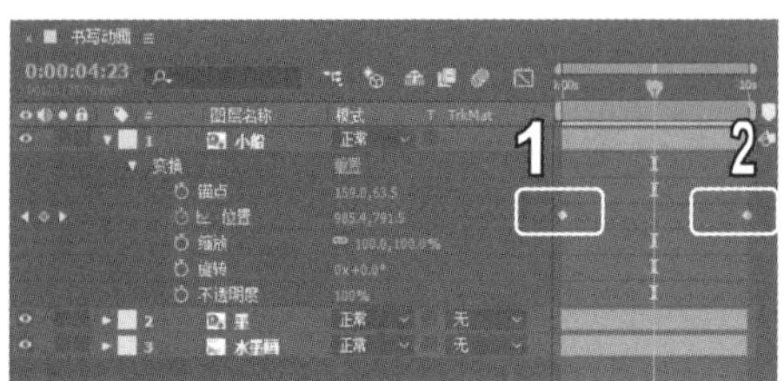

图 10-85　小船移动动画

(4) 接下来开始制作书写动画，先为图层添加【写入】特效。选择“墨”图层，执行【效果】|【生成】|【写入】命令，为其添加【写入】效果。设置【颜色】为黑色、【画笔大小】为 15、【画笔硬度】为 100%。其他数值设置如图 10-86 所示。

(5) 制作动画效果。将时间轴指针移至 0:00:00:00，为【写入】特效的【画笔位置】属性添加关键帧。将画笔位置移动到“墨”字书写时的起始位置。将时间轴指针移至 0:00:00:05，调整画笔位置，使之沿“墨”字书写时的笔画移动，如图 10-87 所示。之后重复此步骤，沿着“墨”字的书写笔画对画笔位置进行调整并设置关键帧，效果如图 10-88 所示。

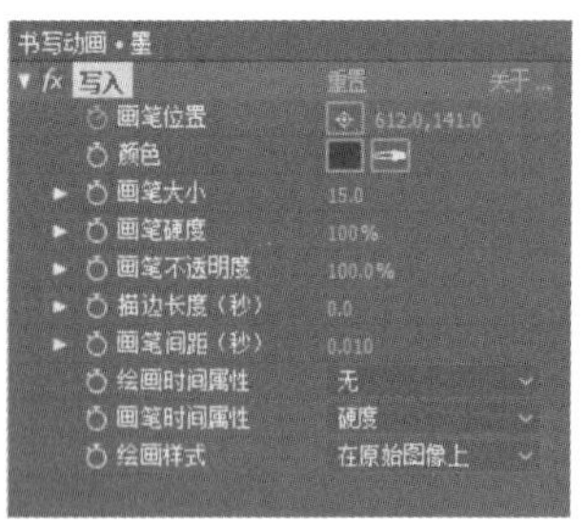

图 10-86　写入特效参数

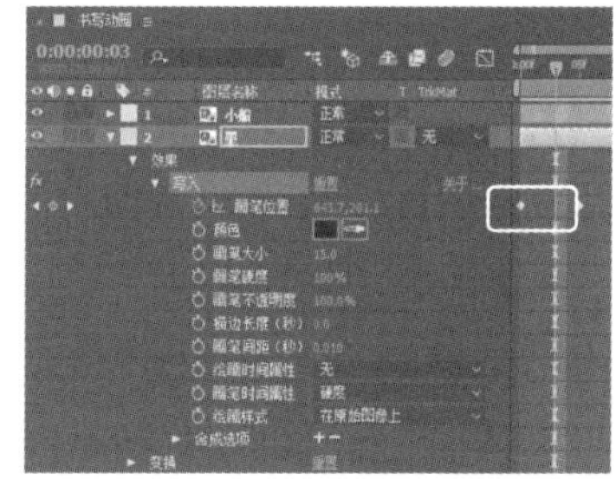

图 10-87　画笔位置前两个关键帧设置

图 10-88　画笔位置关键帧设置及效果

(6) 设置好关键帧后，将【写入】效果下的【绘画样式】选项修改为【显示原始图像】，拖动时间轴观看动画效果，再对动画做细节上的调整，如图 10-89 所示。

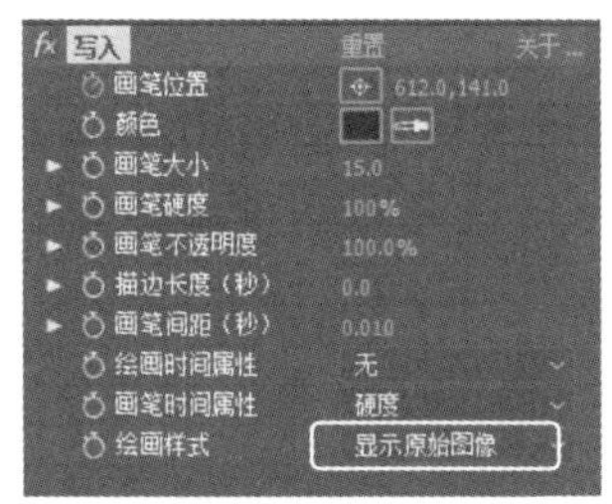

图 10-89　书写动画最终设置及效果

(7) 最后添加一个逐渐过渡为黑场的结束动画效果。首先创建一个黑色的图层覆盖在所有图层的最上方。执行【图层】|【新建】|【纯色】命令，并将图层的颜色选为黑色，如图 10-90 所示。

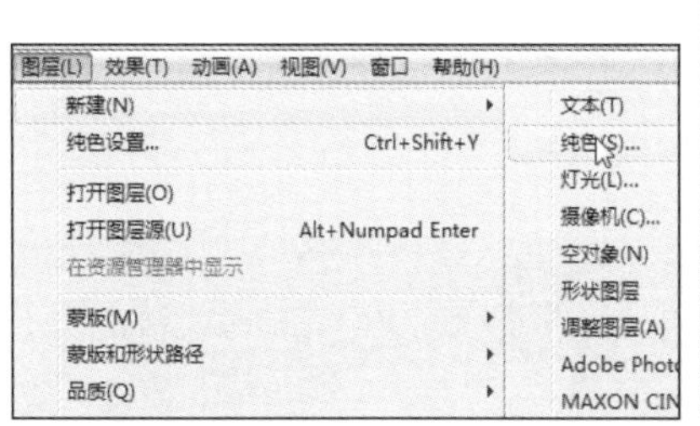

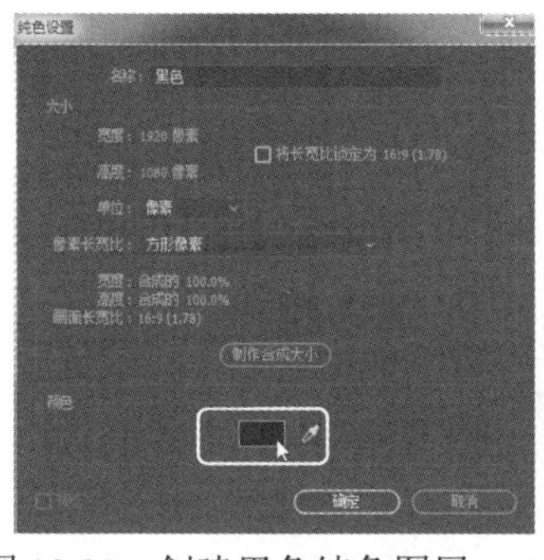

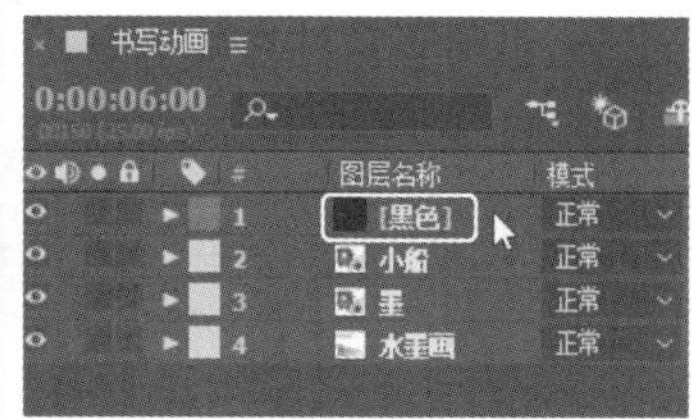

图 10-90　创建黑色纯色图层

(8) 接下来为黑色图层添加过渡效果。选中“黑色”图层，执行【效果】|【过渡】|【CC Radial Scale Wipe】命令，为图层添加圆形径向擦除效果的过渡。

(9) 最后为过渡特效添加动画效果。将时间轴指针移至 0:00:06:00，并为【CC Radial Scale Wipe】的【Completion】属性设置关键帧，同时将该属性的数值设为 100%。将时间轴指针移至 0:00:07:00，将【Completion】的数值设为 35%，将圆圈聚焦在“墨”字和小船周围。将时间轴指针移至 0:00:09:00，并为【Completion】属性添加关键帧，数值还是 35%，使圆形聚焦后静止一段时间。最后将时间轴指针移至 0:00:10:00，将【Completion】的数值设为 0%，使整体画面过渡为黑场，效果如图 10-91 所示。

图 10-91　过渡动画效果

本章的第二个上机练习主要练习制作 Music Show 片头动画效果，使用户更好地掌握生成特效的基本操作方法和技巧。练习内容主要是为视频添加音频频谱动画效果，使视频中的音乐生成一段频谱在画面中显示。再利用【CC Light Burst 2.5】特效为主题文字添加动态光线动画效果。

(1) 首先需要建立一个合成。选择【合成】|【新建合成】命令。在弹出的【合成设置】对话框中设置【预设】为【HDV/HDTV 720 25】，设置【持续时间】为 0:00:15:00，单击【确定】按

钮，建立一个新的合成。

(2) 导入名为“影视片头”的素材文件夹。执行【文件】|【导入】|【导入文件】命令，从计算机中找到素材文件夹，单击【导入文件夹】按钮。将导入的素材放置在【合成】面板中。

(3) 先来制作音频频谱的动画。选中【时间轴】面板中的视频图层，执行【效果】|【生成】|【音频频谱】命令，为其添加音频频谱特效。在效果控件面板中设置该特效的属性，将【音频层】选为“影视片头.mp3”音频图层，这时画面会出现一条频谱线，通过播放观看动画效果并不明显。这里需要对频谱的一些属性进行设置，如图 10-92 所示。将【结束频率】设为 1000、【频段】设为 50、【最大高度】设为 1000、【内部颜色】和【外部颜色】设为自己喜欢的颜色，播放观看动画发现频谱已经可以随着音乐的节奏进行明显跳动了，如图 10-93 所示。现在频谱处于黑色的背景上，原本的视频图像消失了，这里需要让频谱动画出现在原视频图像上与之相结合。所以要将属性里面的【在原始图像上合成】选中，这时原始图像才呈现出来。最后调整频谱的【起始点】和【结束点】，使频谱处于画面中下部。单击播放按钮可以看到，已经完成了音频频谱的动画，效果如图 10-94 所示。

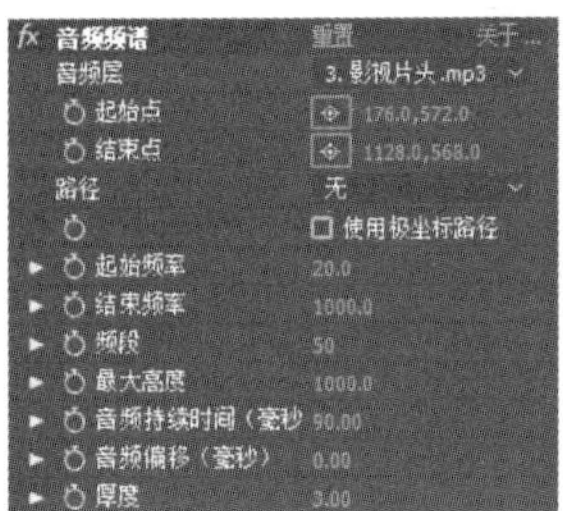

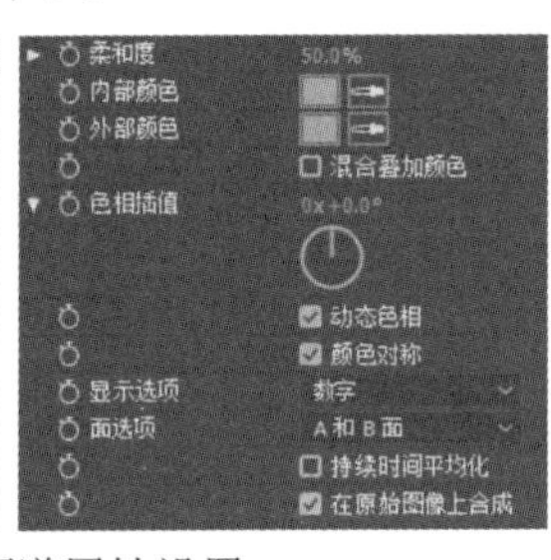

图 10-92　音频频谱属性设置

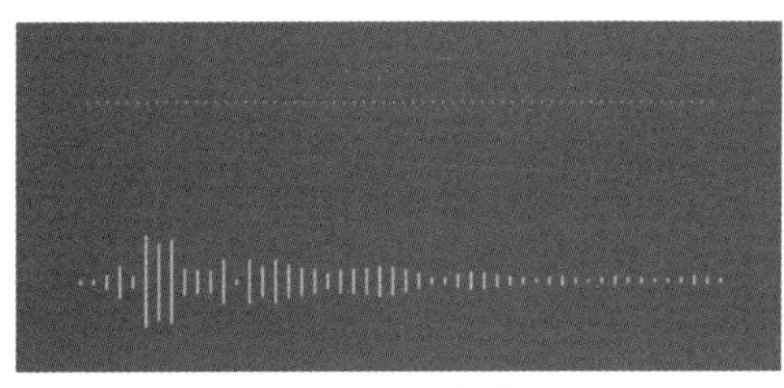

图 10-93　音频频谱效果

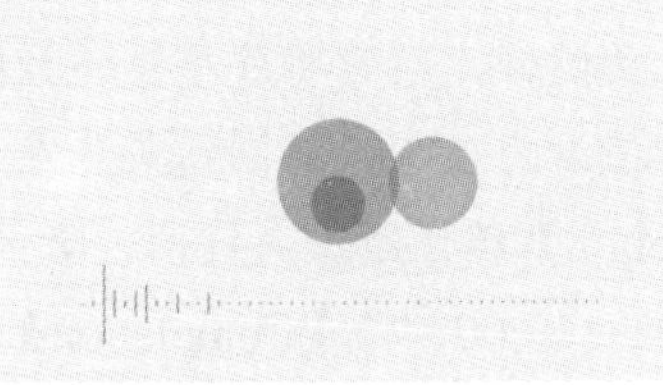
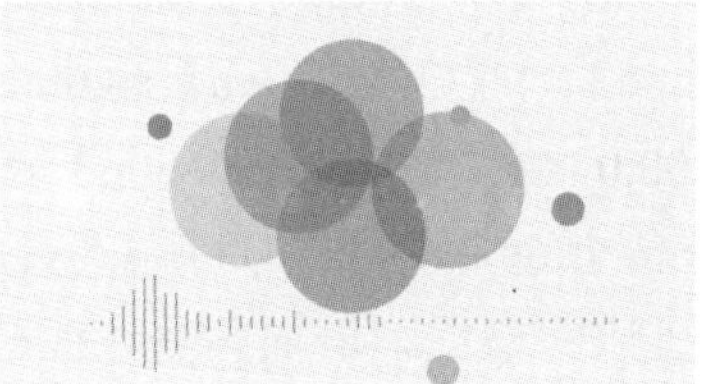

图 10-94　音频频谱动画效果

(4) 接下来开始制作标题动画，先创建标题文字图层。使用横排文字工具在合成窗口中创建一个文字框，并在其中输入“MUSIC SHOW”标题。调整文字的大小、位置和字体样式。使其处于背景图案的中央，如图 10-95 所示。

(5) 为文字标题添加显现动画，使之在背景动画基本完成时出现。将时间轴指针移至 0:00:02:21，此时背景动画已基本完成。选中文字图层，为【变换】属性的【缩放】属性添加关键帧，并将数值调整为 0%，使文字缩到最小。调整时间轴指针至 0:00:03:00，将文字的【缩放】数值调整为 100%，使文字扩大至正常大小，如图 10-96 所示。

图 10-95　创建标题文字

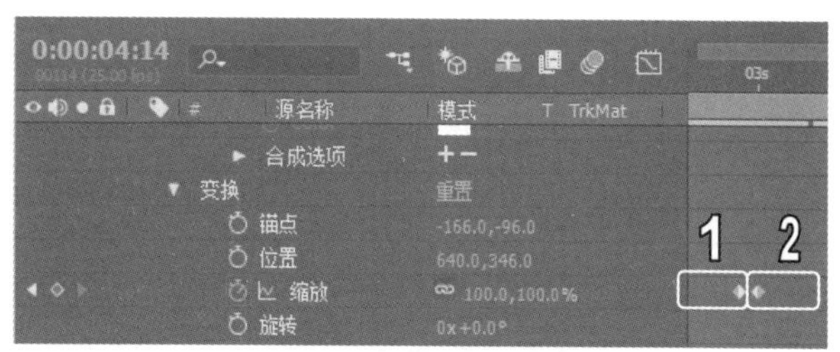

图 10-96　设置文字缩放动画

(6) 接着为文字制作闪烁动画，使文字产生被点亮的效果。将时间轴指针移至 0:00:02:21，选中文字图层，为【变换】属性的【不透明度】属性添加关键帧，并将数值调整为 50%，使文字透明度降低。调整时间轴指针至 0:00:03:00，将文字的【不透明度】数值调整为 100%，使文字正常显示。选中已设置好的两个关键帧，使用 Ctrl+C 键进行复制。调整时间轴指针至 0:00:03:04，使用 Ctrl+V 键粘贴关键帧。再调整时间轴指针至 0:00:03:12，使用 Ctrl+V 键粘贴关键帧。单击播放按钮可以看到，已经完成了文字显现动画，效果如图 10-97 所示。

图 10-97　文字显现动画效果

(7) 接着为文字添加动态光线效果。选中文字图层，执行【效果】|【生成】|【CC Light Burst 2.5】命令。添加光线产生动画。将时间轴指针移至 0:00:03:16，选中文字图层，为【CC Light Burst 2.5】效果的【Ray Length】属性添加关键帧，并将数值调整为 0.0，使文字不产生光线效果。调整时间轴指针至 0:00:03:20，将【Ray Length】数值调整为 100，并设置关键帧，产生光线效果。调整时间轴指针至 0:00:07:00，将【Ray Length】数值调整为 100，并设置关键帧，使光线效果保持一段时间。将时间轴指针移至 0:00:07:04，将【Ray Length】数值调整为 0，并设置关键帧，使光线效果消失，如图 10-98 所示。

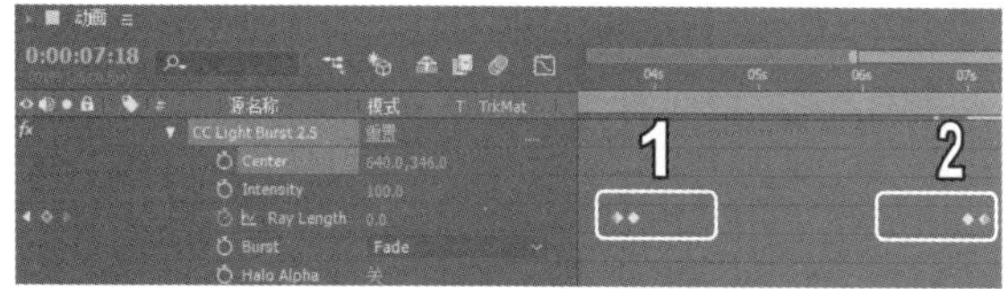

图 10-98　设置光线产生动画

(8) 添加光线运动动画。将时间轴指针移至 0:00:03:20，选中文字图层，为【CC Light Burst 2.5】效果的【Center】属性添加关键帧，并将中心点位置调整至文字的最左侧，使光线指向右侧。调整时间轴指针至 0:00:05:00，将【Center】中心点位置调整至文字的最右侧，并设置关键帧，使光线平移到左侧。调整时间轴指针至 0:00:06:05，将【Center】中心点位置调整至文字的最左侧，并设置关键帧，再次移动到右侧。最后将时间轴指针移至 0:00:07:00，将【Center】中心点位置调整至文字的中间，并设置关键帧，使光线效果恢复到中间位置。单击播放按钮可以看到，已经

完成了全部动画效果，如图 10-99 所示。

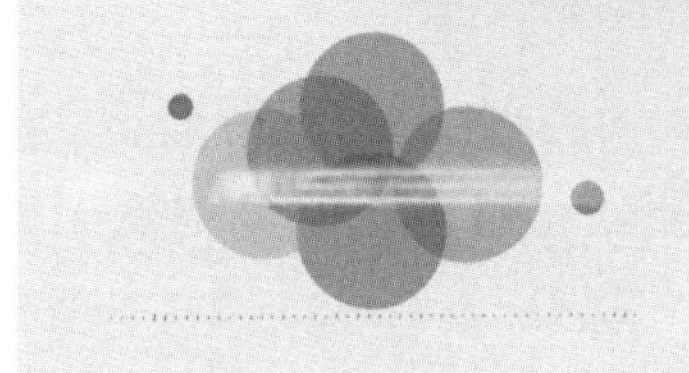

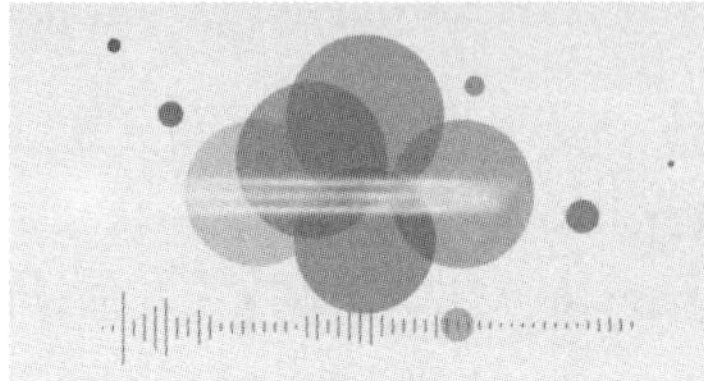

图 10-99　光线文字动画效果

10.5　习题

1. 制作电子相册。选取 15 张同样大小的图片，以每张图片两秒钟的时间长度放置在时间轴上，然后在每两张图片之间添加不同的过渡特效。

2. 选取一张日落或日出的照片，为其添加【镜头光晕】特效，并为镜头光晕制作移动动画。

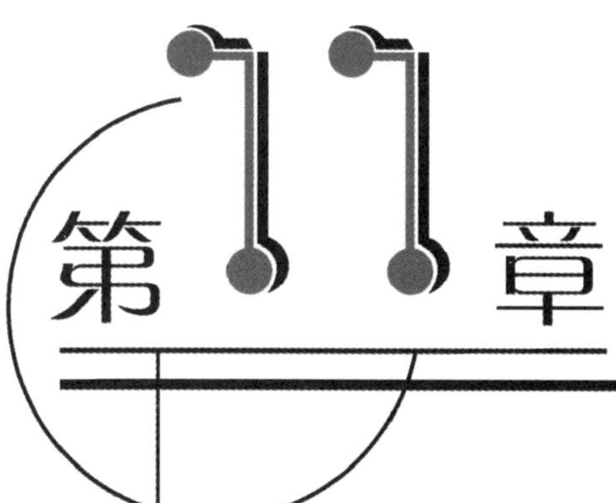

第11章 扭曲与透视特效

学习目标

扭曲与透视特效是AE中较为常用的两个特效种类。它们的主要效果是使素材图像产生外形上的变化。还可以为这些变化添加关键帧动画，从而实现更丰富的视觉效果。本章主要介绍如何使用扭曲特效来创建画面扭曲的动态效果，以及如何使用透视特效来为素材添加不同的立体效果。

本章重点

- 扭曲特效
- 透视特效

1.1 扭曲

扭曲特效主要是使素材图像产生扭曲、拉伸、挤压等变形效果，从而制造更丰富的画面效果。还可以为变形过程添加关键帧动画，使图像产生扭曲的动态效果，制造更多种类的画面效果。

11.1.1 CC Bend It

CC Bend It是截取素材的一部分并将其进行弯曲的特效。属性面板如图11-1所示，应用特效效果如图11-2所示。参数设置说明如下。

- 【Bend】：用来设置素材图像的弯曲程度。为该参数设置动画关键帧，可以实现图像逐渐弯曲的动态效果。
- 【Start】：用来设置弯曲效果中心点的位置。该位置在创建动画时固定不动。
- 【End】：用来设置弯曲效果尾端的位置。该位置在创建动画时围绕着【Start】中心点进行旋转。

- 【Render Prestart】：用来选择对原图层进行截取的方式。共有 4 种方式，【None】：选择原图层中心点右侧的图像；【Static】：选择原图层中心点两侧的图像，仅有右侧图像可以进行弯曲；【Bend】：选择原图层中心点两侧的图像，两侧可以同时弯曲；【Mirror】：选择原图层中心点右侧的图像，并将其镜像到左侧，两侧可以同时弯曲。
- 【Distort】：用来选择图像在进行弯曲时的方式。共有两种方式，分别是【Legal】普通方式和【Extended】伸展弯曲方式。

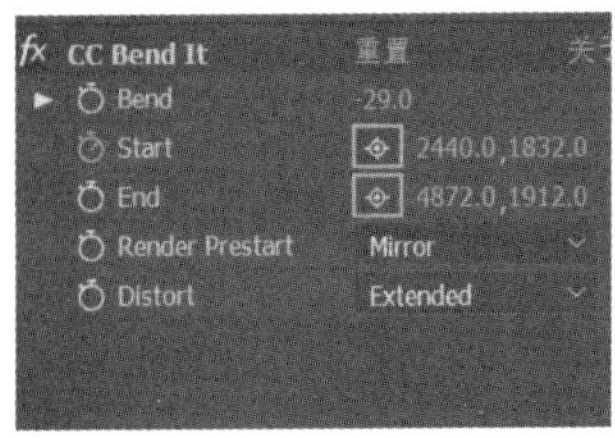

图 11-1　CC Bend It 属性面板

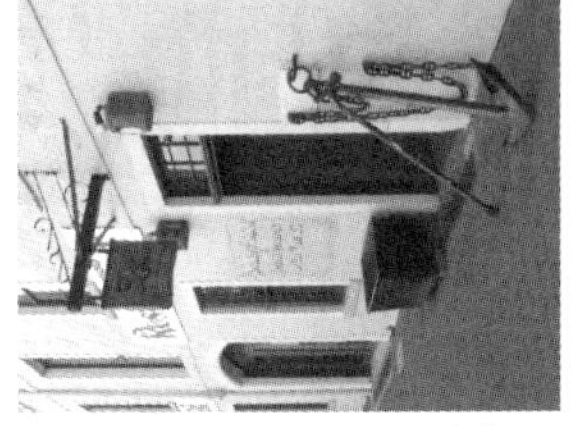
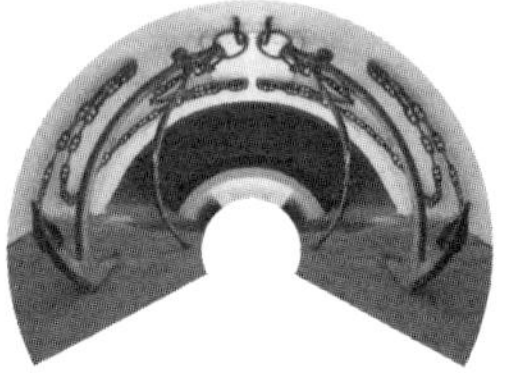
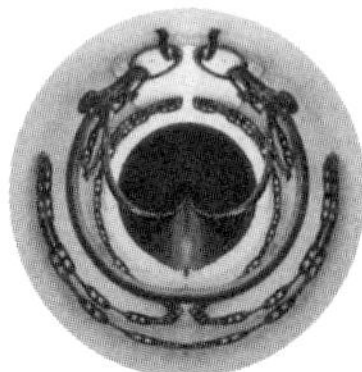

图 11-2　CC Bend It 效果对比图

11.1.2　CC Bender

CC Bender 可以使素材产生不同效果扭曲的特效。属性面板如图 11-3 所示，应用特效效果如图 11-4 所示。参数设置说明如下。

- 【Amount】：用来设置素材图像的弯曲程度。该参数为正值时，图像向右弯曲；该参数为负值时，图像向左弯曲。为该参数设置动画关键帧，可以实现图像逐渐弯曲的动态效果。
- 【Style】：用来选择弯曲的样式。共有 4 种样式，【Bend】：以顶部控制点为中心点创建平滑的弯曲效果，底部控制点往下的部分不变；【Marilyn】：为顶部控制点和底部控制点中间的图像创建平滑的弯曲效果；【Sharp】：为顶部控制点和底部控制点中间的图像创建尖角的弯曲效果；【Boxer】：为顶部控制点和底部控制点中间的图像创建平滑的弯曲效果，弯曲时顶部作用点附近效果更明显。
- 【Adjust To Distance】：选中此选项后，弯曲区域的图像产生较小的变化。
- 【Top】【Base】：用来设置顶部和底部控制点的位置。

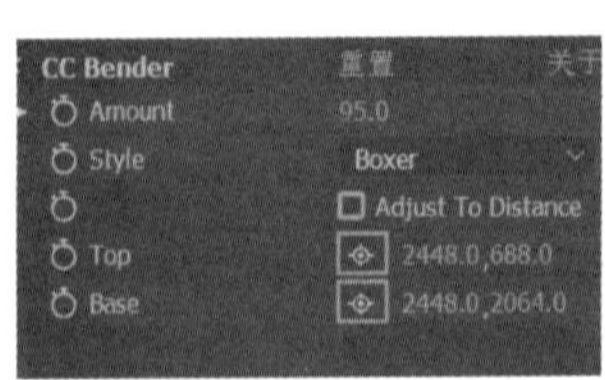

图 11-3　CC Bender 属性面板

图 11-4　CC Bender 效果对比图

11.1.3　CC Blobbylize

CC Blobbylize 特效根据素材本身的明暗对比度，将素材转化为玻璃质感的图像。属性面板如图 11-5 所示，应用特效效果如图 11-6 所示。参数设置说明如下。

- 【Blobbiness】：用于设置波纹整体形态。
- 【Property】：用于选择玻璃效果产生时所依据的通道类型。
- 【Softness】：用于设置玻璃效果的柔和程度。
- 【Cut Away】：用于设置添加效果后素材显示的区域。
- 【Light】：有关灯光的参数。
- 【Using】：用于选择使用灯光的类型，这里有【Effect Light(效果灯光)】和【AE】灯光两种类型。其中【AE】灯光为固定参数灯光。
- 【Light Intensity】：用于控制灯光的强弱。数值越大，光亮越强。
- 【Light Color】：用于设置灯光的颜色。
- 【Light Type】：用于选择灯光的类型。共有两种类型，分别是平行光和点光源。
- 【Light Height】：用于设置灯光的高度。
- 【Light Position】：用于设置点光源的具体位置。
- 【Light Direction】：用于设置平行光的角度。
- 【Shading】：有关材质与反光的数值。
- 【Ambient】：用于设置光源的反射程度。
- 【Diffuse】：用于设置漫反射的值。
- 【Specular】：用来控制高光的强度。
- 【Roughness】：用来设置玻璃表面的粗糙程度。
- 【Metal】：用来设置玻璃材质的反光程度。

图 11-5　CC Blobbylize 属性面板

图 11-6　CC Blobbylize 效果对比图

11.1.4　CC Flo Motion

CC Flo Motion 是模拟素材图像向某一点集中拉伸变形的效果。属性面板如图 11-7 所示，应用特效效果如图 11-8 所示。参数设置说明如下。

- 【Finer Controls】：选中此选项后，特效效果会更柔和。
- 【Kont1/2】：分别用于设置两个拉伸点的中心位置。

◉ 【Amount1/2】：用于设置拉伸扭曲的程度。为该参数设置动画关键帧，可以实现图像逐渐扭曲的动态效果。

◉ 【Tile Edges】：选中此选项后，可以保证素材图像的边缘线不扭曲。

◉ 【Antialiasing】：用于选择原图层在扭曲变形时抗锯齿的程度。这里有低、中、高 3 种程度。

◉ 【Falloff】：用于微调扭曲的程度。

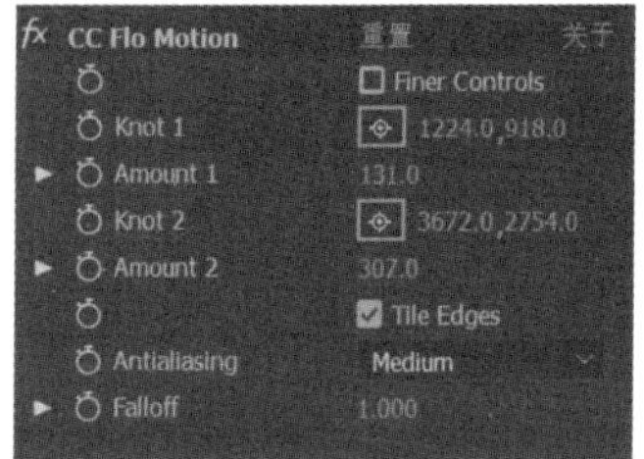

图 11-7　CC Flo Motion 属性面板

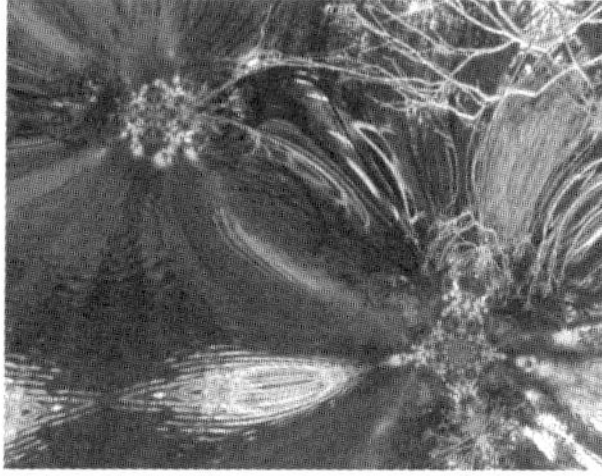

图 11-8　CC Flo Motion 效果对比图

11.1.5　CC Griddler

【CC Griddler】是将素材图像切割成条形格并使之旋转压缩的效果。属性面板如图 11-9 所示，应用特效效果如图 11-10 所示。参数设置说明如下。

◉ 【Horizontal Scale】：用于设置横向上拉伸的力度。

◉ 【Vertical Scale】：用于设置竖向上拉伸的力度。

◉ 【Tile Size】：用于控制条形格的大小。

◉ 【Rotation】：用于控制条形格旋转的角度。

◉ 【Cut Tiles】：取消选中该选项后，切割图案皆为正方形。

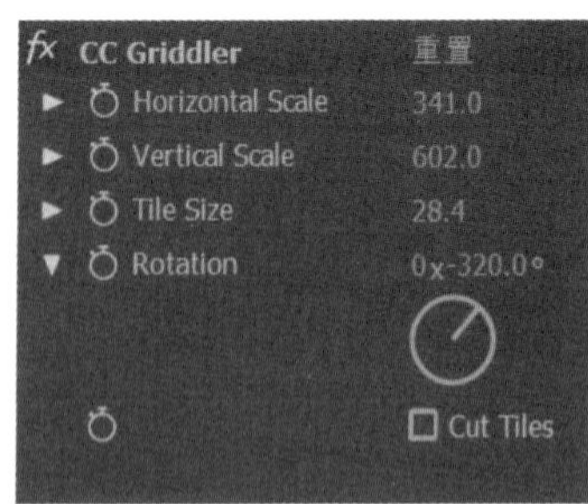

图 11-9　CC Griddler 属性面板

图 11-10　CC Griddler 效果对比图

11.1.6　CC Lens

CC Lens 可以为素材图层添加球形镜头扭曲的效果。属性面板如图 11-11 所示，应用特效效果如图 11-12 所示。参数设置说明如下。

◉ 【Center】：用于设置扭曲效果的中心点。

◉ 【Size】：用于设置球形整体的大小。

◉ 【Convergence】：用于设置扭曲的程度。

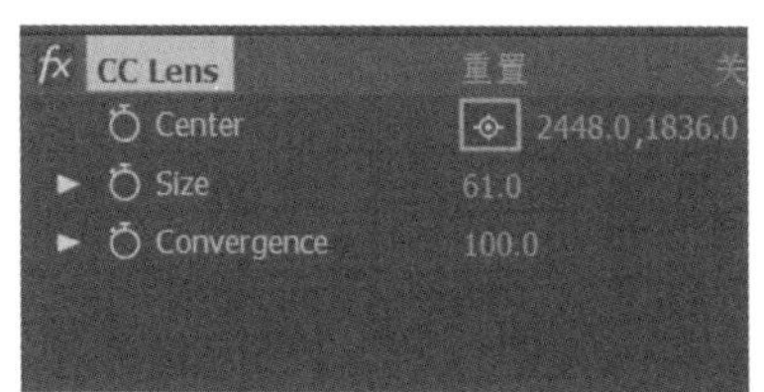

图 11-11　CC Lens 属性面板

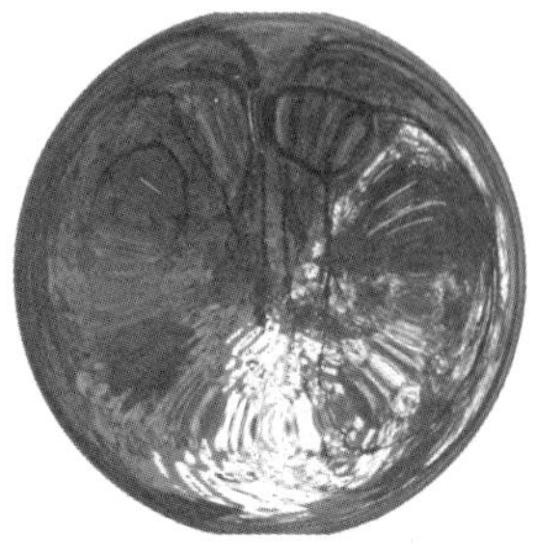
图 11-12　CC Lens 效果对比图

11.1.7　CC Page Turn

【CC Page Turn】可以制作翻页效果动画，该特效应用较为频繁。属性面板如图 11-13 所示，应用特效效果如图 11-14 所示。参数设置说明如下。

◉ 【Controls】：用于选择翻页效果的类型。共有 5 种类型，分别是经典翻页、左上角翻页、右上角翻页、左下角翻页、右下角翻页。选择经典翻页模式时，会有更多的参数被开启，可以更细致地调整效果。

◉ 【Fold Position】：用于设置翻页效果所在的位置。为该参数设置动画关键帧，可以实现翻页的动态效果。

◉ 【Fold Direction】：用于设置翻页时的角度。该控件只有在选择经典翻页模式时才会被启用。

◉ 【Fold Radius】：用于设置翻页时折叠线处的柔和程度。

◉ 【Light Direction】：用于设置折叠线处反光的角度。

◉ 【Render】：用于选择效果被显示出来的部分。共有 3 个选项，分别是【Front & Back Page】全部显示、【Back Page】只显示翻页效果部分、【Front Page】只显示未被翻动的部分。

◉ 【Back Page】：可以选择原图层背面的图像。

◉ 【Back Opacity】：用于设置翻页效果背面图像的不透明度。

◉ 【Paper Color】：用于设置翻页效果背面的颜色。

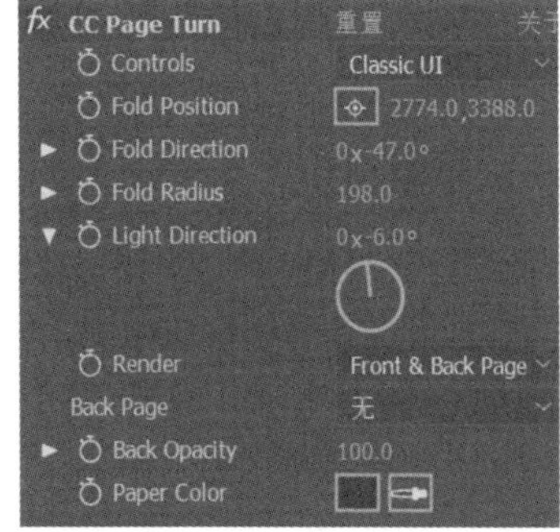

图 11-13　CC Page Turn 属性面板

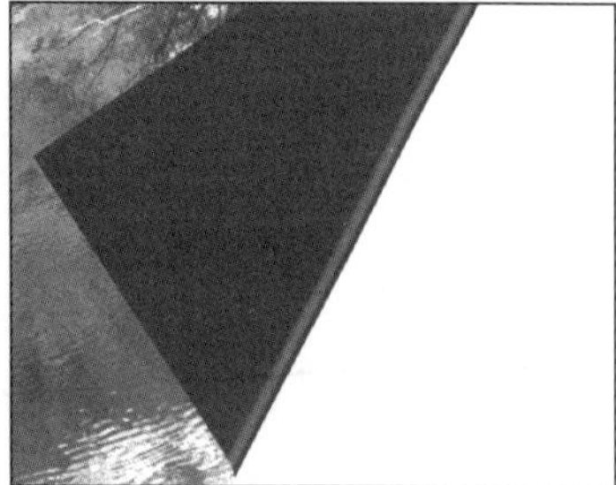
图 11-14　CC Page Turn 效果对比图

11.1.8 CC Power Pin

CC Power Pin 特效可以对 4 个角分别进行拉伸和压缩变形效果处理。属性面板如图 11-15 所示，应用特效效果如图 11-16 所示。参数设置说明如下。

- 【Top Left】【Top Right】【Bottom Left】【Bottom Right】：分别用于设置 4 个角被拉伸或者压缩的位置点。
- 【Perspective】：用于设置角被拉伸时，原素材图层随拉伸效果的旋转程度。
- 【Unstretch】：选中此选项后，拉伸效果将反作用于图像的画面。不选中时图片的外边框也会随之被拉伸。
- 【Expansion(%)】：用于设置原素材图层图像的边缘拉伸程度。
- 【Top】：用于调整顶部边线的位置，图像本身随之进行拉伸或压缩。
- 【Left】：用于调整左边边线的位置，图像本身随之进行拉伸或压缩。
- 【Right】：用于调整右边边线的位置，图像本身随之进行拉伸或压缩。
- 【Bottom】：用于调整底部边线的位置，图像本身随之进行拉伸或压缩。

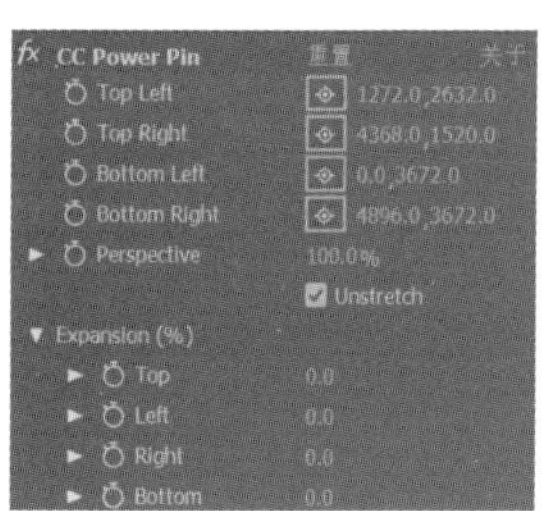

图 11-15　CC Power Pin 属性面板

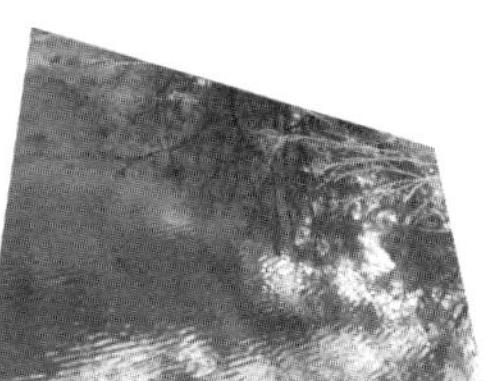
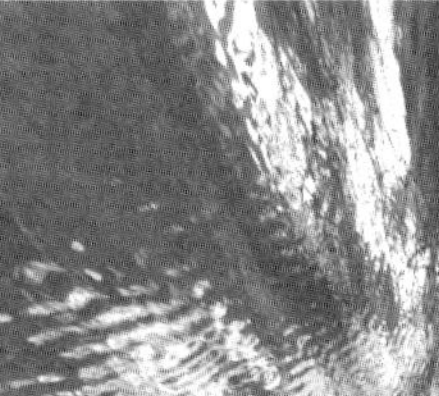

图 11-16　CC Power Pin 效果对比图

11.1.9 CC Slant

CC Slant 特效可以对原图层进行水平或垂直方向的倾斜扭曲。属性面板如图 11-17 所示，应用特效效果如图 11-18 所示。参数设置说明如下。

- 【Slant】：用于设置水平方向上的倾斜程度。
- 【Stretching】：选中此选项后，倾斜的同时还将对图像进行拉伸。
- 【Floor】：用于设置倾斜时中心点的位置。
- 【Set Color】：选中此选项后，可以将原图层设置为某种单一的颜色。
- 【Color】：【Set Color】被选中后，此选项可用，用于选择替代原图层的颜色。

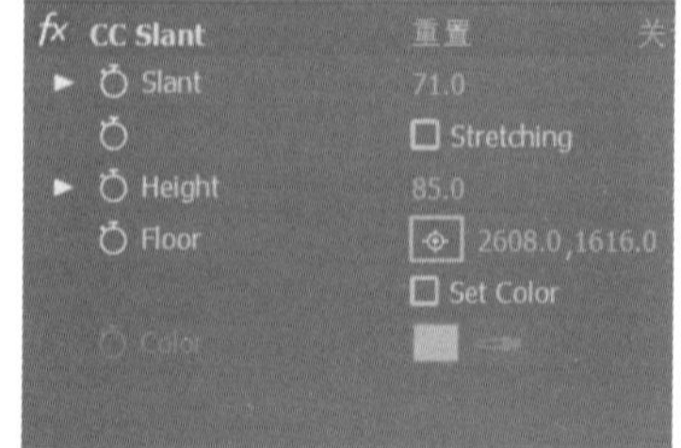

图 11-17　CC Slant 属性面板

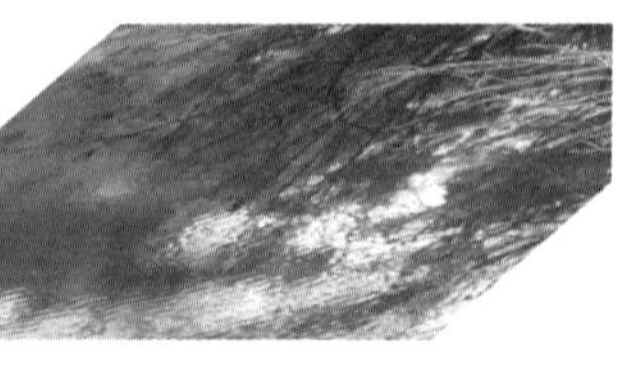

图 11-18　CC Slant 效果对比图

11.1.10　CC Smear

CC Smear 特效对原图层的指定区域生成扭曲拉伸的效果。属性面板如图 11-19 所示，应用特效效果如图 11-20 所示。参数设置说明如下。

- 【From】：用于设置扭曲区域的起始点。
- 【To】：用于设置扭曲区域的终止点。
- 【Reach】：用于设置扭曲拉伸的程度。数值越大，效果越强。数值为负数时，方向将被反转。
- 【Radius】：用于设置扭曲区域的大小。

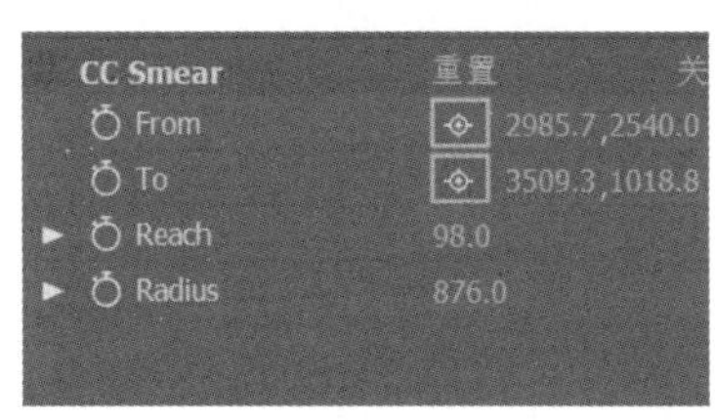

图 11-19　CC Smear 属性面板

图 11-20　CC Smear 效果对比图

11.1.11　CC Split

CC Split 特效对原图层的指定区域生成拉开的效果。属性面板如图 11-21 所示，应用特效效果如图 11-22 所示。参数设置说明如下。

- 【Point A】：用于设置效果的起始点。
- 【Point B】：用于设置效果的终止点。
- 【Split】：用于设置被拉开的程度。为该参数设置动画关键帧，可以实现拉开的动态效果。

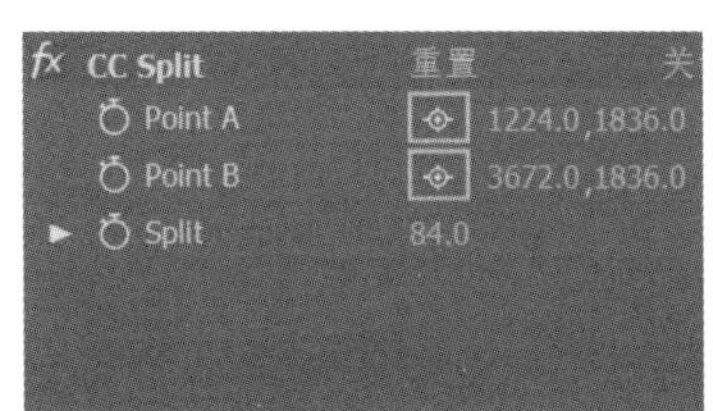

图 11-21　CC Split 属性面板

图 11-22　CC Split 效果对比图

11.1.12　CC Split 2

CC Split 2 与 CC Split 效果相同，都是对原图层的指定区域生成拉开的效果。不同之处在于 CC Split 2 特效可以对拉开的上下边缘位置进行单独的调整。属性面板如图 11-23 所示，应用特效效果如图 11-24 所示。参数设置说明如下。

◉ 【Point A】：用于设置效果的起始点。

◉ 【Point B】：用于设置效果的终止点。

◉ 【Split 1】：用于设置被拉开下边缘的位置。

◉ 【Split 2】：用于设置被拉开上边缘的位置。

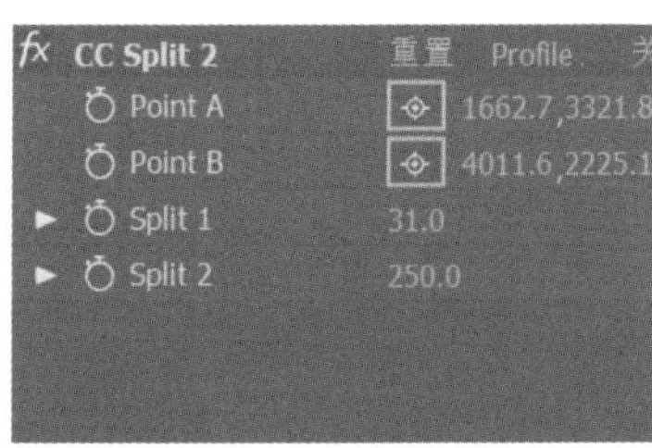

图 11-23　CC Split 2 属性面板

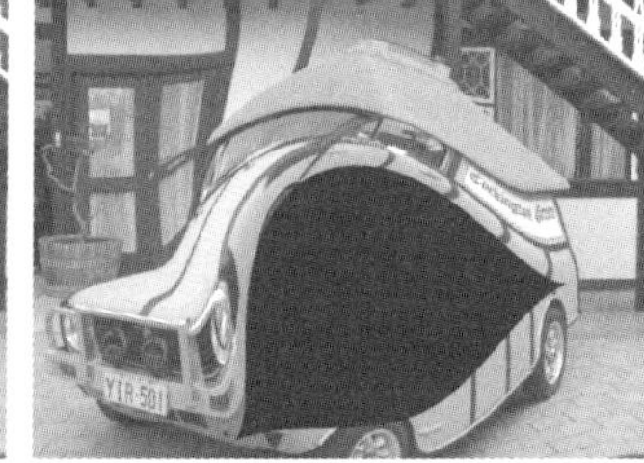

图 11-24　CC Split 2 效果对比图

11.1.13　CC Tiler

CC Tiler 特效可以使原图层生成重复拼接并且平铺的效果。属性面板如图 11-25 所示，应用特效效果如图 11-26 所示。参数设置说明如下。

◉ 【Scale】：用于设置单个图片的大小。

◉ 【Center】：用于设置整体效果的中心点。

◉ 【Blend w. Original】：用于设置生成的效果与原图层之间的融合程度。

图 11-25　CC Tiler 属性面板

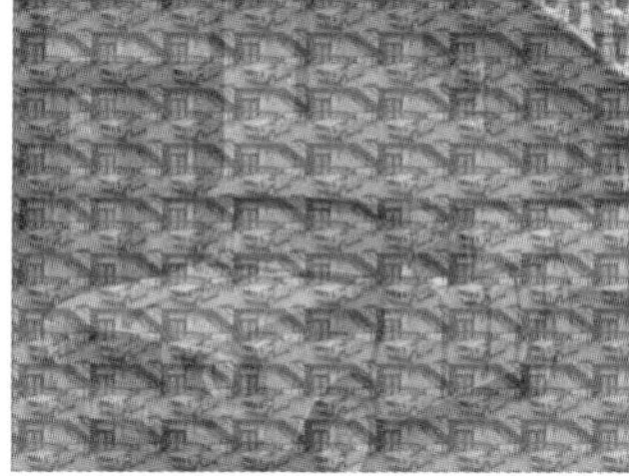

图 11-26　CC Tiler 效果对比图

11.1.14　贝赛尔曲线变形

【贝赛尔曲线变形】特效为素材图像的边缘平均添加 12 个控制点，通过改变这些点的位置使原素材图层产生扭曲变形效果。属性面板如图 11-27 所示，应用特效效果如图 11-28 所示。参数设置说明如下。

◉ 【上左/右上/左下/下右顶点】：用于设置 4 个角顶点的位置。

◉ 【上左/上右切点】：用于设置上边缘中间的两个点的位置。

◉ 【右上/右下切点】：用于设置右边缘中间的两个点的位置。

◉ 【下左/下右切点】：用于设置下边缘中间的两个点的位置。

◉ 【左上/左下切点】：用于设置左边缘中间的两个点的位置。

◉ 【品质】：用于设置扭曲后图像的质量高低。

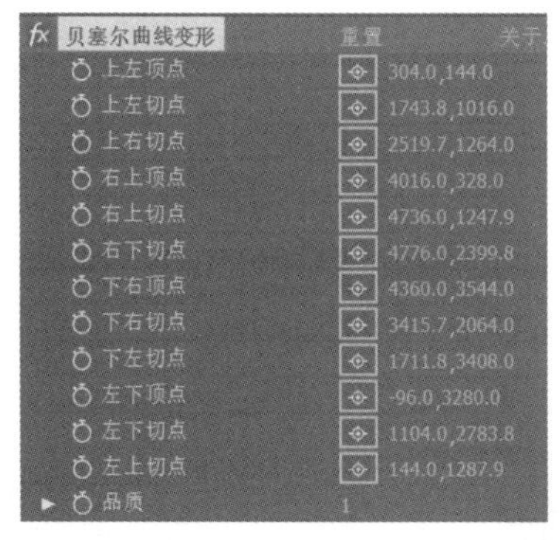

图 11-27　【贝赛尔曲线变形】属性面板

图 11-28　贝赛尔曲线变形效果对比图

11.1.15　变换

【变换】特效主要用来改变原图层图像的形状基本属性，从而产生扭曲变形效果，多与其他特效搭配使用。属性面板如图 11-29 所示，应用特效效果如图 11-30 所示。参数设置说明如下。

◉ 【锚点】：用于设置原图层锚点的位置。

◉ 【位置】：用于设置原图层中心点的位置。

◉ 【统一缩放】：选中该选项后，图像将进行同比例缩放。

◉ 【缩放高度/缩放宽度】：用于设置图片素材的宽和高。

◉ 【倾斜】：用于设置图像的倾斜程度。

◉ 【倾斜轴】：用于设置图像倾斜的角度。

◉ 【旋转】：用于设置图像旋转的角度。

◉ 【不透明度】：用于设置图像的不透明度。

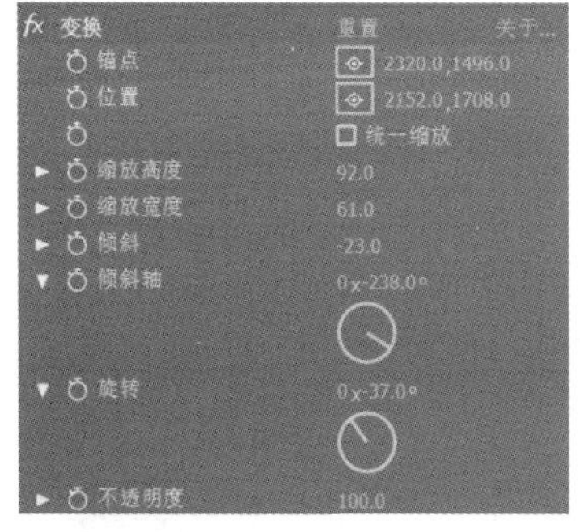

图 11-29　【变换】属性面板

图 11-30　变换效果对比图

11.1.16　变形

【变形】特效提供了一些固定形状的变形效果，可以通过设置直接应用在原素材图层上。属性面板如图 11-31 所示，应用特效效果如图 11-32 所示。参数设置说明如下。

⦿【变形样式】：用于选择已经设定好的变形样式。共有 15 种样式可选。

⦿【变形轴】：用于选择设置变形时的中轴线为【水平】还是【垂直】。

⦿【弯曲】：用于设置扭曲效果的幅度。数值越大，扭曲越明显。

⦿【水平扭曲】：在水平线上添加另外的扭曲效果。

⦿【垂直扭曲】：在垂直线上添加另外的扭曲效果。

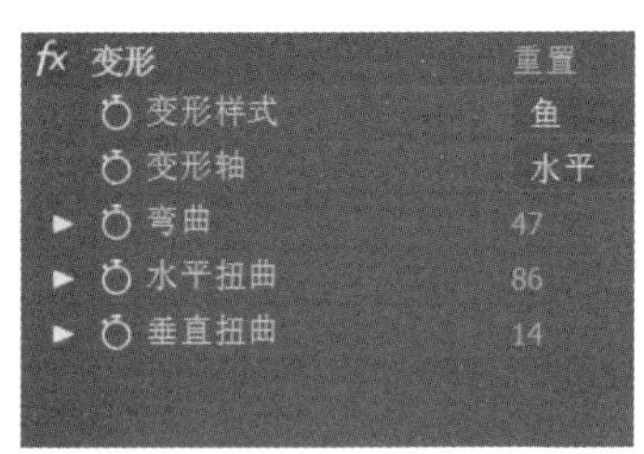

图 11-31 【变形】属性面板

图 11-32 变形效果对比图

11.1.17 波纹

【波纹】特效是为原素材图层添加圆形水波纹效果的特效。属性面板如图 11-33 所示，应用特效效果如图 11-34 所示。参数设置说明如下。

⦿【半径】：用于设置波纹效果的整体大小。数值越大，扩散的范围越大。

⦿【波纹中心】：用于设置波纹效果的中心点位置。

⦿【转换类型】：用于选择波纹的类型。共有两种类型，分别是【对称】和【不对称】。

⦿【波形速度】：用于设置波纹效果在生成动画后的运动速度。

⦿【波形宽度】：用于设置波纹之间的宽度。

⦿【波形高度】：用于设置波纹的密度。

⦿【波纹相】：用于设置波纹扩散的角度。为该参数添加动画关键帧，可以模拟波纹扩散的效果。

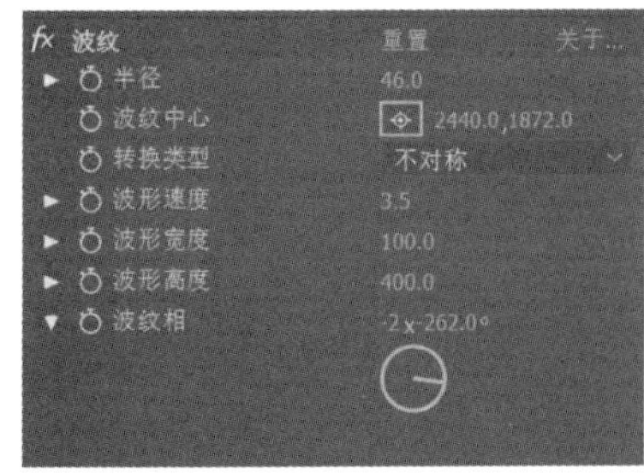

图 11-33 【波纹】属性面板

图 11-34 波纹效果对比图

11.1.18 波形变形

【波形变形】特效是为原素材图层添加水平波浪效果的特效。属性面板如图 11-35 所示，应

用特效效果如图 11-36 所示。参数设置说明如下。

- 【波浪类型】：用于选择波浪的种类。共有 9 种类型可选。
- 【波形高度/宽度】：用于设置波浪的宽度和高度。
- 【方向】：用于设置波浪的方向。
- 【波形速度】：用于设置波浪效果在生成动画后的运动速度。
- 【固定】：用于选择图像中不受波浪效果影响的区域。
- 【相位】：用于设置波浪扩散的方向。为该参数添加动画关键帧，可以模拟波浪扩散的效果。
- 【消除锯齿(最佳品质)】：用于选择添加特效后图像的品质。共有【低】【中】和【高】3 个选项。

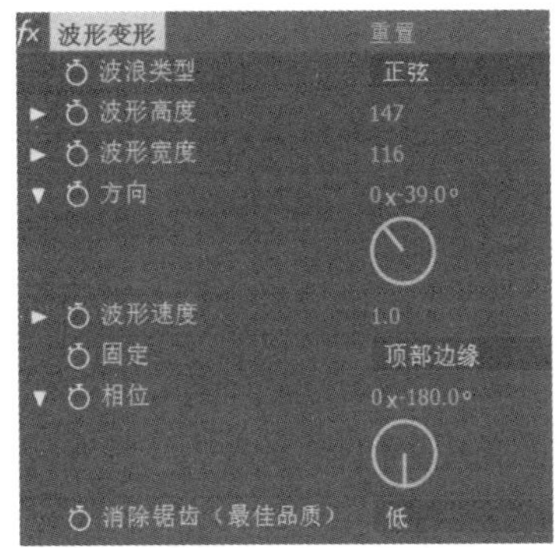

图 11-35　【波形变形】属性面板

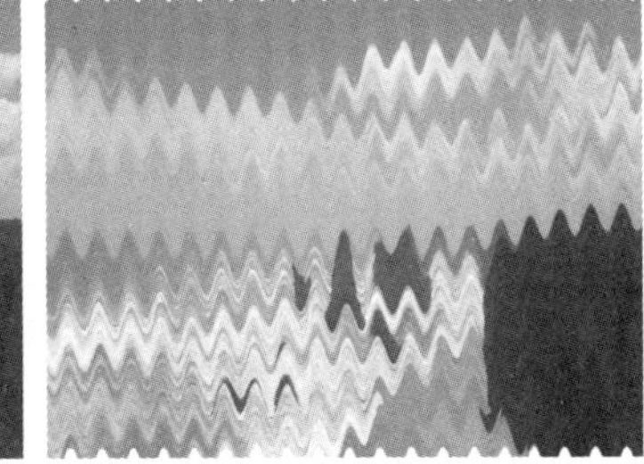

图 11-36　波形变形效果对比图

11.1.19　放大

【放大】特效可以将原素材图像的某个区域进行图像无损化放大，可以利用该特效模拟放大镜效果。属性面板如图 11-37 所示，应用特效效果如图 11-38 所示。参数设置说明如下。

- 【形状】：用于选择放大区域的形状。共有两种类型，分别是【圆形】和【方形】。
- 【中心】：用于设置特效中心点的位置。
- 【放大率】：用于设置放大的程度。
- 【大小】：用于设置放大区域的大小。
- 【羽化】：用于设置放大区域边缘的羽化程度。
- 【不透明度】：用于设置放大区域的不透明度。
- 【缩放】：用于选择放大区域图像的缩放方式。共有【标准】【柔和】和【散布】3 种方式。
- 【混合模式】：用于选择缩放区域与原图层图像之间的混合模式。共有 19 种模式可选。

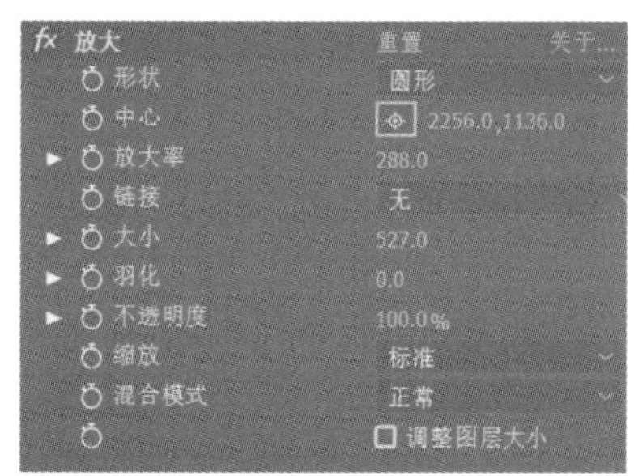

图 11-37　【放大】属性面板

图 11-38　放大效果对比图

11.1.20　镜像

【镜像】特效可以模拟镜子反射的效果，将原素材图像的某个区域进行复制且对称显示。属性面板如图 11-39 所示，应用特效效果如图 11-40 所示。参数设置说明如下。

- 【反射中心】：用于设置反射效果的中心点位置。
- 【反射角度】：用于设置反射效果相对于原素材的角度。

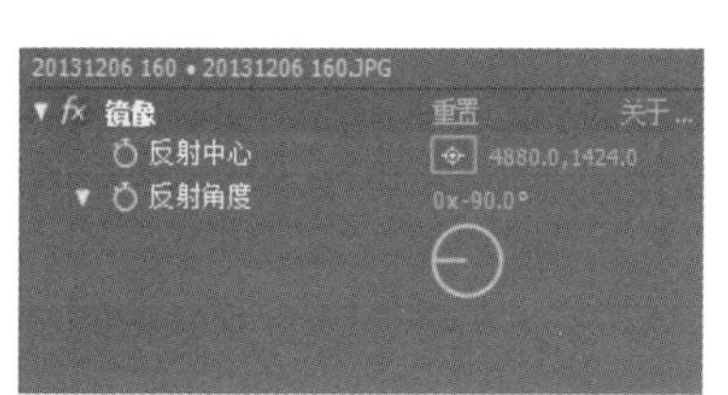

图 11-39　【镜像】属性面板

图 11-40　镜像效果对比图

11.1.21　偏移

【偏移】特效用来模拟重影效果，可以将原素材进行复制、调整位置且与原素材叠加。属性面板如图 11-41 所示，应用特效效果如图 11-42 所示。参数设置说明如下。

- 【将中心转换为】：用于设置效果的中心位置。
- 【与原始图像混合】：用于设置效果与原素材的混合程度。

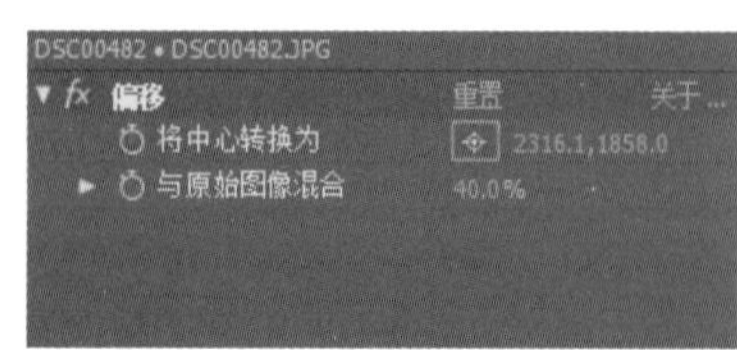

图 11-41　【偏移】属性面板

图 11-42　偏移效果对比图

11.1.22　球面化

【球面化】特效可以为原素材的某个部位制造球面凸起效果。属性面板如图 11-43 所示，应用特效效果如图 11-44 所示。参数设置说明如下。

- ⊙ 【半径】：用于设置球面效果的半径大小。
- ⊙ 【球面中心】：用于设置球面效果的中心点位置。

图 11-43　【球面化】属性面板

图 11-44　球面化效果对比图

11.1.23　凸出

【凸出】特效效果与球面化效果相似，但相比【球面化】特效，该特效能够更细致地对效果属性进行调整。属性面板如图 11-45 所示，应用特效效果如图 11-46 所示，参数设置说明如下。

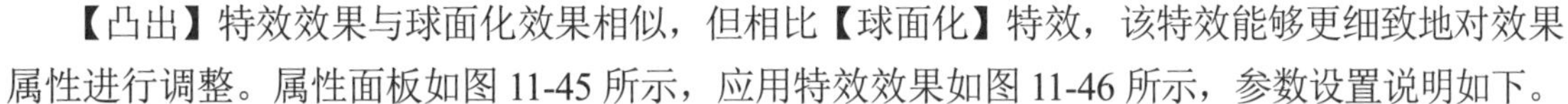

- ⊙ 【水平半径】【垂直半径】：用于设置凸出效果的水平半径和垂直半径的大小。
- ⊙ 【凸出中心】：用于设置凸出效果的中心点位置。
- ⊙ 【凸出高度】：用于设置凸出效果的球面弧度。
- ⊙ 【锥形半径】：用于设置效果的凸出程度。

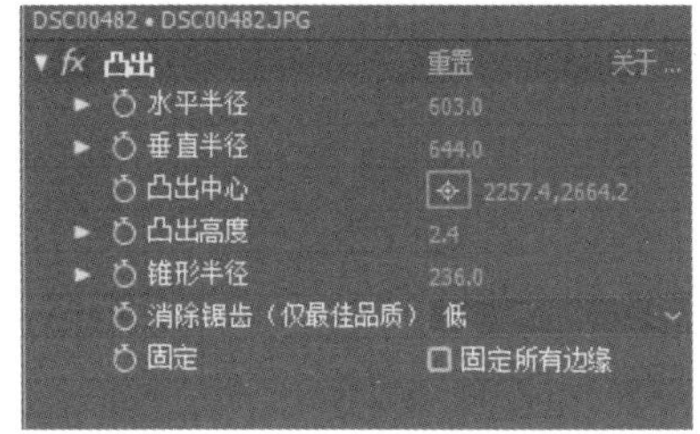

图 11-45　【凸出】属性面板

图 11-46　凸出效果对比图

11.1.24　湍流置换

【湍流置换】特效可以将平面素材转换为波纹扭曲效果，还可为波纹创建运动动画。属性面板如图 11-47 所示，应用特效效果如图 11-48 所示。参数设置说明如下。

- ⊙ 【置换】：用于选择波纹纹路的类型。
- ⊙ 【数量】：用于设置波纹的密集程度。
- ⊙ 【大小】：用于设置波纹效果的大小。
- ⊙ 【偏移(湍流)】：用于设置效果中心点的位置。

- 【复杂度】：用于设置波纹效果的复杂程度。
- 【演化】：通过为该参数设置关键帧动画，可以使波纹效果运动起来。
- 【演化选项】：用于设置演化时的参数依据。

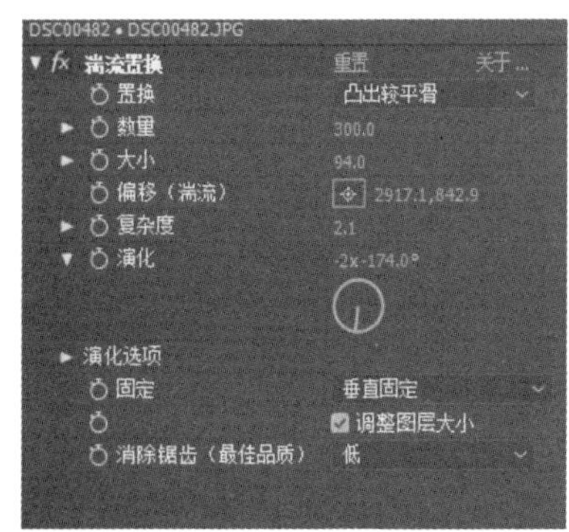

图 11-47　【湍流置换】属性面板

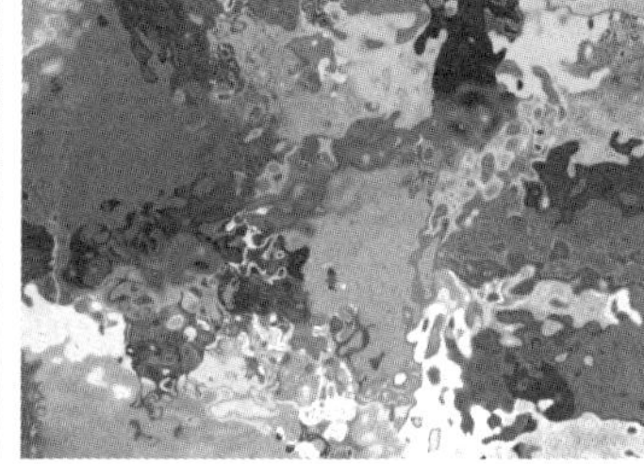

图 11-48　湍流置换效果对比图

11.1.25　旋转扭曲

【旋转扭曲】特效可以将原素材转换为旋涡效果。属性面板如图 11-49 所示，应用特效效果如图 11-50 所示。参数设置说明如下。

- 【角度】：用来调整扭曲的方向和程度。
- 【旋转扭曲半径】：用于设置旋涡效果半径的大小。
- 【旋转扭曲中心】：用于设置旋涡效果中心点的位置。

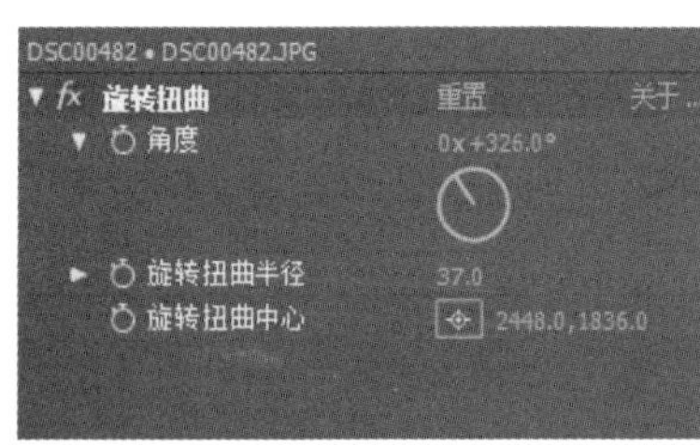

图 11-49　【旋转扭曲】属性面板

图 11-50　旋转扭曲效果对比图

11.1.26　光学补偿

【光学补偿】特效可以用来制造镜头透视产生的变形效果，也可以用来修复原素材本身带有的透视变形。属性面板如图 11-51 所示，应用特效效果如图 11-52 所示。参数设置说明如下。

- 【视场(FOV)】：用来调整变形效果的范围。数值越大，变形效果越明显。
- 【反转镜头扭曲】：选中该选项后，可以反转扭曲效果。
- 【FOV 方向】：用于选择透视扭曲的方式。共有【水平】【垂直】和【对角】3 种方式。
- 【视图中心】：用于设置特效效果中心点的位置。
- 【最佳像素(反转无效)】：选中该选项后，可以优化应用特效后的图像品质。

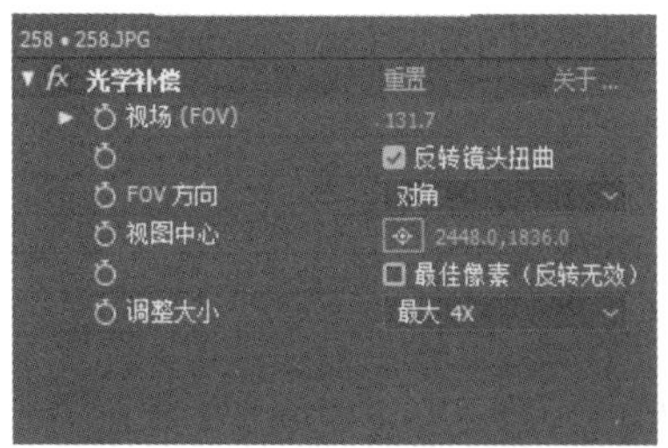

图 11-51　【光学补偿】属性面板

图 11-52　光学补偿效果对比图

11.1.27　液化

【液化】特效可以用不同的自带液化工具对原素材的任意部位进行手动变形。该特效与 Photoshop 软件中的“液化”工具相似。属性面板如图 11-53 所示，应用特效效果如图 11-54 所示。参数设置说明如下。

- 【工具】：该选项包含 10 种液化工具。其中【变形工具】主要模拟涂抹效果，对原素材进行点状拉伸；【湍流工具】使原素材产生轻微波纹效果；【扭曲工具】可以使被选择区域内容产生旋转扭曲效果，这里可以选择顺时针或者逆时针；【凹陷工具】可以使被选择区域向中心点进行收缩变形；【膨胀工具】可以使被选择区域内容向中心点外进行扩张；【转移像素工具】可以使垂直方向的像素进行位移；【反射工具】通过复制笔刷附近区域的内容来达到变形效果；【仿制工具】可以通过 Alt 键+鼠标左键来选择需要复制的区域，然后通过鼠标左键将被选择内容复制到原素材其他区域；【重建工具】用来修复被液化的区域。
- 【画笔大小】：用于设置液化工具的笔刷大小。
- 【画笔压力】：用于设置液化工具产生变形的程度。
- 【湍流抖动】：选择【湍流工具】后该选项被激活，用于设置湍流工具产生效果的扭曲程度。
- 【仿制位移】：选择【仿制工具】后该选项被激活，选中该选项后，在进行复制时可以对其相应的区域产生位移。
- 【重建模式】：选择【重建工具】后该选项被激活，可以选择恢复图像的方式。这里包括【恢复】【置换】【放大扭转】和【仿射】4 种方式。
- 【视图网格】：选中该选项后，可以在【合成】窗口中显示网格。应用液化工具后，网格会随图像的变形也进行相对应的变形。
- 【网格大小】：可以选择网格的密集程度。
- 【网格颜色】：可以选择网格显示的颜色。
- 【扭曲网格】：可以为网格变形效果创建关键帧动画，使液化过程动态化。
- 【扭曲网格位移】：用于设置变形网格的坐标点。
- 【扭曲百分比】：用于设置液化变形的扭曲程度。

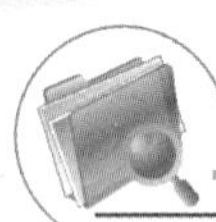

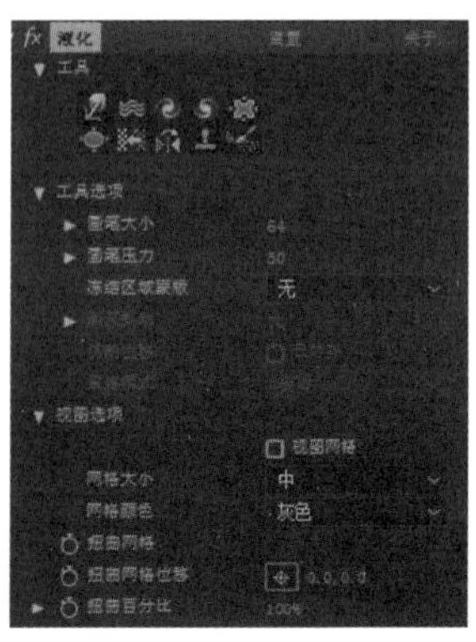

图 11-53 【液化】属性面板

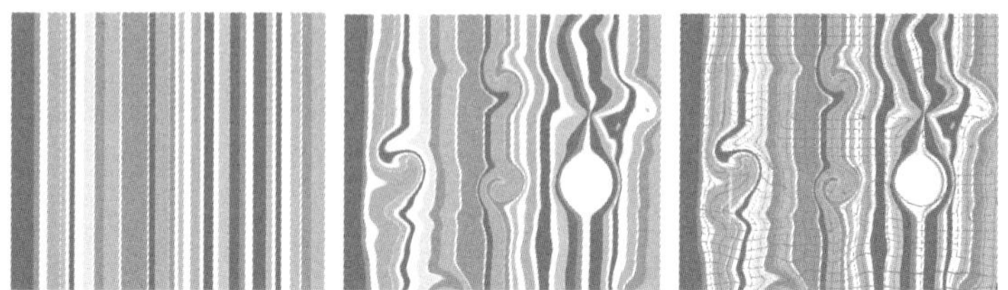
图 11-54 液化效果对比图

11.1.28 置换图

【置换图】特效将另外一个图层作为映射层来对原素材图层进行置换。属性面板如图 11-55 所示，应用特效效果如图 11-56 所示。参数设置说明如下。

- 【置换图层】：用于选择产生映射所依据的图层。
- 【用于水平置换】【用于垂直置换】：分别用来选择水平和垂直方向置换效果产生所依据的模式。
- 【最大水平置换】【最大垂直置换】：分别用来设置水平和垂直方向上置换效果的明显程度。
- 【置换图特性】：可以选择置换图层的映射方式。这里共有 3 种方式，分别是【中心图】【伸缩对应图以适合】和【拼贴图】。

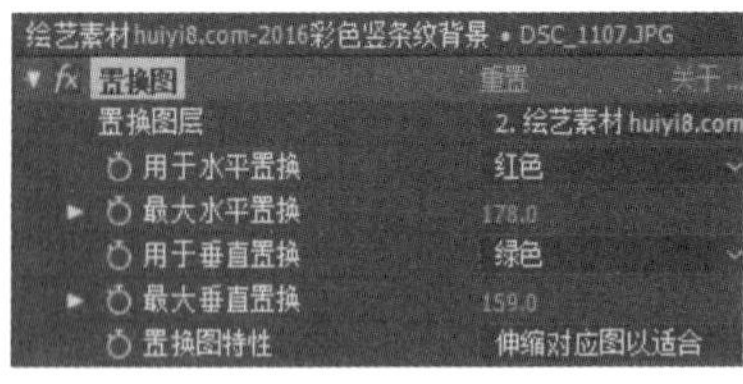

图 11-55 【置换图】属性面板

图 11-56 置换图效果对比图

11.1.29 网格变形

【网格变形】特效为原素材图层添加网格控制柄，通过在【合成】窗口下对网格的交接点进行移动来达到图像变形扭曲的效果。属性面板如图 11-57 所示，应用特效效果如图 11-58 所示。参数设置说明如下。

- 【行数】【列数】：用于设置网格在横向和竖向上的数量。
- 【品质】：用于设置效果呈现的质量。数值越大，质量越高。
- 【扭曲网格】：为网格变形效果添加关键帧动画，使变形过程动态化。

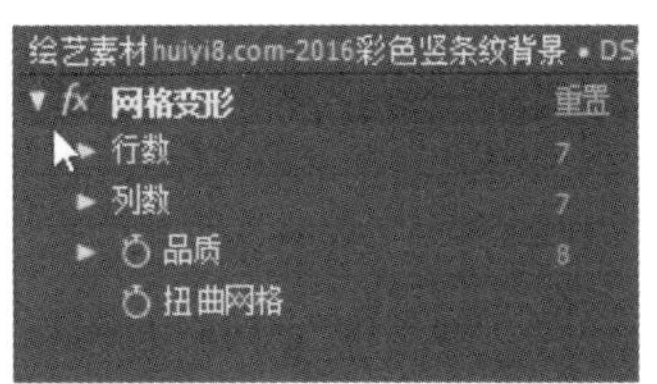

图 11-57　【网格变形】属性面板

图 11-58　网格变形效果对比图

11.1.30　极坐标

【极坐标】特效可以将原素材图形向极线形状进行变形。属性面板如图 11-59 所示，应用特效效果如图 11-60 所示。参数设置说明如下。

- 【插值】：用于设置变形的程度。
- 【转换类型】：用于选择图像变形的模式。这里有【矩形到极线】和【极线到矩形】两种模式。

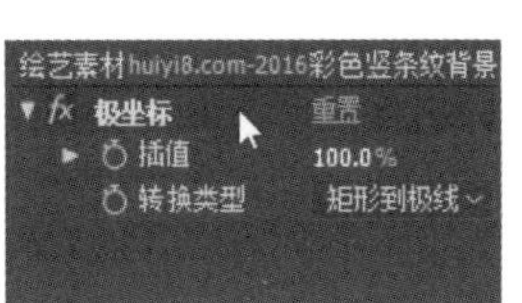

图 11-59　【极坐标】属性面板

图 11-60　极坐标效果对比图

11.2　透视

透视特效主要是为素材添加透视效果，使二维平面素材进行各种三维透视变换，可以制作出更丰富的画面效果。

11.2.1　CC Cylinder

CC Cylinder 特效可以将原素材图层转换为圆柱形立体效果。属性面板如图 11-61 所示，应用特效效果如图 11-62 所示。参数设置说明如下。

- 【Radius(%)】：用于设置圆柱体的半径大小。
- 【Position】：用于设置圆柱体在 X、Y、Z 轴上的坐标位置。
- 【Rotation】：用于设置圆柱体在 X、Y、Z 轴上的旋转角度。
- 【Render】：用于选择圆柱体的显示模式。这里有 3 种模式，分别是【Full】完整显示、【Outside】显示外侧部分和【Inside】显示内侧部分。
- 【Light Intensity】：用于控制灯光的强度。
- 【Light Color】：用于选择灯光的颜色。

- 【Light Height】：用于设置光源到原素材的距离。当参数为正值时，原素材会被照亮；当参数为负值时，原素材会变暗。
- 【Light Direction】：用于调整光线的方向。

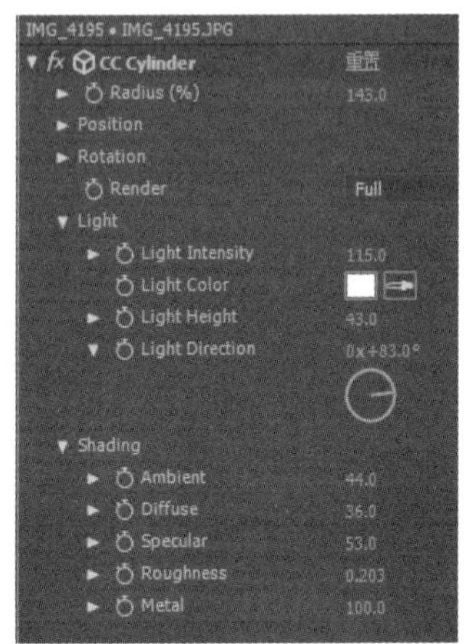
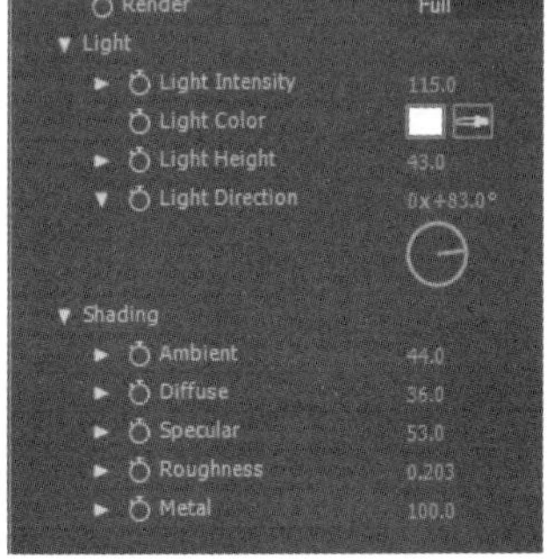

图 11-61　CC Cylinder 属性面板

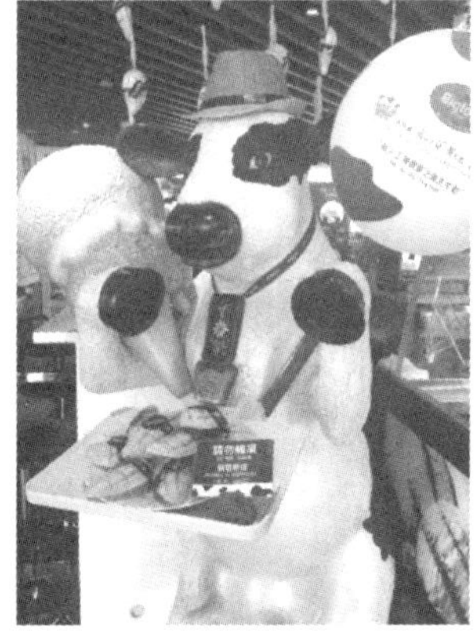
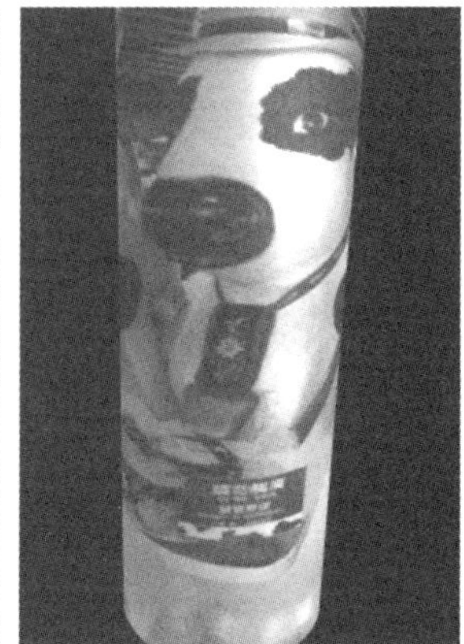

图 11-62　CC Cylinder 效果对比图

- 【Ambient】：用于设置圆柱体对于环境光的反射程度。
- 【Diffuse】：用于设置圆柱体漫反射的数值。
- 【Specular】：用于设置高光的强度。
- 【Roughness】：用于设置圆柱体表面的光滑程度。数值越大，材质表面越光滑。
- 【Metal】：用于设置圆柱体表面的材质。数值越大，越接近金属材质，数值越小，越接近塑料材质。

11.2.2　CC Sphere

CC Sphere 特效可以将原素材图层转换为球形立体效果。属性面板如图 11-63 所示，应用特效效果如图 11-64 所示。参数设置说明如下。

- 【Rotation】：用于设置球体在 X、Y、Z 轴上的旋转角度。
- 【Radius】：用于设置球体的半径大小。
- 【Offset】：用于设置球体中心点的位置。
- 【Render】：用于选择球体的显示模式。这里共有 3 种模式，分别是【Full】完整显示、【Outside】显示外侧部分和【Inside】显示内侧部分。
- 【Light Intensity】：用于控制灯光的强度。
- 【Light Color】：用于选择灯光的颜色。
- 【Light Height】：用于设置光源到原素材的距离。当参数为正值时，原素材会被照亮；当参数为负值时，原素材会变暗。
- 【Light Direction】：用于调整光线的方向。
- 【Ambient】：用于设置球体对于环境光的反射程度。
- 【Diffuse】：用于设置球体漫反射的数值。

- 【Specular】：用于设置高光的强度。
- 【Roughness】：用于设置球体表面的光滑程度。数值越大，材质表面越光滑。
- 【Metal】：用于设置球体表面的材质。数值越大，越接近金属材质，数值越小，越接近塑料材质。
- 【Reflective Map】：用于选择球体的反射表面贴图。
- 【Internal Shadows】：选中该选项可以使球体产生内阴影效果。
- 【Transparency Falloff】：选中该选项后，球体的透明度从中心向外衰减。

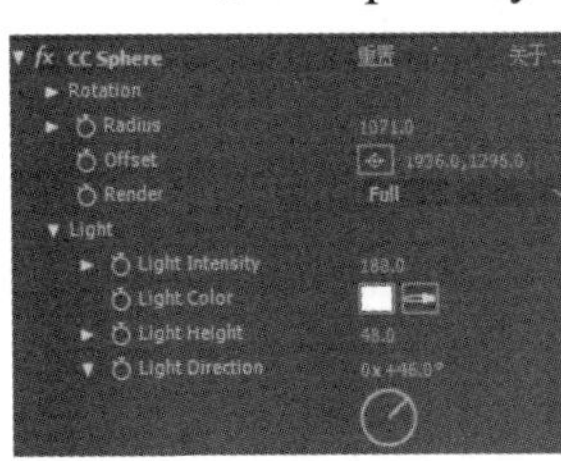

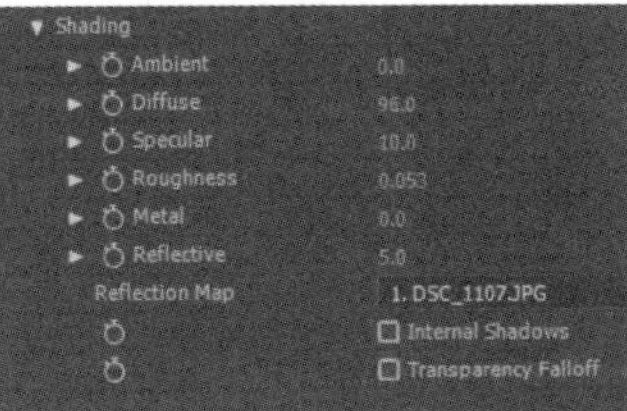

图 11-63　CC Sphere 属性面板

图 11-64　CC Sphere 效果对比图

11.2.3　CC Spotlight

CC Spotlight 特效可以在原图层上模拟创建聚光灯效果。属性面板如图 11-65 所示，应用特效效果如图 11-66 所示。参数设置说明如下。

- 【From】：用于设置聚光灯光源的位置。
- 【To】：用于设置聚光灯照射的区域。
- 【Height】：用于设置聚光灯光束的长短。
- 【Cone Angle】：用于设置光束的发散程度。数值越大，光束越分散。
- 【Edge Softness】：用于设置光束边缘的羽化程度，数值越大，边缘越模糊。
- 【Color】：用于选择灯光的颜色。
- 【Intensity】：用于设置灯光的强度，数值越大，灯光越强。
- 【Render】：用于选择原图层的显示方式。
- 【Gel Layer】：用于选择另外一个图层作为聚光灯的焦点。

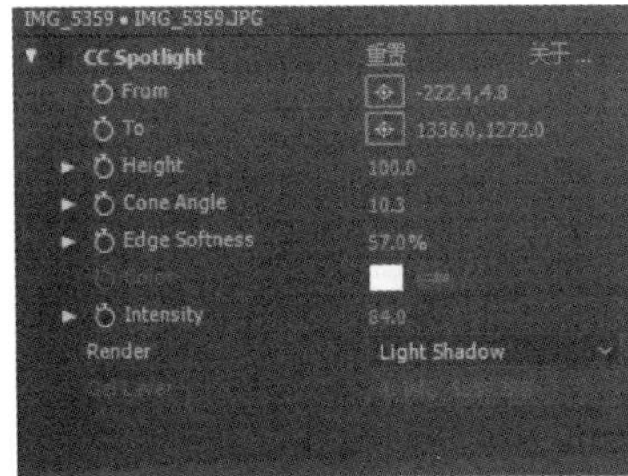

图 11-65　CC Spotlight 属性面板

图 11-66　CC Spotlight 效果对比图

11.2.4 3D 眼镜

【3D 眼镜】特效可以将两个原素材图层以多种模式结合在一起，模拟三维透视的效果。属性面板如图 11-67 所示，应用特效效果如图 11-68 所示。参数设置说明如下。

- 【左视图】【右视图】：用于设置左右两侧显示的素材。
- 【场景融合】：用于设置两个素材在场景中的左右偏移数值。
- 【垂直对齐】：用于设置两个素材在场景中的上下偏移数值。
- 【单位】：用于选择参数的单位。这里有【像素】和【源的%】两种单位。
- 【左右互换】：选中该选项后，左右素材将进行位置对调。
- 【3D 视图】：用于选择左右图像的叠加方式。
- 【平衡】：用于调节叠加效果的程度。

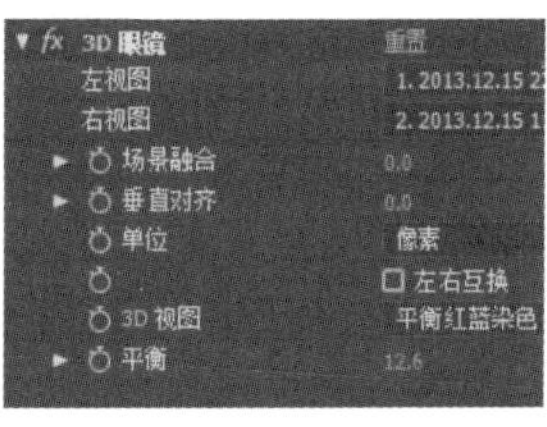

图 11-67 【3D 眼镜】属性面板

图 11-68 3D 眼镜效果对比图

11.2.5 边缘斜面

【边缘斜面】特效通过对原素材的边缘制造斜面效果，从而形成类似立方体的图案。属性面板如图 11-69 所示，应用特效效果如图 11-70 所示。参数设置说明如下。

- 【边缘厚度】：用于设置斜面的宽度。
- 【灯光角度】：用于设置照亮素材的灯光角度。
- 【灯光颜色】：用于选择照亮素材的灯光颜色。
- 【灯光强度】：用于设置照亮素材的灯光强度。

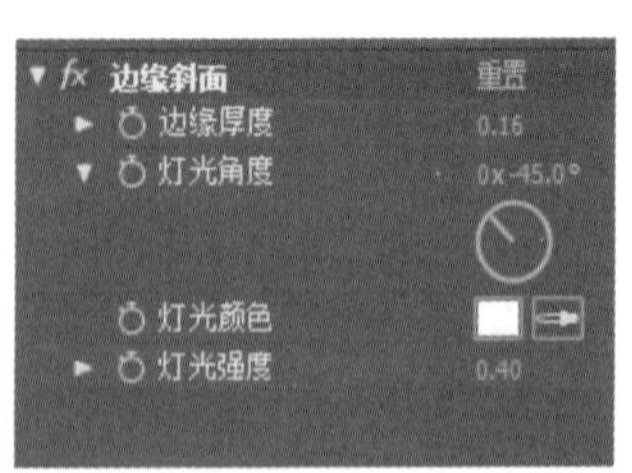

图 11-69 【边缘斜面】属性面板

图 11-70 边缘斜面效果对比图

11.2.6 斜面 Alpha

【斜面 Alpha】特效与【边缘斜面】特效相似，也是为原素材的边缘添加斜面效果。两个特效不同的地方在于，边缘斜面产生的是直角斜面，而斜面 Alpha 产生的是圆角斜面。属性面板如

图 11-71 所示，应用特效效果如图 11-72 所示。参数设置说明如下。

- 【边缘厚度】：用于设置斜面的宽度。
- 【灯光角度】：用于设置照亮素材的灯光角度。
- 【灯光颜色】：用于选择照亮素材的灯光颜色。
- 【灯光强度】：用于设置照亮素材的灯光强度。

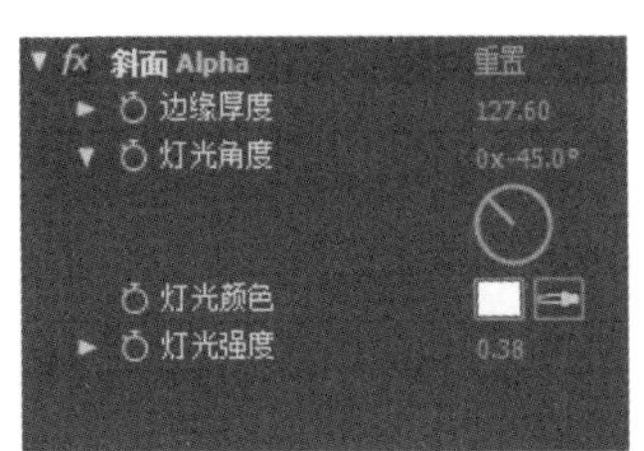

图 11-71　【斜面 Alpha】属性面板

图 11-72　斜面 Alpha 效果对比图

11.2.7　径向阴影和投影

【径向阴影】特效可以根据素材 Alpha 通道边缘为图像添加阴影效果。属性面板如图 11-73 所示，应用特效效果如图 11-74 所示。参数设置说明如下。

- 【阴影颜色】：用于设置阴影的颜色。
- 【不透明度】：用于设置阴影的不透明度。
- 【光源】：用于设置光源的位置。根据光源位置的变换，阴影的位置和大小也会发生改变。
- 【投影距离】：用于设置阴影和原素材图层之间的距离。
- 【柔和度】：用于调整阴影边缘的羽化程度。
- 【渲染】：用于选择不同的渲染方式。这里共有【规则】和【玻璃边缘】两种方式。
- 【颜色影响】：选择【玻璃边缘】模式时，该选项被启用。用于调整原素材图层的颜色对玻璃边缘效果的影响程度。
- 【仅阴影】：选中该选项后，原素材图层被隐藏，仅显示阴影部分。

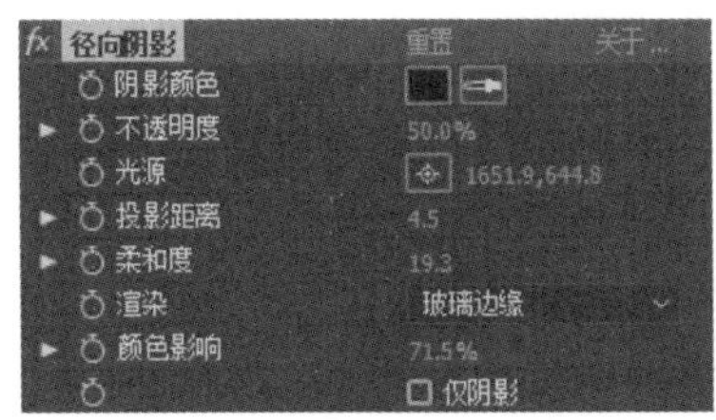

图 11-73　【径向阴影】属性面板

图 11-74　径向阴影效果对比图

【投影】特效与【径向阴影】特效的效果和属性相似，但不具有【玻璃边缘】效果。

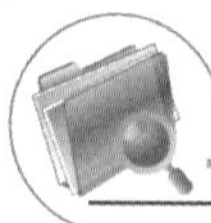

11.2.8 3D 摄像机跟踪器

【3D 摄像机跟踪器】特效可以自动识别原素材图层中动态的跟踪点，每个跟踪点都可以被添加文本或对象，添加的文本或对象会随原视频镜头运动。属性面板如图 11-75 所示，应用特效效果如图 11-76 所示。参数设置说明如下。

- 【分析】【取消】：当特效被添加时会自动分析原素材文件的动态跟踪点。单击【取消】按钮可以中断分析。
- 【拍摄类型】：用于选择摄像机拍摄的模式。
- 【显示轨迹点】：用于选择显示二维空间的跟踪点或三维空间的跟踪点。
- 【渲染跟踪点】：启用该选项后，跟踪点将显示在原素材文件中。
- 【跟踪点大小】：用于设置跟踪点的大小。
- 【目标大小】：用于设置目标的大小。

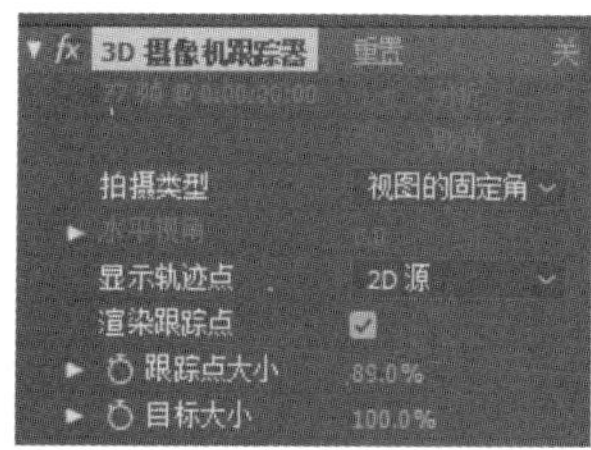

图 11-75 【3D 摄像机跟踪器】属性面板

图 11-76 3D 摄像机跟踪器效果对比图

11.3 上机练习

本章的第一个上机练习主要练习制作翻页电子相册动画效果，使用户更好地掌握扭曲特效的基本操作方法和技巧。练习内容主要是为几张风景照片添加翻页的动画效果，再利用【波纹】特效为电子相册制作一个动态的主题文字。

(1) 首先需要建立一个合成。选择【合成】|【新建合成】命令。在弹出的【合成设置】对话框中设置【预设】为【HDV/HDTV 720 25】，设置【持续时间】为 0:00:20:00，单击【确定】按钮，建立一个新的合成。

(2) 导入名为“翻页动画”的素材文件夹。执行【文件】|【导入】|【导入文件】命令，从计算机中找到素材文件夹，单击【导入文件夹】按钮。将导入的素材放置在【合成】面板中。按照 1、2、3、4 的名称顺序进行排列，其中“旅行”文字图片放置在最上层，如图 11-77 所示。

图 11-77　导入素材

(3) 制作标题文字的波纹效果。选中【时间轴】面板中的旅行图层，执行【效果】|【扭曲】|【波纹】命令，为标题文字添加波纹效果。设置【波形速度】为 0.5、【波形宽度】为 35、【波形高度】为 15、【波纹相】为 0 × 160°，来调整波纹的形状样式，如图 11-78 所示。

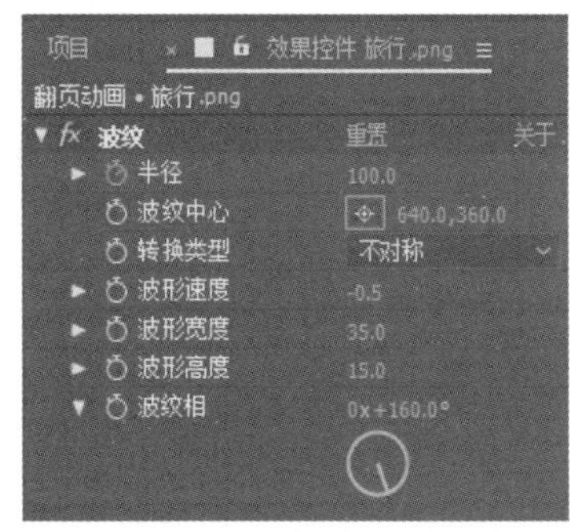

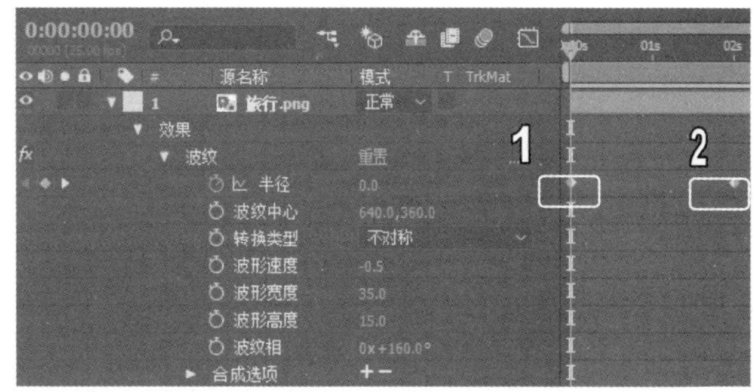

图 11-78　波纹特效设置

(4) 接下来制作波纹效果动画。为【波纹】效果的【半径】属性添加关键帧。将时间轴指针移至 0:00:00:00，将【半径】属性数值设为 0 并添加关键帧，将时间轴指针调整至 0:00:02:00，将【半径】属性设置为 100。单击播放按钮可以看到，已经完成了标题文字波纹浮动的动画，如图 11-79 所示。

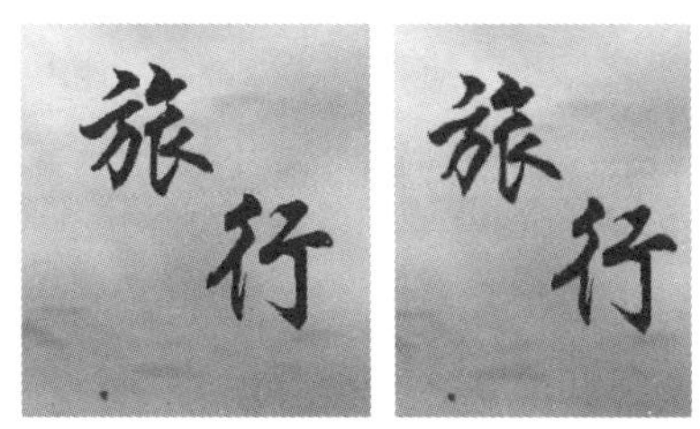

图 11-79　波纹效果动画

(5) 制作翻页效果。为图片“1.jpg”图层添加翻页特效。选择“1.jpg”图层，执行【效果】|【扭曲】|【CC Page Turn】命令，为其添加翻页效果。设置【Fold Radius】为 100，使翻页部分的高光更明显，【Back Page】选择 1.jpg，将翻页效果的背面图片选定为与正面相同的图片，设置【Back Opacity】为 100%，使翻页效果不透明。其他数值设置如图 11-80 所示。

(6) 制作翻页动画。【CC Page Turn】的【Fold Position】是实现翻页动画的主要属性。首先将翻页的起始点调整至画面的右下角位置，将时间轴指针移至 0:00:03:00，将【Fold Position】属性数值设为 1280、720 并添加关键帧。然后将翻页的起始点调整至画面左侧的位置，并保证整张图片被翻出画面。将时间轴指针调整至 0:00:05:00，将【Fold Position】属性设置为-1420、220。单击播放按

钮可以看出，已经完成了第一张图片的翻页动画，效果如图 11-81 所示。

图 11-80　翻页特效参数

图 11-81　翻页动画效果预览

(7) 此时“旅行”标题文字还一直处于画面上，需要在翻页动画开始前使文字消失，这里选择为其添加一个不透明度动画。将时间轴指针移至 0:00:02:00，为【旅行】图层的【不透明度】属性添加关键帧，并将数值改为 100%。调整时间轴指针至 0:00:03:00，将【不透明度】属性数值改为 0%，并添加关键帧，如图 11-82 所示。

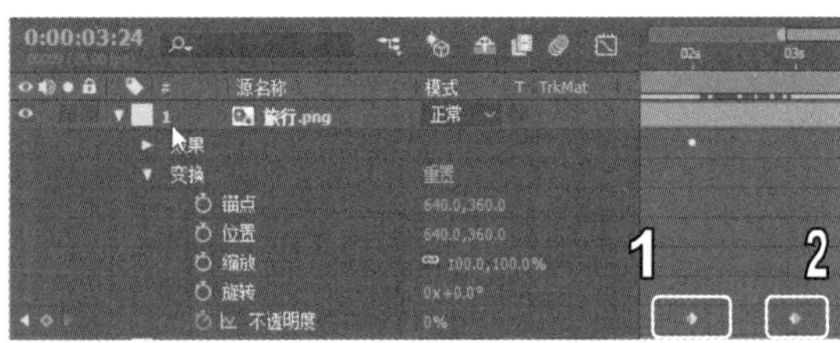

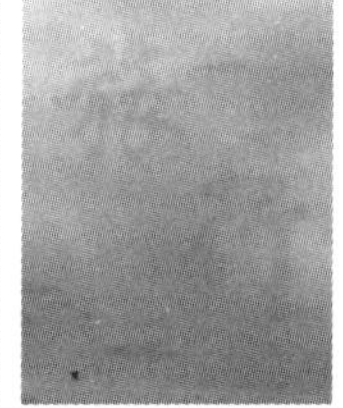

图 11-82　标题文字消失动画

(8) 最后将设置好的翻页动画复制到另外两张图片上，即可完成翻页电子相册动画效果。选中图层【1】下的【CC Page Turn】效果，按下键盘上的 Ctrl+C 键对效果进行复制。因为效果含有关键帧，所以要将时间轴指针调整至第二个翻页动画开始的时间位置再进行复制。这里将时间轴指针调整至 0:00:07:00，选中图层【2】，按下键盘上的 Ctrl+V 键对效果进行粘贴。此时需要注意的是，图层【2】的【CC Page Turn】效果参数中【Back Page】参数为 1.jpg，也就是说图层【2】的背景图片这里选择的是 1.jpg，需要将它改为 2.jpg。单击播放按钮可以看到，已经完成了第二张图片的翻页动画。再将时间轴指针调整至 0:00:11:00，选中图层【3】，按下键盘上的 Ctrl+V 键对效果进行粘贴。然后将图层【3】的【CC Page Turn】效果参数中【Back Page】参数改为 3.jpg。单击播放按钮可以看到，已经完成了所有的动画效果，如图 11-83 所示。

图 11-83　翻页电子相册最终效果

本章的第二个上机练习主要练习制作文字跟随动画效果，使用户更好地掌握透视特效的基本操作方法和技巧。练习内容主要是为一段视频添加一段文字，并使文字跟随视频中的某个物体共同移动，再利用【球面化】将文字跟随的物体进行凸出，然后用【曲线】特效对视频的色调进行调整。

(1) 首先需要建立一个合成。选择【合成】|【新建合成】命令。在弹出的【合成设置】对话框中设置【预设】为【HDTV 1080 25】，设置【持续时间】为 0:00:12:00，单击【确定】按钮，建立一个新的合成。

(2) 导入名为“文字跟随动画”的视频素材文件夹。执行【文件】|【导入】|【导入文件】命令，从计算机中找到素材文件，单击【导入】按钮。将导入的素材放置在【合成】面板中，如图 11-84 所示。

图 11-84　导入素材

(3) 添加 3D 摄像机跟踪器效果。选中【时间轴】面板中的视频图层，执行【效果】|【透视】|【3D 摄像机跟踪器】命令，特效会自动分析识别视频中的跟随点，如图 11-85 所示。

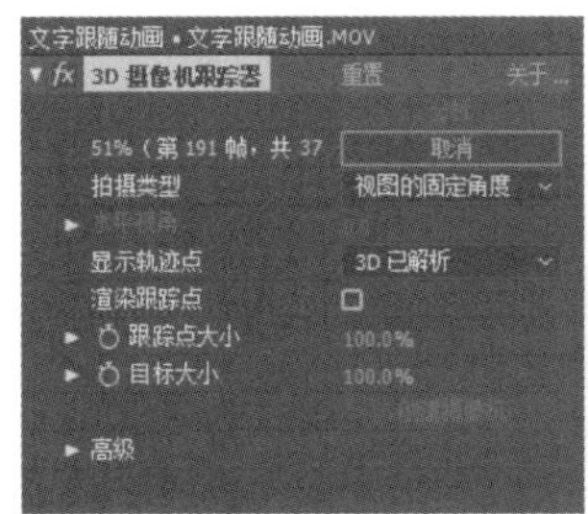

图 11-85　添加 3D 摄像机跟踪器

(4) 添加跟随文字效果。通过播放视频找出一个跟随右侧最前方缆车的较为稳定的跟踪点。右击该跟踪点，在快捷菜单中选择【创建文本和摄像机】命令。这时在【时间轴】面板中会自动生成一个文字图层和一个 3D 跟踪摄像机图层。双击文本图层，将文字改为“一路向前 永无止境”。调整文字的大小、位置和字体，如图 11-86 所示。单击播放按钮可以看到，已完成文字跟随动画效果，如图 11-87 所示。

图 11-86　添加文字

图 11-87　文字跟随效果

(5) 为有文字跟随的缆车添加球面化效果。选择视频图层，执行【效果】|【扭曲】|【球面化】命令，为其添加球面化效果。将【球面中心】移至有文字跟随的缆车中央，使该缆车被突出。设置【半径】为 409，使球面效果整体覆盖整个缆车，如图 11-88 所示。

图 11-88　球面化效果

(6) 调整视频色调。选择视频图层，执行【效果】|【颜色校正】|【曲线】命令，为其添加曲线调整器。为曲线添加两个关键点，增加视频的亮部和暗部，使对比度增加，如图 11-89 所示。单击播放按钮可以观看完整动画效果，如图 11-90 所示。

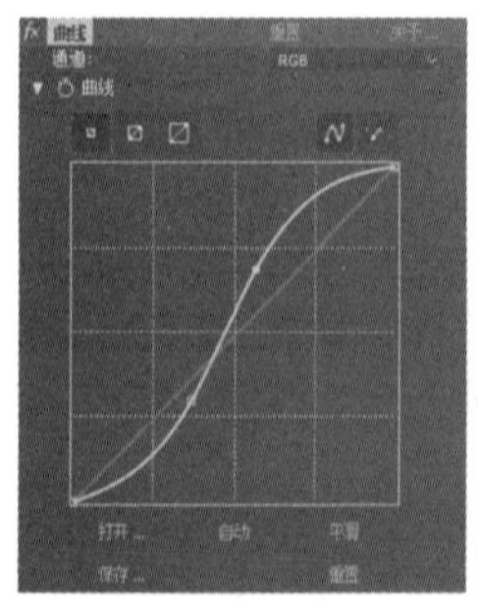

图 11-89　曲线效果

图 11-90　文字跟随动画效果

11.4　习题

1. 准备 20 张图片并为其添加不同的扭曲效果。

2. 准备一张地球的平面图，在 AE 中通过【CC Sphere】特效将其转换为三维圆形地球图案，并为其添加旋转效果，模拟地球旋转动画。最终效果如图 11-91 所示。

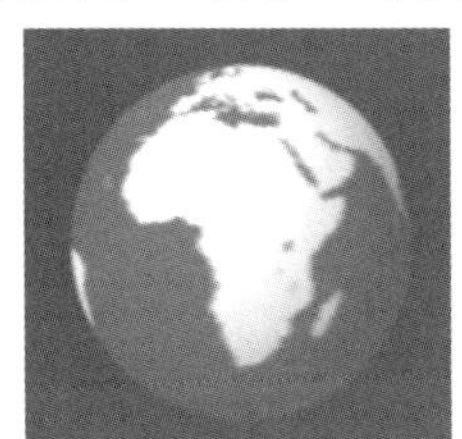
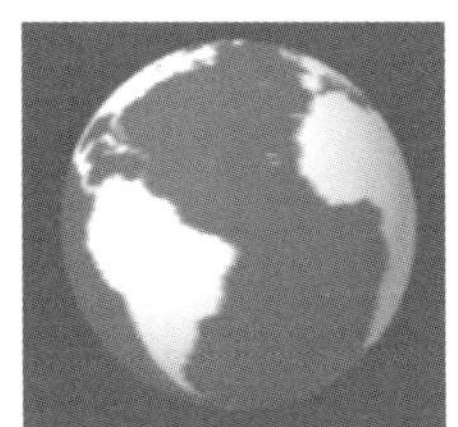
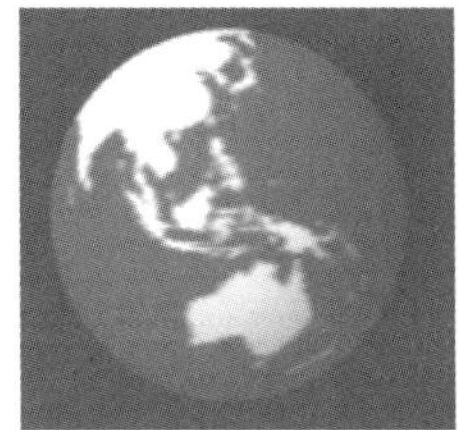

图 11-91　地球旋转动画最终效果

第12章 其他特效

学习目标

AE 中还有一些其他的常用特效类型，主要包括风格化特效、模糊和锐化特效、模拟特效、杂色与颗粒特效、文本特效和过时特效。它们有各自的效果特点，大多是将素材转换或者通过合成形成不同的艺术风格。本章主要介绍这些特效的基本功能、设置方法以及如何与不同类型的素材相结合来实现不同的效果。

本章重点

- 风格化
- 模糊和锐化
- 模拟
- 杂色与颗粒
- 文本
- 过时

12.1 风格化

风格化特效主要是通过改变原素材的对比度和素材本身的像素模式来生成特殊的艺术效果，从而制作更丰富的画面效果。例如将实景拍摄素材转换为雕塑或者绘画模式等。

12.1.1 CC Block Load

CC Block Load 是模拟打开高清图片时逐步加载的过程，图片由马赛克状逐渐转为清晰的效果特效。属性面板如图 12-1 所示，应用特效效果如图 12-2 所示，参数设置说明如下。

- 【Completion】：用于设置特效的完成程度，也就是图片被加载时的完成程度。通过对该属性设置关键帧可以实现图片逐步加载变清晰的动画效果。

- 【Scans】：用于设置图片加载的速度。数值越大，速度越快，数值越小，速度越慢。
- 【Start Cleared】：选中该选项后仅显示特效效果，不显示原素材图层。
- 【Bilinear】：选中该选项后可以柔和过渡效果。

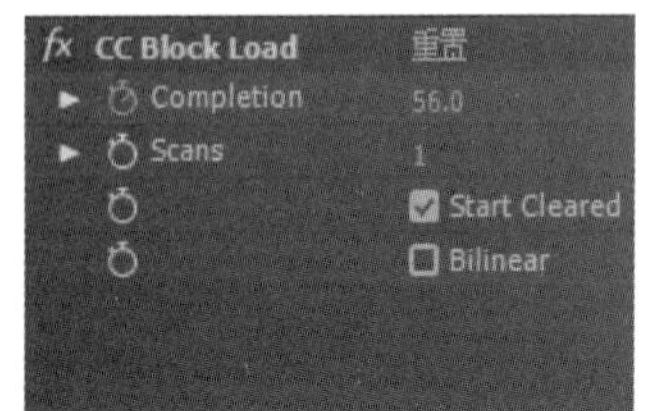

图 12-1　CC Block Load 属性面板

图 12-2　CC Block Load 效果对比图

12.1.2　CC Burn Film

CC Burn Film 是生成模拟胶片熔化或燃烧的效果特效。属性面板如图 12-3 所示，应用特效效果如图 12-4 所示，参数设置说明如下。

- 【Burn】：用于设置特效的完成程度，也就是图片被熔解或燃烧的程度。通过对该属性设置关键帧可以实现图片逐步熔解的动画效果。
- 【Center】：用于设置效果生成时的中心位置。
- 【Random Seed】：用于设置熔解效果产生斑点的随机性。通过对该属性设置关键帧可以实现斑点随机出现的动画效果。

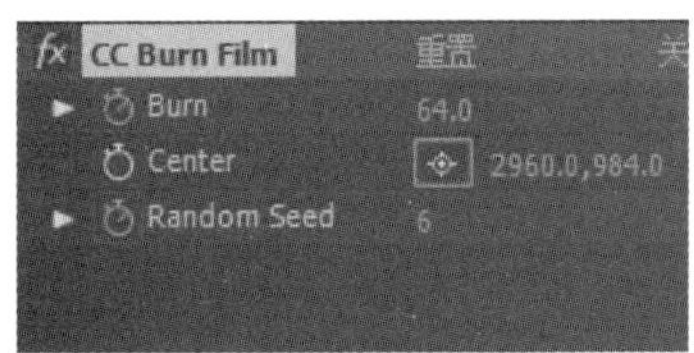

图 12-3　CC Burn Film 属性面板

图 12-4　CC Burn Film 效果对比图

12.1.3　CC Glass

CC Glass 特效可以根据素材本身的明暗对比度，通过对光线、阴影等属性的设置，将其转化为模拟玻璃质感的图像。属性面板如图 12-5 所示，应用特效效果如图 12-6 所示，参数设置说明如下。

- 【Bump Map】：用于选择产生玻璃效果所依据的图层。根据所选择图层的图像明暗度产生相应的玻璃效果纹路。
- 【Property】：用于选择玻璃效果产生时所依据的通道类型。
- 【Softness】：用于设置玻璃效果的柔和程度。
- 【Height】：用于设置玻璃效果边缘的凹凸程度。数值越大，玻璃凸出效果越明显。数值为负值时玻璃效果为凹陷效果。

- 【Displacement】：用于设置玻璃效果边缘的厚度。数值越大，边缘越厚，玻璃扭曲效果越明显。
- 【Using】：用于选择使用灯光的类型，这里有【Effect Light(效果灯光)】和【AE】灯光两种类型。其中【AE】灯光为固定参数灯光。
- 【Light Intensity】：用于控制灯光的强弱。数值越大，光线越强。
- 【Light Color】：用于设置灯光的颜色。
- 【Light Type】：用于选择灯光的类型。共有两种类型，分别是平行光和点光源。
- 【Light Height】：用于设置灯光的高度。
- 【Light Position】：用于设置点光源的具体位置(只有选择点光源时才会被启用)。
- 【Light Direction】：用于设置平行光的角度(只有选择平行光时才会被启用)。
- 【Ambient】：用于设置对于光源的反射程度。
- 【Diffuse】：用于设置漫反射的值。
- 【Specular】：用来控制高光的强度。
- 【Roughness】：用来设置玻璃表面的粗糙程度。数值越大，生成的玻璃效果表面越有光泽。
- 【Metal】：用来设置玻璃材质的反光程度。

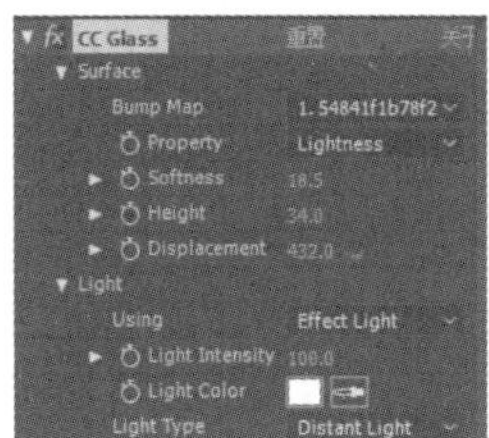

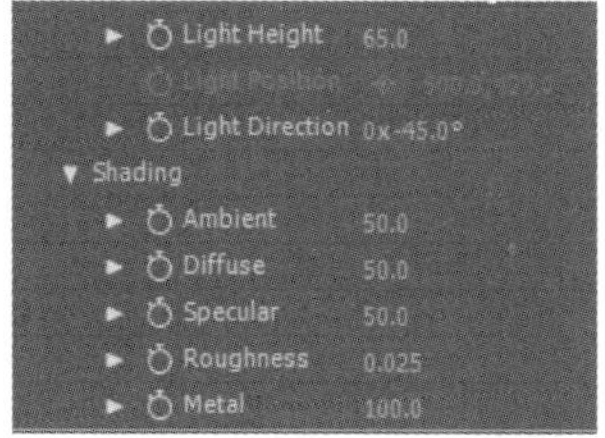

图 12-5　CC Glass 属性面板

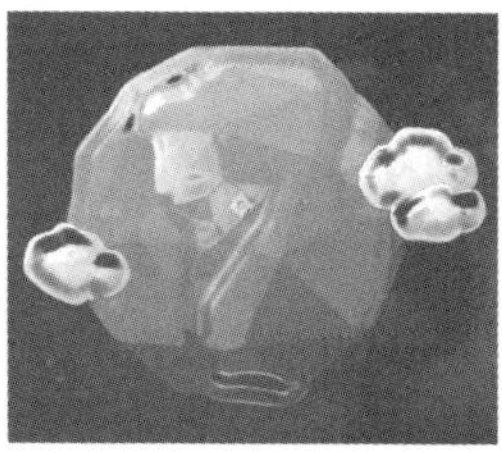

图 12-6　CC Glass 效果对比图

12.1.4　CC HexTile

CC HexTile 特效可以将原素材图像转换为有规律的六边形组合效果，并将原素材的图案映射到每个六边形中，形成蜂窝状的新排列组合图形。属性面板如图 12-7 所示，应用特效效果如图 12-8 所示，参数设置说明如下。

- 【Render】：用于选择六边形的映射方式。
- 【Radius】：用于设置六边形的多少和大小。数值越大，单个六边形越大，相对六边形个数越少。
- 【Center】：用于设置整体效果的中心点位置。
- 【Rotate】：用于设置六边形的角度。
- 【Smearing】：用于设置原素材图层被映射时的图案大小。

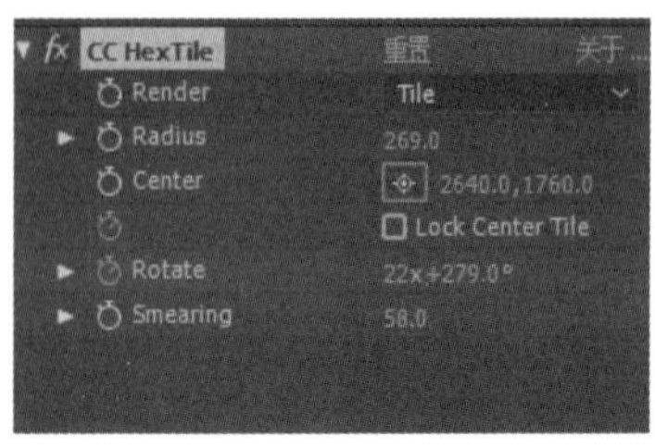

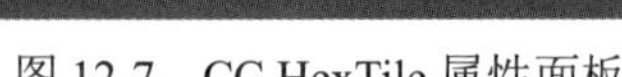
图 12-7　CC HexTile 属性面板

图 12-8　CC HexTile 效果对比图

12.1.5　CC Kaleida

CC Kaleida 特效可以将素材图像转换成万花筒的视觉效果。属性面板如图 12-9 所示，应用特效效果如图 12-10 所示，参数设置说明如下。

- 【Center】：用于设置万花筒效果处于原图层的中心位置。通过改变该属性数值可以产生不同的特效效果，也可以对该属性设置关键帧模拟万花筒变换的效果。
- 【Size】：用于设置原素材图像被应用特效部分的大小。
- 【Mirroring】：用于选择不同类型的镜像效果。不同的镜像效果会产生不同的花纹。
- 【Rotation】：用于控制原素材图像被应用特效部分的旋转角度。
- 【Floating Center】：选中该选项后，效果的中心位置会受到原素材图层的影响。不选中该选项，生成的图案总是居于中心位置并且对称。

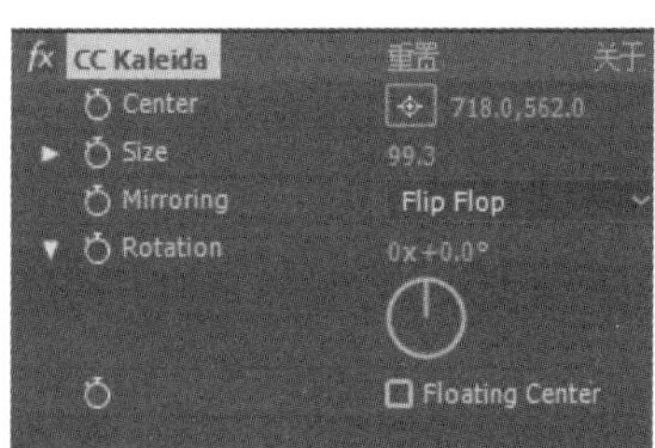

图 12-9　CC Kaleida 属性面板

图 12-10　CC Kaleida 效果对比图

12.1.6　CC Mr. Smoothie

CC Mr. Smoothie 特效可以通过原素材图层的色调和对比度来模拟制造融化的效果。属性面板如图 12-11 所示，应用特效效果如图 12-12 所示，参数设置说明如下。

- 【Flow Layer】：用于选择融化效果产生时所依据的图层。
- 【Property】：用于选择融化效果产生时所依据的通道类型。
- 【Sample A】【Sample B】：用于设置效果产生时所依据的两个参考点。特效产生所依据的颜色会依据这两个参考点进行选取。
- 【Phase】：用来改变融化效果的角度。
- 【Color Loop】：用于选择颜色在融化效果中产生的形式。这里共有 4 种形式，分别是 AB、BA、ABA 和 BAB。其中 A 和 B 指的是两个采样点。

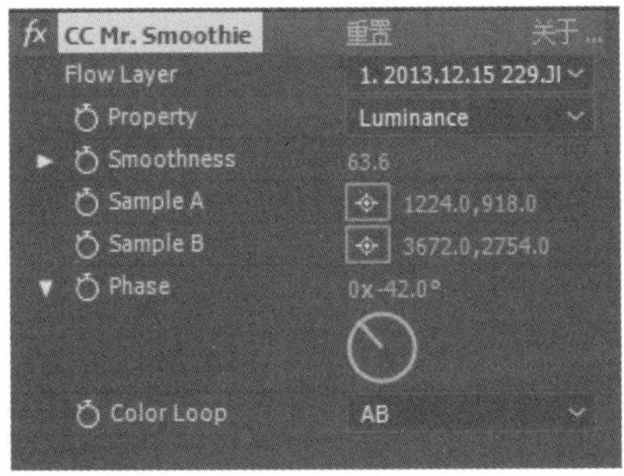

图 12-11　CC Mr. Smoothie 属性面板

图 12-12　CC Mr. Smoothie 效果对比图

12.1.7　CC Plastic

CC Plastic 效果与 CC Glass 相似，CC Plastic 特效可以将原图层转换为塑料质感效果。该特效的属性设置大多与 CC Glass 相同，这里仅介绍不同的属性。属性面板如图 12-13 所示，应用特效效果如图 12-14 所示，参数设置说明如下。

- 【Cut Min】【Cut Max】：用于设置图案被裁切的范围。Min 用来设置特效效果不明显的部位，Max 用来设置效果明显的部位。
- 【Ambient Light Color】：用于选择环境光的颜色。

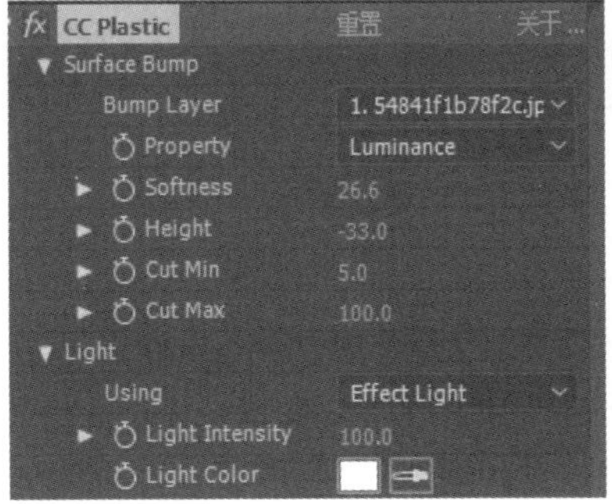

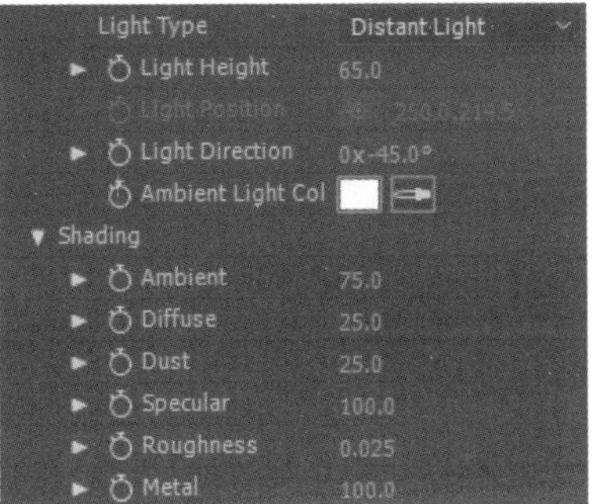

图 12-13　CC Plastic 属性面板

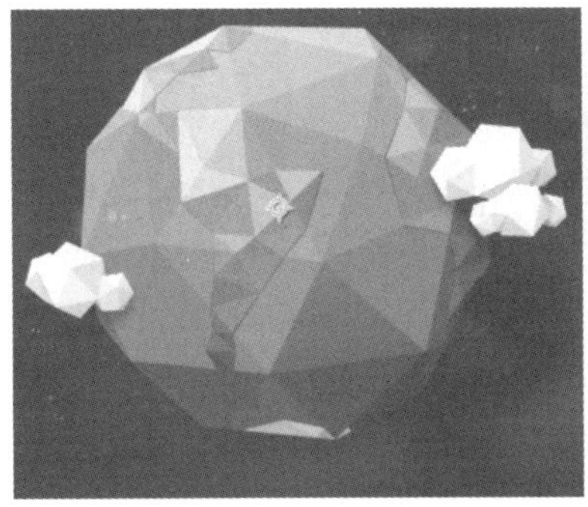

图 12-14　CC Plastic 效果对比图

12.1.8　CC Repe Tile

CC Repe Tile特效可以将原素材图片裁剪后随机创建拼贴效果，经常用来制作背景纹理效果。属性面板如图 12-15 所示，应用特效效果如图 12-16 所示，参数设置说明如下。

- 【Expand Right】【Expand Left】【Expand Down】【Expand Up】：分别用于设置拼贴效果上、下、左、右的延伸范围。可以将拼贴后的图像相较于原图层的范围进行扩大。
- 【Tiling】：用于选择拼贴的类型。这里共有 16 个选项，不同的类型会形成不同的拼贴效果。
- 【Blend Borders】：用于调整拼贴效果边缘的羽化效果。

fx CC RepeTile	重置
Expand Right	1287
Expand Left	1442
Expand Down	303
Expand Up	431
Tiling	Twist
Blend Borders	100.0%

图 12-15　CC Repe Tile 属性面板

图 12-16　CC Repe Tile 效果对比图

12.1.9　CC Threshold

CC Threshold 特效可以识别原素材图像的明暗度，通过设置阈值范围将图像转换为黑白。属性面板如图 12-17 所示，应用特效效果如图 12-18 所示，参数设置说明如下。

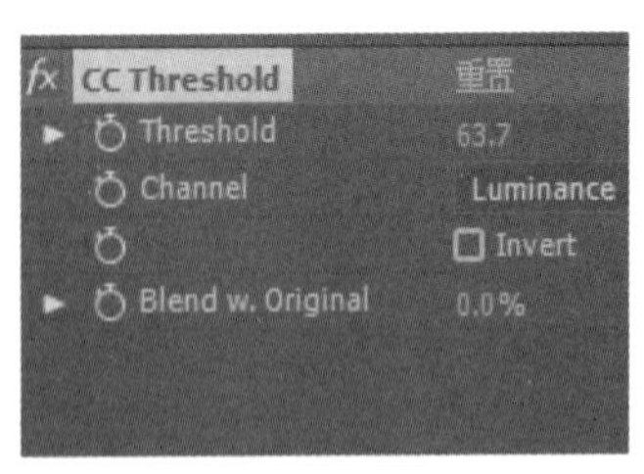

图 12-17　CC Threshold 属性面板

图 12-18　CC Threshold 效果对比图

- 【Threshold】：用于设置阈值的大小。该数值决定了黑白两色所占的比例多少。原素材图像中明度大于所设定数值的都将被转为白色，明度低于所设定数值的都将被转为黑色。
- 【Channel】：用于选择应用到阈值的通道类型。这里共有 4 种类型，其中【RGB】选项可以将主色调应用到阈值中。

◉ 【Invert】：选中该选项后，特效效果将被反转。

◉ 【Blend w. Original】：用于控制效果图像与源图像的混合程度。

12.1.10　CC Threshold RGB

CC Threshold RGB 特效与 Threshold 效果相似，但应用于阈值的是 RGB 彩色通道，且可以分别调整三原色的阈值大小。属性面板如图 12-19 所示，应用特效效果如图 12-20 所示，参数设置说明如下。

◉【Red Threshold】【Green Threshold】【Blue Threshold】：用于控制三个原色的阈值数，从而调整应用特效后的颜色范围。

◉ 【Invert Red Channel】【Invert Green Channel】【Invert Blue Channel】：选中后可分别反转三个颜色通道内的颜色效果。

◉ 【Blend w.Original】：用于控制效果图像与原图像的混合程度。

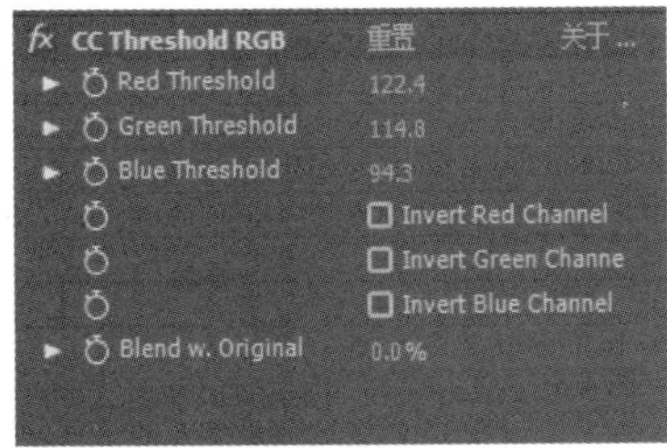

图 12-19　CC Threshold RGB 属性面板

图 12-20　CC Threshold RGB 效果对比图

计算机基础与实训教材系列

12.1.11　CC Vignette

CC Vignette 特效模拟老式胶片在原素材图像的四角形成暗角的效果。属性面板如图 12-21 所示，应用特效效果如图 12-22 所示，参数设置说明如下。

◉ 【Amount】：用于设置暗角范围的大小。

◉ 【Angle of View】：用于设置暗角的角度大小。

◉ 【Center】：用于设置整体效果中心点位置。

◉ 【Pin Highlights】：用于设置暗角效果的透明度。

图 12-21　CC Vignette 属性面板

图 12-22　CC Vignette 效果对比图

12.1.12　浮雕和彩色浮雕

【浮雕】特效可以使原素材平面的图案产生浮雕的效果，且整体画面转为灰色。【彩色浮雕】与【浮雕】特效相似，不同之处在于它保留了素材图案本身的颜色效果。属性面板如图 12-23 所示，应用特效效果如图 12-24 所示，两个特效所含参数相同，设置说明如下。

- 【方向】：用于设置浮雕效果的方向。
- 【起伏】：用于设置浮雕效果边缘的高低。
- 【对比度】：用于设置浮雕效果的明显程度。
- 【与原始图像混合】：用于设置效果与原始图像的混合程度。

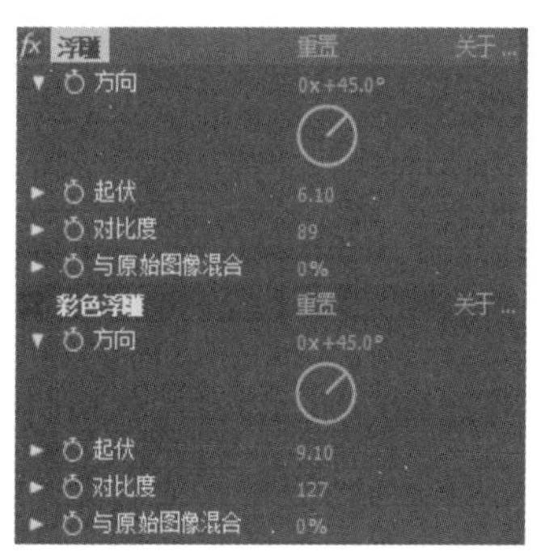

图 12-23　【浮雕】和【彩色浮雕】属性面板

图 12-24　浮雕和彩色浮雕效果对比图

12.1.13　查找边缘和画笔描边

【查找边缘】和【画笔描边】特效都是对原素材图像内部的线条进行识别并添加效果。【查找边缘】是将图像内部的线条勾画出来，其余的部分转为白色。【画笔描边】是将图像内部的线条用特殊的样式勾画出来，并保留其余的部分样式。属性面板如图 11-25 所示，应用特效效果如图 11-26 所示，参数设置说明如下。

- 【反转】：选中该选项后，【查找边缘】特效中被转为白色的部分将变成黑色。
- 【描边角度】：用于设置描边笔触的角度。
- 【画笔大小】：用于设置描边时笔触的大小。
- 【描边长度】：用于设置边缘笔触的长短。
- 【描边浓度】：用于设置笔触的密度。
- 【描边随机性】：通过调整该数值，可以使描边笔触不规则。
- 【绘画表面】：用于选择描边绘画的方式。这里共有 4 种类型，分别是【在原始图像上绘画】【在透明背景上绘画】【在白色上绘画】和【在黑色上绘画】。
- 【与原始图像混合】：用于设置效果与原始图像的混合程度。

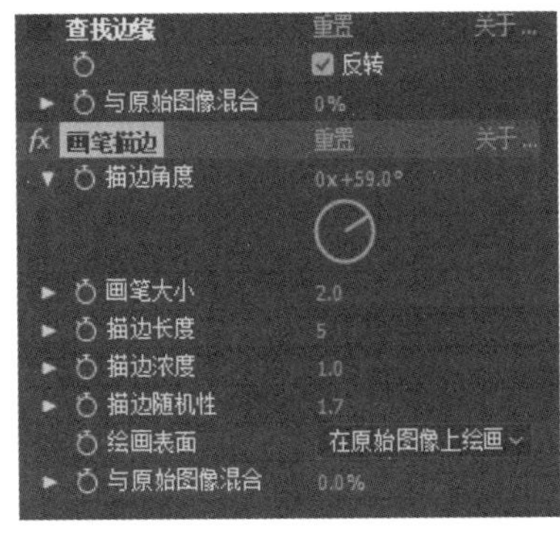

图 12-25　【查找边缘】和【画笔描边】属性面板

图 12-26　查找边缘和画笔描边效果对比图

12.1.14　动态拼贴

【动态拼贴】特效可以将原素材图案进行复制，然后进行有规律的拼接，多用于背景画面的制作。属性面板如图 12-27 所示，应用特效效果如图 12-28 所示，参数设置说明如下。

- 【拼贴中心】：用于设置特效效果的中心位置。
- 【拼贴宽度】：用于设置原素材图案在拼贴时单个的宽度。
- 【拼贴高度】：用于设置原素材图案在拼贴时单个的高度。
- 【输出宽度】：用于设置整体拼贴效果的宽度。
- 【输出高度】：用于设置整体拼贴效果的高度。
- 【镜像边缘】：选中该选项后，复制拼贴时将原素材图像进行镜像拼贴。
- 【相位】：用于调整拼贴的竖向排列模式。
- 【水平位移】：选中该选项后，【相位】将用来调整拼贴的水平排列模式。

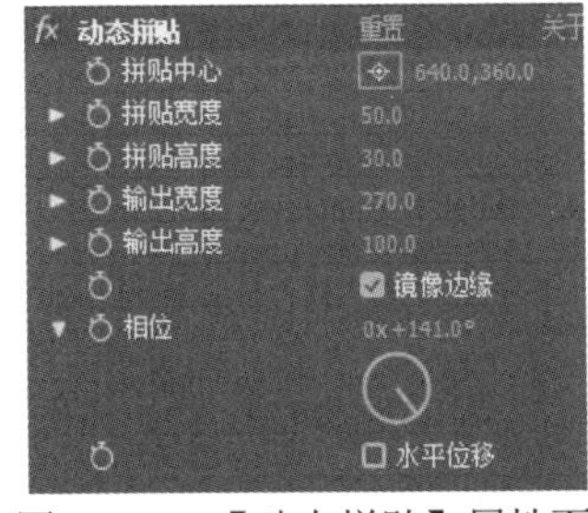

图 12-27　【动态拼贴】属性面板

图 12-28　动态拼贴效果对比图

12.1.15　发光

【发光】特效可以使原素材图像的亮部产生发光效果，或者使背景透明的图像周围产生发光效果。属性面板如图 12-29 所示，应用特效效果如图 12-30 所示，参数设置说明如下。

- 【发光基于】：用于选择发光的部分，【颜色通道】指的是图像亮部发光，【Alpha】指的是带有透明通道的图像周围发光。

- 【发光阈值】：用于设置发光的范围。
- 【发光半径】：用于设置发光区域边缘的清晰度。
- 【发光强度】：用于设置光线的强度。
- 【合成原始项目】：用于设置发光部位与原始图像的排列方式。
- 【发光操作】：用于设置发光部位与原始图像的混合模式。
- 【发光颜色】：用于设定发光颜色的类型模式。
- 【颜色循环】：用于设置发光颜色循环的数值。
- 【色彩相位】：用于设置发光颜色的相位角度。
- 【A 和 B 中点】：用于设置两个发光颜色中点比例。
- 【颜色 A】【颜色 B】：用于选择两个发光颜色。
- 【发光维度】：用于选择发光效果的方向。

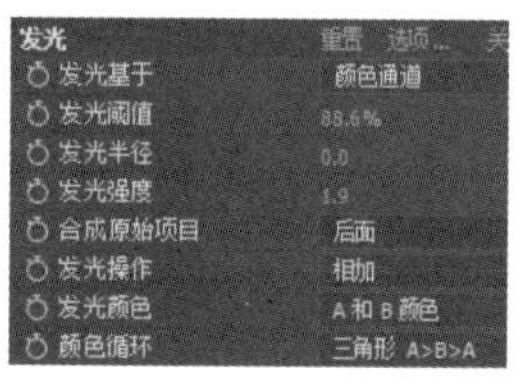

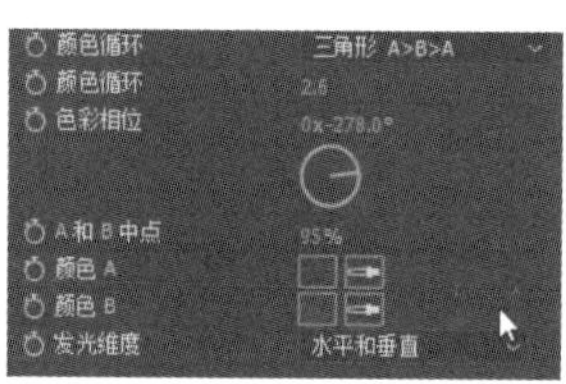

图 12-29　【发光】属性面板

图 12-30　发光效果对比图

12.1.16　卡通

【卡通】特效可以将实景拍摄素材处理为卡通漫画效果。属性面板如图 12-31 所示，应用特效效果如图 12-32 所示，参数设置说明如下。

- 【渲染】：用于选择卡通效果的类型。【填充】是用色块的方式将原图转换为卡通，【边缘】是用描线的方式将原图转换为卡通，【填充及边缘】是同时使用色块和描线的方式将原图转换为卡通。
- 【细节半径】【细节阈值】：两个属性结合起来调整效果作用的范围大小。
- 【填充】：用于调整填充色块的样式。
- 【边缘】：用于调整边缘的样式。
- 【高级】：用于辅助调整边缘的效果。

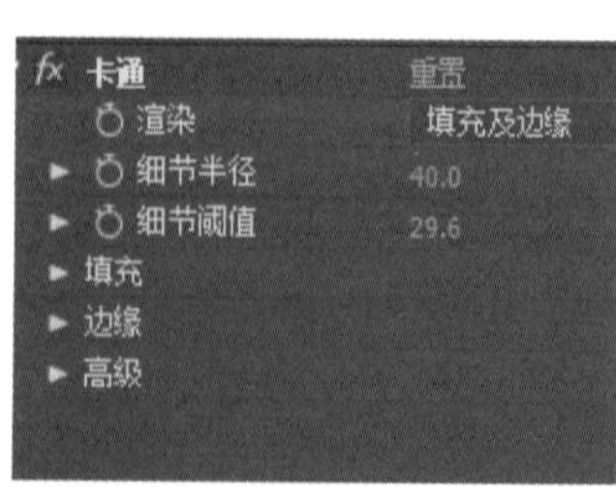

图 12-31　【卡通】属性面板

图 12-32　卡通效果对比图

12.1.17　马赛克

【马赛克】特效是为原素材图层添加马赛克效果的特效，是一款非常实用的特效。属性面板如图 12-33 所示，应用特效效果如图 12-34 所示，参数设置说明如下。

- 【水平块】：用于设置水平方向上的马赛克块数量。
- 【垂直块】：用于设置垂直方向上的马赛克块数量。
- 【锐化颜色】：选中该选项后，马赛克后的画面颜色将被锐化。

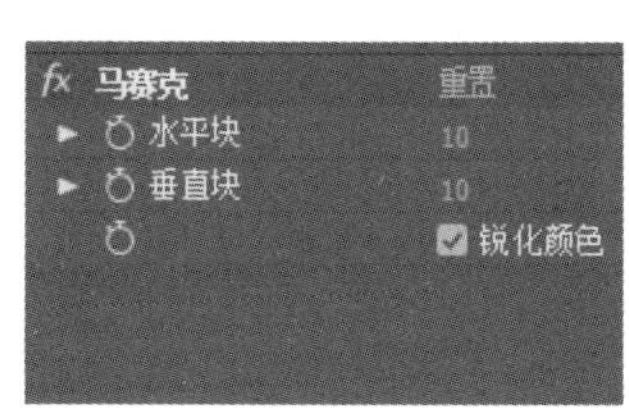

图 12-33　【马赛克】属性面板

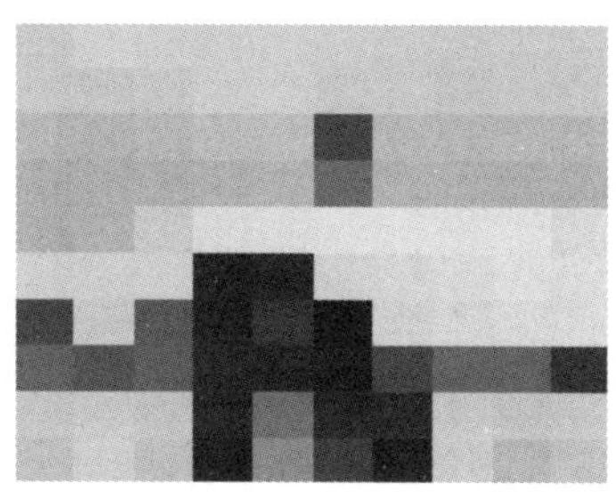

图 12-34　马赛克效果对比图

12.1.18　毛边

【毛边】特效可以将原素材图像的边缘部分粗糙化，形成不规则边缘，还可以通过设置关键帧使边缘运动。属性面板如图 12-35 所示，应用特效效果如图 12-36 所示，参数设置说明如下。

- 【边缘类型】：用于选择边缘的种类。共有 8 种类型可选。
- 【边界】：用于设置产生变化的边缘厚度。
- 【边缘锐度】：用于调整边缘的模糊和锐化程度。
- 【分形影响】：用于设置产生粗糙纹理的多少。
- 【比例】：用于设置粗糙纹理的大小。
- 【伸缩宽度或高度】：用于设置粗糙纹理的宽度和高度，当数值为正值时调整的是宽度，当数值为负值时调整的是高度。
- 【偏移(湍流)】：用于设置整体效果中心点的位置。
- 【复杂度】：用于设置纹理的复杂程度。
- 【演化】：通过对该参数设定关键帧可以让生成的边缘纹理产生运动效果。

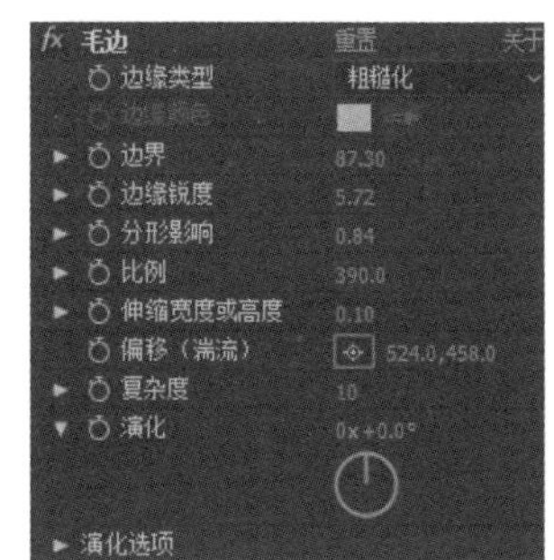

图 12-35　【毛边】属性面板

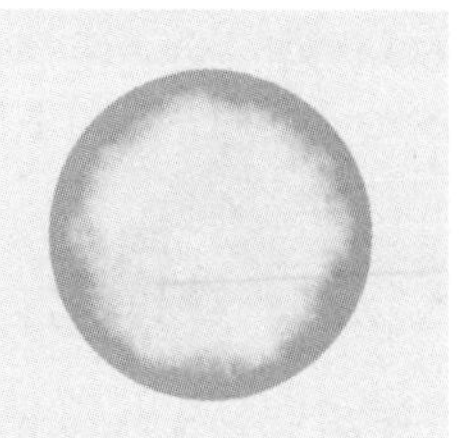

图 12-36　毛边效果对比图

计算机　基础与实训教材系列

12.1.19　散布

【散布】特效可以将原素材图像由边缘开始转换成颗粒并向四周扩散。属性面板如图 12-37 所示，应用特效效果如图 12-38 所示，参数设置说明如下。

- 【散布数量】：用于设置散布颗粒的数量。
- 【颗粒】：用于选择颗粒散布的方向。共有 3 个方向，分别是【两者】【水平】和【垂直】。
- 【散布随机性】：选中该选项后，散布的颗粒会随机产生运动。

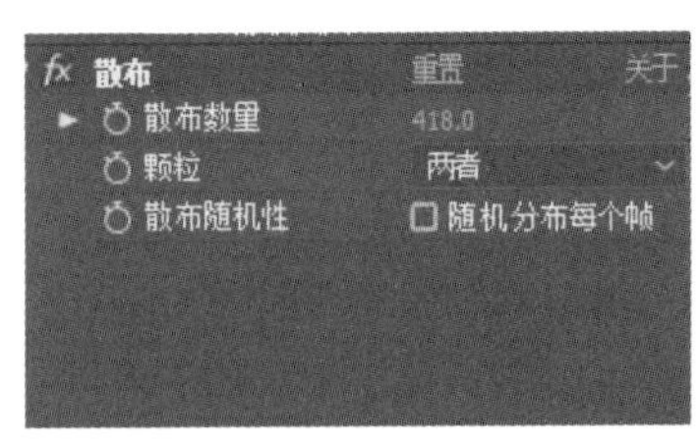

图 12-37　【散布】属性面板

图 12-38　散布效果对比图

12.1.20　闪光灯

【闪光灯】特效可以模拟相机拍摄时闪光灯的效果，不用添加关键帧即可生成动画效果。属性面板如图 12-39 所示，应用特效效果如图 12-40 所示，参数设置说明如下。

- 【闪光颜色】：用于设置闪光的颜色。
- 【与原始图像混合】：用于设置闪光与原始图像的混合程度。
- 【闪光持续时间(秒)】：用于设置一个闪光效果的时间长短，单位是秒。
- 【闪光间隔时间(秒)】：用于设置两个闪光灯之间的间隔时间长短，单位是秒。
- 【随机闪光概率】：用于设置闪光灯出现的随机性。
- 【闪光】：用于选择闪光的模式。
- 【闪光运算符】：用于选择闪光与原图像之间的混合模式。

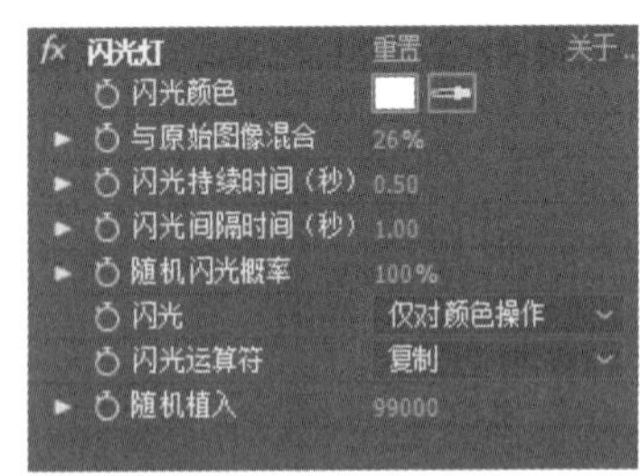

图 12-39　【闪光灯】属性面板

图 12-40　闪光灯效果对比图

12.1.21　纹理化

【纹理化】特效用来将一个素材的图像映射到另一个图像上，形成浮雕效果。属性面板如图 12-41 所示，应用特效效果如图 12-42 所示，参数设置说明如下。

◉ 【纹理图层】：用于选择纹理效果所依据的图层。

◉ 【灯光方向】：用于设置纹理的灯光方向。

◉ 【纹理对比度】：用于设置纹理的明显程度。

◉ 【纹理位置】：用于设置纹理效果相对于原素材图层的位置。

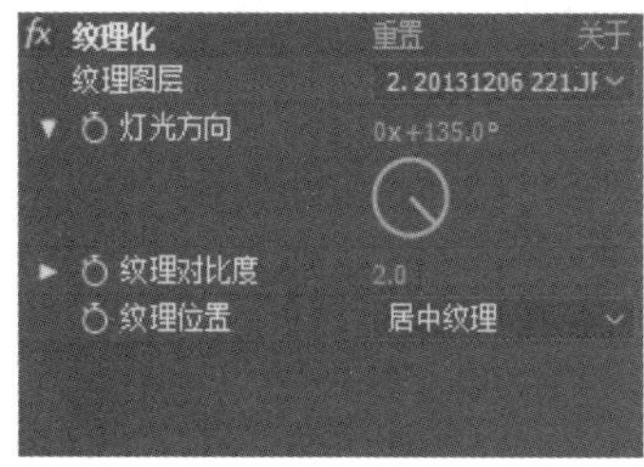

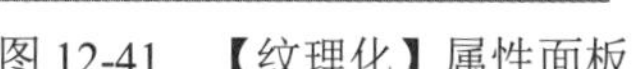
图 12-41　【纹理化】属性面板

图 12-42　纹理化效果对比图

12.2　模糊和锐化

模糊和锐化特效主要是通过改变原素材的模糊度或清晰度来生成特殊的艺术效果，从而创建更丰富的画面效果。根据使用效果的不同，模糊和锐化的效果和区域也不同。用户也可以通过关键帧的设置来实现模糊与清晰之间的动画效果。

12.2.1　CC Cross Blur

【CC Cross Blur】特效可以为原素材创建水平或垂直方向上的模糊效果。属性面板如图 12-43 所示，应用特效效果如图 12-44 所示，参数设置说明如下。

◉ 【Radius X】：用于设置水平方向上的模糊程度。

◉ 【Radius Y】：用于设置垂直方向上的模糊程度。

◉ 【Transfer Mode】：用于选择模糊效果与原素材图像之间的混合模式。

◉ 【Repeat Edge Pixels】：选中该选项可以使模糊掉的边缘部分清晰显示。

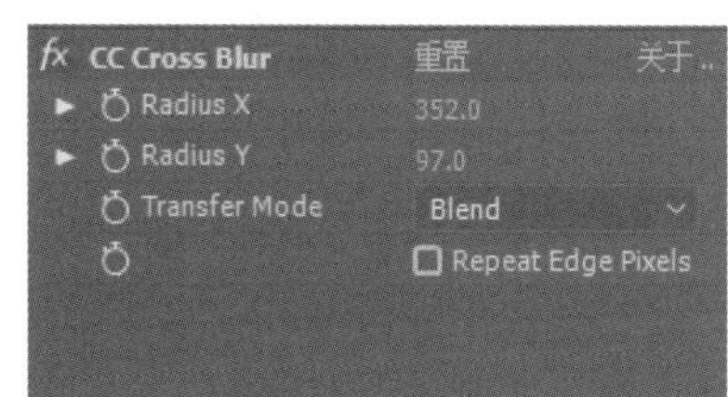

图 12-43　【CC Cross Blur】属性面板

图 12-44　CC Cross Blur 效果对比图

12.2.2　CC Radial Blur

【CC Radial Blur】特效可以为原素材图像创建径向的模糊效果。属性面板如图 12-45 所示，应用特效效果如图 12-46 所示，参数设置说明如下。

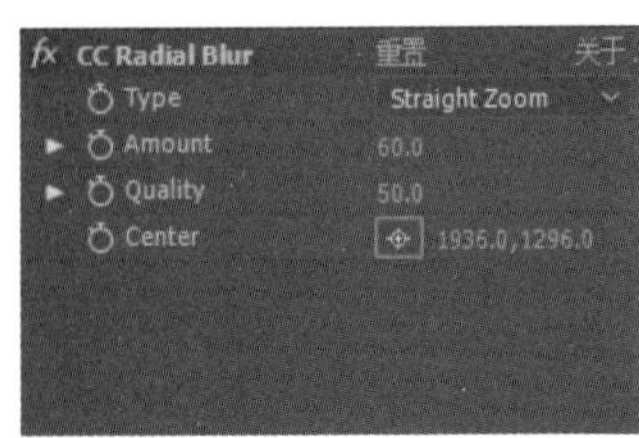

图 12-45 【CC Radial Blur】属性面板

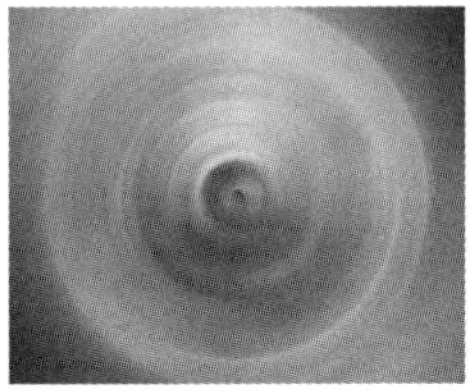

图 12-46 CC Radial Blur 效果对比图

- 【Type】：用于选择镜像模糊的类型。共有 7 种类型，每个类型都可以生成不同样式的模糊效果。
- 【Amount】：用于设置模糊的程度。
- 【Quality】：用于设置模糊的质量。
- 【Center】：用于设置效果的中心点位置。

12.2.3 CC Vector Blur

【CC Vector Blur】特效可以为原素材图像创建矢量模糊效果。它根据原素材图像的颜色将图像进行色块模糊，从而形成矢量模糊效果。属性面板如图 12-47 所示，应用特效效果如图 12-48 所示，参数设置说明如下。

- 【Type】：用于选择矢量模糊的类型。
- 【Amount】：用于设置模糊的程度。
- 【Angle Offset】：用于设置模糊的角度偏移。
- 【Ridge Smoothness】：用于调整模糊边缘的平滑度。
- 【Vector Map】：用于选择图层作为矢量模糊产生时的依据。
- 【Property】：用于选择矢量模糊在生成时所依据的图层通道类型。
- 【Map Softness】：用于设置 Vector Map 中选择图层所生成模糊的柔化程度。

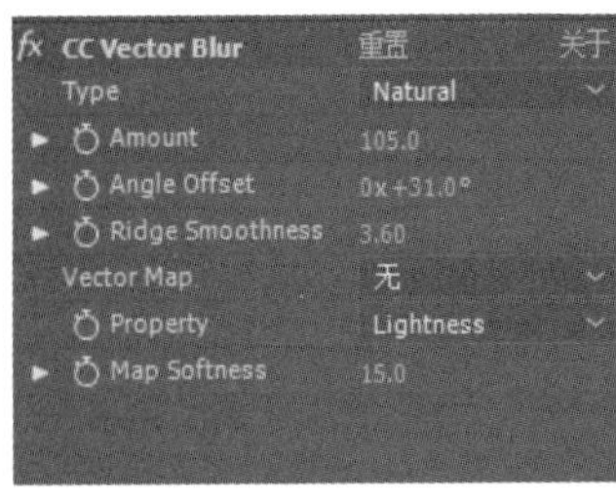

图 12-47 【CC Vector Blur】属性面板

图 12-48 CC Vector Blur 效果对比图

12.2.4 复合模糊

【复合模糊】特效可以根据参考图层的颜色和对比度，使原素材图层产生模糊效果。属性面板如图 12-49 所示，应用特效效果如图 12-50 所示，参数设置说明如下。

- 【模糊图层】：用来选择模糊产生时所依据的参考图层。
- 【最大模糊】：用于设置模糊的强度。

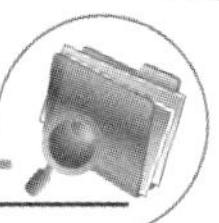

- ⊙【伸缩对应图以适合】：选中该选项后，可以将参考图层和原素材图层的大小进行调整，使二者统一。
- ⊙【反转模糊】：选中该选项后模糊效果将被反转。

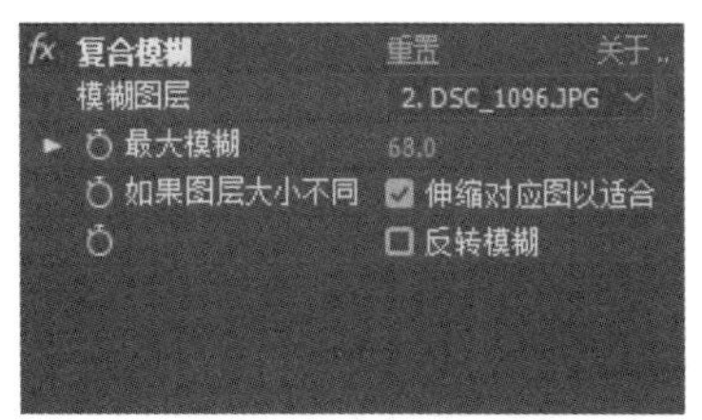

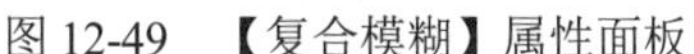

图 12-49　【复合模糊】属性面板

图 12-50　复合模糊效果对比图

12.2.5　径向模糊

【径向模糊】特效与【CC Radial Blur】特效相似，都是为原素材图层创建径向旋转模糊效果。不同的地方在于【径向模糊】特效中有一个控制器，可以直观地看到效果。属性面板如图 12-51 所示，应用特效效果如图 12-52 所示，参数设置说明如下。

- ⊙【数量】：用来调整变形效果的模糊程度。
- ⊙【中心】：用于设置镜像效果的中心点位置。
- ⊙【类型】：用来选择效果的类型。
- ⊙【消除锯齿(最佳品质)】：用来选择对效果产生锯齿的消除程度。

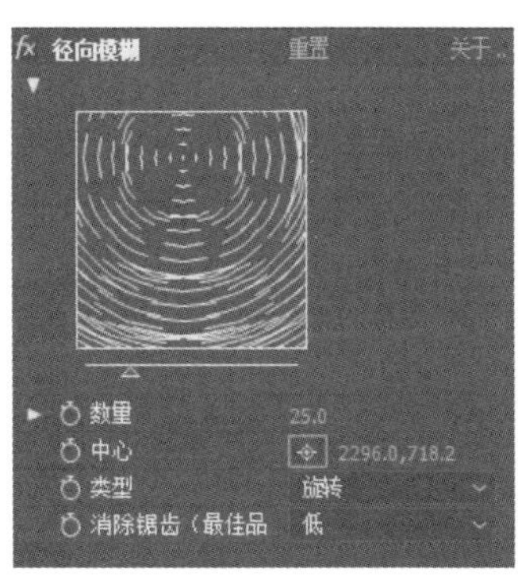

图 12-51　【径向模糊】属性面板

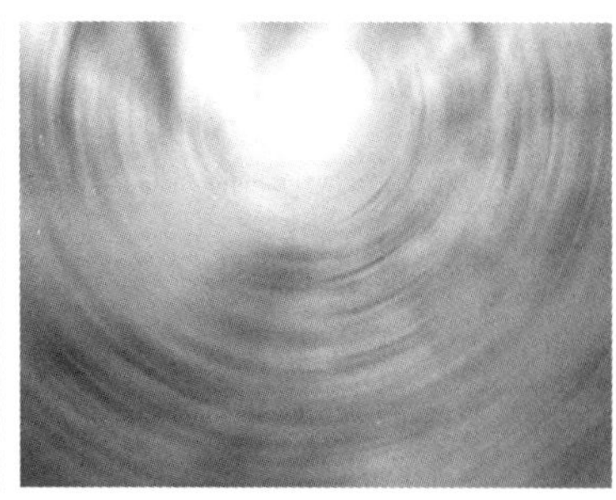

图 12-52　径向模糊效果对比图

12.2.6　通道模糊

【通道模糊】特效是通过对原素材图层中不同的颜色通道进行模糊处理来实现不同的模糊效果。属性面板如图 12-53 所示，应用特效效果如图 12-54 所示，参数设置说明如下。

- ⊙【红色模糊度】【绿色模糊度】【蓝色模糊度】【Alpha 模糊度】：用于分别设置红色通道、绿色通道、蓝色通道、Alpha 通道的模糊程度。

- 【边缘特性】：选中【重复边缘像素】选项后，原素材图层的边缘部分将不受模糊效果的影响。
- 【模糊方向】：用来选择模糊效果的方向。共有【水平和垂直】【水平】和【垂直】3 个方向。

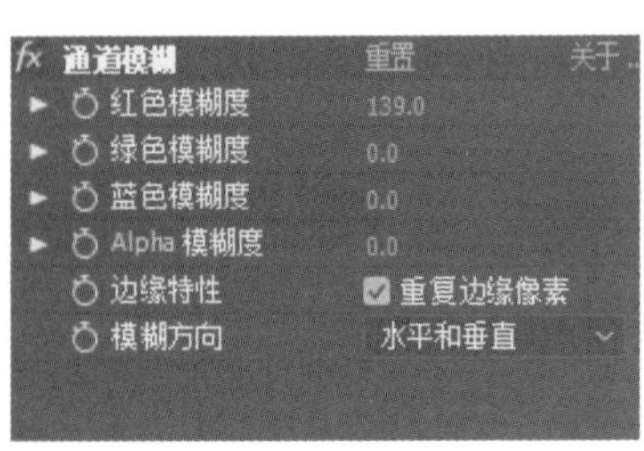

图 12-53 【通道模糊】属性面板

图 12-54 通道模糊效果对比图

12.2.7 锐化

【锐化】特效可以提高原素材图像的对比度和清晰度。属性面板如图 12-55 所示，应用特效效果如图 12-56 所示。这里只有【锐化量】一个参数，用于设置锐化的程度。

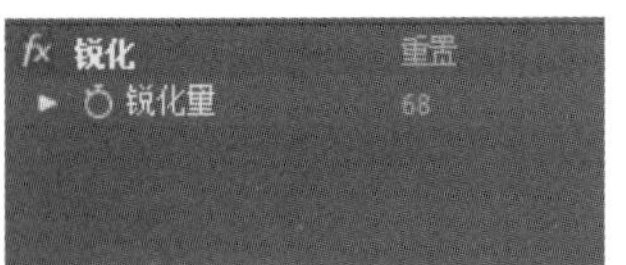

图 12-55 【锐化】属性面板

图 12-56 锐化效果对比图

12.3 模拟

模拟特效主要是通过生成一些粒子的运动来模拟生成某些实际场景的艺术效果，例如下雪、气泡、水波纹等。也可以通过关键帧的设置来实现这些粒子的动画效果。

12.3.1 CC Ball Action

CC Ball Action 特效可以将原素材图像由整个平面转换为多个三维球体组成的立体画面。属性面板如图 12-57 所示，应用特效效果如图 12-58 所示，参数设置说明如下。

- 【Scatter】：用于设置球体的散射度。通过调整数值可以使整齐排列的球体散布到不同的位置。

◎ 【Rotation Axis】：用于选择球体组合旋转时所依据的方向。共有 9 个选项，【X Axis】【Y Axis】【Z Axis】3 个选项为单个方向旋转；【XY Axis】【XZ Axis】【YZ Axis】3 个选项为两个方向上同时旋转；【XYZ Axis】为 3 个方向同时旋转；【X15Z Axis】为 X 轴方向每旋转一次，Z 轴方向上旋转 15 次；【XY15Z Axis】为 X 和 Y 轴方向上每旋转一次，Z 轴方向上旋转 15 次。

◎ 【Rotation】：用于设置球体组合整体旋转的角度。

◎ 【Twist Property】：用于选择球体组合自身旋转扭曲时所依据的形式。共有 9 种形式，不同的形式能形成不同的排列组合效果。

◎ 【Twist Angle】：用于设置球体组合自身旋转扭曲时的角度。

◎ 【Grid Spacing】：用于设置单个球体之间的距离。

◎ 【Ball Size】：用于设置单个球体的大小。

◎ 【Instability State】：用于设置单个球体的旋转角度。

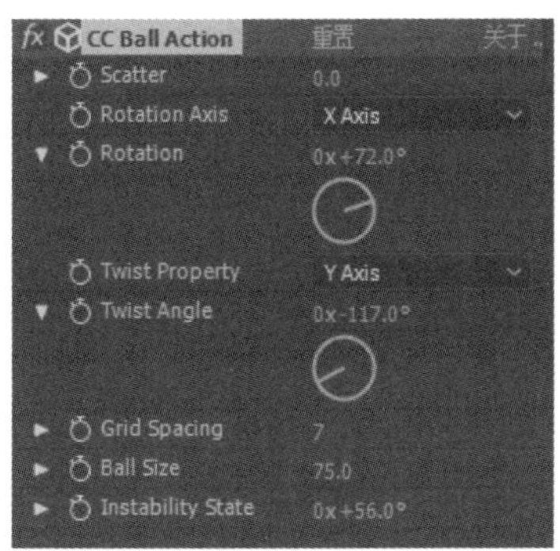

图 12-57　CC Ball Action 属性面板

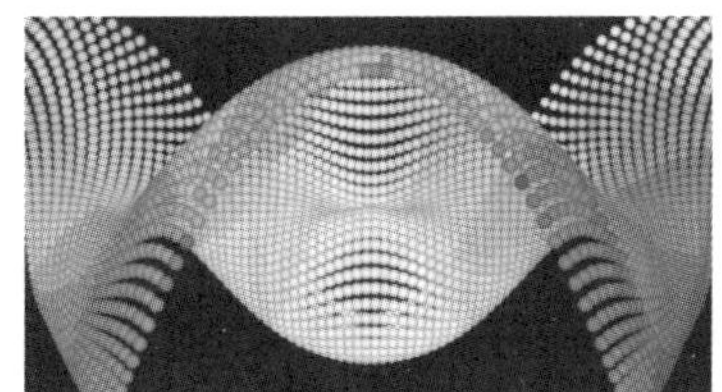

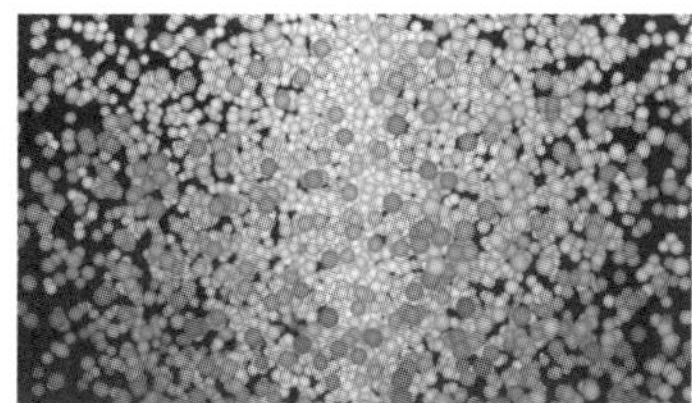

图 12-58　CC Ball Action 效果对比图

12.3.2　CC Bubbles

CC Bubbles 特效是将原素材图形转换为气泡的效果，并且生成的气泡会自带运动效果。属性面板如图 12-59 所示，应用特效效果如图 12-60 所示，参数设置说明如下。

◎ 【Bubble Amount】：用于设置气泡的数量。

◎ 【Bubble Speed】：用于设置气泡上下浮动的方向和速度。数值为正值时气泡上升，数值为负值时气泡下降。

◎ 【Wobble Amplitude】：用于设置气泡在运动时左右抖动的程度。

◎ 【Wobble Frequency】：用于设置气泡在运动时左右抖动的速度。

◎ 【Bubble Size】：用于设置气泡的大小。

◎ 【Reflection Type】：用于选择气泡对于原素材图像颜色的反射类型。根据所选类型的不同，气泡反射出的颜色也不同。

◎ 【Shading Type】：用于选择气泡的类型。根据所选择类型的不同，气泡展现出的样式也不同。

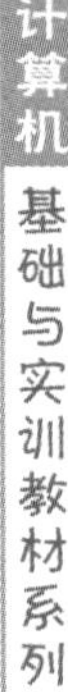

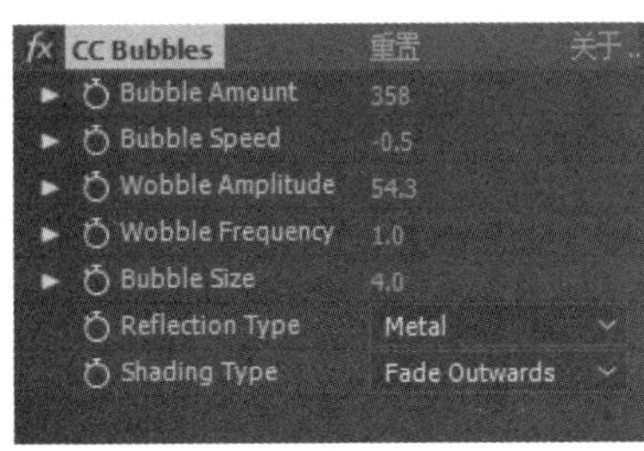

图 12-59　CC Bubbles 属性面板

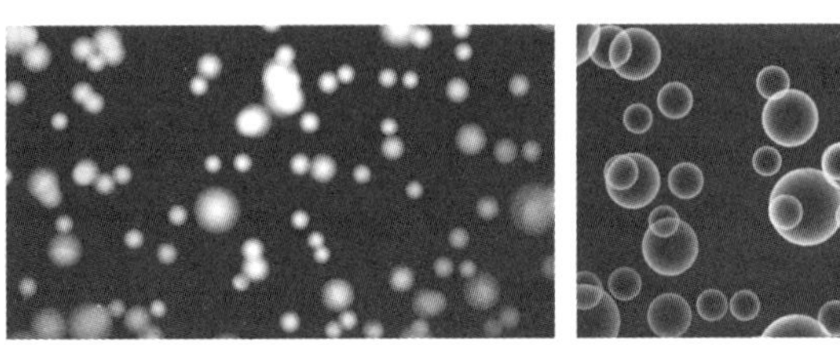

图 12-60　CC Bubbles 效果对比图

12.3.3　CC Drizzle

CC Drizzle 特效是在原图层上模拟水滴滴落在水面生成的水波纹效果，且自动生成相应动画效果。属性面板如图 12-61 所示，应用特效效果如图 12-62 所示，参数设置说明如下。

- 【Drip Rate】：用于设置波纹的密集程度。
- 【Longevity(sec)】：用于设置波纹持续的时间。
- 【Rippling】：用于设置单个波纹的复杂程度。
- 【Spreading】：用于设置波纹的扩散范围。
- 【Light】：用于控制灯光的相关数值。
- 【Using】：用于选择自己设置灯光效果或者选择 AE 自带的灯光效果。
- 【Light Intensity】：用于控制灯光的强度。
- 【Light Color】：用于选择灯光的颜色。
- 【Light Type】：用于选择平行光或点光源。
- 【Light Height】：用于设置光源到原素材的距离。当参数为正值时，原素材会被照亮；当参数为负值时，原素材会变暗。
- 【Light Position】：用于设置点光源的位置。
- 【Light Direction】：用于调整光线的方向。
- 【Shading】：用于控制阴影的相关数值。
- 【Ambient】：用于设置波纹对于环境光的反射程度。
- 【Diffuse】：用于设置波纹漫反射的数值。
- 【Specular】：用于设置高光的强度。
- 【Roughness】：用于设置波纹表面的光滑程度。数值越大，材质表面越光滑。
- 【Metal】：用于设置波纹的材质。数值越大越接近金属材质，数值越小越接近塑料材质。

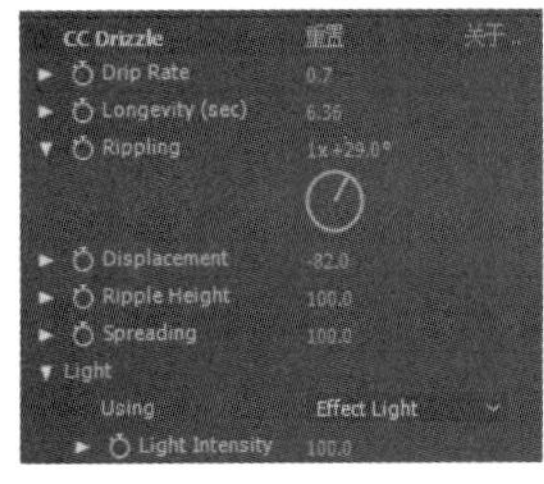

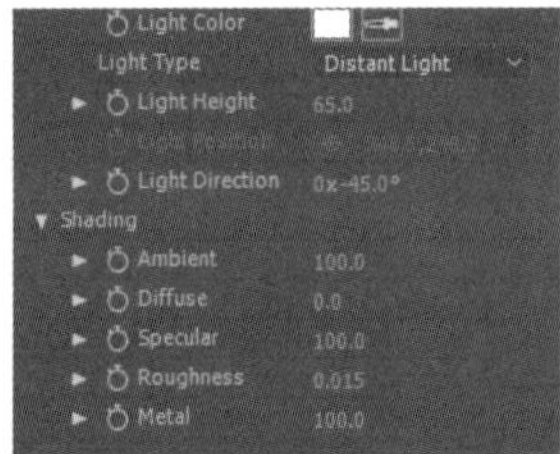

图 12-61　CC Drizzle 属性面板

图 12-62　CC Drizzle 效果对比图

12.3.4　CC Hair

CC Hair 特效在原素材图像中模拟生成毛发效果，可以通过添加蒙版，将生成的毛发效果控制在一定范围内。属性面板如图 12-63 所示，应用特效效果如图 12-64 所示，参数设置说明如下。

- ◉ 【Length】：用于设置毛发的长度。
- ◉ 【Thickness】：用于设置毛发的厚度。
- ◉ 【Weight】：用于控制毛发的生长方向。
- ◉ 【Constant Mass】：选中该选项后，可以禁止毛发杂乱生长。
- ◉ 【Density】：用于控制毛发的密度。
- ◉ 【Hairfall Map】：用于控制毛发的更细节属性。
- ◉ 【Hair Color】：用于设置毛发颜色的相关属性。
- ◉ 【Light】：用于调整灯光的相关属性。
- ◉ 【Shading】：用于调整阴影的相关属性。

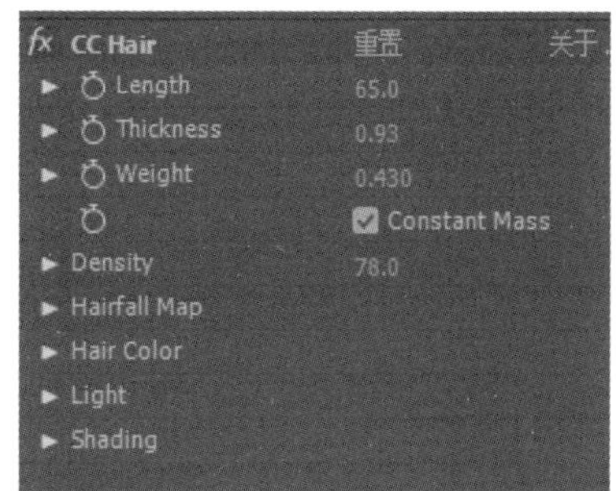

图 12-63　CC Hair 属性面板

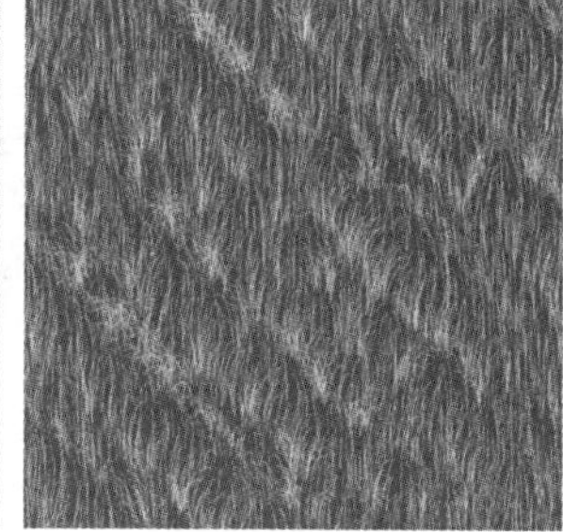

图 12-64　CC Hair 效果对比图

12.3.5　CC Mr. Mercury

CC Mr. Mercury 特效可以将素材图像转换为模拟液体喷射或金属熔化的效果，且自动生成相应的动画效果。属性面板如图 12-65 所示，应用特效效果如图 12-66 所示，参数设置说明如下。

- ◉ 【Radius X】【Radius Y】：用于设置整体效果的横向方向和竖向方向上的范围。
- ◉ 【Producer】：用于设置效果中心点的位置。
- ◉ 【Direction】：用于设置液体流动的方向。
- ◉ 【Velocity】：用于控制液体流动的速率。
- ◉ 【Birth Rate】：用于控制液体产生的密度。
- ◉ 【Longevity(sec)】：用于控制液体的持续时间长短。
- ◉ 【Gravity】：用于设置重力大小。重力越大，液体降落的速度越快，重力为负值时液体将上升。
- ◉ 【Resistance】：用于设置阻力大小，从而控制液体的流动方向和速度。
- ◉ 【Extra】：用于设置粒子运动的随机性。

◉ 【Animation】：用于选择动画效果类型。共有 12 种类型可选，不同的类型可以形成不同的效果。

◉ 【Blob Influence】：用于设置液体相互之间影响的大小。

◉ 【Influence Map】：用于选择液体在出现和消失时的效果类型。

◉ 【Blob Birth Size】：用于控制液体出现时的大小。

◉ 【Blob Death Size】：用于控制液体消失时的大小。

◉ 【Light】：用于在更细节的属性上调整灯光效果。

◉ 【Shading】：用于在更细节的属性上调整阴影效果。

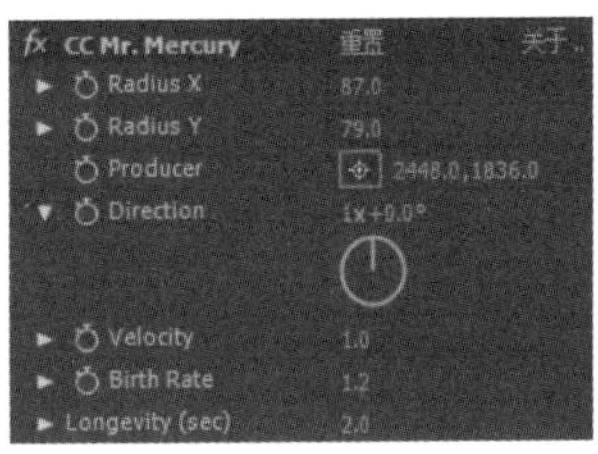

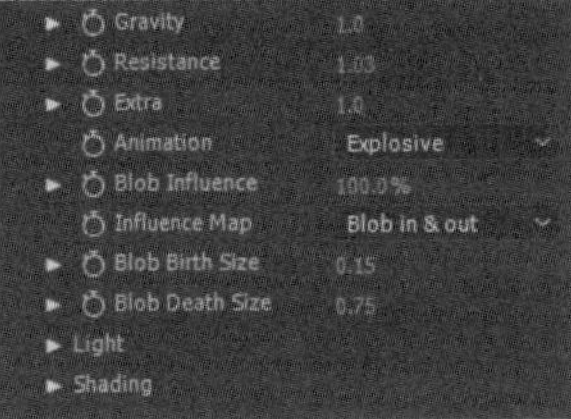

图 12-65　CC Mr. Mercury 属性面板

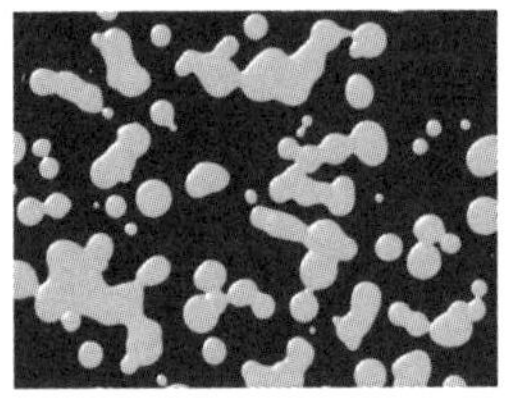

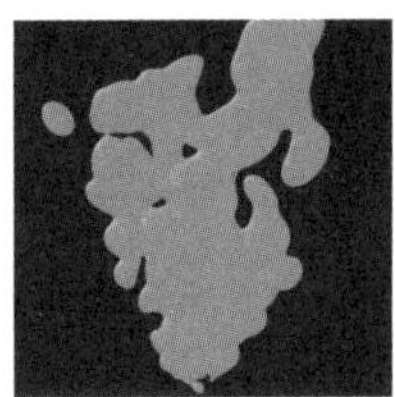

图 12-66　CC Mr. Mercury 效果对比图

12.3.6　CC Particle Systems II

CC Particle Systems II 是模拟生成粒子系统的特效，通过对参数的设置可以生成不同的效果。属性面板如图 12-67 所示，应用特效效果如图 12-68 所示，参数设置说明如下。

◉ 【Birth Rate】：用于控制粒子的数量。

◉ 【Longevity(sec)】：用于控制粒子存在的时间长短。

◉ 【Producer】：用于调整粒子的位置属性。

◉ 【Animation】：用于选择粒子运动动画效果的类型。共有 12 种类型可选，不同的类型可以形成不同的效果。

◉ 【Velocity】：用于控制粒子运动的速率。

◉ 【Inherit Velocity 】：用于控制速率传递的百分比。

◉ 【Gravity】：用于设置重力大小。重力越大，粒子降落的速度越快，重力为负值时粒子将上升。

◉ 【Resistance】：用于设置阻力大小，从而控制粒子的运动方向和速度。

◉ 【Direction】：用于设置粒子运动的方向。

◉ 【Extra】：用于设置粒子运动的随机性。

◉ 【Particle Type】：用于选择粒子的类型，不同的类型可以模拟不同的现实场景。

◉ 【Birth Size】：用于设置粒子出现时的大小。

◉ 【Death Size】：用于设置粒子消失时的大小。

◉ 【Size Variation】：用于控制粒子随机性的大小。

◉ 【Opacity Map】：用于选择粒子在不透明度上的变换类型。

◉ 【Max Opacity】：用于设置粒子不透明度的最大值。

◉【Color Map】：用于选择粒子在颜色上生成的类型。

◉【Birth Color】：用于选择粒子生成时的颜色。

◉【Death Color】：用于选择粒子消失时的颜色。

◉【Transfer Mode】：用于选择粒子之间的混合模式。

◉【Random Seed】：用于设置整体粒子运动的随机性。

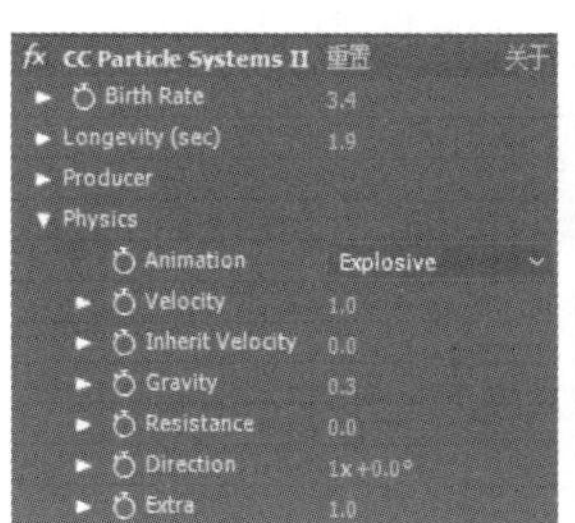

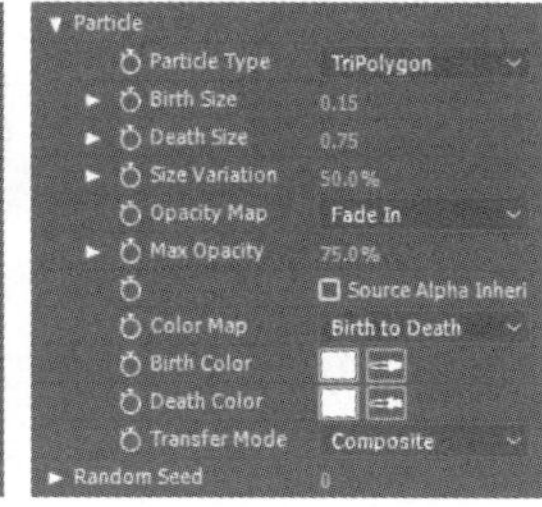

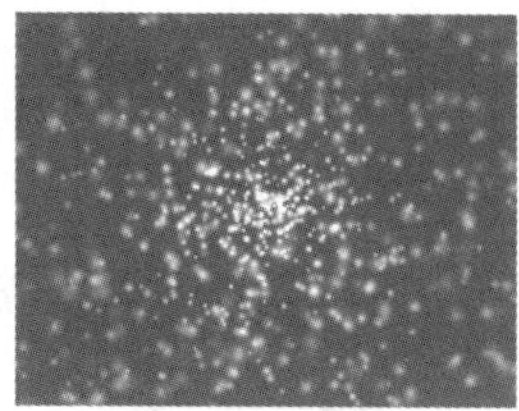

图 12-67　CC Particle Systems II 属性面板　　　图 12-68　CC Particle Systems II 效果对比图

12.3.7　CC Particle World

CC Particle World 特效与 CC Particle Systems II 相同，都是模拟生成不同场景的粒子效果，不同之处在于【CC Particle World】是在三维场景下生成的粒子。两个特效属性相似，这里只介绍不同的属性。属性面板如图 12-69 所示，应用特效效果如图 12-70 所示，参数设置说明如下。

◉【Grid & Guides】：用于设置 3D 场景的一系列属性。

◉【Position】：选中该选项后打开粒子生成器，可以在【合成】窗口下用鼠标直接控制生成器的位置。

◉【Radius】：选中该选项后可以在合成窗口中打开粒子生成器半径的控制手柄。

◉【Motion Path】：选中该选项后可以显示发射器的运动路径。

◉【Motion Path Frames】：用于设置发射器运动的帧数。

◉【Grid】：选中该选项后可以打开合成窗口中的网格。

◉【Grid Position】：用于选择网格的样式。

◉【Grid Axis】：用于选择网格的视角。

◉【Grid Subdivisions】：用于设置网格中格子的数量。

◉【Grid Size】：用于设置网格的大小。

◉【Horizon】：选中该选项后可以打开地平线的显示。

◉【Axis Box】：选中该选项后可以打开视角参考。

◉【Floor】：用于设置关于水平面的相关属性。

◉【Texture】：用于选择粒子的纹理类型。

◉【Extras】：用于设置其他的一些附加属性数值。

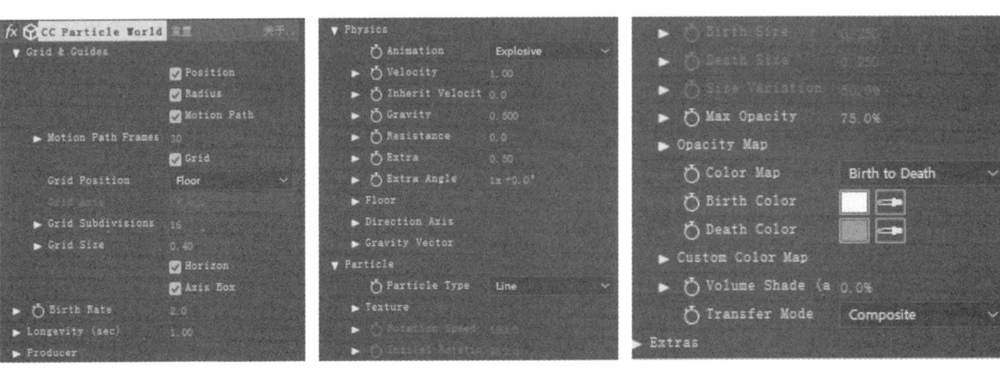

图 12-69　CC Particle World 属性面板

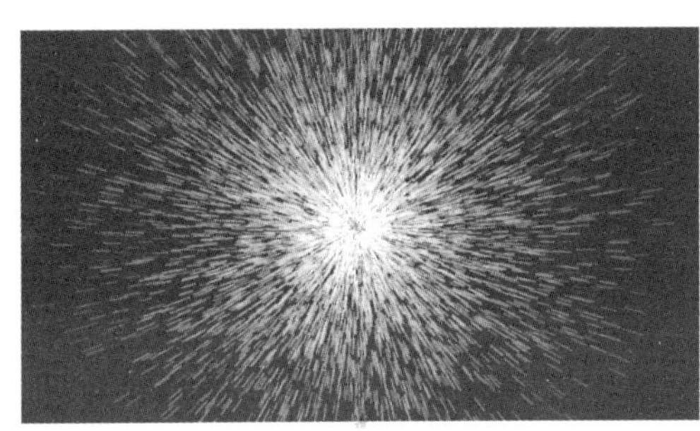

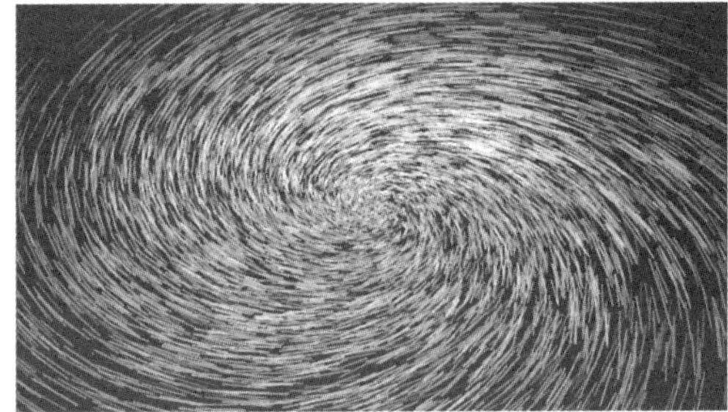

图 12-70　CC Particle World 效果对比图

12.3.8　CC Pixel Polly

CC Pixel Polly 特效模拟镜面破碎效果，可以生成原素材图像打碎并向四周飞散的动画效果。属性面板如图 12-71 所示，应用特效效果如图 12-72 所示，参数设置说明如下。

- 【Force】：用于设置破碎的力度。数值越大，碎片飞散的范围越大。
- 【Gravity】：用于设置重力大小。重力越大，碎片降落的速度越快，重力为负值时碎片将上升。
- 【Spinning】：用于设置碎片的旋转角度。
- 【Force Center】：用于设置破碎效果中心点的位置。
- 【Direction Randomness】：用于控制碎片飞散时方向的随机性大小。
- 【Speed Randomness】：用于控制碎片飞散时速度的随机性大小。
- 【Grid Spacing】：用于设置碎片的大小。
- 【Object】：用于选择生成碎片的形状类型。
- 【Enable Depth Sort】：选中该选项后特效的 3D 效果会更明显。
- 【Start Time(sec)】：用于控制碎片生成的开始时间。

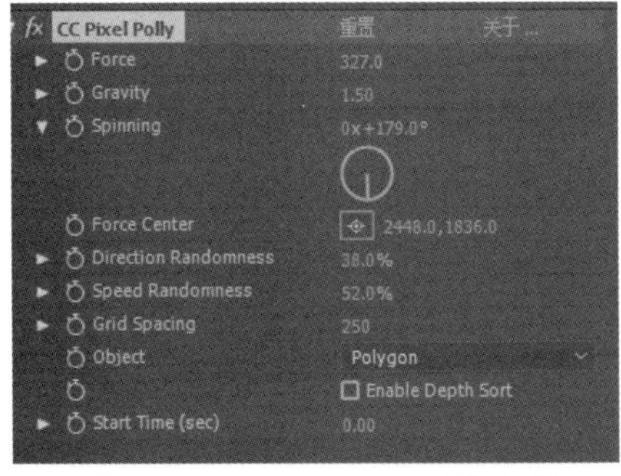

图 12-71　CC Pixel Polly 属性面板

图 12-72　CC Pixel Polly 效果对比图

12.3.9　CC Rainfall

CC Rainfall 特效可以模拟生成降雨或洒水的水滴降落效果。属性面板如图 12-73 所示，应用特效效果如图 12-74 所示，参数设置说明如下。

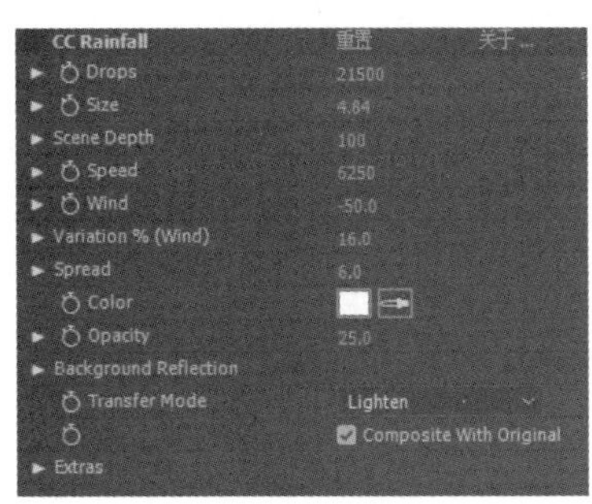

图 12-73　CC Rainfall 属性面板

图 12-74　CC Rainfall 效果对比图

- 【Drops】：用于设置水滴的密集程度。
- 【Size】：用于设置水滴的大小。
- 【Scene Depth】：用于设置生成的水滴在画面纵深轴上的移动。
- 【Wind】：用于设置风的大小，同时影响水滴滴落时的倾斜角度。
- 【Spread】：用于设置随机出现的水滴数量。
- 【Color】：用于选择水滴的颜色。
- 【Opacity】：用于设置水滴的不透明度。
- 【Background Reflection】：用于更细节地调整背景画面对特效效果的影响。
- 【Transfer Mode】：用于选择效果与原素材图像的混合模式。
- 【Composite With Original】：选中此选项后特效效果将显示在原图层上，取消选中后仅有特效效果。
- 【Extras】：用于设置其他的一些附加属性数值。

12.3.10　CC Snowfall

CC Snowfall 特效与 CC Rainfall 特效相似，模拟生成雪花降落效果。参数设置这里只介绍与

CC Rainfall 特效的不同之处。属性面板如图 12-75 所示，应用特效效果如图 12-76 所示，参数设置说明如下。

- 【Variation %(Size)】：用于设置雪花偏移的随机性。
- 【Variation %(Wind)】：用于设置雪花受风影响时的随机性。
- 【Wiggle】：用于设置雪花随机摆动有关的数值。

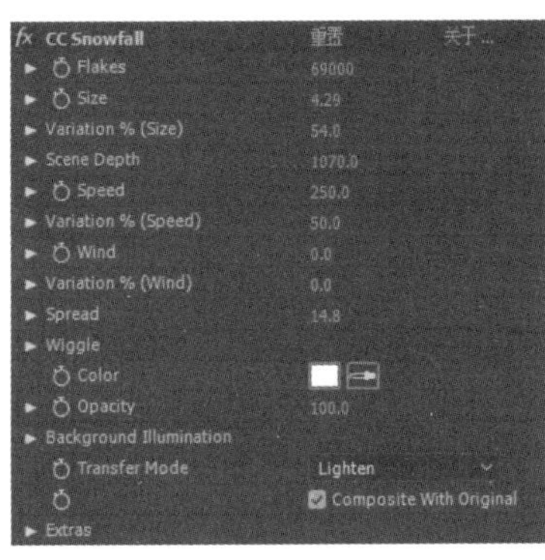

图 12-75 CC Snowfall 属性面板

图 12-76 CC Snowfall 效果对比图

12.3.11 CC Scatterize

CC Scatterize 特效是将原素材图像分散成粒子形态，从而可以形态重组。属性面板如图 12-77 所示，应用特效效果如图 12-78 所示，参数设置说明如下。

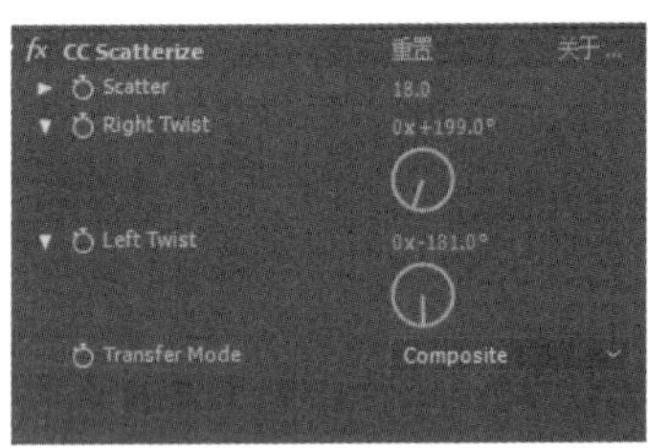

图 12-77 CC Scatterize 属性面板

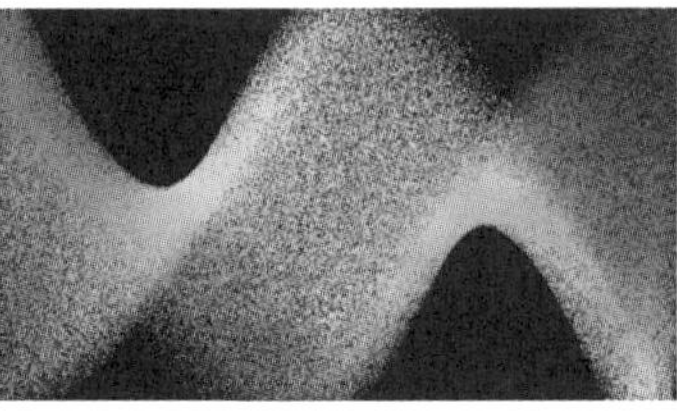

图 12-78 CC Scatterize 效果对比图

- 【Scatter】：用于设置粒子的分散性。
- 【Right Twist】【Left Twist】：用于设置向右和向左的扭曲程度。
- 【Transfer Mode】：用于选择粒子分散时所依据的模式类型。

12.3.12 CC Star Burst

CC Star Burst 特效是将原素材图像转换成宇宙星空效果，且自动生成在宇宙星空中穿越的动画效果。属性面板如图 12-79 所示，应用特效效果如图 12-80 所示，参数设置说明如下。

- 【Scatter】：用于设置粒子的分散性。
- 【Speed】：用于设置粒子的运动速度。数值为正值时，粒子向前运动，数值为负值时，粒子向后运动。
- 【Phase】：用于调整粒子的位置。

- ◉【Grid Spacing】：用于设置粒子离屏幕画面的远近程度。
- ◉【Size】：用于设置单个粒子的大小。
- ◉【Blend w. Original】：用于设置效果图层与原素材图像之间的混合程度。

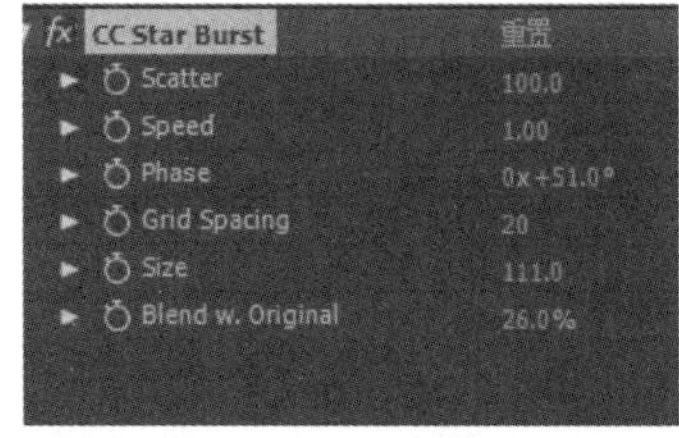

图 12-79　CC Star Burst 属性面板

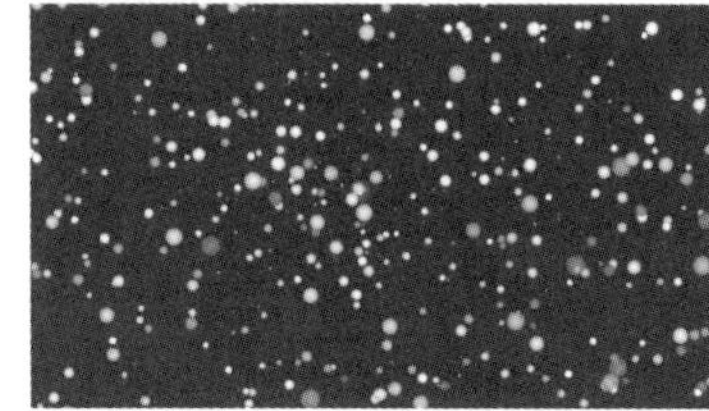

图 12-80　CC Star Burst 效果对比图

12.3.13　粒子运动场

【粒子运动场】特效通过粒子发射器创建粒子，并通过属性的设置来模拟不同的粒子动画效果。属性面板如图 12-81 所示，应用特效效果如图 12-82 所示，参数设置说明如下。

- ◉【发射】：用于设置粒子发射器的一些基本属性。
- ◉【位置】：用于设置发射器的位置。
- ◉【圆筒半径】：用于调整发射器半径的大小。
- ◉【每秒粒子数】：用于设置每秒内粒子发射的数量。
- ◉【方向】：用于设置粒子发射时的方向。
- ◉【随机扩散方向】：用于设置粒子发散的随机性。
- ◉【速率】：用于设置粒子发散的速度。
- ◉【随机扩散速率】：用于设置粒子随机发散时的速率。
- ◉【颜色】：用于调整生成粒子的颜色。
- ◉【粒子半径】：用于设置单个粒子的半径大小。
- ◉【网格】：用于设置与网格有关的属性。
- ◉【图层爆炸】：用于设置图层爆炸效果的有关属性。
- ◉【粒子爆炸】：用于设置粒子爆炸效果的有关属性。
- ◉【图层映射】：用于设置新建粒子图层的映射效果。
- ◉【重力】：用于设置有关重力的属性，从而影响粒子的运动效果。
- ◉【排斥】：用于设置粒子之间的排斥相关属性，从而影响运动效果。
- ◉【墙】：用于规定粒子运动的范围。
- ◉【永久属性映射器】【短暂属性映射器】：用于设置效果在持续时间和短暂时间内的映射属性。

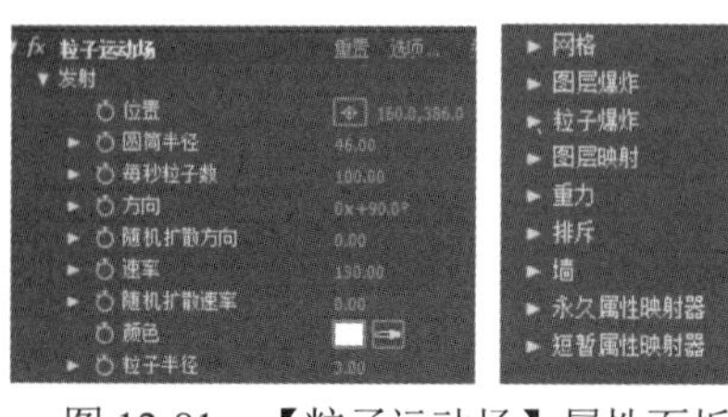

图 12-81　【粒子运动场】属性面板

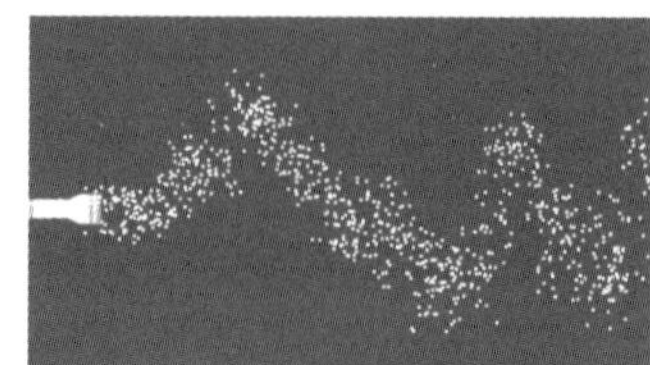
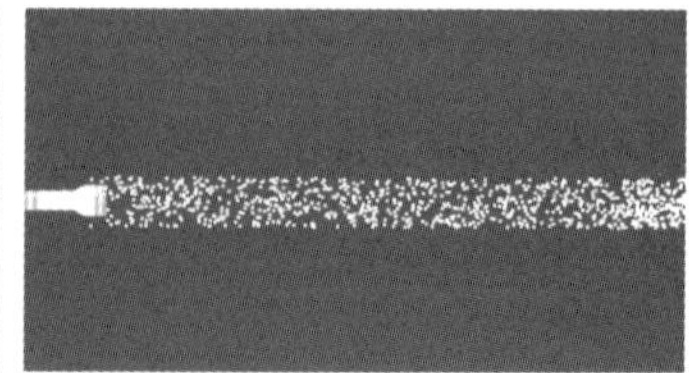

图 12-82　粒子运动场效果对比图

12.3.14　泡沫

【泡沫】特效可以模拟生成气泡效果，【CC Bubbles】特效是将原素材图像转换为气泡，而【泡沫】特效是模拟发射器喷射气泡效果。属性面板如图 12-83 所示，应用特效效果如图 12-84 所示，参数设置说明如下。

- 【视图】：用于选择观看生成效果的方式。
- 【产生点】：用于设置发射器的位置。
- 【产生 X 大小】【产生 Y 大小】：用于调整气泡在 X 和 Y 两个方向上的生成量。
- 【产生方向】：用于设置气泡运动时的方向。
- 【缩放产生点】：选中该选项后发射器将被放大。
- 【产生速率】：用于设置气泡产生的速率。
- 【气泡】：用于设置气泡自身的属性。
- 【大小】：用于调整生成气泡的大小。
- 【大小差异】：用于设置产生气泡之间的大小差异。
- 【寿命】：用于设置气泡持续的时间。
- 【气泡增长速度】：用于设置气泡由小变大的速度。
- 【强度】：用于控制气泡产生的数量。
- 【物理学】：用于设置有关气泡运动效果的相关物理属性。
- 【正在渲染】：用于设置有关气泡样式的属性。
- 【流动映射】：用于设置气泡的流动动画效果。

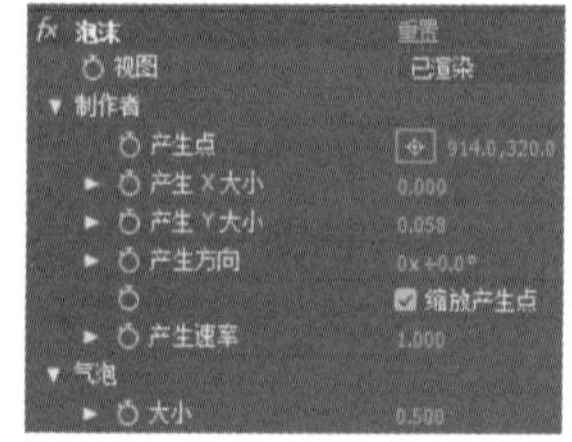

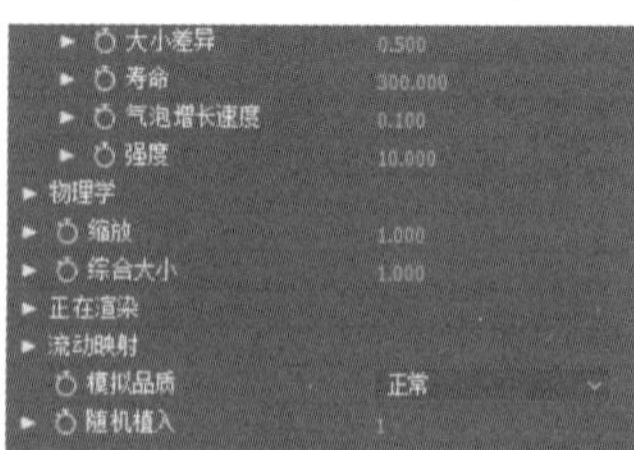

图 12-83　【泡沫】属性面板

图 12-84　泡沫效果对比图

12.3.15　碎片

【碎片】特效将原素材图像转换成三维模式，并生成模拟砖块等多种形状的爆破动画效果。属性面板如图 12-85 所示，应用特效效果如图 12-86 所示，参数设置说明如下。

◉ 【视图】：用于选择观看生成效果的方式。

◉ 【图案】：用于选择生成碎片的形状模式。

◉ 【重复】：用于设置碎片的密度。

◉ 【方向】：用于设置碎片产生的方向。

◉ 【凸出深度】：用于设置三维效果的明显程度。

◉ 【作用力 1】【作用力 2】：用于设置爆破点的位置、深度、半径和强度。

◉ 【渐变】：可以通过设置相关属性，使碎片的掉落与图像的渐变相结合。

◉ 【物理学】：用于设置有关碎片运动效果的相关物理属性。

◉ 【纹理】：用于设置碎片样式的属性。

◉ 【摄像机位置】：可以通过对摄像机相关属性的设置，创建不同的视角和镜头效果。

◉ 【灯光】：用于设置有关灯光的一些属性数值。

◉ 【材质】：用于设置有关材质的一些属性数值。

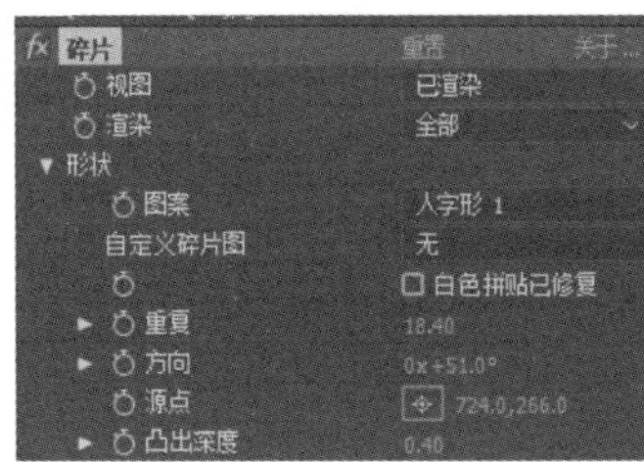

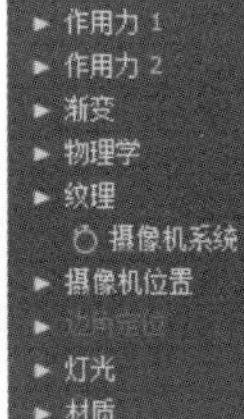

图 12-85　【碎片】属性面板

图 12-86　碎片效果对比图

12.4　杂色与颗粒

杂色与颗粒特效主要是通过生成一些杂色与颗粒并使之与原素材图像相融合，从而形成一些特殊的效果。

12.4.1　蒙尘与划痕

【蒙尘与划痕】特效将指定范围内的像素变为相同像素，从而达到减少杂色和瑕疵的效果。属性面板如图 12-87 所示，应用特效效果如图 12-88 所示，参数设置说明如下。

◉ 【半径】：用于设置需要被同化的像素范围。

◉ 【阈值】：用于设置被同化像素的边缘的阈值大小，也就是边缘的扩张和收缩大小。

◉ 【在 Alpha 通道上运算】：选中该选项后，特效效果将作用在 Alpha 通道上。

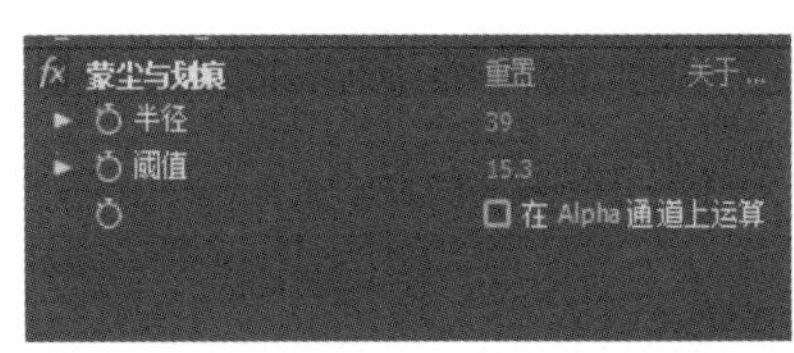

图 12-87　【蒙尘与划痕】属性面板

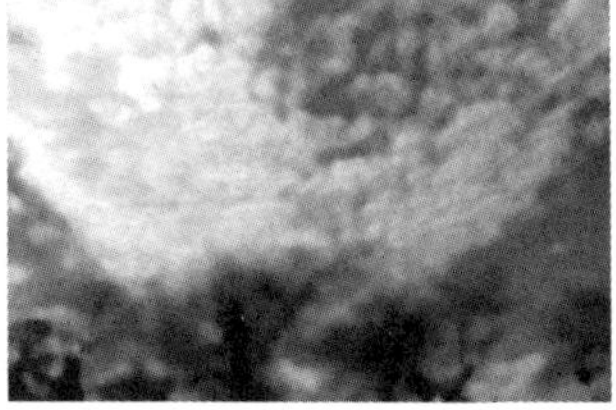

图 12-88　蒙尘与划痕效果对比图

12.4.2 移除颗粒

【移除颗粒】特效可以减少素材图像中的杂色。属性面板如图 12-89 所示，应用特效效果如图 12-90 所示，参数设置说明如下。

- 【查看模式】：用于设置合成窗口中显示的模式。共有 4 种模式，分别是【预览】【杂色样本】【混合遮罩】和【最终输出】
- 【预览区域】：当【查看模式】为【预览】时，可以对预览的区域进行设置。
- 【杂色深度减低设置】：用于设置去除杂色时的各项属性数值。
- 【微调】：用于对已形成的效果进行细节调整。
- 【钝化蒙版】：用于调整细节边缘的对比度，可以使模糊的边缘部分变清晰。
- 【采样】：用于设置特效在进行杂色采样时的各项数值范围。
- 【与原始图像混合】：用于设置特效效果与原素材图像之间的混合模式。

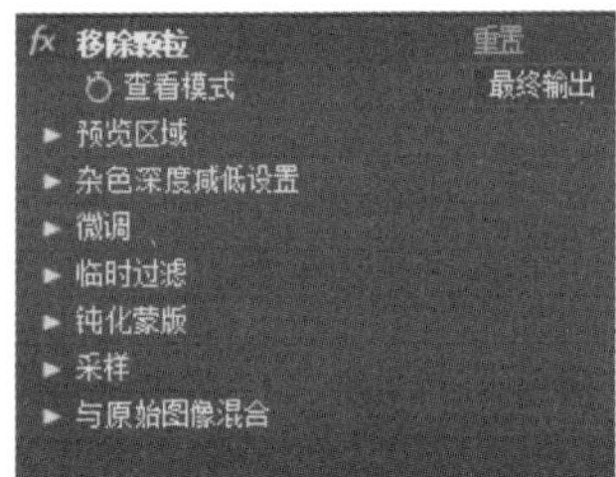

图 12-89 【移除颗粒】属性面板

图 12-90 移除颗粒效果对比图

12.4.3 杂色

【杂色】特效可以为素材添加杂色效果，常用于模拟旧电视机信号不稳定时的杂点效果。属性面板如图 12-91 所示，应用特效效果如图 12-92 所示，参数设置说明如下。

- 【杂色数量】：用于设置杂色的多少。
- 【使用杂色】：选中该选项时，杂色呈现红、绿、蓝三种颜色的彩色效果。
- 【剪切结果值】：选中该选项时，生成的杂色效果将显示在原素材图像上。

图 12-91 【杂色】属性面板

图 12-92 杂色效果对比图

12.4.4 杂色 HLS

【杂色 HLS】特效在为素材图像添加杂色的同时，还可以调整素材图像的色相、亮度、饱和

度等属性。属性面板如图 12-93 所示，应用特效效果如图 12-94 所示，参数设置说明如下。

- 【杂色】：用于选择杂色的类型。这里共有 3 种类型，分别是【统一】【方形】和【颗粒】。
- 【色相】：用于调整画面的颜色色调。
- 【亮度】：用于调整画面的亮度。
- 【饱和度】：用于调整画面颜色的饱和度。
- 【颗粒大小】：用于设置杂色中颗粒的大小。
- 【杂色相位】：选中该选项后，颗粒分布将随机。

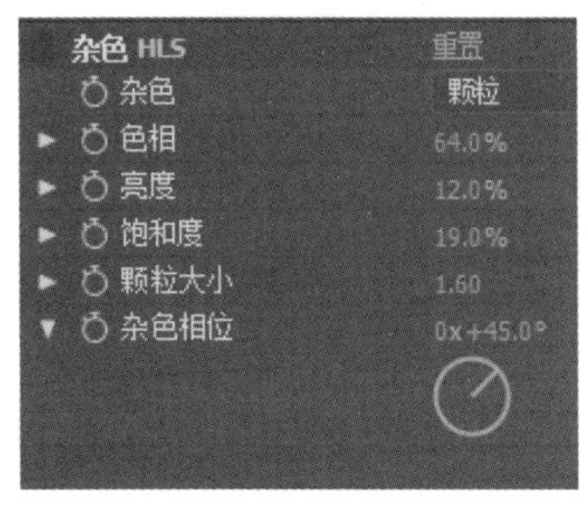

图 12-93　【杂色 HLS】属性面板

图 12-94　杂色 HLS 效果对比图

12.5　文本

文本特效包含【时间码】特效和【编号】特效，多用于自动生成与原素材相匹配的时间码或数字编码效果，还可以对生成的文字效果做进一步的调整。

12.5.1　时间码

【时间码】特效可以在合成窗口中添加一个与视频播放时间同步的时间码。属性面板如图 12-95 所示，应用【时间码】特效后的效果如图 12-96 所示，参数设置说明如下。

- 【显示格式】：用于选择显示时间的单位类型。可以按照时间来显示，也可以按照总帧数来显示。
- 【时间源】：可以选择所依据的时间来源。共有 3 个选项，分别是【图层源】【合成】和【自定义】。
- 【自定义】：当【时间源】选为【自定义】时，该属性的相关参数会被启用。
- 【时间单位】：用于设置单位时间内的帧数。
- 【丢帧】：选中该选项后，将自动计算丢帧的情况。
- 【开始帧】：用于设置时间码显示的起始时间。
- 【文本位置】：用于设置时间码在合成窗口中的位置。
- 【文字大小】：用于调整时间码文字的大小。
- 【文本颜色】：用于调整时间码文本的颜色。

⊙ 【显示方框】：选中该选项后，时间码文本后方将出现一个方框。

⊙ 【方框颜色】：用于选择方框的颜色。

⊙ 【不透明度】：用于调整时间码特效的不透明度。

⊙ 【在原始图像上合成】：选中该选项后，时间码特效将出现在原素材图像上。

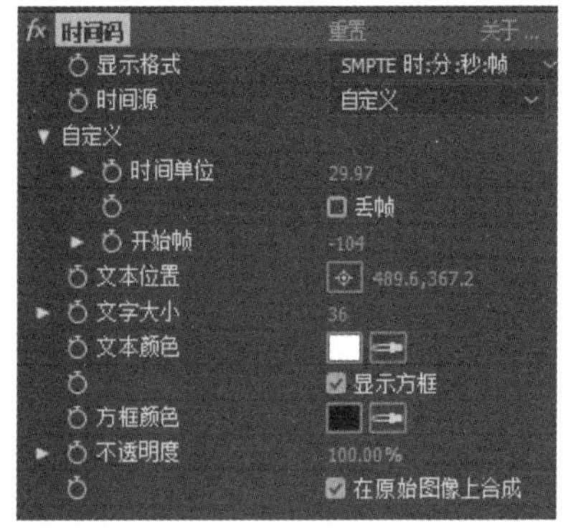

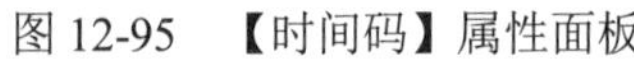
图 12-95 【时间码】属性面板

图 12-96 时间码效果对比图

12.5.2 编号

【编号】特效不仅可以生成时间码，还可以生成日期等与数字相关的效果。属性面板如图 12-97 所示，应用【编号】特效后的效果如图 12-98 所示，参数设置说明如下。

⊙ 【编号】：在添加【编号】特效的同时会弹出一个对话框，用来设置数字的相关属性数值。

⊙ 【类型】：可以选择编号的类型，共提供了包括时间码、短日期等 10 种类型。

⊙ 【随机值】：选中该选项后，数字的变化将随机进行。

⊙ 【数值/位移/随机最大】：用于设置数值在随机时的范围，以及偏离固定数值的范围。

⊙ 【小数位数】：用于设置数值小数点后保留几位数值。

⊙ 【当前时间/日期】：选中该选项后，时间和日期的数值将根据当前实际来显示。

⊙ 【位置】：用于设置时间码在合成窗口中的位置。

⊙ 【显示选项】：用来选择数字显示的样式。

⊙ 【填充颜色】：用于调整数值内部的填充颜色。

⊙ 【描边颜色】：用于调整数值描边时的颜色。

⊙ 【描边宽度】：用于设置描边的宽度。

⊙ 【大小】：用于调整文本的大小。

⊙ 【字符间距】：用于调整文本之间的间距大小。

⊙ 【比例间距】：选中该选项后，调整间距时，按照等比例进行调整。

⊙ 【在原始图像上合成】：选中该选项后，文本效果将出现在原素材图像上。

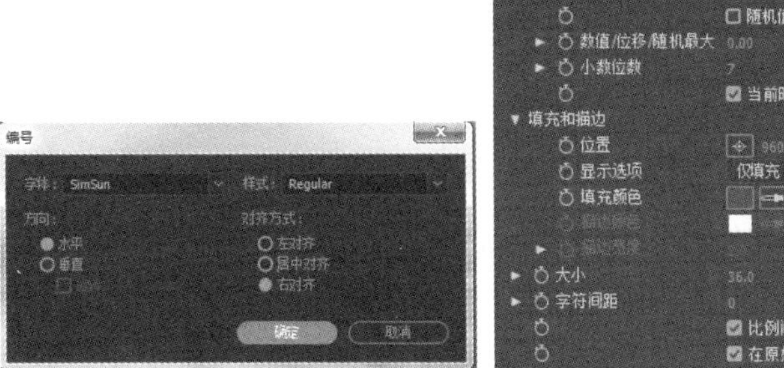

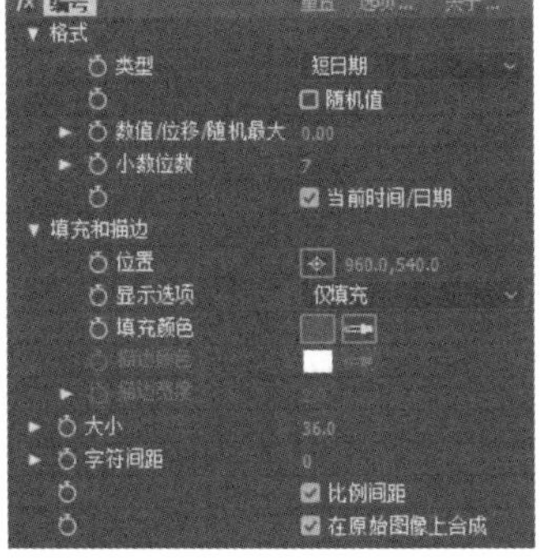

图 12-97　【编号】属性面板

图 12-98　编号效果对比图

12.6　过时

过时特效主要是将老版本的 Premiere 中较为常用的特效放在一起。这些特效皆为兼容性较强，且实用性较强的特效。多数特效与之前讲解的一些特效相似，这里就不再重复介绍。

12.7　路径文本

【路径文本】特效可以使文字沿设定好的路径排列，从而形成多样化的文字排列效果。属性面板如图 12-99 所示，应用【路径文本】特效后的效果如图 12-100 所示，参数设置说明如下。

- 【路径文字】：在添加【路径文本】特效的同时会弹出一个对话框，用来设置文字的相关属性数值。
- 【信息】：显示文字的相关信息。
- 【路径选项】：用于设置与路径相关的属性。
- 【形状类型】：用于选择不同的路径形状类型，共提供了 4 种类型。
- 【控制点】：用于设置路径控制点的具体位置。
- 【自定义路径】：用于选择自己规划的路径蒙版。
- 【反转路径】：选中该选项后，路径的起点和终点位置将反转。
- 【填充和描边】：用于设置字体的颜色相关属性。
- 【选项】：用于选择文字颜色的样式。
- 【填充颜色】：用于调整文字内部的填充颜色。
- 【描边颜色】：用于调整文字描边时的颜色。
- 【描边宽度】：用于设置描边的宽度。
- 【字符】：用于设置文字格式的相关属性。
- 【大小】：用于设置文字整体的大小。
- 【字符间距】：用于调整文本的间距大小。

- 【方向】：用于调整文字的旋转角度。
- 【水平切变】：用于设置文字倾斜的程度。
- 【水平缩放】【垂直缩放】：用于调整文字在水平和垂直方向上的缩放大小。
- 【段落】：当文字较多时，用于设置段落的相关属性。
- 【对齐方式】：用于选择文字段落的对齐方式。
- 【左边距】【右边距】：用于调整文字段落与文本框之间的左右边距。
- 【行距】：用于设置段落中每行文字之间的距离。
- 【基线偏移】：用于调整文字运动所依据的基线位置。
- 【高级】：用于设置更多细节属性。
- 【可视字符】：用于控制文字显示的数量。对该属性设置动画关键帧，可实现文字逐个依次出现的动画效果。
- 【淡化时间】：用于设置文字运动时淡入和淡出的时间长短。
- 【模式】：用于选择文字和原素材图像之间的混合模式。
- 【抖动设置】：用于设置文字细微变化的属性数值。
- 【在原始图像上合成】：选中该选项后，文本效果将出现在原素材图像上。

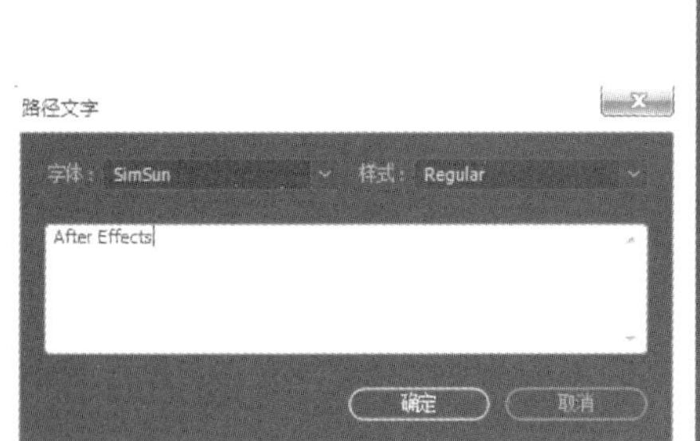

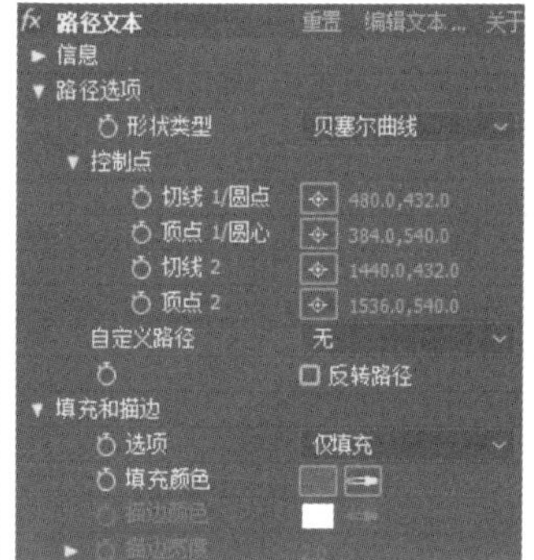

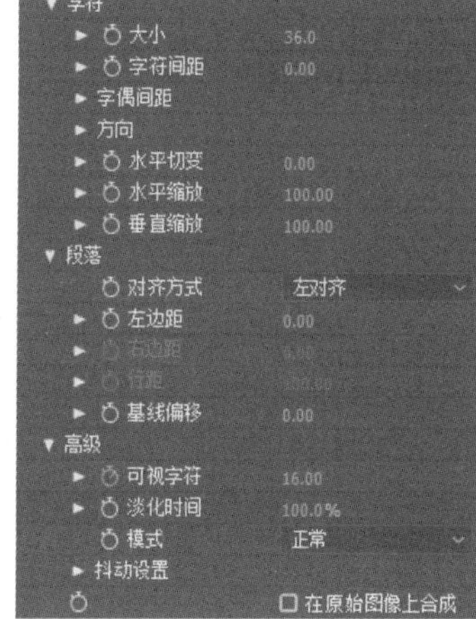

图 12-99 【路径文本】属性面板

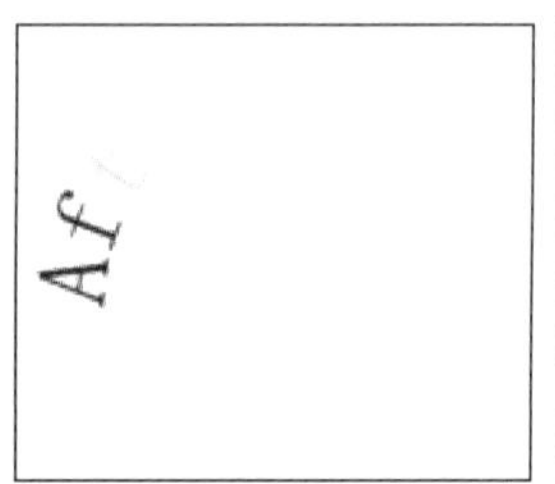

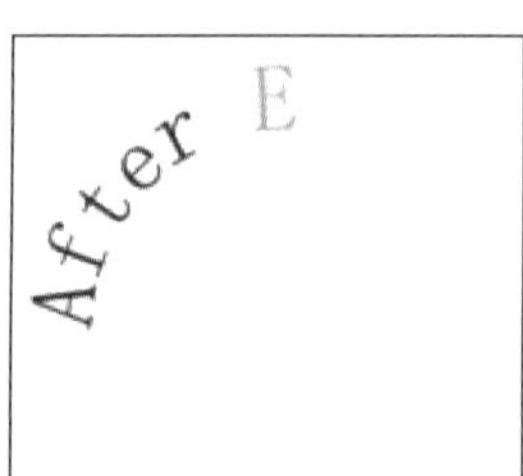

图 12-100 路径文本效果对比图

12.8　时间

时间特效主要是通过调整与时间相关的属性数值，从而形成一些特殊效果。时间特效在作用时以原素材作为时间标准，并且在应用时间特效时其他特效将失效。

12.8.1　CC Force Motion Blur

CC Force Motion Blur 特效通过对帧画面的时间延迟来模拟运动模糊效果。属性面板如图 12-101 所示，应用特效后的效果如图 12-102 所示，参数设置说明如下。

- 【Motion Blur Samples】：用于设置对帧画面进行采样复制的程度。数值越大，复制的信息越精确。
- 【Override Shutter Angle】：选中该选项后可以自定义模糊的强度。
- 【Shutter Angle】：用于设置运动模糊的强度。
- 【Native Motion Blur】：用于选择运动模糊效果是否启用。

图 12-101　CC Force Motion Blur 属性面板

图 12-102　CC Force Motion Blur 效果对比图

12.8.2　CC Wind Time

CC Wind Time 特效通过对帧画面的多次复制重叠来形成运动模糊效果。属性面板如图 12-103 所示，应用特效后的效果如图 12-104 所示，参数设置说明如下。

- 【Forward Steps】：用于设置视频画面中时间向前延迟的程度。
- 【Backward Steps】：用于设置视频画面中时间向后延迟的程度。
- 【Native Motion Blur】：用于选择运动模糊效果是否启用。

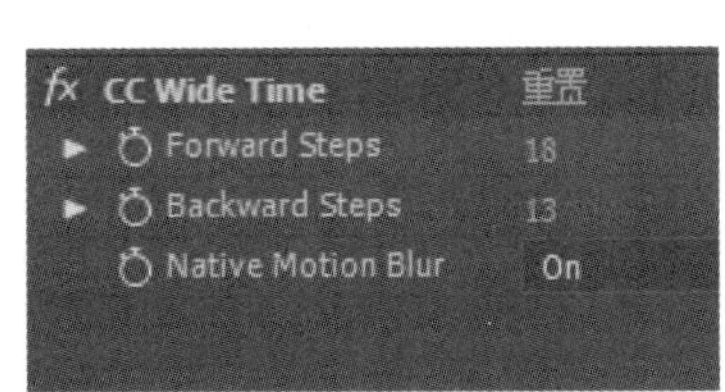

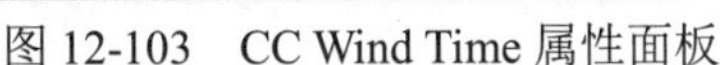

图 12-103　CC Wind Time 属性面板

图 12-104　CC Wind Time 效果对比图

12.8.3　残影

【残影】特效通过对帧画面的复制重叠来形成画面延迟效果。属性面板如图 12-105 所示，应

用特效后的效果如图 12-106 所示，参数设置说明如下。

- ⊙【残影时间(秒)】：用于设置延迟效果的时间。数值为正值时，当前帧与之后的画面重叠；数值为负值时，当前帧与之前的画面重叠。
- ⊙【残影数量】：用于设置残影画面的数量。
- ⊙【起始强度】：用于设置残影画面开始的强度。
- ⊙【衰减】：用于设置残影画面减弱的程度。
- ⊙【残影运算符】：用于设置残影效果与原素材画面之间的混合模式，共有 7 种模式可选。

fx 残影	重置
残影时间（秒）	-0.033
残影数量	1
起始强度	1.00
衰减	1.00
残影运算符	最大值

图 12-105 【残影】属性面板

图 12-106 残影效果对比图

12.8.4 时差

【时差】特效通过对帧画面的复制重叠并产生色彩差异来形成画面重影效果。属性面板如图 12-107 所示，应用特效后的效果如图 12-108 所示，参数设置说明如下。

- ⊙【目标】：用于选择与原素材图像进行色彩差异对比的图层。
- ⊙【时间偏移量(秒)】：用于设置对比画面之间的时间偏移数值。
- ⊙【对比度】：用于设置画面的对比度。
- ⊙【绝对差值】：选中该选项后，将仅显示图像产生差值的部分。
- ⊙【Alpha 通道】：用于选择 Alpha 通道的计算方式，共有 7 种方式可选。

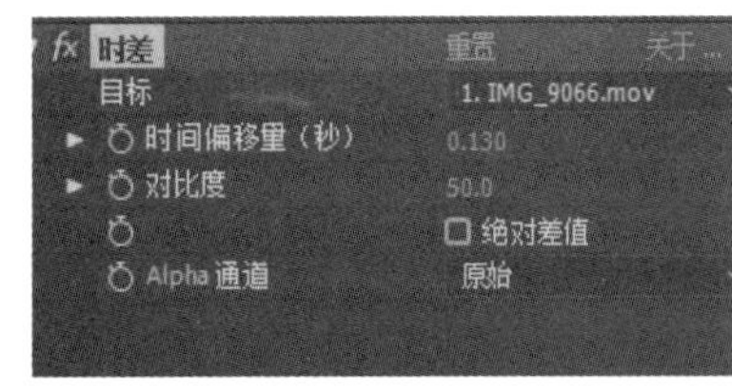

图 12-107 【时差】属性面板

图 12-108 时差效果对比图

12.8.5 时间扭曲

【时间扭曲】特效可以通过调整数值来改变原素材的速度、运动模糊以及大小等相关属性。属性面板如图 12-109 所示，应用特效后的效果如图 12-110 所示，参数设置说明如下。

- ⊙【方法】：用于选择读取原素材的方法，不同的读取方法可以激活不同的属性数值。
- ⊙【调整时间方式】：用于选择在进行时间改变时所依据的方式。
- ⊙【速度】：用于调整原素材的速度。

- 【源帧】：当【调整时间方式】选择【源帧】时，该选项将被启用。用于以帧为单位调整素材的速度。
- 【调节】：用于设置速度调整后的画面细节属性。
- 【运动模糊】：用于调整镜头产生运动模糊的相关属性数值。
- 【遮罩图层】：选择用于遮罩的图层。
- 【遮罩通道】：用于选择遮罩产生时所依据的模式。
- 【变形图层】：用于选择变形的图层。
- 【显示】：用于选择效果呈现的模式。
- 【源裁剪】：可以通过对【左侧】【右侧】【底部】和【顶部】4 个属性的数值进行调整来对原素材画面进行裁剪。

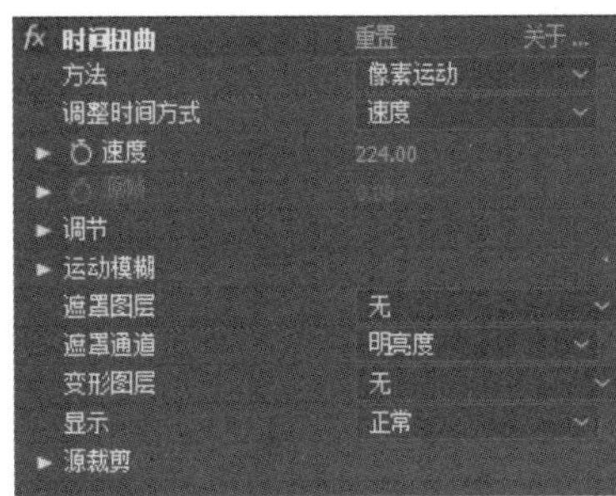

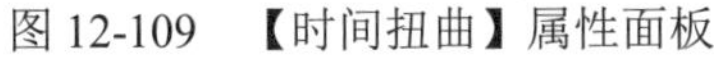

图 12-109　【时间扭曲】属性面板

图 12-110　时间扭曲效果对比图

12.8.6　时间置换

【时间置换】特效可以将不同时间点的图像融合在一起以产生新的画面效果。属性面板如图 12-111 所示，应用特效后的效果如图 12-112 所示，参数设置说明如下。

- 【时间置换图层】：用于选择与原素材图像产生时间置换的图层。
- 【最大移位时间(秒)】：用于设置时间偏移的最大数值。
- 【时间分辨率(fps)】：用于调整每帧之间画面的融合程度。
- 【伸缩对应图以适合】：选中该选项后，被选择的置换图层将自动调整大小以与原素材图像相匹配。

图 12-111　【时间置换】属性面板

图 12-112　时间置换效果对比图

12.8.7　像素运动模糊

【像素运动模糊】特效是通过对原素材画面像素进行分析，并产生模拟镜头运动的模糊效果。属性面板如图 12-113 所示，应用特效后的效果如图 12-114 所示，参数设置说明如下。

- 【快门控制】：用于选择控制快门的方式，有【手动】和【自动】两种方式。
- 【快门角度】：用于设置快门的角度。数值越大，产生的镜头模糊越明显。
- 【快门采样】：用于调整特效产生时采样的多少。数值越大，产生的镜头模糊效果越柔和。
- 【矢量详细信息】：用于设置镜头模糊产生矢量效果的详细数值。

fx 像素运动模糊 重置
快门控制 手动
快门角度 393.00
快门采样 34
矢量详细信息 20.0

图 12-113 【像素运动模糊】属性面板

图 12-114 像素运动模糊效果对比图

12.9 上机练习

本章的第一个上机练习是制作动态文字和背景效果，使用户更好地掌握风格化特效和路径文字工具的基本操作方法和技巧。练习内容主要是制作动态的万花筒背景效果，再利用【路径文本】特效制作动态的主题文字。

(1) 首先需要建立一个合成。选择【合成】|【新建合成】命令。在弹出的【合成设置】对话框中设置【预设】为【HDV/HDTV 720 25】，【持续时间】为 0:00:15:00，单击【确定】按钮，建立一个新的合成。

(2) 导入名为“动态背景和文字”的素材文件夹。执行【文件】|【导入】|【导入文件】命令，从计算机中找到素材文件夹，单击【导入文件夹】按钮。将导入的背景图片素材和音乐文件放置在【合成】面板中，如图 12-115 所示。

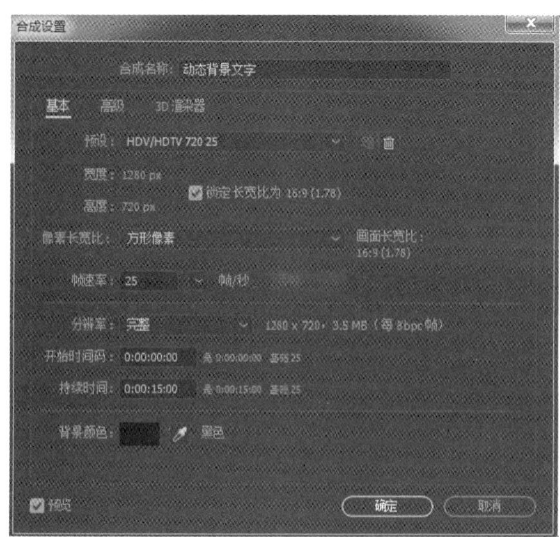

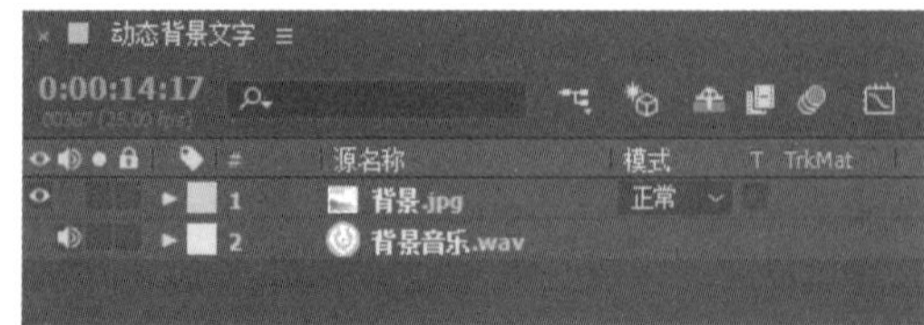

图 12-115 新建合成并导入素材

(3) 制作动态万花筒背景效果。选中【时间轴】面板中的背景图层，执行【效果】|【风格化】|【CC Kaleida】命令，为背景图片添加万花筒效果。设置【Size】为 20.8，用于调整花纹的大小。设置【Mirroring】为 Flower，用于选择花纹的样式，如图 12-116 所示。

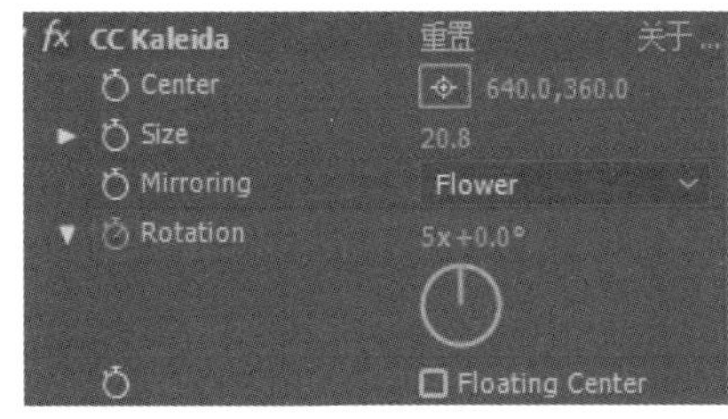

图 12-116　CC Kaleida 特效设置及效果

(4) 接下来制作万花筒动画效果。为【CC Kaleida】效果的【Rotation】属性添加关键帧。将时间轴指针移至 0:00:00:00，将【Rotation】属性值设为 0+0.0° 并添加关键帧，将时间轴指针调整至 0:00:15:00，将【Rotation】属性设置为 2x+45.2° 。让背景花纹随时间而产生旋转动画，从而形成万花筒动画效果，如图 12-117 所示。单击播放按钮可以看到，已经完成了作为背景的万花筒动画。

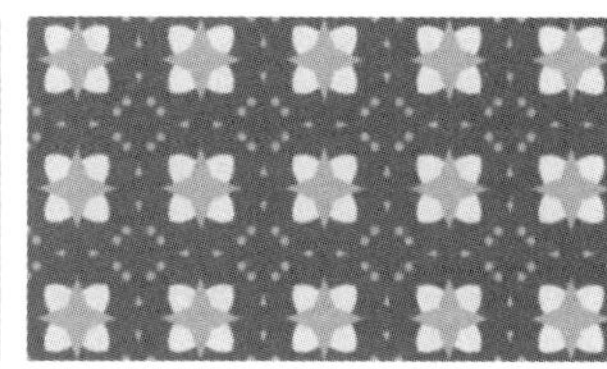

图 12-117　CC Kaleida 特效动画

(5) 制作路径文字效果。为背景图层添加路径文字特效。选择“背景”图层，执行【效果】|【过时】|【路径文本】命令，会弹出一个用于输入文字内容的对话框，在对话框中输入“Music Show”文字内容，也就是标题文字内容，并选择想要的字体和样式，如图 12-118 所示。在属性面板中设置【路径选项】下的【形状类型】为圆形。将【填充和描边】下的【填充颜色】设为#00CCFF，调整文字的颜色。设置【字符】选项下的【大小】为 109，调整文字的大小。选中【在原始图像上合成】选项，使建立的文字显示在已制作好的动画背景上。这样就制作好了静态的标题路径文字，如图 12-119 所示。

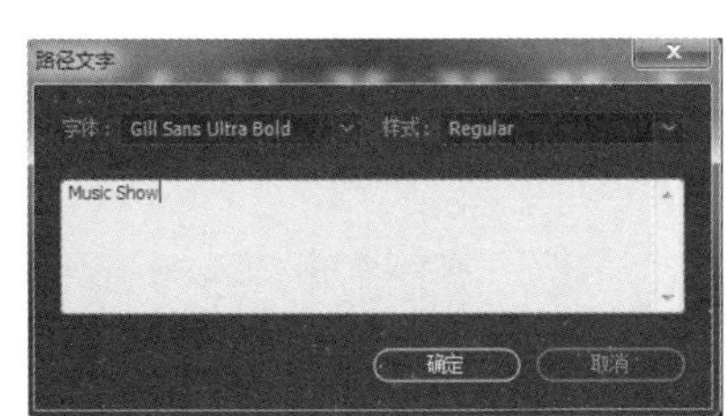

图 12-118　【路径文字】对话框

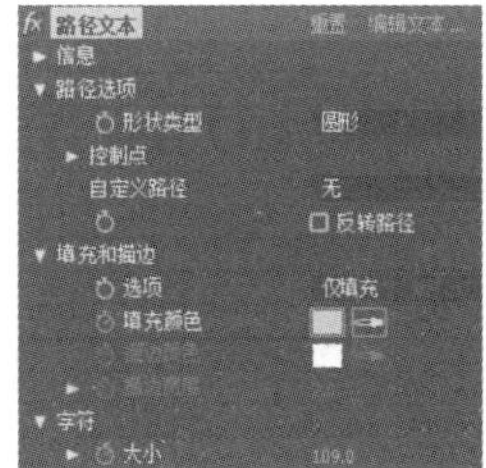

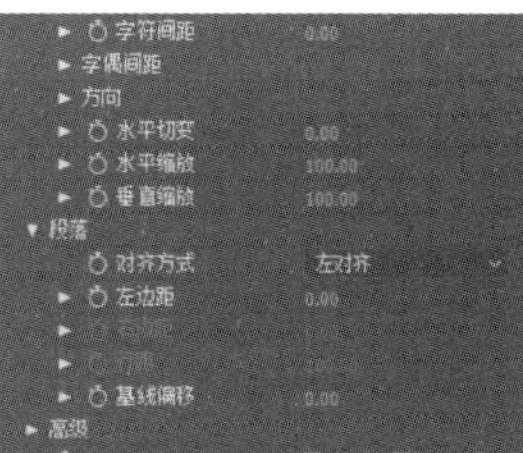

图 12-119　路径文本属性设置及效果

(6) 制作路径文字动画。首先要制作文字围绕环形路径进行旋转，并在画面中移动的动画效

果，【路径文本】的【控制点】是该动画效果的主要属性。首先将时间轴指针移至 0:00:00:00，将【控制点】下的【切线 1/圆点】属性数值设为-213、207 并添加关键帧，将【顶点 1/圆心】属性数值设为 118、195 并添加关键帧，将文字调整出画面外，并调整好路径形状。然后将时间轴指针调整至 0:00:02:00，将【切线 1/圆点】属性数值设为 77、216 并添加关键帧，将【顶点 1/圆心】属性数值设为 254、247 并添加关键帧，使文字边围绕环形路径旋转，边移动进入画面。接下来每隔两秒钟都对【切线 1/圆点】和【顶点 1/圆心】两个属性进行数值调整并设置关键帧，使文字不断地在画面中旋转移动，直到 0:00:12:00 时，将【切线 1/圆点】属性数值设为 94、480 并添加关键帧，将【顶点 1/圆心】属性数值设为 630、1615 并添加关键帧，使文字在第 12 秒时停留在画面的中央，调整好路径形状，如图 12-120 所示。单击播放按钮可以看到，已经完成了文字旋转和移动的动画。

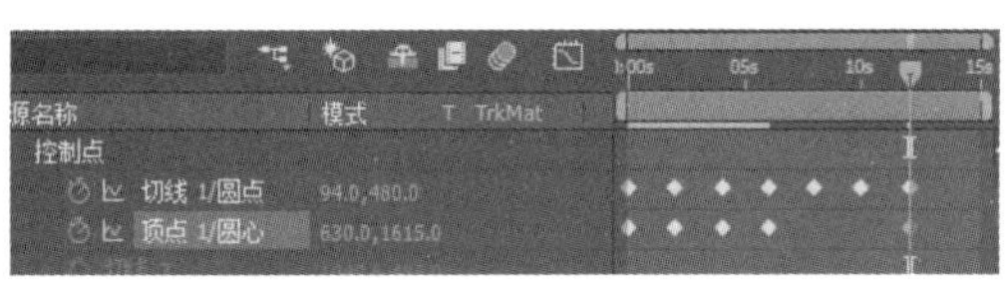

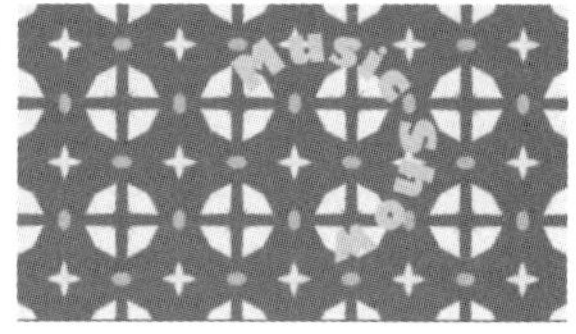

图 12-120　文字旋转和移动动画设置及效果

(7) 此时，“Music Show”标题文字停止旋转运动后相对于整个背景来说有点小，需要在旋转和移动动画结束前使文字放大至与画面相匹配，这里选择为其添加一个文字放大动画。将时间轴指针移至 0:00:10:00，为【字符】属性下的【大小】属性添加关键帧，调整时间轴指针至 0:00:12:00，将【大小】属性数值改为 109，并添加关键帧，如图 12-121 所示。

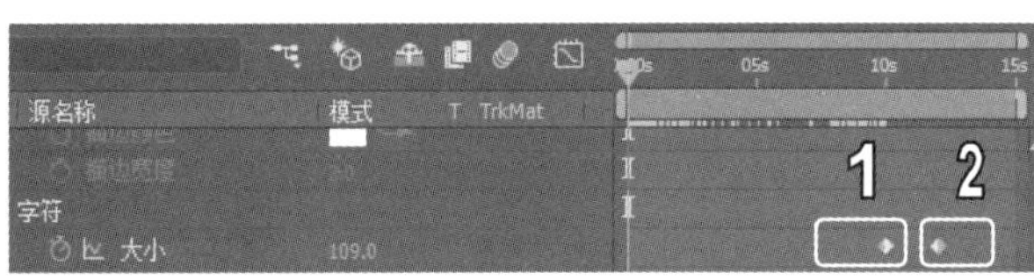

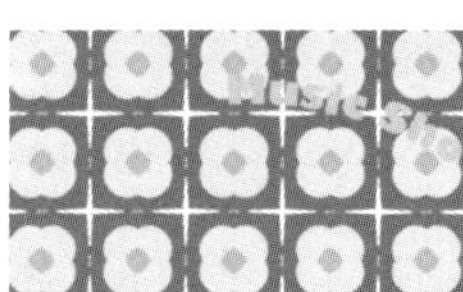

图 12-121　标题文字放大动画

(8) 播放观看已完成的动画，会发现由于背景图案颜色不断变换，文字的颜色显得过于单一且容易与背景相融合。为了达到更好的效果，这里将为文字再添加一个颜色变换的动画效果。将时间轴指针移至 0:00:00:00，为【填充和描边】属性下的【填充颜色】添加关键帧。将时间轴指针移至 0:00:06:00，将【填充颜色】改为#FF0173，并添加关键帧，这里尽量选择与第一个关键帧设置的颜色反差较大的颜色，这样才能增大颜色的变化。接着将时间轴指针移至 0:00:12:00，将【填充颜色】改为# 01FFDE，并添加关键帧，这里要选择一个与背景颜色反差较大的颜色，用于凸出文字效果。最后将时间轴指针移至 0:00:15:00，将【填充颜色】改为#FF0060，并添加关键帧，如图 12-122 所示。

图 12-122　字体颜色变换动画设置及效果

(9) 旋转和移动动画停止在第 12 秒，对于最后 3 秒的时间，再为标题文字制作一个最终亮相的动画效果，使之先逐字消失，再逐字显示。【高级】属性下的【可视字符】是该动画效果的主要属性。将时间轴指针移至 0:00:12:00，为【可视字符】添加关键帧，并将数值调整为 10，设置为 10 的原因在于标题文字一共有 10 个字符。将时间轴指针移至 0:00:13:00，将【可视字符】改为 0，并添加关键帧，让字符在 1 秒的时间内逐个消失。接着将时间轴指针移至 0:00:14:00，将【可视字符】改为 10，并添加关键帧，让字符在 1 秒的时间内再逐个显示。这样就制作好了文字逐个消失、再逐个显示的动画效果。同时也完成了整个作品效果，通过播放动画可以观看最终效果，如图 12-123 所示。

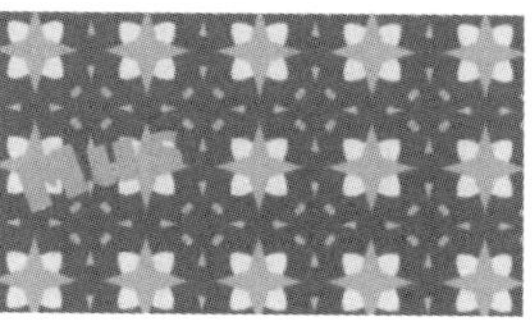

图 12-123　文字逐字动画设置及效果

本章的第二个上机练习是制作下雨和下雪的动画效果，使用户更好地掌握模拟特效的基本操作方法和技巧。练习内容主要是为一张静态图片添加下雨转换为下雪的动画效果。

(1) 首先需要建立一个合成。选择【合成】|【新建合成】命令。在弹出的【合成设置】对话框中设置【预设】为【HDTV 1080 25】，【持续时间】为 0:00:15:00，单击【确定】按钮，建立一个新的合成。

(2) 导入名为“下雨下雪”的图片素材。执行【文件】|【导入】|【导入文件】命令，从电脑中找到素材文件，单击【导入】按钮。将导入的素材放置在【合成】面板中，如图 12-124 所示。

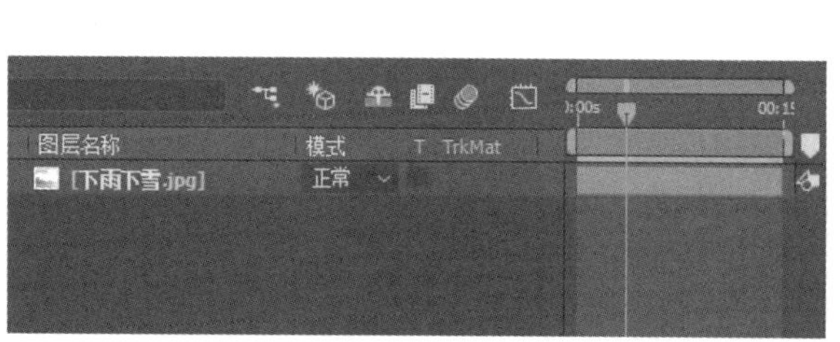

图 12-124　新建合成

(3) 添加下雨效果。为了方便特效的设置和区分，这里不将特效直接添加在背景图层上，而是添加在新的纯色图层上。首先创建一个纯色图层，执行【图层】|【新建】|【纯色】命令，在弹出的对话框中对图层进行设置，将【名称】改为“Rainfall”，颜色选为白色，其他属性可以延续默认设置，单击【确定】按钮，创建一个纯色图层，如图 12-125 所示。为新建的纯色图层添加下雨特效，选中【时间轴】面板中的“Rainfall”图层，执行【效果】|【模拟】|【CC Rainfall】命令，添加特效后纯色图层上无任何显示，这里需要单独显示它，所以要取消选中【Composite With Original】选项，此时播放并观看动画，将会有下雨的动画效果出现在背景图片上，如图 12-126 所示。

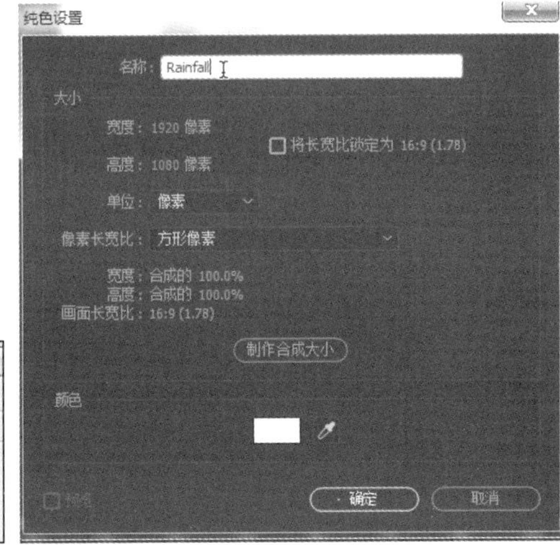

图 12-125　创建纯色图层

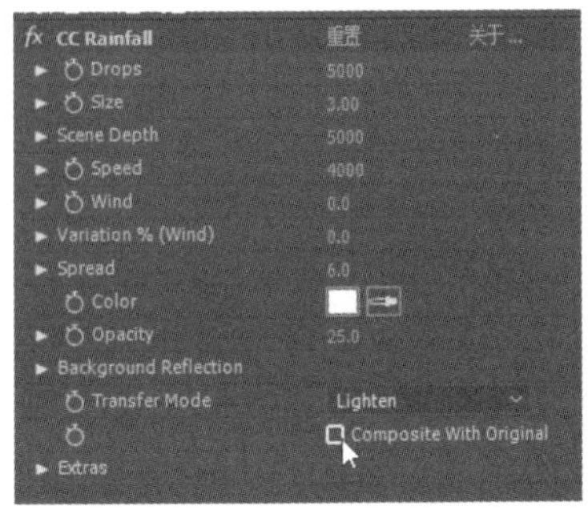

图 12-126　添加下雨特效

(4) 制造下雨动态效果。这里需要制作雨从无到有，再从有到无，且被风吹动的动态效果，从而使下雨效果更逼真。【Drops】是实现雨势大小的主要属性。首先将时间轴指针移至 0:00:00:00，将【Drops】属性数值设为 0 并添加关键帧；再将时间轴指针移至 0:00:03:00，将【Drops】属性数值设为 5000；最后将时间轴指针移至 0:00:07:12，将【Drops】属性数值再次设为 0。通过播放和观看动画，可以看出已实现雨滴从无到有，再从有到无的效果。为了使下雨效果更逼真一些，还需要对其他属性进行细微调整，具体参数数值如图 12-127 所示。

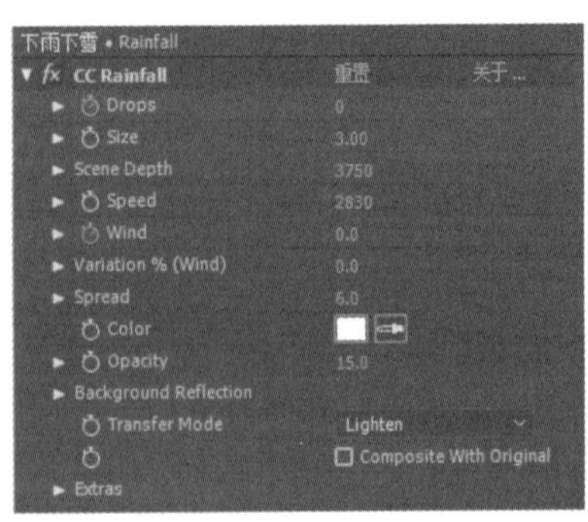

图 12-127　雨势大小动画效果

(5) 制作风吹动雨滴效果。【Wind】是实现风吹动雨滴效果的主要属性。首先将时间轴指针移至 0:00:00:00，将【Wind】属性数值设为 0 并添加关键帧；再将时间轴指针移至 0:00:03:00，将【Wind】属性数值设为 500；最后将时间轴指针移至 0:00:07:12，将【Wind】属性数值再次设为 0。通过播放和观看动画，可以看出已实现在雨下最大的时候有风吹动的效果，如图 12-128 所示。

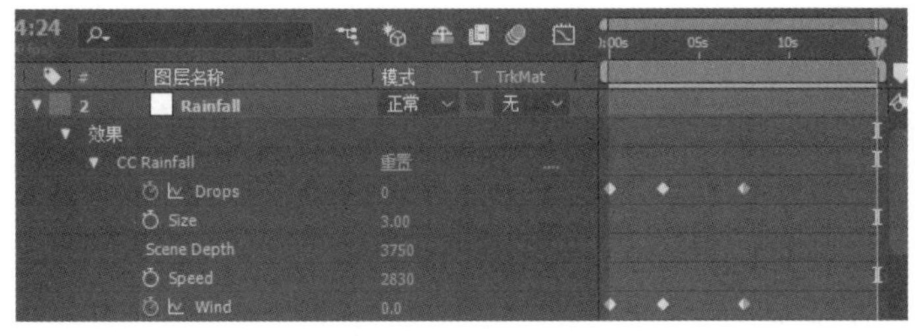

图 12-128　风吹动雨滴效果

(6) 添加下雪效果。与下雨效果相同，下雪特效也是添加在新的纯色图层上。首先创建一个纯色图层，执行【图层】|【新建】|【纯色】命令，在弹出的对话框中对图层进行设置，将【名称】改为“Snowfall”，颜色选为白色，其他属性可以延续默认设置，单击【确定】按钮，创建一个纯色图层。为新建的纯色图层添加下雪特效，选中【时间轴】面板中的“Snowfall”图层，执行【效果】|【模拟】|【CC Snowfall】命令，同样要取消选中【Composite With Original】选项，此时播放和观看动画，将会有下雪的动画效果出现在背景图片上，如图 12-129 所示。

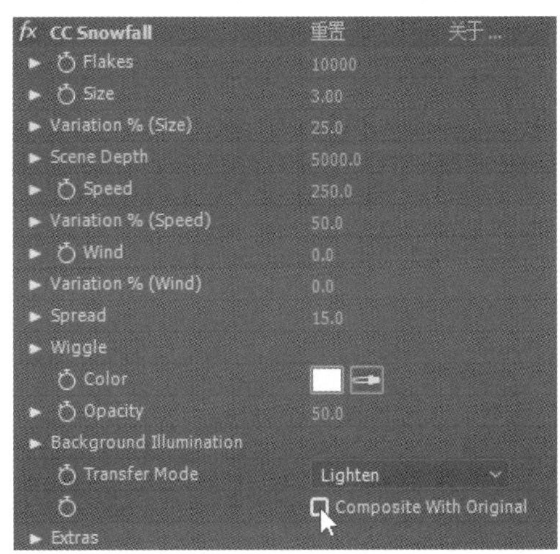

图 12-129　添加下雪效果

(7) 制作下雪动态效果。这里需要制作在雨将要停止时，雪从无到有，再从有到无的动态效果，从而使下雪效果更逼真。【Flakes】是实现雪势大小的主要属性。首先将时间轴指针移至 0:00:03:00，将【Flakes】属性数值设为 0 并添加关键帧；再将时间轴指针移至 0:00:06:00，将【Flakes】属性数值设为 25000。通过播放和观看动画，可以看出已实现雪从无到有的效果。为了使下雪效果更逼真，还需要对其他属性进行细微调整，具体参数数值如图 12-130 所示。

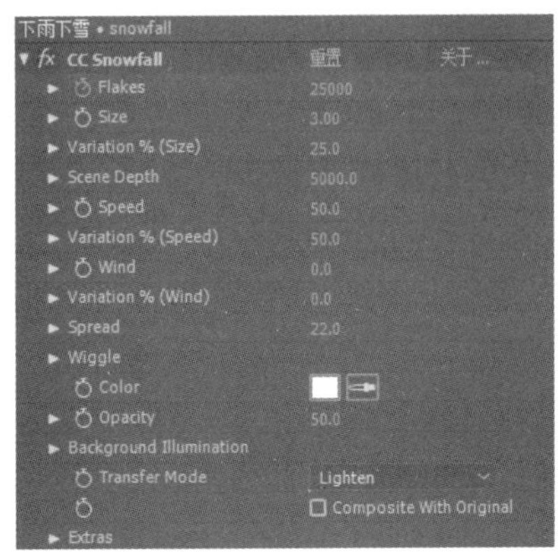

图 12-130　雪势大小动态效果

(8) 制作雪越下越大的效果。【Size】是实现雪片大小的主要属性。首先将时间轴指针移至 0:00:03:00，将【Size】属性数值设为 0.7 并添加关键帧；再将时间轴指针移至 0:00:06:00，将【Size】属性数值设为 3；最后将时间轴指针移至 0:00:15:00，将【Size】属性数值设为 13。通过播放和观看动画，可以看出已实现雪越下越大的动态效果。此外还需要调整雪片降落的速度，随着雪片的增大，降落的速度也会随之减慢。【Speed】是实现雪片降落速度减慢的主要属性。首先将时间轴移至 0:00:03:00，将【Speed】属性数值设为 250 并添加关键帧；再将时间轴指针移至 0:00:06:00，将【Speed】属性数值设为 50；最后将时间轴指针移至 0:00:15:00，将【Speed】属性数值设为 25。通过播放和观看动画，可以看出已实现雪下落的速度越来越慢的动态效果，同时也完成了整个作品，效果如图 12-131 所示。

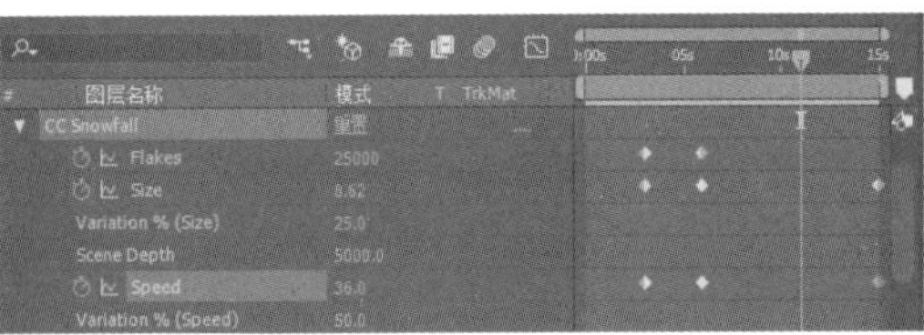

图 12-131　雪势逐渐变大效果

本章的第三个上机练习是制作宇宙星空动态背景的动画效果，使用户更好地掌握模拟特效中粒子特效的基本操作方法和技巧。练习内容主要是制作动态的星星粒子效果，从而模拟在宇宙中运动的动画效果。

(1) 首先需要建立一个合成。选择【合成】|【新建合成】命令。在弹出的【合成设置】对话框中设置【预设】为【HDTV 1080 25】，设置【持续时间】为 0:00:15:00，单击【确定】按钮，建立一个新的合成。

(2) 添加第一个星空效果。这里无须导入素材，只需要创建一个纯色图层，执行【图层】|【新建】|【纯色】命令，在弹出的对话框中对图层进行设置，将【名称】改为“星空 1”，颜色选为白色，其他属性可以延续默认设置，单击【确定】按钮，创建一个纯色图层，如图 12-132 所示。为新建的纯色图层添加粒子特效，选中【时间轴】面板中的“星空 1”图层，执行【效果】|【模拟】|【CC Particle Systems Ⅱ】命令，添加特效后播放和观看动画，将会有粒子喷射的动画效果出现，如图 12-133 所示。

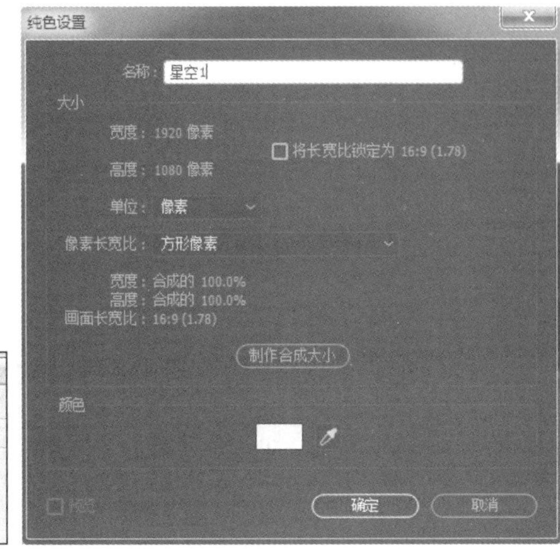

图 12-132　创建纯色图层

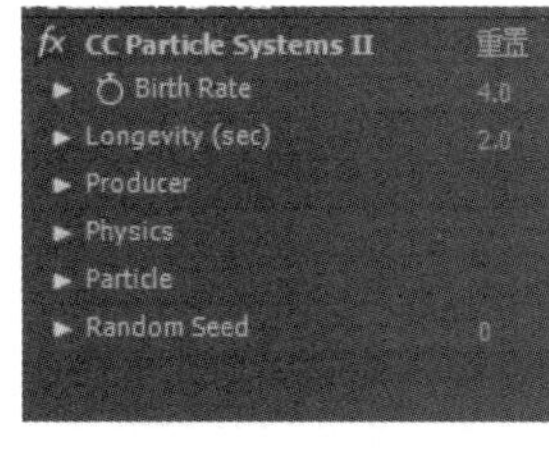

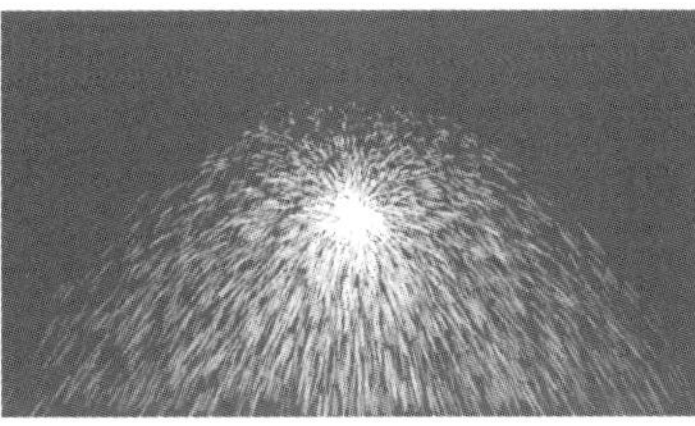

图 12-133　添加 CC Particle Systems II 特效

(3) 制作星空动态效果。这里需要制作星星随机散布且缓慢迎面移动的动态效果。由于【CC Particle Systems II】自动产生动画效果，因此在制作动画时不需要设置关键帧。为了达到想要的效果，需要对多个属性的数值进行设置，主要进行调整的是【Physics】和【Particle】属性下的参数。将【Physics】属性中【Velocity】和【Inherit Velocity%】的数值分别设为 3.5 和-340，降低运动速率；将【Gravity】设为 0，使粒子既不上升也不下降，处于无重力漂浮状态；将【Resistance】设为 20，加大阻力使粒子运动速度减慢。具体参数设置和应用效果如图 12-134 所示。

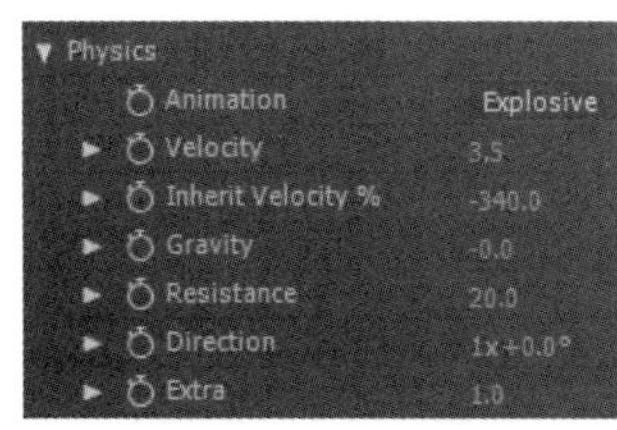

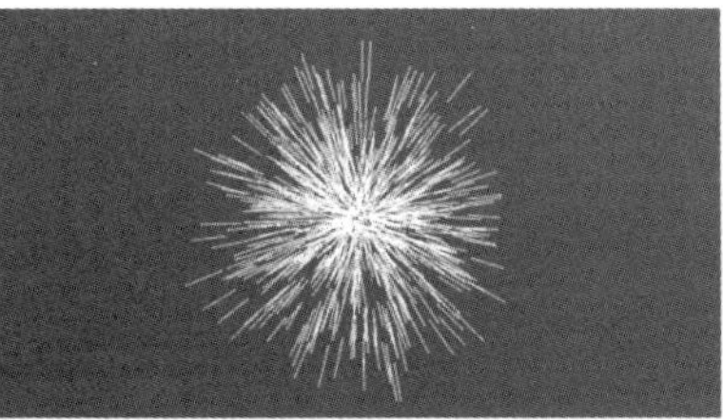

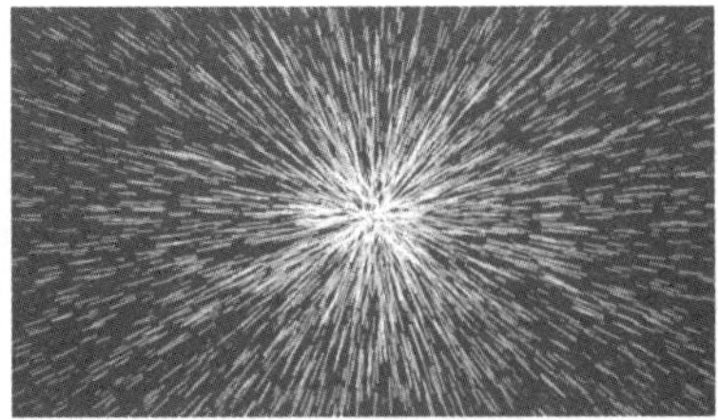

图 12-134　粒子特效相关物理属性设置及应用效果

(4) 设置完物理属性后，需要对粒子的形态进行调整，这就需要对【Particle】粒子自身属性下的参数进行设置。将【Particle Type】粒子类型选为【Shaded & Faded Sphere】，使粒子的形态呈现边缘羽化且羽化部分较暗的球形；将【Birth Size】和【Death Size】的数值分别设为 0 和 0.38，使粒子实现从无到有的生成且在一定大小的时候消失；将【Opacity Map】的变换类型设为【Fade Out Sharp】瞬间消失，从而加强星星的闪烁效果；将【Birth Color】和【Death Color】粒子生成时的颜色和消失时的颜色分别设置为#FFF7C9 和#FFFFFF，使粒子从生成到消失在颜色上也产生变化，从而增强视觉效果；最后将【Random Seed】数值设为 470，增加粒子的自由变换概率。通过播放和观看动画，可以看出已实现宇宙星空动态背景的效果，如图 12-135 所示。

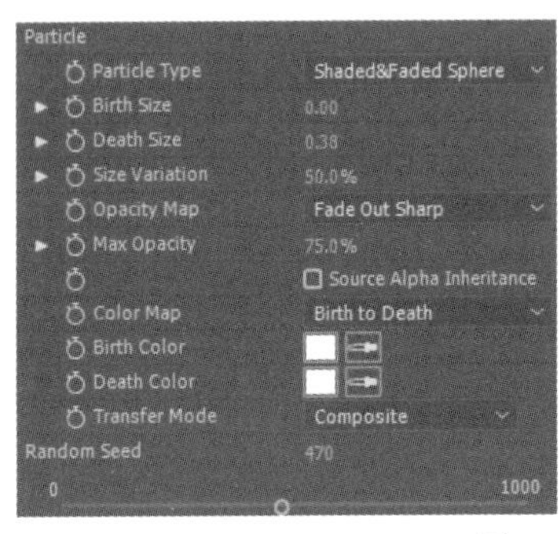

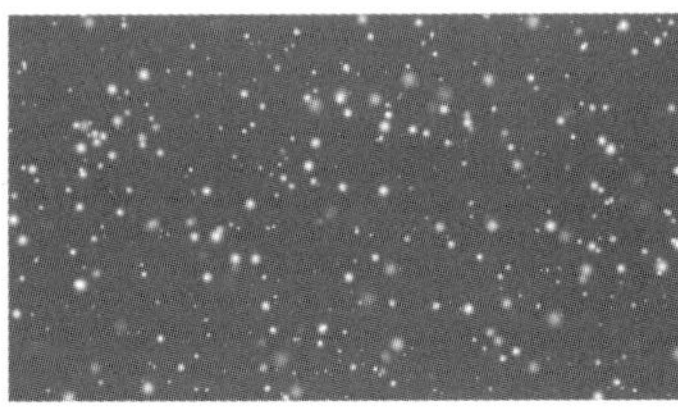

图 12-135　粒子相关形态属性设置及应用效果

(5) 为了增强画面的空间效果，加深动画的三维效果，这里需要添加第二个星空粒子动画。再创建一个纯色图层，执行【图层】|【新建】|【纯色】命令，在弹出的对话框中对图层进行设置。将【名称】改为“星空 2”，颜色选为白色，其他属性可以延续默认设置，单击【确定】按钮，创建一个纯色图层，如图 12-136 所示。为新建的纯色图层添加粒子特效，选中【时间轴】面板中的“星空 2”图层，执行【效果】|【模拟】|【CC Particle World】命令，添加特效后播放和观看动画，将会有三维粒子喷射的动画效果出现，如图 12-137 所示。

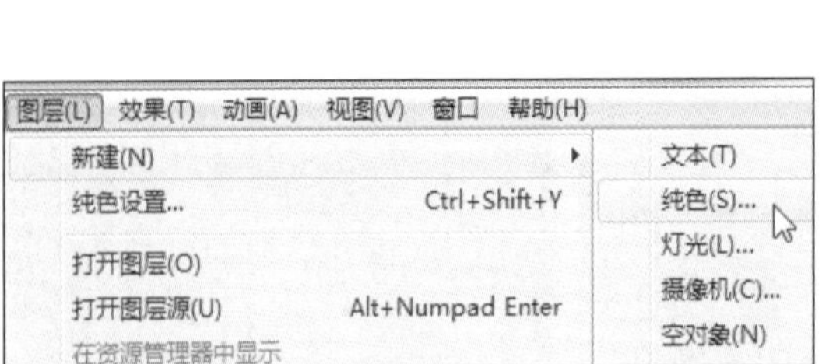

图 12-136　创建纯色图层

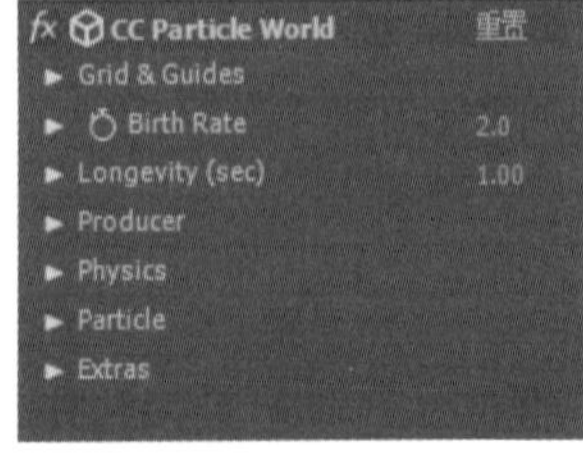

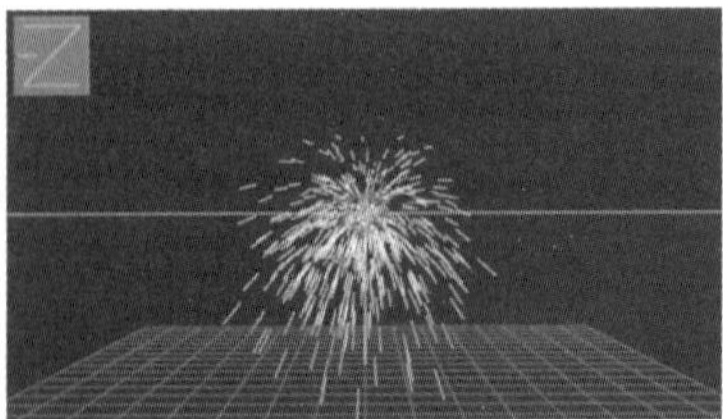
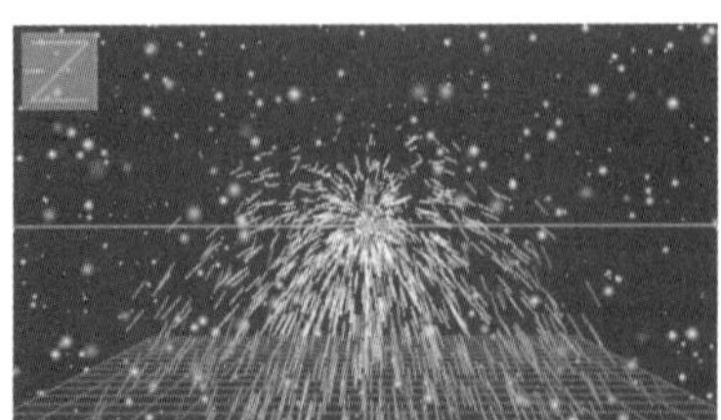

图 12-137　添加 CC Particle World 特效

(6) 制作三维星空动态效果。这里同样需要制作星星随机散布且快速迎面移动的动态效果。由于【CC Particle World】也可以自动产生动画效果，因此在制作动画时不需要设置关键帧。为了达到想要的效果，需要对多个属性的数值进行设置，主要进行调整的是【Physics】【Particle】和【Producer】属性下的参数。将【Physics】属性中的【Velocity】的数值设为 1.5，加快速度，使速率提升；将【Gravity】设为 0，使粒子既不上升也不下降，处于无重力漂浮状态。具体参数设置和应用效果如图 12-138 所示。

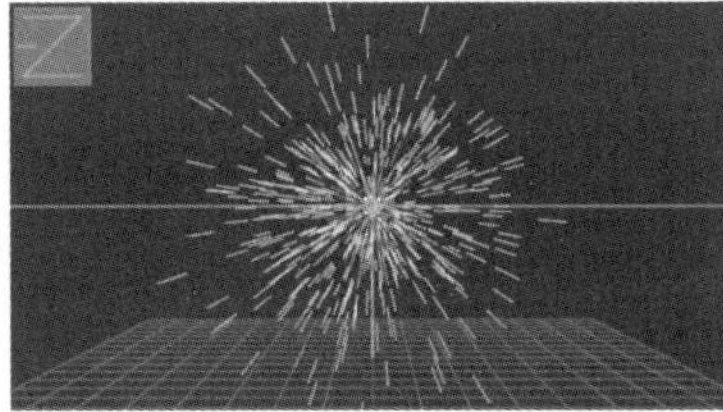

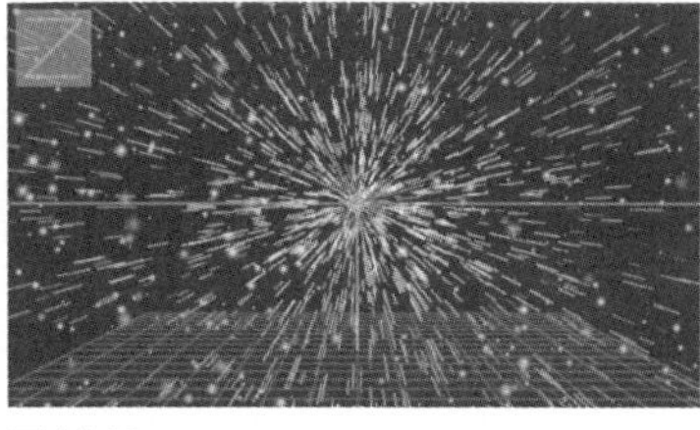

图 12-138　粒子特效相关物理属性设置及应用效果

(7) 设置完物理属性后，需要对粒子的形态进行调整，这就需要对【Particle】粒子自身属性下的参数进行设置。将【Particle Type】粒子类型选为【Shaded Sphere】，使粒子的形态呈现边缘羽化的球形；将【Birth Size】和【Death Size】的数值分别设为 0 和 0.3，使粒子实现从无到有的生成且在一定大小的时候消失；将【Birth Color】和【Death Color】粒子生成时的颜色和消失时的颜色分别设置为#FFDA75 和#6884FF，使三维空间中粒子的颜色与二维空间中的颜色有所区别，从而增强视觉效果。具体参数设置和应用效果如图 12-139 所示。

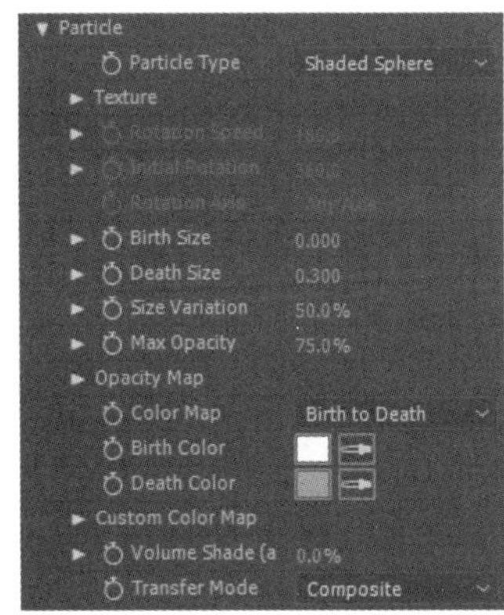

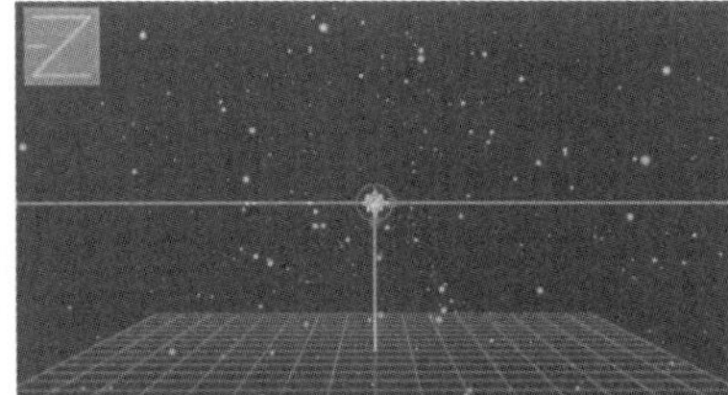

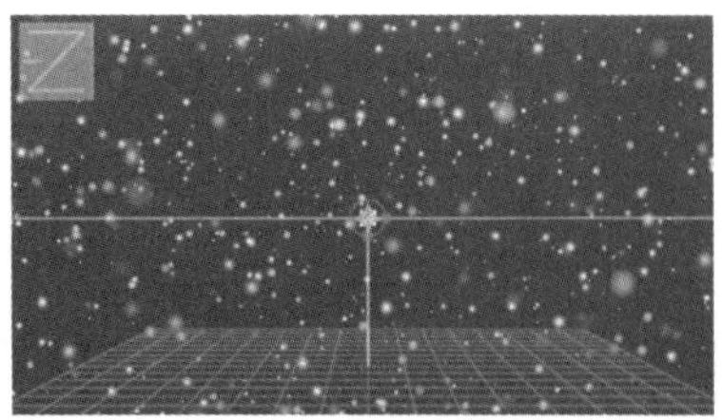

图 12-139　粒子相关形态属性设置及应用效果

(8) 最后为了更好地展现第二个粒子特效的三维效果，需要对【Producer】发射器的位置属性进行调整。将【Radius X】【Radius Y】和【Radius Z】3 个数值分别调整为 0.3、0.25 和 3.0，使发射器与屏幕大小相似，且加深 Z 轴上的深度，使粒子的运动更有空间感。通过播放和观看动画，可以看出已实现宇宙星空动态背景的效果，如图 12-140 所示。

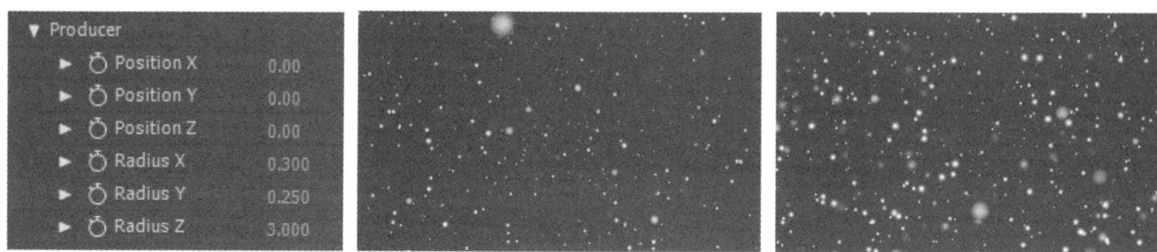

图 12-140　发射器属性设置及动画最终效果

12.10　习题

1. 准备一张动物实拍图片并将其分别制作成玻璃效果、塑料效果、卡通效果、彩色蜡笔效果和浮雕效果。

2. 利用模拟特效中的多种粒子特效制作 3 种样式不同的动态背景。

第13章 渲染输出

学习目标

在 AE 中编辑、制作、保存的后缀名为.aep 的文件是 AE 软件生成的工程文件，仅可在 AE 软件中进行观看和编辑，并不适用于其他媒体平台。要想将 AE 中编辑好的作品转换为通用的媒体格式，就需要通过渲染输出这个操作步骤来完成。在本章中，主要介绍关于渲染输出的一些基本操作方法，其中包含渲染输出有关面板的介绍、渲染设置和输出设置等。

本章重点

- 基本操作
- 【渲染队列】面板
- 渲染输出文件格式

13.1 基本操作

渲染与输出是使用 AE 制作作品的最后一步。在 AE 中，用户可以通过执行【文件】|【导出】命令来进行影片的输出，输出时有多种格式可供选择，如图 13-1 所示。其中【导出 Adobe Premiere Pro 项目】命令用于将 AE 的工程文件转换为 Adobe Premiere Pro 所能识别编辑的后缀名为.prproj 的文件，方便软件之间的无缝衔接；而【添加到渲染队列】命令则是用于渲染输出完整视频的选项。

MAXON Cinema 4D Exporter...
导出 Adobe Premiere Pro 项目...
添加到 Adobe Media Encoder 队列...
添加到渲染队列(A)

图 13-1　导出子菜单

13.2 【渲染队列】面板

当执行【文件】|【导出】|【添加到渲染队列】命令后，AE 会打开【渲染队列】面板，如图 13-2 所示。该面板是对最终视频的渲染输出进行设置的面板。在【渲染队列】面板中可以添加多个渲染任务，从而自动进行多次渲染或是渲染不同的格式尺寸。设置好合成渲染属性后，单击【渲染】按钮即可开始渲染，如图 13-3 所示。

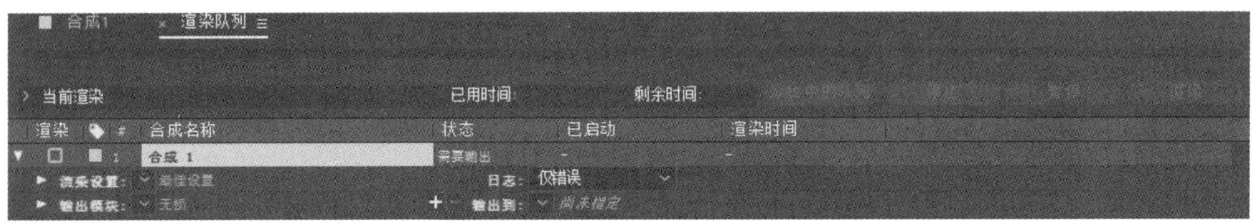

图 13-2　【渲染队列】面板

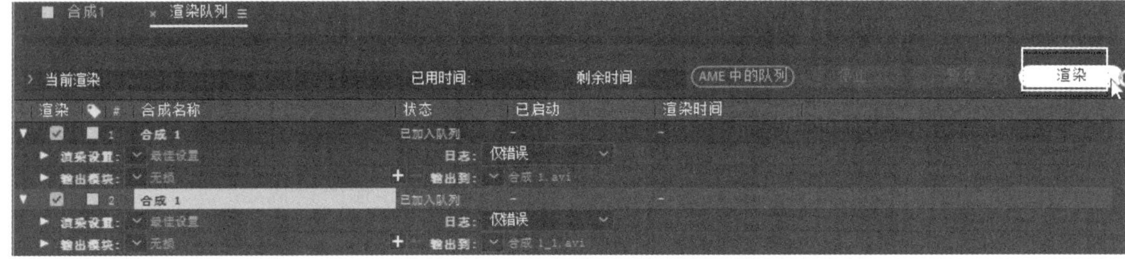

图 13-3　单击【渲染】按钮

在【渲染队列】面板中可以看到整个合成图像的渲染进程，用户可以调整各个合成图像的渲染顺序，并对影片输出的格式、输出路径进行设置等。

13.2.1 【渲染设置】对话框

在【渲染队列】面板中单击【渲染设置】后的【最佳设置】选项，可弹出【渲染设置】对话框，如图 13-4 所示。

具体的设置参数含义如下：

1. 合成图像

对图像渲染输出的参数进行设置。

- 【品质】：对渲染影片的质量进行设置。
- 【分辨率】：对渲染影片的分辨率进行设置。
- 【大小】：对渲染影片的大小进行设置。
- 【磁盘缓存】：对渲染的磁盘缓存进行设置。
- 【代理使用】：对渲染时是否使用代理进行选择。
- 【效果】：对渲染时是否渲染效果进行选择。
- 【独奏开关】：对是否渲染独奏层进行选择。

- ⊙ 【引导层】：对是否渲染引导层进行选择。
- ⊙ 【颜色深度】：对渲染时项目中的颜色深度进行设置。

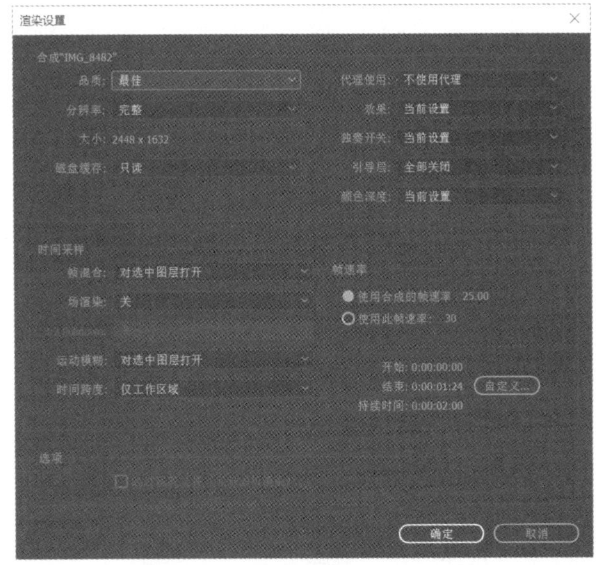

图 13-4　【渲染设置】对话框

2. 时间采样

- ⊙ 【帧混合】：对渲染的项目中所有图层相互间的帧混合进行设置。
- ⊙ 【场渲染】：对渲染的场的模式进行设置。
- ⊙ 【运动模糊】：对渲染的运动模糊的方式进行设置。
- ⊙ 【时间跨度】：对渲染项目的时间范围进行设置。
- ⊙ 【帧速率】：对渲染项目的帧速率进行设置。

3. 选项

选中【跳过现有文件(允许多机渲染)】选项，表示当渲染时，在出现磁盘溢出的情况下继续完成渲染。

13.2.2　输出模块

在【渲染队列】面板中单击【输出模块】后的【无损】选项，可弹出【输出模块设置】对话框，如图 13-5 所示。

具体的设置参数含义如下：

(1) 格式：主要用来选择渲染输出的文件格式。用户根据对文件设置的需求，可选择不同的输出文件格式。

(2) 视频输出。

- ⊙ 【通道】：用来对视频渲染输出的通道设置渲染，用户对文件设置和使用的程序不一样，则输出的通道也会不同。

⊙ 【深度】：用来对视频渲染输出的颜色深度进行调节。

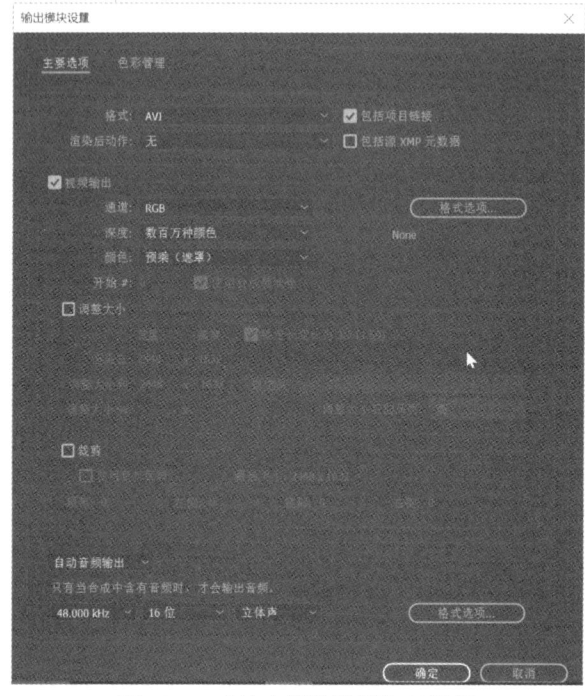

图 13-5　【输出模块设置】对话框

⊙ 【颜色】：根据用户需求，设置 Alpha 通道的类型。

⊙ 【调整大小】：根据需求，用户可以在【调整大小】中对视频文件格式的大小做出选择，也可以在自定义方式中选择文件格式。

(3) 裁剪：主要用来裁切在视频渲染输出时的边缘像素。

(4) 自动音频输出：用来选择音频输出的频率、量化比特率和声道。

13.2.3　渲染输出

当对渲染设置与输出模块设置完成后，可在【渲染队列】面板中单击【输出到】后面的文件名称，在弹出的对话框中可对输出的存储路径进行设置。全部设置完成后，单击【渲染队列】面板中的【渲染】按钮进行影片的渲染输出。

13.3　渲染输出文件格式

下面主要介绍常见的渲染输出格式。

(1) 常用输出文件格式：选择好想要渲染输出的合成图像，选择【合成】|【添加到渲染队列】命令，在打开的【渲染队列】面板中打开【输出模块设置】对话框，根据用户需求进行设置，最后进行渲染输出，输出常见格式“.avi”文件。

(2) 输出序列文件：选择好想要渲染输出的合成图像，选择【合成】|【添加到渲染队列】命

令，在弹出的参数对话框中设置好输出文件的名称及存储路径，打开输出模块参数设置对话框，在格式下拉菜单中选择想要输出的序列文件格式，最后进行渲染输出，输出序列文件格式。输出序列文件时需要注意，存储时要单独放在一个文件夹中，因为输出序列文件时，会生成一帧一帧的图像，而有多少帧图像也就有多少单帧文件，输出序列文件的效果如图 13-6 所示。

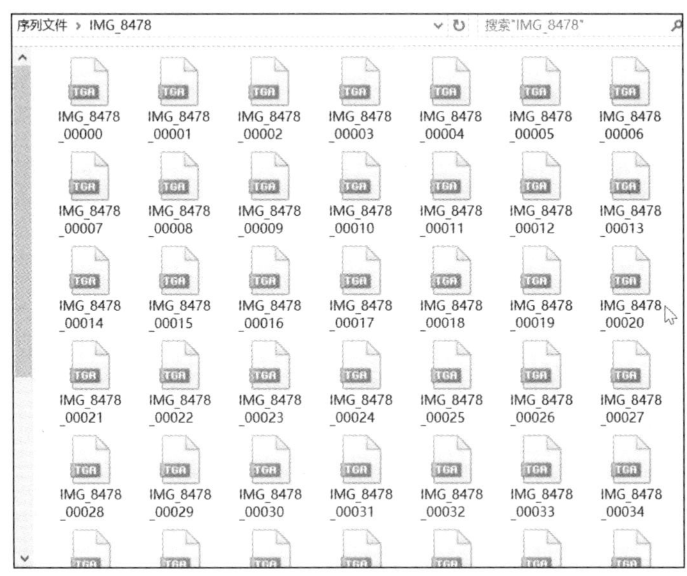

图 13-6　输出序列文件的效果

13.4　习题

1. 渲染输出都有哪些参数设置？
2. 如何调整输出格式？

参 考 文 献

[1] 王明皓，张宇. After Effects CC 基础教程[M]. 北京：清华大学出版社，2014

[2] 高文铭，祝海英. After Effects 影视特效设计教程[M]. 大连：大连理工大学出版社，2014

[3] 潘登，刘晓宇. After Effects CC 影视后期制作技术教程[M]. 北京：清华大学出版社，2016

[4] 铁钟. After Effects CC 高手成长之路[M]. 北京：清华大学出版社，2014

[5] 刘红娟，张振. After Effects CC 中文版从新手到高手[M]. 北京：清华大学出版社，2015

[6] 黄薇，王英华. After Effects CC 中文版标准教程[M]. 北京：清华大学出版社，2016

[7] 铁钟. 突破平面 After Effects CC 2015 特效设计与制作[M]. 北京：清华大学出版社，2016

[8] 刘新业，孙琳琳. After Effects CC 影视后期特效创作教程[M]. 北京：清华大学出版社，2016

[9] 李万军. 移动互联网之路——APP 交互动画设计从入门到精通(After Effects 篇)[M]. 北京：清华大学出版社，2016

[10] 张艳钗，符应彬. After Effects CS6 影视特效与栏目包装实战全攻略[M]. 北京：清华大学出版社，2016

[11] 程明才. After Effects CC 中文版超级学习手册[M]. 北京：人民邮电出版社，2014

[12] 李红萍. After Effects CC 完全学习手册[M]. 北京：清华大学出版社，2015

[13] 美国 Adobe 公司. Adobe After Effects CC 经典教程[M]. 北京：人民邮电出版社，2014

[14] 刘强，张天琪. Adobe After Effects CC 标准培训教材[M]. 北京：人民邮电出版社，2015

[15] www.adobe.com/cn/

[16] www.huke88.com